Differentialgeometrie und homogene Räume

Kai Köhler

Differentialgeometrie und homogene Räume

2., vollständig überarbeitete und ergänzte Auflage

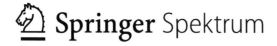 Springer Spektrum

Kai Köhler
Heinrich-Heine-Universität Düsseldorf
Mathematisches Institut
Düsseldorf, Deutschland

ISBN 978-3-662-60737-4   ISBN 978-3-662-60738-1   (eBook)
https://doi.org/10.1007/978-3-662-60738-1

Die Deutsche Nationalbibliothek verzeichnet diese Publikation in der Deutschen Nationalbibliografie; detaillierte bibliografische Daten sind im Internet über http://dnb.d-nb.de abrufbar.

Planung/Lektorat: Iris Ruhmann
Springer Spektrum ist ein Imprint der eingetragenen Gesellschaft Springer-Verlag GmbH, DE und ist ein Teil von Springer Nature.
Die Anschrift der Gesellschaft ist: Heidelberger Platz 3, 14197 Berlin, Germany

Vorwort zur zweiten Auflage

Für die zweite Auflage wurden im gesamten Text Ergänzungen und Verbesserungen vorgenommen, einige Abschnitte umgestellt und erweitert. Viele Erläuterungen wurden ausführlicher gestaltet. Etliche Grafiken, Übungsaufgaben und Musterlösungen sowie ein Symbolverzeichnis sind hinzugekommen.

Einige Resultate wurden hinzugefügt oder verallgemeinert, etwa die Homotopieinvarianz von Vektorbündeln (Satz 3.2.20) oder der Satz 4.2.8 von Poincaré-Hopf für Vektorbündel. Dabei wurde darauf geachtet, dass die Darstellung dennoch insgesamt kürzer oder einfacher wurde. Denn nach wie vor ist es mein vorrangiges Ziel, dass der Leser mit diesem Buch die Inhalte mit vollständigen Beweisen innerhalb der begrenzten Zeit von zwei Semestern unterrichten oder lernen kann.

Den Mitarbeitern des Springer-Verlags danke ich für die Zusammenarbeit und insbesondere Frau Ruhmann für die Idee, Stichwortlisten zu Beginn der Abschnitte einzufügen. Mein herzlicher Dank gilt auch den Anregungen und Vorschlägen von Matthias Dellweg, Daniel Grieser, Wolfgang Kühnel, Jens Piontkowski, Wilhelm Singhof, vielen Teilnehmern meiner Vorlesungen und anderen aufmerksamen Lesern.

Düsseldorf, Oktober 2019   Kai Köhler

Vorwort

Die Riemannsche Geometrie untersucht eine vergleichsweise allgemeine Klasse von Räumen, die glatten Mannigfaltigkeiten, in Kombination mit Riemannschen Metriken. Das bedeutet, dass Winkel und Abstände auf den Mannigfaltigkeiten gemessen werden können. Beispiele dafür sind Flächen im euklidischen $\mathbf{R}^3$ ohne Ecken und Kanten, oder die Sphären $S^n \subset \mathbf{R}^{n+1}$ als Mengen aller Punkte mit einem festen Abstand zum Nullpunkt, oder die Tori $\mathbf{R}^n/\mathbf{Z}^n$ als Quotienten des euklidischen Raums.

Eine typische Fragestellung in der Riemannschen Geometrie ist z.B.: Gibt es auf einer gegebenen Mannigfaltigkeit eine kanonische, ausgezeichnete Metrik? Allgemeiner kann man fragen: Welche Beziehungen gibt es zwischen Topologie und (metrischer) Geometrie? Man kann auch zu algebraischen Objekten wie etwa Lie-Algebren Riemannsche Mannigfaltigkeiten assoziieren und erhält weitere Möglichkeiten, die algebraischen Objekte zu studieren. In der Riemannschen Geometrie werden dabei oft infinitesimale Daten herangezogen, die sich aus der Riemannschen Metrik ergeben. Es werden zum Beispiel verschiedene Krümmungsbegriffe verwendet, die aus zweiten Ableitungen der Metrik entstehen. Diese infinitesimalen Daten lassen sich dann in Beziehung zur topologischen Struktur der Mannigfaltigkeit setzen. Ein typisches klassisches Resultat, in dem die Geometrie Rückschlüsse auf die Topologie erlaubt, ist der Satz 6.5.9 von Hadamard-Cartan: Falls die Schnittkrümmung auf einer Riemannschen Mannigfaltigkeit M nirgendwo positiv wird, so ist M diffeomorph zu einem Quotienten von $\mathbf{R}^n$ durch eine diskrete Gruppe. Ein anderes Beispiel ist der Satz 4.2.8 von Poincaré-Hopf, der unter anderem zeigt, dass das Integral über eine bestimmte Krümmungsinvariante ganzzahlig sein muss und eine anschauliche geometrische Interpretation hat.

Die Riemannsche Geometrie hat zahlreiche Wechselwirkungen mit anderen Gebieten innerhalb und außerhalb der Mathematik, etwa

- zur Algebraischen Topologie und Differentialtopologie, in der insbesondere Mannigfaltigkeiten ohne Metrik studiert werden,

- zur Algebraischen Geometrie, gemeinsame Untersuchungsobjekte sind projektive Varietäten über $\mathbf{C}$,

- zur Analysis, unter anderem über C^∞-Lösungen von Differentialgleichungen,

- zur Gruppentheorie, etwa über das Studium von Lie-Gruppen und ihren diskreten Untergruppen,

- zur Physik, in der die Riemannsche Geometrie in der Mechanik, der allgemeinen Relativitätstheorie und der Quantenfeldtheorie herangezogen wird.

Das Ziel dieses Buches ist, im Umfang einer zweisemestrigen Vorlesung die wichtigsten Grundlagen der Riemannschen Geometrie mit allen notwendigen Zwischenresultaten bereitzustellen und die zentrale Beispielklasse der homogenen Räume ausführlich darzustellen. Homogene Räume sind Riemannsche Mannigfaltigkeiten, deren Isometriegruppe transitiv auf ihnen operiert. Alternativ lassen sie sich als Quotienten von Lie-Gruppen durch Untergruppen beschreiben. Homogene Räume spielen in vielen Gebieten der Mathematik eine wichtige Rolle, etwa als Modulräume, deren Punkte Lösungen eines mathematischen Problems parametrisieren. Symmetrische Räume, d.h. Räume, die an jedem Punkt eine Punktspiegelung erlauben, werden als Spezialfall in einem eigenen Kapitel behandelt. Im letzten Kapitel werden als eine wichtige Anwendung der Riemannschen Geometrie einige Grundlagen der allgemeinen Relativitätstheorie axiomatisch deduziert.

Die speziellere Differentialgeometrie von Kurven und Flächen im zwei- und dreidimensionalen euklidischen Raum lässt sich teils etwas elementarer beschreiben, und es gibt in dieser Richtung etliche Resultate, auf die in diesem Buch nicht oder nur am Rande eingegangen wird (vgl. [doC], [Kl1], [Kü], [Bär]).

Der Inhalt des Buches entwickelte sich durch Vorlesungen, die ich mehr oder weniger in dieser Form in den Studienjahren 2006/07, 2009/10 und 2013/14 an der Heinrich-Heine-Universität Düsseldorf für Studierende im 5. und 6. Semester gehalten habe. Bildliche Vorstellungen sind für das mathematische Gebiet der Geometrie prägend, und entsprechend sollen die im Buch enthaltenen Grafiken den Leser dazu anregen, sich selbst bei der Lektüre möglichst oft ähnliche bildliche Vorstellungen zurecht zu legen. Am Ende jedes Abschnitts finden sich Übungen. Zu den mit „*" gekennzeichneten Übungen enthält der Anhang Lösungshinweise.

Vorausgesetzt werden Resultate aus den üblichen ersten drei Semestern des Grundstudiums, wobei vieles noch einmal rekapituliert wird; teilweise ausführlich, etwa Untermannigfaltigkeiten des $\mathbf{R}^n$, Tensorprodukte und äußere Algebra. Dabei erfolgt in diesem Buch die Entwicklung der Theorie möglichst lückenlos. Allerdings wird ab dem Abschnitt 6.5 an einigen Stellen die Existenz einer universellen Überlagerung verwendet, die nicht bewiesen wird. Den Beweis findet man in nahezu jeder einführenden Vorlesung oder jedem einführendem Lehrbuch über algebraische Topologie, etwa [LaSz]. Um einen weiteren Ausblick zu ermöglichen, wird auch gegen Ende des Abschnitts 7.6 von diesem Prinzip abgewichen.

Der Abschnitt 2.4 über Kohomologie und das Kapitel 4 über den Satz von Poincaré-Hopf sind für das Verständnis des restlichen Buchs nicht entscheidend. Ähnlich sind die Kapitel 6 und 7 über homogene und symmetrische Räume für das letzte Kapitel 8 über Relativitätstheorie größtenteils nicht relevant. Die folgende Abbildung zeigt detaillierter, wie die Abschnitte aufeinander aufbauen (bis auf gelegentliche Definitionen, Beispiele und Übungen).

Es gibt viele andere Lehrbücher über Riemannsche Geometrie, deren Schwerpunkt teils auf anderen Resultaten liegt oder die deutlich umfangreichere Vorlesungszyklen erfordern würden. Einen großen Einfluss auf dieses Buch hatten die Lehrbücher von O'Neill [ON2], Berline, Getzler und Vergne [BGV], Gallot, Hulin und Lafontaine [GHL], Cheeger und Ebin [ChEb], Helgason [Hel], Kobayashi und Nomizu [KoN], Lee [L], Besse [Besse] und Klingenberg [Kl2].

Düsseldorf, August 2014 Kai Köhler

Abhängigkeit der Abschnitte voneinander

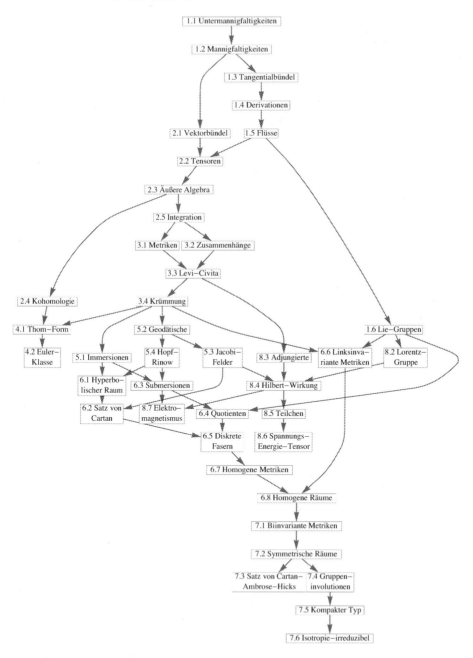

Inhaltsverzeichnis

Kapitel 1

Mannigfaltigkeiten

Die Objekte, auf denen in diesem Buch geometrische Strukturen wie Metriken, Krümmungen und Isometrien untersucht werden, sind differenzierbare Mannigfaltigkeiten. Im Wesentlichen sind dies topologische Räume, die lokal diffeomorph zu einem $\mathbf{R}^n$ sind. Diese werden in diesem Kapitel zusammen mit den zugehörigen Morphismen definiert. Als Grundlage für die Differentialgeometrie in den späteren Kapiteln wird in diesem und dem nächsten Kapitel auch einiges über die Differentialtopologie der Mannigfaltigkeiten gesagt werden. Im Gegensatz zu rein topologisch definierten Mannigfaltigkeiten tragen differenzierbare Mannigfaltigkeiten einen Tangentialraum, der eine so zentrale und wichtige Rolle spielt, dass er in diesem Kapitel nacheinander auf drei sehr verschiedene Arten beschrieben wird: Erstens lokal durch Vergleich mit Vektoren auf dem $\mathbf{R}^n$, zweitens durch einen rein algebraischen Ableitungsbegriff auf reell-wertigen Funktionen und drittens durch Familien von Diffeomorphismen. Zum Schluss werden als richtungsweisendes Beispiel Mannigfaltigkeiten betrachtet, die zusätzlich eine Gruppen-Struktur tragen. Als Motivation und wichtiges sowie anschauliches Beispiel wird mit Untermannigfaltigkeiten eines $\mathbf{R}^n$ begonnen, die häufig auch in den Analysis-Grundvorlesungen behandelt werden.

1.1 Untermannigfaltigkeiten des euklidischen Raums

Untermannigfaltigkeit des $\mathbf{R}^{n+k}$	Clifford-Torus
Parametrisierung	stereographische Projektionen
Sphäre	spezielle orthogonale Gruppe
spezielle lineare Gruppe	

Bevor Mannigfaltigkeiten allgemein definiert werden, betrachten wir die einfacher zu fassenden und vorzustellenden Untermannigfaltigkeiten eines $\mathbf{R}^{n+k}$. Das sind Teilmengen, die lokal so aussehen wie ein n-dimensionaler Unterraum im $\mathbf{R}^{n+k}$, in

© Springer-Verlag GmbH Deutschland, ein Teil von Springer Nature 2019
K. Köhler, *Differentialgeometrie und homogene Räume*,
https://doi.org/10.1007/978-3-662-60738-1_1

dem Sinne, dass sie zusammen mit einer Umgebung diffeomorph zu einem derartigen Unterraum mit einer Umgebung sein sollen. Differenzierbar wird in diesem Buch der Einfachheit halber stets C^∞ bedeuten.

Definition 1.1.1. *Eine Teilmenge $M \subset \mathbf{R}^{n+k}$ heißt n-**dimensionale** (C^∞)-**Untermannigfaltigkeit**[1] des $\mathbf{R}^{n+k}$, falls für jeden Punkt $p \in M$ eine Umgebung $U \overset{\text{offen}}{\subset} \mathbf{R}^{n+k}$ von p existiert, eine Umgebung $W \overset{\text{offen}}{\subset} \mathbf{R}^{n+k}$ von 0 sowie ein C^∞-Diffeomorphismus $h : U \to W$ mit $h(U \cap M) = W \cap (\mathbf{R}^n \times \{0_{\mathbf{R}^k}\})$.*

Beispiel 1.1.2. i) Jede offene Teilmenge des $\mathbf{R}^n$ ist eine Untermannigfaltigkeit des $\mathbf{R}^n$; wähle h als die Identitätsabbildung.
ii) Für $\tilde{U} \subset \mathbf{R}^n$ und eine C^∞-Abbildung $g : \tilde{U} \to \mathbf{R}^k$ ist der Graph

$$\{(x, g(x)) \mid x \in \tilde{U}\}$$

eine Untermannigfaltigkeit. Denn $h : \tilde{U} \times \mathbf{R}^k \to \tilde{U} \times \mathbf{R}^k, (x, y) \mapsto (x, y - g(x))$ ist ein Diffeomorphismus mit Umkehrabbildung $h^{-1} : (x, y) \mapsto (x, y + g(x))$.

Untermannigfaltigkeiten können auch als Urbilder differenzierbarer Funktionen an regulären Punkten betrachtet werden, oder in Verallgemeinerung des letzten Beispiels als Graphen. Bei letzterer Beschreibung muss man etwas genauer darauf achten, dass die Topologie der Untermannigfaltigkeit der von der Topologie des $\mathbf{R}^{n+k}$ induzierten Teilmengen-Topologie entspricht.

Lemma 1.1.3. *Folgendes ist äquivalent (Abb. 1.1):*

1) $M \subset \mathbf{R}^{n+k}$ ist eine n-dimensionale Untermannigfaltigkeit.

2) $\forall p \in M \exists$ eine Umgebung $U \overset{\text{offen}}{\subset} \mathbf{R}^{n+k}$ sowie eine C^∞-Abbildung $f : U \to \mathbf{R}^k$ mit $f^{-1}(\{0\}) = U \cap M$ und surjektiver Ableitung f' an jedem Punkt von $f^{-1}(\{0\})$.

*3) $\forall p \in M \exists$ eine Umgebung $U \subset \mathbf{R}^{n+k}$ von p, eine offene Teilmenge $V \subset \mathbf{R}^n$ und eine C^∞-Abbildung $\gamma : V \to U$ mit $\gamma(V) = U \cap M$ und Rang $\gamma' \equiv n$, so dass γ ein Homöomorphismus von V und $U \cap M$ ist. Ein solches γ heißt **(lokale) Parametrisierung** von M um p.*

Die Homöomorphie-Bedingung erzwingt natürlich die Injektivität von γ, aber subtiler verhindert sie die problematische Möglichkeit aus Abb. 1.2: In einer Umgebung von $0 \in M$ gibt es dort kein passendes h.

Beweis. (1)$\Rightarrow$(2) Wähle $f := \pi \circ h$ mit der Projektion $\pi : \mathbf{R}^{n+k} \to \mathbf{R}^k$ auf die letzten k Koordinaten.
(2)$\Rightarrow$(3): Sei $f : U \to \mathbf{R}^k$ um $p = \binom{x_0}{y_0}$ definiert mit f' surjektiv auf $f^{-1}(\{0\}) = U \cap M$. Ohne Einschränkung sei $f'_{|\binom{x_0}{y_0}}$ surjektiv auf $\{0_{\mathbf{R}^n}\} \times \mathbf{R}^k$, d.h. $\left(\frac{\partial f_j}{\partial y_\ell}\right)_{\substack{j=1,\dots,k \\ \ell=1,\dots,k}}$

---

[1]1854, Bernhard Riemann

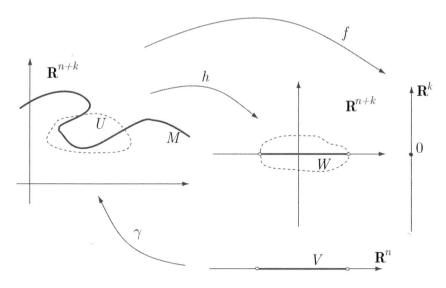

Abb. 1.1: Charakterisierungen von Untermannigfaltigkeiten

ist bijektiv. Nach dem Satz über implizite Funktionen existieren $V \subset \mathbf{R}^n, g : V \to U' \subset \mathbf{R}^k$ C^∞ mit $f(\begin{pmatrix} x \\ g(x) \end{pmatrix}) = 0 \, \forall x \in V$, und

$$\begin{aligned} \gamma : V &\to V \times U' \\ x &\mapsto \begin{pmatrix} x \\ g(x) \end{pmatrix} \end{aligned}$$

hat die gewünschten Eigenschaften. Denn

$$\begin{aligned} \gamma^{-1} : (V \times U') \cap M &\to V \\ \begin{pmatrix} x \\ y \end{pmatrix} &\mapsto x \end{aligned}$$

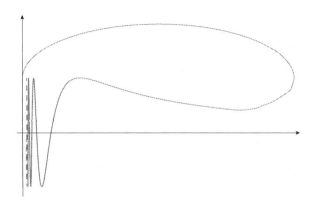

Abb. 1.2: Keine Untermannigfaltigkeit

ist stetig.

(3)$\Rightarrow$(1) Sei $\gamma(x_0) = p$ und $A : \mathbf{R}^k \to [\gamma'_{|x_0}(\mathbf{R}^n)]^\perp$ ein Vektorraum-Isomorphismus. Für

$$\tilde{h} : (V - x_0) \times \mathbf{R}^k \quad \to \quad \mathbf{R}^{n+k}$$
$$\begin{pmatrix} x \\ y \end{pmatrix} \quad \mapsto \quad \gamma(x + x_0) + Ay$$

ist dann $\tilde{h}'_{|\binom{0}{0}} = (\gamma'_{|x_0}, A)$ invertierbar. Also existieren nach dem Satz über inverse Funktionen Umgebungen $V' \subset (V - x_0)$, $V'' \subset \mathbf{R}^k$ von 0, so dass $\tilde{h}_{|V' \times V''}$: $V' \times V'' \to \tilde{h}(V' \times V'')$ invertierbar ist. Da $\gamma^{-1} : U \cap M \to V$ stetig ist, gibt es eine Umgebung $\hat{U} \subset \tilde{h}(V' \times V'')$ von p mit $\gamma(V' + x_0) = M \cap \hat{U}$. Dann hat $h := (\tilde{h}^{-1})_{|\hat{U}}$ die gewünschte Eigenschaft. $\qquad\square$

Für einen Graphen wie in Beispiel 1.1.2(ii) sind somit $f : \tilde{U} \times \mathbf{R}^k \to \mathbf{R}^k$, $\begin{pmatrix} x \\ y \end{pmatrix} \mapsto$ $y - g(x)$, $\gamma : \tilde{U} \to \tilde{U} \times \mathbf{R}^k$, $x \mapsto \begin{pmatrix} x \\ g(x) \end{pmatrix}$ archetypische Beispiele für Abbildungen wie in (2),(3).

Beispiel 1.1.4. i) Die **Sphäre** $S^n \subset \mathbf{R}^{n+1}$ ist eine Untermannigfaltigkeit mit $f(\mathbf{x}) = \|\mathbf{x}\|^2 - 1$. Es ist $f'_{|(x_0,\dots,x_n)^t} = (2x_j)_j \neq 0$ außer bei $0 \notin S^n$, also Rang $f' = 1$ auf S^n.

ii) Die **spezielle lineare GruppeSL**$(n, \mathbf{R}) := \{A \in \mathbf{R}^{n \times n} \,|\, \det A = 1\} \subset \mathbf{R}^{n \times n}$ ist eine Untermannigfaltigkeit. Denn für $f(A) = \det A - 1$ ist $f'_{|A}(X) = \det A \cdot$ $\mathrm{Tr}\,(A^{-1}X)$ für A invertierbar. Also ist insbesondere $f'_{|A}(A \cdot \mathbf{R}) = \det A \cdot n \cdot \mathbf{R} = \mathbf{R}$, d.h. f' ist surjektiv auf **SL**$(n, \mathbf{R})$.

iii) Der **Clifford-Torus** $T^n \subset \mathbf{R}^{2n}$ mit $f((x_1, y_1, \dots, x_n, y_n)^t) = (x_1^2 + y_1^2 - 1, \dots, x_n^2 + y_n^2 - 1)^t$ auf $(\mathbf{R}^2 \setminus \{0\})^n$. Dann ist

$$f'_{|(x_1,\dots,y_n)^t} = \begin{pmatrix} 2x_1 & 2y_1 & & & & \\ & & 2x_2 & 2y_2 & & 0 \\ & 0 & & & \ddots & \\ & & & & & 2x_n & 2y_n \end{pmatrix}$$

surjektiv auf $(\mathbf{R}^2 \setminus \{0\})^n$.

Bemerkung. Für je zwei lokale Parametrisierungen $\gamma_1 : V_1 \to U_1, \gamma_2 : V_2 \to U_2$ und h_1, h_2 wie in Definition 1.1.1 ist $\gamma_2^{-1} \circ \gamma_1 = h_2 \circ h_1^{-1} : \gamma_1^{-1}(U_1 \cap U_2 \cap M) \to \gamma_2^{-1}(U_1 \cap U_2 \cap M)$ ein Diffeomorphismus (Abb. 1.3). Diese Eigenschaft ist der grundlegende Trick, um auf allgemeineren topologischen Räumen C^∞-Strukturen zu definieren.

Die Verifikation, dass eine Abbildung eine Parametrisierung von M ist, wird natürlich einfacher, wenn schon bekannt ist, dass M eine Untermannigfaltigkeit ist.

Lemma 1.1.5. *Sei* $M \subset \mathbf{R}^{n+k}$ *eine n-dimensionale Untermannigfaltigkeit und* $V \overset{\text{offen}}{\subset} \mathbf{R}^n$. *Sei* $\gamma \in C^\infty(V, \mathbf{R}^{n+k})$ *injektiv mit* $\gamma(V) \subset M$ *und Rang* $\gamma' \equiv n$. *Dann ist* γ *eine Parametrisierung.*

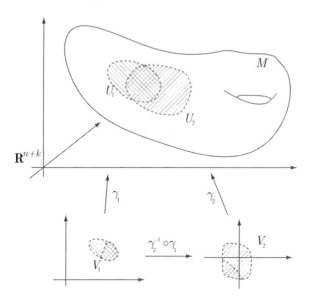

Abb. 1.3: Komposition lokaler Parametrisierungen

Beweis. Wähle für $p \in V$ lokal um $\gamma(p)$ einen Diffeomorphismus $h : U \to W$ wie in Definition 1.1.1. Mit der Projektion $\pi : \mathbf{R}^{n+k} \to \mathbf{R}^n$ ist dann $f := \pi \circ h \circ \gamma_{|\gamma^{-1}(U) \cap V}$ injektiv, glatt und Rang $f' \equiv n$. Also ist f ein Diffeomorphismus auf sein Bild U', und dieses ist offen. Somit ist $\gamma = h^{-1} \circ \begin{pmatrix} f \\ 0_{\mathbf{R}^k} \end{pmatrix}$ ein Homöomorphismus auf $h^{-1}(\pi^{-1}(U')) \cap M$. Als injektiver lokaler Homöomorphismus ist γ ein Homöomorphismus und somit eine Parametrisierung. $\qquad\square$

Beispiel. Für den Clifford-Torus T^n und ein Intervall $I \overset{\text{offen}}{\subset} \mathbf{R}$ der Länge $< 2\pi$ liefert

$$\gamma : I^n \to T^n, (\vartheta_1, \ldots, \vartheta_n)^t \mapsto (\cos \vartheta_1, \sin \vartheta_1, \ldots, \cos \vartheta_n, \sin \vartheta_n)^t$$

eine Parametrisierung.

Aufgaben

Übung 1.1.6. *Sei M die Sphäre $S^n \subset \mathbf{R}^{n+1}$, $U_+ := S^n \setminus \{(1, 0, \ldots, 0)\}$, , $U_- := S^n \setminus \{(-1, 0, \ldots, 0)\}$. Zeigen Sie, dass die* **stereographischen Projektionen** *(Abb. 1.4)*

$$\varphi_+ : U_+ \to \mathbf{R}^n, (x_0, \ldots, x_n) \mapsto \frac{(x_1, \ldots, x_n)}{1 - x_0},$$

$$\varphi_- : U_- \to \mathbf{R}^n, (x_0, \ldots, x_n) \mapsto \frac{(x_1, \ldots, x_n)}{1 + x_0}$$

Umkehrabbildungen von lokalen Parametrisierungen γ_+, γ_- sind, und berechnen Sie letztere. Bestimmen Sie $\varphi_- \circ \varphi_+^{-1}$.

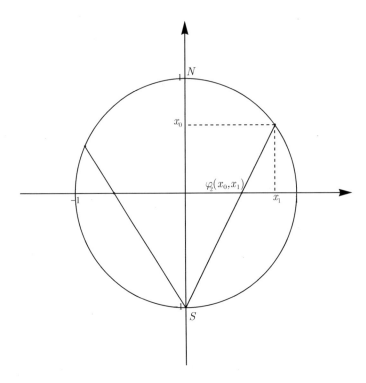

Abb. 1.4: Stereographische Projektion

Übung 1.1.7. *Beweisen Sie, dass die* **spezielle orthogonale Gruppe**

$$\mathbf{SO}(n) := \{A \in \mathbf{R}^{n \times n} | \det A = 1, AA^t = \mathrm{id}\}$$

($n \in \mathbf{N}$) eine Untermannigfaltigkeit des $\mathbf{R}^{n^2}$ ist.

Übung* 1.1.8. *Zeigen Sie, dass für alle $R > r$ durch*

$$M = \left\{ \begin{pmatrix} x \\ y \\ z \end{pmatrix} \in \mathbf{R}^3 \,\middle|\, (\sqrt{x^2 + y^2} - R)^2 + z^2 = r^2 \right\}$$

eine Untermannigfaltigkeit des $\mathbf{R}^3$ gegeben ist.

Übung 1.1.9. *Sei $M \subset \mathbf{R}^2$ das Bild der Abbildung $g :] -\frac{\pi}{2}, \frac{\pi}{2}[\to \mathbf{R}^2, \vartheta \mapsto \cos\vartheta \cdot \sin\vartheta \cdot (\cos\vartheta, \sin\vartheta)$. Überprüfen Sie, ob M eine Untermannigfaltigkeit ist. Tipp: Wie viele Zusammenhangskomponenten hat $M \setminus \{(0,0)\}$ in jeder hinreichend kleinen Umgebung von $(0,0)$?*

Übung 1.1.10. *1) Zeigen Sie, dass das Produkt $M \times N = \{(x,y) \,|\, x \in M, y \in N\}$ zweier Untermannigfaltigkeiten M, N wieder eine Untermannigfaltigkeit ist.*

2) Zeigen Sie, dass $S^n \times \mathbf{R}$ eine Untermannigfaltigkeit von $\mathbf{R}^{n+1}$ ist.

3) *Beweisen Sie, dass eine n-dimensionale Mannigfaltigkeit M, die ein Produkt von (mehreren) Sphären ist, sich als Untermannigfaltigkeit des $\mathbf{R}^{n+1}$ darstellen lässt.*

1.2 Glatte Mannigfaltigkeiten

topologische Mannigfaltigkeit	zusammenhängend
topologischer Raum	Dimension
hausdorffsch	differenzierbare Struktur
Basis einer Topologie	differenzierbare Mannigfaltigkeit
zweitabzählbar	Torus
Lindelöf-Raum	projektiver Raum
parakompakt	Untermannigfaltigkeit
lokal endliche offene Verfeinerung	Koordinate
Gerade mit Doppelpunkt	Submersion
lange Gerade	Immersion
C^∞-Atlas	lokaler Diffeomorphismus
Übergangsabbildung	Diffeomorphismus
Kartenwechsel	Einbettung
Karte	Kleinsche Flasche
Parametrisierung	

Um eine Mannigfaltigkeits-Struktur auf einer Menge M allgemeiner ohne einen umgebenden $\mathbf{R}^{n+k}$ zu definieren, muss man zunächst festlegen, welche Teilmengen von M offen sein sollen, d.h. man braucht eine Topologie. Folgende weitere Eigenschaften der Topologie haben sich als sinnvolle Forderung herausgestellt:

Definition 1.2.1. *Eine **(topologische) Mannigfaltigkeit**[2] ist ein zweitabzählbarer Hausdorff-Raum[3] M, der lokal homöomorph zu einem $\mathbf{R}^n$ ist.*

Genauer: Jeder Punkt $p \in M$ hat eine Umgebung U, zu der es ein n gibt, so dass U homöomorph zu $\mathbf{R}^n$ ist.

Das heißt also: M ist ein **topologischer Raum**. D.h. M ist ein Paar $(\hat{M}, \mathcal{O})$ aus einer Menge $\hat{M}$ sowie einer Menge $\mathcal{O}$ von Teilmengen von $\hat{M}$ (d.h. $\mathcal{O} \subset \mathcal{P}(\hat{M})$), so dass

(O1) Für eine beliebige Menge J und je eine Menge $U_j \in \mathcal{O}$ für alle $j \in J$ ist $\bigcup_{j \in J} U_j \in \mathcal{O}$. Insbesondere ist $\emptyset \in \mathcal{O}$.

(O2) Für eine endliche Menge J und je eine Menge $U_j \in \mathcal{O}$ für alle $j \subset J$ ist $\bigcap_{j \in J} U_j \in \mathcal{O}$. Insbesondere ist $\hat{M} \in \mathcal{O}$.

M ist **hausdorffsch**, d.h.
(T2) $\forall x, y \in \hat{M}, x \neq y \exists$ Umgebungen $U_x, U_y : U_x \cap U_y = \emptyset$.

---

[2] 1854, Riemann
[3] 1914, Felix Hausdorff, 1868–1942

Ein System von offenen Mengen ist eine **Basis** von $\mathcal{O}$, falls jedes $U \in \mathcal{O}$ Vereinigung von Mengen aus der Basis ist. Ein topologischer Raum heißt **zweitabzählbar**, wenn er eine abzählbare Basis der Topologie hat.

Beispiel. 1) Für einen metrischen Raum (M, d) ist $\{B_r(p) \mid r > 0, p \in M\}$ eine Basis der Topologie.
2) $\mathbf{R}^n$ mit der Standard-Topologie ist eine topologische Mannigfaltigkeit. Eine abzählbare Basis ist etwa durch die Bälle $\{B_r(p) \mid r \in \mathbf{Q}^+, p \in \mathbf{Q}^n\}$ gegeben.

Lemma 1.2.2. *Folgenden Bedingungen implizieren, dass ein topologischer Raum M zweitabzählbar ist:*

1. $M = \bigcup_{m \in \mathbf{N}} U_m$ *mit* $U_m \overset{\text{offen}}{\subset} M$ *homöomorph zu einer offenen Teilmenge eines* $\mathbf{R}^n$,

2. M *ist Teilmenge eines zweitabzählbaren Raums,*

3. M *ist Produkt zweitabzählbarer Räume.*

Beweis. 1) Mit Homöomorphismen $\varphi_m : U_m \to V_m$, $V_m \subset \mathbf{R}^n$ ist

$$\{\varphi_m^{-1}(V_m \cap B_r(p)) \mid m \in \mathbf{N}, r \in \mathbf{Q}^+, p \in \mathbf{Q}^n\}$$

eine abzählbare Basis der Topologie.
2),3) Einschränkung bzw. Produktbildung der Basen liefert wieder eine Basis $\square$

(3) gilt auch für abzählbare Produkte. Der Zweck der Zweitabzählbarkeits-Bedingung ist, Mannigfaltigkeiten „klein" genug zu halten, um z.B. einen Integralbegriff oder die Existenz einer Metrik zu ermöglichen. Verwendet wird die Zweitabzählbarkeit oft in der äquivalenten Gestalt der Parakompaktheit,

Definition 1.2.3. *Ein topologischer Raum M heißt* **Lindelöf-Raum**[4], *wenn sich jede offene Überdeckung $(U_j)_{j \in J}$ vom M auf eine abzählbare reduzieren lässt. Der Raum M heißt* **parakompakt**, *wenn jede offene Überdeckung $(U_j)_{j \in J}$ eine* **lokal endliche offene Verfeinerung** $(\tilde{U}_k)_{k \in K}$ *hat. Genauer soll eine offene Überdeckung $(\tilde{U}_k)_{k \in K}$ existieren mit*

1) $\forall k \exists j : \tilde{U}_k \subset U_j$,

2) $\forall p \in M \exists$ *Umgebung V von p :* $\{k \in K \mid \tilde{U}_k \cap V \neq \emptyset\}$ *ist endlich.*

Insbesondere ist jeder kompakte Raum Lindelöf und parakompakt. Nicht jeder kompakte topologische Raum ist zweitabzählbar, aber für lokal zum $\mathbf{R}^n$ homöomorphe Räume folgt dies direkt auch aus 1.2.2(1). Lokal endliche Überdeckungen verhalten sich in mancher Hinsicht wie endliche:

Hilfssatz 1.2.4. *Für jede lokal endliche offene Überdeckung $(\tilde{U}_k)_{k \in K}$ eines topologischen Raums M und $L \subset K$ ist* $\overline{\bigcup_{k \in L} \tilde{U}_k} = \bigcup_{k \in L} \overline{\tilde{U}_k}$.

---

[4]Ernst Leonard Lindelöf, 1870–1946

Beweis. Sei $p \in M$. Dann hat p eine Umgebung V, die nur endlich viele $\tilde{U}_k$, $k \in L$, schneidet. Also ist

$$V \cap \bigcup_{k \in K} \overline{\tilde{U}_k} = V \cap \bigcup_{k \in L} \overline{\tilde{U}_k} = V \cap \overline{\bigcup_{k \in L} \tilde{U}_k} = V \cap \overline{\bigcup_{k \in K} \tilde{U}_k}. \qquad \square$$

Satz 1.2.5. *Für einen Hausdorff-Raum M, der lokal homöomorph zu einem $\mathbf{R}^n$ ist, sind folgende Aussagen äquivalent:*

1. *M ist zweitabzählbar,*

2. *M ist ein Lindelöf-Raum,*

3. *M ist parakompakt und hat abzählbar viele Zusammenhangskomponenten.*

$(1) \Rightarrow (2)$ gilt für beliebige topologische Räume.

Beweis. „$(1) \Rightarrow (2)$: Sei $(U_j)_{j \in J}$ eine offene Überdeckung und $(V_m)_{m \in \mathbf{N}}$ eine abzählbare Basis von M. Wähle zu jedem $p \in M$ ein $V_{m(p)} \subset M$ mit $p \in V_{m(p)}$ und $\exists j_{m(p)} : V_{m(p)} \subset U_{j_{m(p)}}$. Setze $N := \operatorname{im} m \subset \mathbf{N}$. Dann ist $M = \bigcup_{m \in N} V_m \subset \bigcup_{m \in N} U_{j_m}$, also ist $(U_{j_m})_{m \in N}$ eine abzählbare Teilüberdeckung.
$(2) \Rightarrow (3)$: Abzählbar viele Zusammenhangskomponenten folgt sofort aus der Lindelöf-Eigenschaft.
Sei $(U^j)_{j \in J}$ eine offene Überdeckung. Wähle für jedes $p \in M$ eine Umgebung U_p aus der Überdeckung und eine offene Umgebung V_p mit $\overline{V_p} \subset U_p$ (via Karten). Reduziere die Überdeckung $(V_p)_{p \in M}$ mit der Lindelöf-Eigenschaft auf eine abzählbare $(V_{p_j})_{j \in \mathbf{N}}$ und für $k \in \mathbf{N}$ setze $\tilde{U}_k := U_{p_k} \setminus \bigcup_{\ell < k} \overline{V_{p_\ell}}$. Für jedes $p \in M$ und $m \in \mathbf{N}$ minimal mit $p \in \overline{V_{p_m}}$ ist dann $p \in \tilde{U}_m$. Für $n \in \mathbf{N}$ ist $\tilde{U}_k \cap V_{p_n} = \emptyset$ für alle $k > n$.
$(3) \Rightarrow (1)$: Œ^5 sei M zusammenhängend. Wähle für alle $p \in M$ eine zweitabzählbare Umgebung V_p mit kompaktem $\overline{V_p}$ (via Karten) und reduziere diese Überdeckung auf eine lokal endliche $(\tilde{U}_k)_{k \in K}$. Jedes $\tilde{U}_k$ kann durch endlich viele $\tilde{U}_\ell$ überdeckt werden. Wähle für alle $m \in \mathbf{N}_0$ ein endliches $K_m \subset K$ mit $\bigcup_{k \in K_m} \tilde{U}_k \subset \bigcup_{k \in K_{m+1}} \tilde{U}_k$. Dann ist $N := \bigcup_{\substack{m \in \mathbf{N}_0 \\ k \in K_m}} \tilde{U}_k$ eine abzählbare Vereinigung zweitabzählbarer Räume, also zweitabzählbar. Und

$$\bar{N} \overset{\text{Hilfssatz 1.2.4}}{=} \bigcup_{\substack{m \in \mathbf{N}_0 \\ k \in K_m}} \overline{\tilde{U}_k} \subset N,$$

also ist $N = M$. $\qquad \square$

Ein Beispiel für einen Raum, der alle Bedingungen an Mannigfaltigkeiten bis auf die Hausdorff-Bedingung erfüllt, ist die **Gerade mit Doppelpunkt** (Abb. 1.5): $\mathbf{R}$ mit einem zusätzlichen Punkt $0'$ bei 0, wobei offene Mengen um diese beiden Punkte keinen, einen oder beide Punkte enthalten.
Das einfachste Beispiel für einen zusammenhängenden Raum, der alle Bedingungen bis auf die Zweitabzählbarkeit erfüllt, ist die **lange Gerade**: Mit der kleinsten

---

^{5}ohne Einschränkung

Abb. 1.5: Gerade mit Doppelpunkt

Abb. 1.6: Die lange Gerade

überabzählbaren Ordinalzahl ω_1 werden ω_1-viele Intervalle hintereinander zusammengefügt, ausgehend von einem Intervall $]0,1[$ jeweils einmal nach rechts und einmal nach links. Dies wird hier nur angedeutet durch Abb. 1.6.

Wir werden in Zukunft der Einfachheit halber für $\hat{M}$ und $M = (\hat{M}, \mathcal{O})$ dasselbe Symbol verwenden. Nun kann man mit der am Ende des letzten Abschnitts erwähnten Kompatibilität zweier Parametrisierungen von Untermannigfaltigkeiten definieren, was eine differenzierbare Struktur auf einer topologischen Mannigfaltigkeit sein soll. Für einen der lokalen Homöomorphismen von M auf einen $\mathbf{R}^n$ lässt sich (noch) nicht definieren, was Differenzierbarkeit sein soll; aber für zwei Homöomorphismen lässt sich eine C^∞-Kompatibilität formulieren.

Definition 1.2.6. *Ein C^∞-**Atlas**[6] auf einer topologischen Mannigfaltigkeit M ist eine Menge von Homöomorphismen $\mathfrak{A} = \{\varphi_j : U_j \to V_j \,|\, U_j \subset M \text{ offen}, V_j \subset \mathbf{R}^n \text{ offen}, n \in \mathbf{N}, j \in J\}$ mit $M = \bigcup_{j \in J} U_j$ (d.h. die U_j bilden eine offene Überdeckung von M), so dass $\forall j, k \in J$ die **Übergangsabbildungen** (oder **Kartenwechsel**) $\varphi_k \circ \varphi_j^{-1} : \varphi_j(U_j \cap U_k) \to \varphi_k(U_j \cap U_k)$ C^∞-Diffeomorphismen sind (Abb. 1.7). Die φ_j heißen **Karten**, die φ_j^{-1} **Parametrisierungen**.*

Definition 1.2.7. *Ein topologischer Raum M heißt **zusammenhängend**, falls keine zwei offenen Teilmengen $U, V \subset M$ existieren, $U \neq \emptyset \neq V$ mit $U \cap V = \emptyset, U \cup V = M$.*

Lemma 1.2.8. *Für eine zusammenhängende Mannigfaltigkeit mit C^∞-Atlas haben alle Karten die gleiche Dimension. Diese Zahl heißt dann **Dimension** von M.*

Beweis. Angenommen, M hätte Karten $\varphi : U \to V \subset \mathbf{R}^n$, $\psi : U' \to V' \subset \mathbf{R}^m$ mit $m \neq n$. Falls $\exists x \in U \cap U'$, so wäre $\psi \circ \varphi^{-1} : \varphi(U \cap U') \to \psi(U \cap U')$ ein Diffeomorphismus und $(\psi \circ \varphi^{-1})'_{|\varphi(x)} : \mathbf{R}^n \to \mathbf{R}^m$ ein Vektorraum-Isomorphismus $\lightning$.

Somit sind $W_1 :=$Vereinigung der Definitionsbereiche aller Karten der Dimension n, $W_2 :=$ dasselbe für die anderen Karten disjunkt. Aber $W_1 \neq \emptyset \neq W_2$ und $W_1 \cup W_2 = M$ im Widerspruch zu M zusammenhängend. $\square$

Natürlich will man nicht M mit jeder weiteren Wahl eines C^∞-Atlanten als eine andere differenzierbare Mannigfaltigkeit auffassen. Deshalb dividieren wir durch folgende Äquivalenzrelation.

---

[6]1891, Felix Klein, für Riemannsche Flächen

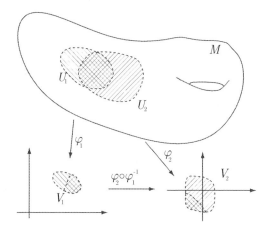

Abb. 1.7: Kartenwechsel auf Mannigfaltigkeiten.

Definition 1.2.9. *Zwei C^∞-Atlanten $\mathfrak{A} = \{\varphi_j \mid j \in J\}, \mathfrak{A}' = \{\psi_k \mid k \in K\}$ seien äquivalent, falls $\mathfrak{A} \cup \mathfrak{A}'$ wieder ein Atlas ist, d.h. $\forall j \in J, k \in K : \varphi_j \circ \psi_k^{-1}$ ist ein C^∞-Diffeomorphismus. Eine* **differenzierbare (oder C^∞-)Struktur** *auf der topologischen Mannigfaltigkeit M ist eine Äquivalenzklassen von Atlanten[7]. Eine* **differenzierbare (oder C^∞-)Mannigfaltigkeit** *ist eine topologische Mannigfaltigkeit zusammen mit einer differenzierbaren Struktur.*

Beispiel 1.2.10. i) Der $\mathbf{R}^n$ ist mit dem Atlas aus einer Karte $\varphi = \mathrm{id}_{\mathbf{R}^n}$ eine C^∞-Mannigfaltigkeit.

ii) $\mathbf{R}^n/\mathbf{Z}^n$ mit der Quotiententopologie ($U \subset \mathbf{R}^n/\mathbf{Z}^n$ ist offen $:\Leftrightarrow \pi^{-1}(U)$ ist offen für die kanonische Projektion π) und den Karten

$$\varphi_{I,x} : (x + I^n)/\mathbf{Z}^n \overset{\mathrm{id}}{\to} (x + I^n)$$

zu jedem Intervall $I \overset{\text{offen}}{\subset} \mathbf{R}$ der Länge < 1 und jedem $x \in \mathbf{R}^n$ ist eine Mannigfaltigkeit, ein **Torus**. Als Bild des Kompaktums $[0,1]^n$ unter der stetigen Abbildung π ist $\mathbf{R}^n/\mathbf{Z}^n$ kompakt.

iii) Für $K = \mathbf{R}, \mathbf{C}, \mathbf{H}$ seien $x, y \in K^{n+1} \setminus \{0\}$ äquivalent, $x \sim y :\Leftrightarrow \exists \lambda \in K : x = \lambda y$. Die Äquivalenzklasse eines Punktes besteht also aus der Geraden durch diesen Punkt und durch 0. Die Menge der Äquivalenzklassen (also der K-Geraden im K^{n+1}) ist der **projektive Raum** $\mathbf{P}^n K := K^{n+1} \setminus \{0\}/\sim$ (Abb. 1.8). Die Topologie wird wieder durch die Quotiententopologie gegeben. Als Atlas wählen wir $U_k := \{[(x_0, \ldots, x_n)] \in \mathbf{P}^n K \mid x_k \neq 0\}, V_k := K^n,$

$$\varphi_k : U_k \to V_k$$
$$[(x_0, \ldots, x_n)] \mapsto (x_k^{-1}x_0, \ldots, x_k^{-1}x_{k-1}, x_k^{-1}x_{k+1}, \ldots, x_k^{-1}x_n).$$

---

[7]1895, Poincaré

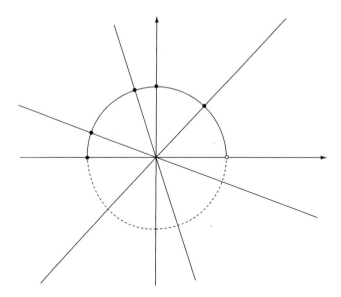

Abb. 1.8: $\mathbf{P}^1\mathbf{R}$ als Menge der Geraden im $\mathbf{R}^2$, parametrisiert durch einen Halbkreis

Dann ist

$$\varphi_j \circ \varphi_k^{-1}(x_0, \ldots, x_{k-1}, x_{k+1}, \ldots, x_n)$$
$$= (x_j^{-1}x_0, \ldots, x_j^{-1}x_{j-1}, x_j^{-1}x_{j+1}, \ldots, \quad x_j^{-1}, \ldots, x_j^{-1}x_n).$$
$$\nwarrow k\text{-te Stelle}$$

Punkte auf $\mathbf{P}^n K$ werden mit der Schreibweise $[(x_0, \ldots, x_n)] =: (x_0 : \cdots : x_n)$ dargestellt. Es ist $\dim \mathbf{P}^n K = n \cdot \dim_{\mathbf{R}} K$. Mit der stetigen Abbildung $\pi : K^{n+1} \setminus \{0\} \to \mathbf{P}^n K$ ist analog zu (ii) $\mathbf{P}^n K = \pi(S^{(n+1)\cdot\dim_{\mathbf{R}} K - 1})$ kompakt.
Bei diesem Beispiel ist gar nicht mehr so offensichtlich, wie man den Raum als Untermannigfaltigkeit beschreiben könnte. Es ginge zwar, wäre aber für viele Zwecke unhandlicher und unnatürlicher als obige Beschreibung.

Ab jetzt soll „Mannigfaltigkeit" zusammenhängende C^∞-Mannigfaltigkeit bedeuten. M wird häufig als M^n geschrieben, wobei n keine Potenz, sondern die Dimension kennzeichnet.

Definition 1.2.11. *Eine Teilmenge $N \subset M^n$ einer Mannigfaltigkeit M heißt **Untermannigfaltigkeit** von M, falls um jedes $p \in N$ eine Karte $\varphi : U \to V \subset \mathbf{R}^n$ existiert, so dass $\varphi(U \cap N)$ Untermannigfaltigkeit des $\mathbf{R}^n$ ist.*

Lemma 1.2.12. *Untermannigfaltigkeiten und Produkte von C^∞-Mannigfaltigkeiten sind C^∞-Mannigfaltigkeiten.*

Beweis. Versehe $N \subset M$ mit der von M induzierten Topologie ($\mathcal{O} := N \cap$ offene Teilmengen von M), bzw. das Produkt $M_1 \times M_2$ mit der Produkttopologie, die von

Produkten offener Mengen erzeugt wird. Bilde die Atlanten genauso aus Atlanten von M, M_1, M_2. □

Eine C^∞-Struktur entspricht der Möglichkeit, auf folgende Weise Differenzierbarkeit für Abbildungen definieren zu können:

Definition 1.2.13. *Eine Abbildung $f : M^m \to N^n$ zwischen C^∞-Mannigfaltigkeiten ist C^k, falls um alle $x \in M$, $f(x) \in N$ Karten $\varphi : U \to V \subset \mathbf{R}^m$, $\psi : U' \to V' \subset \mathbf{R}^n$ existieren, so dass $\psi \circ f \circ \varphi^{-1} : V \to V'$ eine C^k-Abbildung ist.*

Diese Definition ist unabhängig von der Wahl der Karten, da die Übergangsabbildungen C^∞ sind (folgendes Diagramm kommutiert):

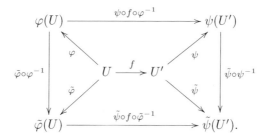

Deswegen lässt sich schwächere Differenzierbarkeit als C^∞ definieren, aber keine stärkere. Um etwa analytisch zu definieren, würde man einen Atlas mit analytischen Kartenwechseln benötigen. Für eine C^ℓ-Mannigfaltigkeit ließe sich entsprechend C^k-Differenzierbarkeit von Abbildungen nur für $\ell \geq k$ definieren.

Bemerkung. Damit haben wir eine Definition von Differenzierbarkeit, aber noch keine Definition von Ableitungen!

Beispiel. Jede Karte $\varphi : U \to V$ ist C^∞, ebenso jede **Koordinate** $\varphi^j : U \to \mathbf{R}$ und die Parametrisierung $\varphi^{-1} : V \to U$.

Mit dem Begriff einer differenzierbaren Abbildung lässt sich jetzt auch sagen, wann zwei C^∞-Mannigfaltigkeiten isomorph sein sollen.

Definition 1.2.14. *Eine C^∞-Abbildung $F : U \to \mathbf{R}^n$, $U \subset \mathbf{R}^m$, heißt **Submersion**/**Immersion**/**lokaler Diffeomorphismus** bei $x \in U$, falls ihre Ableitung $F'_{|x} : \mathbf{R}^m \to \mathbf{R}^n$ dort surjektiv/injektiv/bijektiv ist. Eine C^∞-Abbildung $f : M^m \to N^n$ heißt **Submersion**/**Immersion**/**lokaler Diffeomorphismus**, falls für alle $x \in M$ Karten φ, ψ um $x, f(x)$ existieren, so dass $\psi \circ f \circ \varphi^{-1}$ an $\varphi(x)$ eine solche ist. Die Abbildung f heißt **Diffeomorphismus**, falls sie bijektiv ist mit glatter Inverser. Sie heißt **Einbettung**, falls sie eine Immersion ist und $f : M \to f(M)$ ein Homöomorphismus ist.*

Z.B. sind abgeschlossene oder offene injektive Immersionen Einbettungen.

Beispiel. Der Clifford-Torus im $\mathbf{R}^{2n}$ ist diffeomorph zu $\mathbf{R}^n/\mathbf{Z}^n$ (Übung 1.2.21).

Beispiel. Sei $M = \mathbf{R}$ mit dem Atlas $\{\varphi : M \to \mathbf{R}, x \mapsto x\}$ und $N = \mathbf{R}$ mit dem Atlas $\{\psi : N \to \mathbf{R}, x \mapsto x^3\}$. Die Atlanten sind nicht äquivalent, denn $(\psi \circ \varphi^{-1})'_{|0} = 0$. Aber $f : M \to N, x \mapsto \sqrt[3]{x}$ ist ein Diffeomorphismus, denn f ist bijektiv und $\psi \circ f \circ \varphi^{-1} = x$, also C^∞ mit glatter Inverse.

Lemma 1.2.15. *Für eine Einbettung $\iota : M \to N$ ist ι ein Diffeomorphismus auf sein Bild.*

Beweis. Sei $p \in M$, $\varphi : U \to V$ eine Karte um p und $\psi : U' \to V'$ eine Karte um $f(p)$. Dann ist $\psi \circ \iota \circ \varphi^{-1}$ eine Parametrisierung wie in Lemma 1.1.3, also ist die Umkehrabbildung auf dem Bild lokal eine Karte und damit C^∞. $\qquad\square$

Lemma 1.2.16. *Seien M, N C^∞-Mannigfaltigkeiten, M kompakt und $f : M \to N$ eine injektive Immersion. Dann ist f eine Einbettung.*

Beweis. Zu zeigen ist f^{-1} stetig. Sei $(y_n)_n$ eine Folge in $f(M)$ mit $y_n \to y$ und $x_n := f^{-1}(y_n)$, $x := f^{-1}(y)$. Angenommen, x_n konvergiert nicht gegen x, i.e. x hat eine Umgebung U, die fast alle x_n nicht treffen. $M \setminus U$ ist kompakt, also gibt es eine gegen ein x_0 konvergente Teilfolge $(x_{n_k})_k$. Aber dann folgt $f(x_{n_k}) \to f(x_0) \neq y$. $\quad\square$

Vorsicht! Eine topologische Mannigfaltigkeit kann mehrere nicht-diffeomorphe (oder auch gar keine) differenzierbare Strukturen erlauben. Z.B. gibt es nach der Donaldson-Theorie ∞-viele verschiedene C^∞-Strukturen auf dem $\mathbf{R}^4$ mit der Standard-Topologie (aber nur eine auf $\mathbf{R}^n$ mit $n \neq 4$, [Go1], [Go2], [DoK]). Und es gibt 28 verschiedene auf der 7-dimensionalen Sphäre ([M]).

Aufgaben

Übung* 1.2.17. *Zeigen Sie, dass es offene Umgebungen $U_r \subset \mathbf{R}$ um alle Punkte $r \in \mathbf{Q} \subset \mathbf{R}$ gibt mit $\bigcup_{r \in \mathbf{Q}} U_r \neq \mathbf{R}$.*

Übung* 1.2.18. *Verifizieren Sie die Lindelöf-Bedingung für Untermannigfaltigkeiten, ohne Zweitabzählbarkeit zu verwenden, sondern direkter mit der Definition.*

Übung 1.2.19. *Beweisen Sie folgende Sachverhalte über projektive Räume:*

1) Die Räume $\mathbf{P}^1\mathbf{R}$ und $\mathbf{P}^1\mathbf{C}$ sind diffeomorph zu den Sphären S^1 bzw. S^2 (analog ist $\mathbf{P}^1\mathbf{H}$ diffeomorph zu S^4).

2) Die Abbildung $f : S^n \to \mathbf{P}^n\mathbf{R}, x \mapsto [x]$ ist surjektiv und ein lokaler Diffeomorphismus. Bestimmen Sie das Urbild jedes Punktes.

Übung* 1.2.20. *Zeigen Sie, dass für alle $R > r$ die durch*

$$\left\{ \begin{pmatrix} x \\ y \\ z \end{pmatrix} \in \mathbf{R}^3 \,\middle|\, (\sqrt{x^2 + y^2} - R)^2 + z^2 = r^2 \right\}$$

bestimmte Untermannigfaltigkeit M des $\mathbf{R}^3$ (Übung 1.1.8) diffeomorph zum Torus $\mathbf{R}^2/\mathbf{Z}^2$ ist.

Übung 1.2.21. *Beweisen Sie, dass der n-dimensionale Clifford-Torus diffeomorph zum Torus $\mathbf{R}^n/\mathbf{Z}^n$ ist.*

Übung 1.2.22. *Zeigen Sie, dass in $\{A \in \mathbf{R}^{3\times 3} \mid A^t = A, \operatorname{Tr} A = 1\} \cong \mathbf{R}^5$ die Matrizen mit $A^2 = A$ eine Untermannigfaltigkeit M bilden, die diffeomorph zu $\mathbf{P}^2\mathbf{R}$ ist.*

Übung 1.2.23. *Sei M das Quadrat $M := \{\left(\begin{smallmatrix} x \\ y \end{smallmatrix}\right) \mid x, y \in [-1, 1], |x| = 1 \text{ oder } |y| = 1\}$ mit der vom $\mathbf{R}^2$ induzierten Topologie. Finden Sie einen C^∞-Atlas für M.*

Übung 1.2.24. *Die **Kleinsche Flasche** M sei (als topologischer Raum) der Quotient von $\mathbf{R}^2$ durch die Äquivalenzrelation $(s,t) \sim (s + 2\pi n, (-1)^n t + 2\pi m)$ $\forall n, m \in \mathbf{Z}$.*

1) Zeigen Sie, dass M die Struktur einer C^∞-Mannigfaltigkeit trägt.

2) Beweisen Sie, dass

$$\begin{pmatrix} \varphi \\ \psi \end{pmatrix} \mapsto \begin{pmatrix} \cos\varphi \cdot (r + \cos\psi) \\ \sin\varphi \cdot (r + \cos\psi) \\ \cos\frac{\varphi}{2} \cdot \sin\psi \\ \sin\frac{\varphi}{2} \cdot \sin\psi \end{pmatrix}$$

für $r > 1$ eine Einbettung der Kleinschen Flasche in den $\mathbf{R}^4$ ist.

(Bemerkung: Eine Einbettung in den $\mathbf{R}^3$ gibt es nicht).

1.3 Erste Beschreibung des Tangentialbündels: via Karten

Repräsentant eines Tangentialvektors	Ableitung
Tangentialvektor	Tangential
Fußpunkt	Vektorfeld
Tangentialraum	orientierbar
Tangentialbündel	

Im letzten Abschnitt wurde zwar definiert, was eine differenzierbare Funktion f sein soll, aber was die Ableitung von f sein soll, ist damit noch nicht klar. Die Ableitung $(\psi \circ f \circ \varphi^{-1})'$ hängt ja von der Wahl der Karten φ, ψ ab. Wenn man sich am Begriff der Richtungsableitung orientiert, um Ableitung als infinitesimale Variation von f in eine gegebene Richtung zu definieren, bemerkt man, dass man zunächst klären muss, was denn eine Richtung bzw. ein Tangentialvektor genau sein soll. Da dieser Begriff für das Differenzieren und damit für die ganze Analysis auf Mannigfaltigkeiten so grundlegend ist, beschreiben wir ihn auf drei verschiedene Arten und Weisen, um möglichst viele Gesichtspunkte abzudecken.

Im ersten Ansatz wird mittels einer Karte $\varphi : U \to V$ ein Tangentialvektor auf M mit einem Tangentialvektor auf $V \subset \mathbf{R}^n$ identifiziert. Die Menge aller Richtungen an jedem Punkt von V entspricht einem $\mathbf{R}^n$. Für eine andere Karte ändert sich diese Beschreibung, aber der Unterschied lässt sich durch eine Äquivalenzrelation herausdividieren.

Definition 1.3.1. *Ein **Repräsentant eines Tangentialvektors** an $x \in M^n$ ist ein Paar $(\varphi, u) \in \mathfrak{A} \times \mathbf{R}^n$ aus einer Karte φ um x und $u \in \mathbf{R}^n$. Zwei Repräsentanten $(\varphi, u), (\psi, v)$ seien äquivalent, falls $(\psi \circ \varphi^{-1})'_{|\varphi(x)}(u) = v$. Die Äquivalenzklassen $[(\varphi, u)]$ heißen **Tangentialvektoren am Fußpunkt** x. Der **Tangentialraum** $T_x M$ an x ist die Menge all dieser Tangentialvektoren.*

Bemerkung. Für eine offene Teilmenge M des $\mathbf{R}^m$ und Abbildungen $\varphi, \psi : M \to \mathbf{R}^m$ entspricht dies dem Verhalten von Richtungsableitungen: Für $X \in \mathbf{R}^m$ als Tangentialvektor an M im Punkt x und $u := \varphi'_{|x}(X), v := \psi'_{|x}(X)$, also $(\psi \circ \varphi^{-1})'_{|\varphi(x)}(u) = v$.

Lemma 1.3.2. *Mit den Rechenoperationen $[(\varphi, u)] + [(\varphi, v)] := [(\varphi, u + v)]$, $\lambda \cdot [(\varphi, u)] := [(\varphi, \lambda u)]$ für $\lambda \in \mathbf{R}, u, v \in \mathbf{R}^n$ wird $T_x M$ ein n-dimensionaler $\mathbf{R}$-Vektorraum.*

Beweis. Wohldefiniertheit: Für jede andere Karte ψ ist $(\psi \circ \varphi^{-1})'_{|\varphi(x)} \in \mathbf{R}^{n \times n}$ eine lineare Abbildung, also verträglich mit Addition und skalarer Multiplikation. Die Wahl der Karte ist bei der Äquivalenzrelation beliebig, also ist $(\varphi, \mathbf{R}^n)$ ein vollständiges Repräsentantensystem für jede feste Karte φ und $\dim T_x M = n$. $\square$

Definition 1.3.3. *Für eine Mannigfaltigkeit M^n sei $TM := \{(x, X) \mid x \in M, X \in T_x M\}$ die disjunkte Vereinigung der Tangentialräume. Das **Tangentialbündel** $\pi : TM \twoheadrightarrow M, (x, X) \mapsto x$ sei die Projektion auf den Fußpunkt.*

Beispiel. Für $V \subset \mathbf{R}^n$ offen ist $TV \cong V \times \mathbf{R}^n$ via der kanonischen Karte id_V.

Lemma 1.3.4. *Für M n-dimensional ist TM auf kanonische Art und Weise eine $2n$-dimensionale Mannigfaltigkeit und π eine C^∞-Submersion.*

Beweis. Zu einem Atlas $\mathfrak{A} = \{\varphi_j : U_j \to V_j \mid j \in J\}$ von M sei

$$\widetilde{\mathfrak{A}} := \left\{ \begin{array}{ccc} T\varphi_j : & TU_j & \to TV_j \overset{\text{via kanon. Karte}}{\cong} & V_j \times \mathbf{R}^n \\ & (x, [(\varphi_j, u)]) & \longmapsto & (\varphi_j(x), u) \end{array} \middle| j \in J \right\}.$$

Dann ist für $\varphi, \psi \in \mathfrak{A}$

$$\begin{aligned} (T\psi \circ (T\varphi)^{-1})((y, u)) &= T\psi(\varphi^{-1}(y), [(\varphi, u)]) \\ &= T\psi(\varphi^{-1}(y), [(\psi, (\psi \circ \varphi^{-1})'_{|y}(u))]) \\ &= ((\psi \circ \varphi^{-1})(y), (\psi \circ \varphi^{-1})'_{|y}(u)), \end{aligned}$$

also ein C^∞-Diffeomorphismus. Als Topologie auf TM wähle die von $T\varphi$ induzierte (d.h. Urbilder offener Mengen unter $T\varphi$ seien offen).

TM ist Lindelöf: Zu einer offenen Überdeckung $(W_k)_{k \in K}$ von TM und Kartendefinitionsbereichen U_j ist $(\pi(W_k) \cap U_j)_{j,k}$ eine Überdeckung von M. Reduziere diese auf eine abzählbare $(Z_\ell)_\ell$ und überdecke $\pi^{-1}(Z_\ell) \cong Z_\ell \times \mathbf{R}^n$ mit abzählbar vielen der W_k. Dies liefert für alle ℓ zusammen eine abzählbare Überdeckung von TM.

TM ist Hausdorff: Für zwei Punkte p, q mit $\pi(p) \neq \pi(q)$ und disjunkte Umgebungen $U, V \subset M$ von $\pi(p), \pi(q)$ liefern die Urbilder $\pi^{-1}(U), \pi^{-1}(V)$ disjunkte

Umgebungen. Anderenfalls liegen p, q für eine Karte W um $\pi(p) = \pi(q)$ in der Mannigfaltigkeit $\pi^{-1}(W) \cong W \times \mathbf{R}^n$.

Weiter gilt

$$(\varphi \circ \pi \circ (T\varphi)^{-1})(y, u) = (\varphi \circ \pi)(\varphi^{-1}(y), [(\varphi, u)]) = y,$$

also ist π eine Submersion. $\qquad\square$

Beispiel. Mit den Karten $\varphi_I : e^{i\vartheta} \mapsto \vartheta$ von S^1 ist $\varphi_I \circ \varphi_{I'}^{-1} = \mathrm{id}_{I \cap I'}$. Somit ist $TS^1 \cong T(\mathbf{R}/\mathbf{Z}) \to (\mathbf{R}/\mathbf{Z}) \times \mathbf{R} \cong S^1 \times \mathbf{R}, (x, [(\varphi_I, u)]) \mapsto (x, u)$ als Diffeomorphismus wohldefiniert, d.h. TS^1 ist diffeomorph zu einem Zylinder.

Jetzt lässt sich auch definieren, was die Ableitung einer differenzierbaren Abbildung sein soll.

Lemma und Definition 1.3.5. *Die **Ableitung** (oder das **Tangential**) $Tf : TM \to TN$ einer C^∞-Abbildung $f : M \to N$ an $x \in M$ ist für Karten φ, ψ um $x, f(x)$ die lineare Abbildung*

$$
\begin{aligned}
T_x f : T_x M &\to T_{f(x)} N \\
[(\varphi, u)] &\mapsto [(\psi, (\psi \circ f \circ \varphi^{-1})'_{|\varphi(x)}(u))] \qquad (u \in \mathbf{R}^n).
\end{aligned}
$$

In Abhängigkeit von x ist $Tf : TM \to TN$ eine C^∞-Abbildung.

Beweis. Wohldefiniertheit: Für zwei Karten $\varphi, \tilde{\varphi}$ um x ist

$$
\begin{aligned}
T_x f([(\varphi, u)]) &= T_x f([(\tilde{\varphi}, (\tilde{\varphi} \circ \varphi^{-1})'_{|\varphi(x)}(u))]) \\
&= [(\psi, (\psi \circ f \circ \tilde{\varphi}^{-1})'_{|\tilde{\varphi}(x)}(\tilde{\varphi} \circ \varphi^{-1})'_{|\varphi(x)}(u))] \\
&= [(\psi, (\psi \circ f \circ \varphi^{-1})'_{|\varphi(x)}(u))];
\end{aligned}
$$

analog für zwei Karten $\psi, \tilde{\psi}$ um $f(x)$.

Glattheit: Für eine geeignete offene Teilmenge $U \subset \mathbf{R}^n$ ist

$$
\begin{aligned}
T\psi \circ Tf \circ (T\varphi)^{-1} : TU &\to T\mathbf{R}^n \\
(y, u) &\mapsto ((\psi \circ f \circ \varphi^{-1})(y), (\psi \circ f \circ \varphi^{-1})'_{|y}(u)),
\end{aligned}
$$

insbesondere glatt. $\qquad\square$

Beispiel. Sei $M \subset \mathbf{R}^{n+k}$ eine Untermannigfaltigkeit, $\iota : M \hookrightarrow \mathbf{R}^{n+k}$ die kanonische Einbettung und $\gamma : V \to \mathbf{R}^{n+k}$ eine lokale Parametrisierung. Dann ist bezüglich der Karte γ^{-1} von M und der kanonischen Karte id von $\mathbf{R}^{n+k}$

$$
\begin{aligned}
T\iota : TM &\to T\mathbf{R}^{n+k} \\
(\gamma(x), [(\gamma^{-1}, u)]) &\mapsto (\iota(\gamma(x)), [(\mathrm{id}, (\mathrm{id} \circ \iota \circ \gamma)'_{|\gamma^{-1}(\gamma(x))}(u))]) \\
&= (\gamma(x), [(\mathrm{id}, \gamma'_{|x}(u))]).
\end{aligned}
$$

TM wird also von $T\iota$ als im $\gamma' \subset T\mathbf{R}^{n+k}$ eingebettet (Abb. 1.9). Das entspricht der anschaulichen Vorstellung, dass $T_x M$ tangential im Sinne der euklidischen Geometrie an M am Punkt x liegen soll.

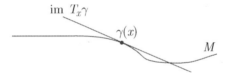

Abb. 1.9: Tangentialraum einer parametrisierten Untermannigfaltigkeit des $\mathbf{R}^{n+k}$.

Abb. 1.10: Das kanonische kartesische Vektorfeld $\frac{d}{dx}$ auf $\mathbf{R}$.

Lemma 1.3.6. *(Kettenregel) Seien* $M \xrightarrow{f} N \xrightarrow{g} P$ C^∞*-Abbildungen,* $x \in M$*, dann ist* $T_x(g \circ f) = T_{f(x)}g \circ T_x f$*.*

Beweis. Seien φ, ψ, ω Karten um $x, f(x), g(f(x))$, dann ist für $u \in \mathbf{R}^m$

$$T_x(g \circ f)([(\varphi, u)]) = [(\omega, (\omega \circ g \circ f \circ \varphi^{-1})'(u))]$$
$$= [(\omega, (\omega \circ g \circ \psi^{-1})' \cdot (\psi \circ f \circ \varphi^{-1})'(u))]$$
$$= T_{f(x)}g([(\psi, (\psi \circ f \circ \varphi^{-1})'(u))]) = T_{f(x)}g \circ T_x f. \qquad \square$$

Anders ausgedrückt ist

$$T : \left\{ \begin{array}{c} \text{Mannigfaltigkeiten} \\ C^\infty\text{-Abbildungen} \end{array} \right\} \to \left\{ \begin{array}{c} \text{Mannigfaltigkeiten} \\ C^\infty\text{-Abbildungen} \end{array} \right\}$$

ein kovarianter Funktor auf derjenigen Kategorie, die Mannigfaltigkeiten als Objekte und C^∞-Abbildungen als Morphismen hat. Den Beweis kann man sich mit $\varphi : U \to V \subset \mathbf{R}^m, \psi : U' \to V' \subset \mathbf{R}^n, \omega : U'' \to V'' \subset \mathbf{R}^p$ auch als die Kommutativität folgenden Diagramms darstellen:

$$
\begin{array}{ccccc}
 & & T(g \circ f) & & \\
TU & \xrightarrow{\ \ Tf\ \ } & TU' & \xrightarrow{\ \ Tg\ \ } & TU'' \\
\downarrow{\scriptstyle T\varphi} & & \downarrow{\scriptstyle T\psi} & & \downarrow{\scriptstyle T\omega} \\
V \times \mathbf{R}^m & \longrightarrow & V' \times \mathbf{R}^n & \longrightarrow & V'' \times \mathbf{R}^p. \\
 & & (\omega \circ g \circ f \circ \varphi^{-1}, (\omega \circ g \circ f \circ \varphi^{-1})') & &
\end{array}
$$

Beispiel 1.3.7. Sei $I \subset \mathbf{R}$, $\gamma : I \to M$ eine Kurve auf M mit $\gamma(0) = p$ und $\gamma'(0) := T_0\gamma(\frac{d}{dx}) = X \in T_pM$ mit dem kartesischen Einheitsvektor $\frac{d}{dx}$ auf $\mathbf{R}$ (Abb. 1.10; die Notation $\frac{d}{dx}$ weicht etwas von unserer sonstigen Notation für Ableitungen ab). Dann ist für jedes glatte $f : M \to N$

$$T_pf(X) = (f \circ \gamma)'(0).$$

Beispiel. Für $U \subset \mathbf{R}^{n+k}$, $f : U \to \mathbf{R}^k$ mit $U \cap M^n = f^{-1}(0)$ und eine lokale Parametrisierung γ von M ist $f \circ \gamma = 0$, also folgt $Tf \circ T\gamma = 0$. Somit wird aus Dimensionsgründen $TM \cong \ker f'$. Z.B. wird für die Sphäre mit $f(x) = \|x\|^2 - 1$ wegen $f'_{|x}(u) = 2x^t u$ somit

$$T_x M \cong x^\perp \subset T_x \mathbf{R}^{n+1}.$$

Definition 1.3.8. *Ein **Vektorfeld** X auf einer Mannigfaltigkeit M ist eine C^∞-Abbildung $X : M \to TM$ mit $X_{|p} \in T_p M \,\forall p \in M$. Die Menge der Vektorfelder wird als $\Gamma(M, TM)$ geschrieben.*

Aufgaben

Übung 1.3.9. *Seien φ, ψ die zwei Abbildungen*

$$\varphi :] -3, 3[\times] -5, 5[\quad \to \mathbf{R}^2, (x, y) \quad \mapsto (3x + 4y, 4y),$$
$$\psi :]1, 3[\times]1, 5[\quad \to \mathbf{R}^2, (x, y) \quad \mapsto (2x, x^2 + y).$$

Überprüfen Sie, dass φ, ψ mit dem passend eingeschränkten Bildbereich Karten des $\mathbf{R}^2$ sind, und berechnen Sie, wann zwei Tangentialvektoren $[(\varphi, v)], [(\psi, w)]$ des $\mathbf{R}^2$ gleich sind.

Übung* 1.3.10. *Eine Mannigfaltigkeit M mit $\dim M \neq 0$ heißt **orientierbar**, falls es einen Atlas gibt, für den die Determinanten der Jacobi-Matrizen der Kartenwechsel nur positive Werte annehmen. Für $\dim M = 0$ heißt M stets orientierbar. Zeigen Sie, dass für M beliebig TM stets orientierbar ist.*

Übung 1.3.11. *Zeigen Sie, dass die Kleinsche Flasche (mit Ihrer C^∞-Struktur aus Übung 1.2.24) nicht orientierbar ist. Welches ist das maximale $n \in \mathbf{N}$, für das Vektorfelder $X_1, \dots, X_n$ auf der Kleinschen Flasche M existieren, so dass an jedem Punkt $p \in M$ die Vektoren $X_{1|p}, \dots, X_{n|p}$ linear unabhängig sind?*

Übung 1.3.12. *Konstruieren Sie ein nullstellenfreies Vektorfeld auf S^{2n-1} für $n \in \mathbf{Z}^+$. Tipp: Verwenden Sie nicht die stereographischen Projektionen, sondern die Standard-Einbettung $S^{2n-1} \subset \mathbf{C}^n$.*

Übung 1.3.13. *1) Berechnen Sie genauer, wann für die Karten $\varphi_\pm$ der Sphäre S^n aus Aufgabe 1.1.6 zwei Paare $(\varphi_+, u), (\varphi_-, v)$ mit $u, v \in \mathbf{R}^n$ denselben Tangentialvektor repräsentieren.*

2) Verifizieren Sie noch einmal mit Hilfe von φ_+, φ_-, dass TS^1 und $S^1 \times \mathbf{R}$ diffeomorph sind. Tipp: Bei der Konstruktion des Diffeomorphismus kann es helfen, sich klarzumachen, auf welchen Vektor in $T\mathbf{R}$ ein Tangentialvektor der Länge 1 des Kreises abgebildet wird.

Übung 1.3.14. *Beweisen Sie für eine Einbettung $f : M \to N$, dass $Tf : TM \to TN$ ebenfalls eine Einbettung ist.*

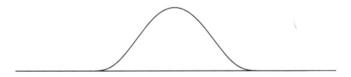

Abb. 1.11: Beispiel einer Testfunktion $\tilde{\tau}$ auf **R**, hier $e^{2-\frac{1}{(1+x)^2}-\frac{1}{(1-x)^2}}$ auf $]-1,1[$.

1.4   Zweite Beschreibung des Tangentialbündels: Derivationen

Derivation	Keime
direktes Bild	Jets
Lie-Klammer	

In diesem und dem nächsten Abschnitt werden glatte Vektorfelder (im Gegensatz zu Vektoren an einzelnen Punkten) auf weitere Arten beschrieben. Im Sinne von Übung 1.4.13 entspricht dies weiteren Darstellungen des Tangentialbündels. Die zweite Beschreibung von Vektorfeldern basiert auf folgender Eigenschaft, die Ableitungen erster Ordnung von **R**-wertigen Funktionen algebraischer charakterisiert:

Definition 1.4.1. *Eine* **Derivation** *auf* $C^\infty(M)$ *ist eine* **R**-*lineare Abbildung* $\delta : C^\infty(M) \to C^\infty(M)$ *mit*

$$\delta(f \cdot g) = \delta(f) \cdot g + f \cdot \delta(g) \quad \forall f, g \in C^\infty(M) \qquad (Leibniz\text{-}Regel).$$

Beispiel. Auf $C^\infty(\mathbf{R})$ ist die Abbildung, die $f \in C^\infty(\mathbf{R})$ auf $x \mapsto f'(x) \cdot \sin x$ abbildet, eine Derivation.

Bemerkung. Für $f \equiv$ const. folgt $\delta(f) = 0$, denn

$$\delta(f) = \delta(f \cdot 1) \stackrel{\text{Leibniz}}{=} \delta(f) \cdot 1 + f \cdot \delta(1) \stackrel{\mathbf{R}-\text{linear}}{=} 2\delta(f).$$

Hilfssatz 1.4.2. *Sei* $f \in C^\infty(M), \delta$ *Derivation und* $U \subset M$ *offen. Dann ist* $\delta(f)_{|U}$ *durch* $f_{|U}$ *eindeutig bestimmt ("Derivationen sind lokale Operatoren").*

Beweis. Sei $f_{|U} = \tilde{f}_{|U}$ und $p \in U$. Wähle eine C^∞-Testfunktion $\tau : M \to \mathbf{R}$ mit $\tau(p) = 1, \tau_{|M \setminus U} \equiv 0$. Eine solche erhält man mit einer Karte $\varphi : \tilde{U} \to V$ um p und einer entsprechenden Testfunktion $\tilde{\tau}$ auf V als $\tau := \tilde{\tau} \circ \varphi$ (Abb. 1.11). Dann ist $0 = (f - \tilde{f}) \cdot \tau$, also

$$0 = \delta((f - \tilde{f}) \cdot \tau)(p) = \delta(f - \tilde{f})(p) \cdot \underbrace{\tau(p)}_{=1} + \underbrace{(f - \tilde{f})(p)}_{=0} \cdot \delta\tau(p),$$

d.h. $\delta(f)(p) = \delta(\tilde{f})(p) \; \forall p \in U$. $\square$

Sei $\pi_2 : T\mathbf{R} = \mathbf{R} \times \mathbf{R} \twoheadrightarrow \mathbf{R}$ die Projektion auf den zweiten Faktor.

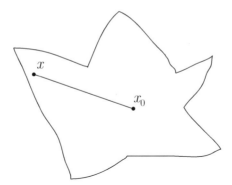

Abb. 1.12: Integrationsweg zum Beweis der Surjektivität von L.

Satz 1.4.3. *Es gibt einen kanonischen Isomorphismus von $\mathbf{R}$-Vektorräumen*

$$L : \Gamma(M, TM) \;\;\to\;\; \{Derivationen\ auf\ C^\infty(M)\}$$
$$X \;\;\mapsto\;\; (f \mapsto L_X f := X.f := \pi_2(Tf(X))).$$

Bemerkung. Dies wird falsch, wenn man bei den Kartenwechseln etc. C^∞ durch analytisch, holomorph oder rational ersetzt oder ∞-dimensionale Mannigfaltigkeiten betrachtet. Z.B. sind nach dem Satz von Liouville alle holomorphen $\mathbf{C}$-wertigen Funktionen auf $\mathbf{P}^1\mathbf{C}$ konstant, also sind alle Derivationen gleich 0. Es gibt aber einen 3-dimensionalen Vektorraum holomorpher Vektorfelder auf $\mathbf{P}^1\mathbf{C}$.

Der besseren Übersichtlichkeit halber wird π_2 bei späteren Rechnungen in aller Regel nicht explizit genannt.

Beweis. L ist wohldefiniert: Für eine Karte $\varphi : U \to V$ um $p \in M$ sei $X_p = [(\varphi, u)] \in T_p M$. Dann ist $L_X(gf)(p) = ((gf) \circ \varphi^{-1})'_{|\varphi(p)}(u) = (g \circ \varphi^{-1})'_{|\varphi(p)}(u) \cdot f(p) + g(p) \cdot (f \circ \varphi^{-1})'_{|\varphi(p)}(u) = (L_X g \cdot f + g \cdot L_X f)(p)$.

L ist injektiv: Sei $L_X f = 0 \,\forall f$ und $p \in M$ mit $X_p \neq 0$. Wähle $\tau \in C^\infty(V, \mathbf{R})$ mit $\tau = \begin{cases} 1 \\ 0 \end{cases}$ in einer Umgebung von $\begin{smallmatrix} \varphi(p) \\ \partial V \end{smallmatrix}$. Sei $g : V \to \mathbf{R}$ mit $g(\varphi(p)) = 0, T_{\varphi(p)} g(u) \neq 0$ und $f := \begin{cases} (\tau \cdot g) \circ \varphi \\ 0 \end{cases}$ auf $\begin{smallmatrix} U \\ M \setminus U \end{smallmatrix}$. Dann ist $(X.f)(p) \neq 0 \, \unlhd$.

L ist surjektiv: Sei δ eine Derivation, $f \in C^\infty(M, \mathbf{R})$, $\varphi : U \to V$ Karte und $g := f \circ \varphi^{-1}$. In einer sternförmigen Umgebung von $x_0 := \varphi(p)$, $p \in U$ ist

$$
\begin{aligned}
g(x) &= g(x_0) + \int_0^1 \frac{\partial[g(t \cdot (x - x_0) + x_0)]}{\partial t} \, dt \\
&= g(x_0) + \sum_{j=1}^n (x_j - x_{0,j}) \cdot \int_0^1 \left(\frac{\partial g}{\partial x_j}\right)(t \cdot (x - x_0) + x_0) \, dt
\end{aligned}
$$

(Abb. 1.12). Also folgt wegen Hilfssatz 1.4.2

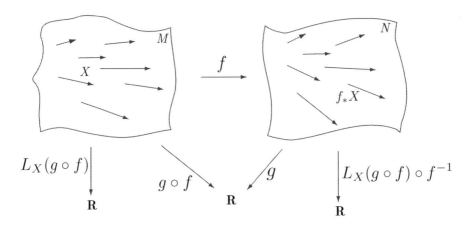

Abb. 1.13: Direktes Bild eines Vektorfelds X unter einem Diffeomorphismus f.

$$
\begin{aligned}
\delta f(p) \;=\;& \delta(g \circ \varphi)(p) = \underbrace{\delta(g(x_0))(p)}_{=0} \\
&+ \sum \delta(x_j \circ \varphi - x_{0,j})(p) \cdot \int_0^1 \left(\frac{\partial g}{\partial x_j} \right)(t \cdot (x - x_0) + x_0)\, dt_{|x=x_0} \\
&+ \sum \underbrace{(x_j \circ \varphi - x_{0,j})(p)}_{=0} \cdot \delta \left(\int_0^1 \left(\frac{\partial g}{\partial x_j} \right)(t \cdot (x - x_0) + x_0)\, dt \circ \varphi \right)(p) \\
=\;& \sum \delta(x_j \circ \varphi)(p) \cdot \frac{\partial(f \circ \varphi^{-1})}{\partial x_j}\bigg|_{x=x_0} = T_p f(X)
\end{aligned}
$$

für $X_p := [(\varphi, \begin{pmatrix} \delta(x_1 \circ \varphi)(p) \\ \vdots \\ \delta(x_n \circ \varphi)(p) \end{pmatrix})]$. Dieses Vektorfeld hängt glatt von p ab. Es ist unabhängig von der Kartenwahl: Wegen der Injektivität folgt aus $\delta(\cdot)_{|U_1} = L_{X_1}(\cdot)_{|U_1}$, $\delta(\cdot)_{|U_2} = L_{X_2}(\cdot)_{|U_2}$, dass $X_1 = X_2$ auf $U_1 \cap U_2$. X erfüllt nach Konstruktion $L_X = \delta$. $\qquad\square$

Die Definition von Derivationen ist kürzer und eleganter als die von Vektorfeldern, und sie benutzt keine Karten. Andererseits kann man einen einzelnen Tangentialvektor an einem Punkt nicht direkt mit Derivationen in dieser Gestalt beschreiben. Einige Begriffe zu Vektorfeldern lassen sich mit mit Derivationen leichter und eleganter untersuchen. Der letzte Teil dieses Kapitels zeigt einige dieser Anwendungen.

Es ist nicht verwunderlich, dass eine Identifikation von Mannigfaltigkeiten mittels eines Diffeomorphismus auch Vektorfelder ineinander überführt. Das liefert folgende Begriffsbildung (s. Abb. 1.13):

Lemma und Definition 1.4.4. *Sei $f : M \to N$ ein Diffeomorphismus. Das* **direkte Bild** *$f_* : \Gamma(M, TM) \to \Gamma(N, TN)$ sei für ein Vektorfeld $X \in \Gamma(M, TM)$ definiert durch*

$$
L_{f_* X} g := (L_X(g \circ f)) \circ f^{-1} \qquad \forall g \in C^\infty(N).
$$

Punktweise gilt

$$(f_*X)_{|p} = (T_{f^{-1}(p)}f)(X_{|f^{-1}(p)}).$$

Die Verknüpfung mit f^{-1} wird leicht beim Rechnen vergessen, aber sie ist hier fundamental wichtig: Ohne diese Verknüpfung ist $L_X(g \circ f) \in C^\infty(M)$.

Beweis. L_{f_*X} ist eine Derivation, denn

$$
\begin{aligned}
L_{f_*X}(g \cdot h) &= [L_X((g \cdot h) \circ f)] \circ f^{-1} \\
&= [L_X(g \circ f) \circ f^{-1}] \cdot h + g \cdot [L_X(h \circ f) \circ f^{-1}] \\
&= L_{f_*X}g \cdot h + g \cdot L_{f_*X}h.
\end{aligned}
$$

Satz 1.4.3 und die Kettenregel liefern die punktweise Formel:

$$
\begin{aligned}
L_{Tf(X_{|f^{-1}(p)})}g &= Tg(Tf(X_{|f^{-1}(p)})) = T(g \circ f)(X_{|f^{-1}(p)}) \\
&= (L_X(g \circ f) \circ f^{-1})(p). \qquad \square
\end{aligned}
$$

Lemma 1.4.5. *Für zwei Diffeomorphismen f, g ist $f_* \circ g_* = (f \circ g)_*$, d.h.*

$$
\left\{ \begin{array}{c} Mannigfaltigkeiten \\ Diffeomorphismen \end{array} \right\} \rightarrow \left\{ \begin{array}{c} \mathbf{R}\text{-}Vektorräume \\ Vektorraum\text{-}Isomorphismen \end{array} \right\}
$$

$$
\begin{aligned}
M &\mapsto \Gamma(M, TM) \\
f &\mapsto f_*
\end{aligned}
$$

ist ein kovarianter Funktor.

Beweis. Für eine reell-wertige Funktion h auf der Wertemannigfaltigkeit von f und ein Vektorfeld X ist

$$L_{f_*g_*X}h = (L_{g_*X}(h \circ f)) \circ f^{-1} = (L_X(h \circ f \circ g)) \circ g^{-1} \circ f^{-1} = L_{(f\circ g)_*X}h. \quad \square$$

In diesem Beweis wurde nur die Definition des direkten Bildes und nicht die Kettenregel verwendet. Dies ersetzt nicht die zugehörigen Beweise im letzten Abschnitt, da die Kettenregel im Beweis von Satz 1.4.3 verwendet wurde.

Die Verknüpfung zweier Derivations-Operatoren ist ein Differentialoperator zweiter Ordnung. Bemerkenswerterweise erhält man durch folgende Differenz aber wieder ein Vektorfeld:

Lemma und Definition 1.4.6. *Für zwei Vektorfelder $X, Y \in \Gamma(M, TM)$ ist die* **Lie-Klammer** $L_X \circ L_Y - L_Y \circ L_X$ *wieder eine Derivation, also ein Vektorfeld* $[X, Y]$.

Beweis.

$$
\begin{aligned}
L_X L_Y(f \cdot g) &= L_X(L_Y f \cdot g + f \cdot L_Y g) \\
&= L_X L_Y f \cdot g + (L_Y f)(L_X g) + (L_X f)(L_Y g) + f \cdot L_X L_Y g,
\end{aligned}
$$

subtrahiere davon das Analogon für den zweiten Term. $\qquad \square$

Bemerkung. Nach dieser Definition ist $[\cdot,\cdot]$ schiefsymmetrisch und $\mathbf{R}$-bilinear: $[X,Y] = -[Y,X]$ und $\forall a,b \in \mathbf{R} : [aX + bY, Z] = a[X,Z] + b[Y,Z]$. Eine weitere grundlegende Eigenschaft folgt später in Lemma 1.5.7.

Für allgemeinere Abbildungen f gibt es kein direktes Bild von Vektorfeldern. Z.B. gibt es bei einer Abbildung $f : \mathbf{R} \to M$ keine kanonische Fortsetzung eines Vektorfeldes von $f(\mathbf{R})$ nach M, und wenn sich die Kurve f bei $p \in M$ transversal selbst schneidet, schneiden sich die entsprechenden Tangentialräume in T_pM nur in 0. Aber man kann allgemein eine analoge Kompatibilitätsbedingung fordern, die viele Eigenschaften von Vektorfeldern auf Definitions- und Bildbereich von f ähnlich gut miteinander verbindet, wie es für direkte Bilder der Fall ist. Das folgende Schlüssellemma wird in diesem Buch vielfach Verwendung finden:

Lemma 1.4.7. *Sei $f : M \to \tilde{M}$ eine C^∞-Abbildung, X, Y Vektorfelder auf M, $\tilde{X}, \tilde{Y}$ Vektorfelder auf $\tilde{M}$, so dass $T_pf(X) = \tilde{X}_{f(p)}, T_pf(Y) = \tilde{Y}_{f(p)}$ $\forall p \in M$. Dann ist $T_pf([X,Y]) = [\tilde{X}, \tilde{Y}]_{f(p)}$.*

Beweis. Für $g \in C^\infty(\tilde{M})$ ist nach Voraussetzung $L_X(g \circ f) = (L_{\tilde{X}}g) \circ f$, also

$$(L_{\tilde{Y}}(L_{\tilde{X}}g)) \circ f = L_Y((L_{\tilde{X}}g) \circ f) = L_Y L_X(g \circ f).$$

Somit ist

$$[\tilde{X}, \tilde{Y}]_{|f(p)}.g = (([\tilde{X}, \tilde{Y}].g) \circ f)(p) = ([X,Y].(g \circ f))(p) = T_pf([X,Y]).g. \qquad \square$$

Für einen Diffeomorphismus f passen diese Begriffe, wie nicht anders zu erwarten, gut zusammen:

Korollar 1.4.8. *Für einen Diffeomorphimus $f : M \to N, X, Y \in \Gamma(M,TM)$ gilt*

$$f_*[X,Y] = [f_*X, f_*Y].$$

Aufgaben

Übung 1.4.9. *Sei $M = \mathbf{R}^n$ und $A := (a_k)_{k=1}^n, B := (b_k)_{k=1}^n \in \Gamma(M,TM)$ mit $a_j, b_j \in C^\infty(M,\mathbf{R})\forall j$. Zeigen Sie*

$$[A,B] = \left(\sum_{j=1}^n a_j \frac{\partial b_k}{\partial x_j} - \sum_{j=1}^n b_j \frac{\partial a_k}{\partial x_j}\right)_{k=1}^n.$$

Für Vektorfelder auf $\mathbf{R}^n$ hilft dabei die Notation $A = (a_k)_{k=1}^n = \sum_{k=1}^n a_k \frac{\partial}{\partial x_k}$, wobei die Vektoren der kartesischen Basis als $\frac{\partial}{\partial x_k}$ geschrieben werden.

Übung 1.4.10. *Seien X, Y, Z die Vektorfelder auf $\mathbf{R}^3$*

$$X := z\frac{\partial}{\partial y} - y\frac{\partial}{\partial z}, \quad Y := x\frac{\partial}{\partial z} - z\frac{\partial}{\partial x}, \quad Z := y\frac{\partial}{\partial x} - x\frac{\partial}{\partial y},$$

sei V der von X, Y, Z aufgespannte Unterraum von $\Gamma(\mathbf{R}^3, T\mathbf{R}^3)$ und

$$\varphi : V \to \mathbf{R}^3, aX + bY + cZ \mapsto (a,b,c).$$

1) *Sei* $g \in \mathbf{O}(3)$ *eine Isometrie des euklidischen Vektorraums für die kanonische euklidische Metrik. Zeigen Sie* $g_* V = V$.

2) *Beweisen Sie* $\varphi([A, B]) = \varphi(A) \times \varphi(B)$ *für* $A, B \in V$ *und das Kreuzprodukt* $\times$ *auf* $\mathbf{R}^3$, *das durch* $\langle u \times v, w \rangle = \det(u, v, w) \forall u, v, w \in \mathbf{R}^3$ *definiert ist.*

Übung 1.4.11. *Zeigen Sie, dass für* $X \in \Gamma(M, TM)$ *die Abbildung*

$$L_X : \Gamma(M, TM) \to \Gamma(M, TM), Y \mapsto [X, Y]$$

bezüglich der Lie-Klammer als Produkt eine Derivation auf $\Gamma(M, TM)$ *ist (d.h.* $\mathbf{R}$*-linear ist und die Leibniz-Produktregel erfüllt).*

Übung 1.4.12. *Sei* $M := \mathbf{R}^2/(2\pi\mathbf{Z})^2$ *ein zweidimensionaler Torus und* $X, Y \in \Gamma(M, TM)$ *mit*

$$X_{(x,y)} := \frac{\partial}{\partial x} + \cos(2y)\frac{\partial}{\partial y}, \quad Y_{(x,y)} := \sin(x)\frac{\partial}{\partial x} + \cos(x+y)^2\frac{\partial}{\partial y}$$

(bzw. in anderer Schreibweise $X_{(x,y)} := \begin{pmatrix} 1 \\ \cos 2y \end{pmatrix}, Y_{(x,y)} := \begin{pmatrix} \sin x \\ \cos(x+y)^2 \end{pmatrix}$*). Sei* $f :$ $M \to M, (x, y) \mapsto (y, x)$ *und* $g : M \to \mathbf{R}, (x, y) \mapsto \cos(x + ny)$ *mit* $n \in \mathbf{N}$. *Berechnen Sie* $[X, Y], f_*X, f_*Y, L_X g$ *und* $L_Y g$.

Übung* 1.4.13. *In dieser Aufgabe wird noch eine weitere Beschreibung von* T_pM, *genauer von* T_p^*M *behandelt. Sei* M *eine Mannigfaltigkeit und* $p \in M$. *In der* $\mathbf{R}$*-Algebra der* $\mathbf{R}$*-wertigen Funktionen* $C^\infty(M, \mathbf{R})$ *sei* $\mathcal{I}_p$ *das Ideal der Funktionen, die auf einer offenen Umgebung* U *von* p *verschwinden. Die Elemente von* $\mathcal{F}_p := C^\infty(M, \mathbf{R})/\mathcal{I}_p$ *heißen* **Keime** *von* $\mathbf{R}$*-wertigen Funktionen. Zeigen Sie:*

1) $\mathcal{J}_p := \{[f] \in \mathcal{F}_p \,|\, f(p) = 0\}$ *ist wohldefiniert und ein Ideal in* $\mathcal{F}_p$.

2) $\mathcal{J}_p/(\mathcal{J}_p)^2 \to T_p^*M, [f] \mapsto T_p f$ *ist ein Vektorraum-Isomorphismus.*

(Analog werden k*-**Jets** als Elemente von* $\mathcal{J}_p/(\mathcal{J}_p)^{k+1}$ *definiert. Diese Definition lässt sich auf den analytische, holomorphen oder rationalen Fall übertragen, wenn man sich auf Repräsentanten beschränkt, die auf einer Umgebung von* p *definiert sind.)*

1.5 Dritte Beschreibung des Tangentialbündels: Flüsse

Fluss	Ein-Parameter-Gruppe
Integralkurve	allgemeine lineare Gruppe
Trajektorie	

In diesem Abschnitt werden Vektorfelder als infinitesimale Diffeomorphismen charakterisiert.

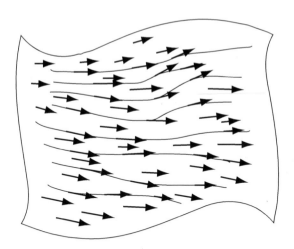

Abb. 1.14: Integralkurven eines Vektorfeldes

Theorem und Definition 1.5.1. *Sei M Mannigfaltigkeit, X ein Vektorfeld, $p \in M$, dann gibt es ein $\varepsilon > 0$ und eine Umgebung U von p, für die eindeutig ein **(lokaler) Fluss** $\Phi_{\cdot}^X :\,]-\varepsilon, \varepsilon[\times U \to M$ existiert mit $\Phi_0^X(q) = q$, $\frac{\partial \Phi_t^X(q)}{\partial t} = X_{|\Phi_t^X(q)}$ (Abb. 1.14). Die Kurven $\Phi_{\cdot}^X(q) :\,]\varepsilon, \varepsilon[\to M$ heißen **Integralkurve** (oder **Trajektorie**).*

Wie im Beispiel 1.3.7 ist hier $\frac{\partial \Phi_t^X(p)}{\partial t} = T\Phi_t^X(p)(\frac{\partial}{\partial t})$ mit dem kartesischen Vektorfeld $\frac{\partial}{\partial t}$ auf $\mathbf{R}$. Die Flussgleichung verlangt, dass das kanonische Vektorfeld $\frac{\partial}{\partial t}$ und X sich bezüglich $\Phi^X(p)$ wie in Lemma 1.4.7 verhalten.

Beweis. Via einer Karte $\varphi : U \to V$ lautet die Bedingung an Φ^X mit $X = [(\varphi, u)], u \in C^\infty(V, \mathbf{R}^n)$

$$\frac{\partial}{\partial t}(\varphi(\Phi_t^X(p))) = u_{|\varphi(\Phi_t^X(p))}.$$

Der Satz von Picard-Lindelöf über lokale Existenz und Eindeutigkeit der Lösung gewöhnlicher Differentialgleichungen 1. Ordnung (in diesem Fall ein autonomes System) liefert die Behauptung.   □

Korollar 1.5.2. *Es gibt eine offene Umgebung $U_\Phi \subset \mathbf{R} \times M$ von $\{0\} \times M$, auf der der Fluss $\Phi^X \in C^\infty(U_\Phi, M)$ definiert ist. Er ist eindeutig bestimmt durch*

1) $\Phi_0^X = \mathrm{id}_M$,

2) $\Phi_t^X \circ \Phi_s^X = \Phi_{t+s}^X$ *(an denjenigen $p \in M$, an denen mindestens zwei dieser drei Werte von Φ^X definiert sind),*

3) $\frac{\partial}{\partial t}_{|t=0} \Phi_t^X(p) = X_{|p}.$

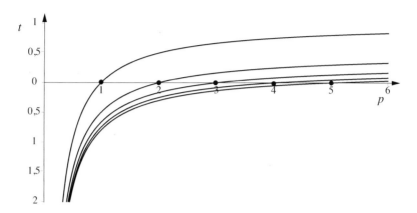

Abb. 1.15: Der Fluss des Vektorfelds $y^2 \frac{\partial}{\partial y}$ ist nicht auf ganz $\mathbf{R} \times \mathbf{R}$ definiert.

Beweis. Sei U_Φ die Vereinigung aller Umgebungen $]-\varepsilon, \varepsilon[\times U$ wie in Theorem 1.5.1. Mit X ist auch die Lösung Φ der Differentialgleichung C^∞.
(1),(3) folgen direkt aus der Definition von Φ.
(2) gilt wegen der Eindeutigkeit der Lösung der Differentialgleichung für Φ:

$$\frac{\partial}{\partial t}\left(\Phi_t^X \circ \Phi_s^X(p)\right) = X_{|\Phi_t^X(\Phi_s^X(p))},$$

also $\Phi_{\cdot+s}^X(p) = \Phi_{\cdot}^X(\Phi_s^X(p))$.
Umgekehrt liefern (1)-(3) die Definition der Integralkurven. $\qquad\square$

Falls $\{t\} \times M \subset U_\Phi$, so ist nach (2) Φ_t ein Diffeomorphismus, da $\Phi_t \circ \Phi_{-t} = \mathrm{id}_M$. So gesehen sind Vektorfelder infinitesimale Diffeomorphismen einer Mannigfaltigkeit auf sich selbst. Umgekehrt liegt ein Hauptvorteil dieser Beziehung in der Konstruktion von Diffeomorphismen durch Vektorfelder.

Beispiel. Zu $X = y^2 \frac{\partial}{\partial y}$ auf $M = \mathbf{R}$ (Abb. 1.15) impliziert die Fluss-Differentialgleichung

$$t + C = \int dt = \int \frac{d\Phi_t^X(p)}{\Phi_t^X(p)^2} = -\frac{1}{\Phi_t^X(p)}.$$

Wegen $\Phi_0^X(p) = p$ folgt $-\frac{1}{p} = C$, also $\Phi_t^X(p) = \frac{1}{\frac{1}{p}-t}$ auf $U_\Phi = \{(t,p) \in \mathbf{R}^2 \mid tp < 1\}$.

Satz 1.5.3. *Wenn X kompakten Träger* $\mathrm{supp}\, X$ *hat (z.B. wenn M kompakt ist), so ist Φ^X auf ganz $\mathbf{R} \times M$ definiert.*

Beweis. Setze $\varepsilon := \frac{1}{2} \min_{p \in \mathrm{supp}\, X} \sup\{t \mid (t,p) \in U_\Phi\}$. Wegen $\mathrm{supp}\, X$ kompakt ist $\varepsilon > 0$. Dann setze für $t > 0, t = k \cdot \varepsilon + r, k \in \mathbf{N}_0, 0 \leq r < \varepsilon$

$$\Phi_t^X := \Phi_r^X \circ \underbrace{\Phi_\varepsilon^X \circ \cdots \circ \Phi_\varepsilon^X}_{k-\mathrm{mal}},$$

analog für $t < 0$. Nach Korollar 1.5.2 ist Φ_t^X der Fluss zu X. $\qquad\square$

Im letzten Fall definiert $\Phi : (\mathbf{R}, +) \to (\mathrm{Diff}(M, M), \circ)$ also einen Gruppen-Homomorphismus in die Diffeomorphismen von M, eine sogenannte **Ein-Parameter-Gruppe** von Diffeomorphismen.

Hilfssatz 1.5.4. *Sei $f : M \to N$ ein Diffeomorphismus und $X \in \Gamma(M, TM)$. Dann hat $f_* X$ als lokalen Fluss $f \circ \Phi^X \circ f^{-1}$.*

Beweis. Es ist $f \circ \Phi_0^X \circ f^{-1} = \mathrm{id}_N$ und

$$\frac{\partial}{\partial t}_{|t=0} (f \circ \Phi_t^X \circ f^{-1})(p) = T_{f^{-1}(p)} f(\frac{\partial}{\partial t}_{|t=0}(\Phi_t^X \circ f^{-1})(p)) = f_* X_{|p}. \qquad \square$$

Korollar 1.5.5. *Seien M, N Mannigfaltigkeiten, $f : M \to N$ ein Diffeomorphismus und $X \in \Gamma(M, TM)$ mit $f_* X = X$. Dann ist $f \circ \Phi_t^X = \Phi_t^X \circ f \; \forall t$.*

Satz 1.5.6. *Für $X, Y \in \Gamma(M, TM)$ ist $\frac{\partial}{\partial t}_{|t=0}(\Phi_t^Y {}_* X) = [X, Y]$.*

Dies ist als lokale Formel gemeint, da Φ_t^Y nicht global definiert sein muss.

Beweis. Da die Formel lokal ist, habe Œ Y kompakten Träger. Dies lässt sich stets durch Multiplikation mit einer geeigneten Testfunktion erreichen, die konstant 1 auf einer Umgebung eines betrachteten Punktes p ist. Für $f \in C^\infty(M)$ ist wegen $(\Phi_t^Y)^{-1} = \Phi_{-t}^Y$

$$\frac{\partial}{\partial t}_{|t=0} \Big(X.(f \circ \Phi_t^Y) \circ (\Phi_t^Y)^{-1} \Big)$$

$$= \frac{\partial}{\partial t}_{|t=0} \Big(X.(f \circ \Phi_t^Y) \circ \underbrace{\Phi_0^Y}_{=\mathrm{id}} \Big) + \frac{\partial}{\partial t}_{|t=0} \Big(X.(f \circ \Phi_0^Y) \circ \Phi_{-t}^Y \Big)$$

$$= X.(Y.f) - Y.(X.f). \qquad \square$$

Bemerkung. Bei der linken Seite in Satz 1.5.6 ist die Schiefsymmetrie der Lie-Klammer weit weniger klar. Dagegen wird sofort ersichtlich, dass die Lie-Klammer ein Vektorfeld liefert. Deutlich transparenter wird auch die folgende Jacobi-Identität, weil sie gerade besagt, dass $[\cdot, X]$ bezüglich der Lie-Klammer als Produkt eine Derivation auf $\Gamma(M, TM)$ ist. Sie lässt sich zwar auch elementar mit Derivationen auf $C^\infty(M)$ nachrechnen, aber es bleibt dabei unklarer, wieso sie gilt.

Lemma 1.5.7. *(Jacobi-Identität[8]) Für Vektorfelder X, Y, Z ist*

$$[[X, Y], Z] + [[Y, Z], X] + [[Z, X], Y] = 0.$$

Beweis. Anwenden von Satz 1.5.6 auf Lemma 1.4.8 liefert

$$[[Y, Z], X] = \frac{\partial}{\partial t}_{|t=0} \Phi_t^X {}_* [Y, Z] = \frac{\partial}{\partial t}_{|t=0} [\Phi_t^X {}_* Y, \Phi_t^X {}_* Z]$$

$$= [[Y, X], Z] + [Y, [Z, X]]. \qquad \square$$

---

[8] Carl Gustav Jacob Jacobi, 1804-1851 (Nachlass)

Hilfssatz 1.5.8. *Die Flüsse zweier Vektorfelder X, Y kommutieren genau dann lokal um 0, wenn die Vektorfelder kommutieren. Genauer ist $[X, Y] = 0$ äquivalent zu $\Phi_s^X \circ \Phi_t^Y = \Phi_t^Y \circ \Phi_s^X$ für s, t in einer Umgebung der $0 \in \mathbf{R}$.*

Beweis. Angenommen, $[X, Y] = 0$. Dann gilt $\Phi_t^Y{}_* X = X$, denn für $t = 0$ stimmt diese Gleichung; und nach Korollar 1.5.2(2) und der Kettenregel Lemma 1.4.5 ist

$$\frac{\partial}{\partial t} \Phi_t^Y{}_* X = \Phi_t^Y{}_* \frac{\partial}{\partial \varepsilon}{}_{|\varepsilon=0} \Phi_\varepsilon^Y{}_* X \overset{1.5.6}{=} \Phi_t^Y{}_* \underbrace{[X, Y]}_{=0}.$$

Die Behauptung folgt mit Korollar 1.5.5. Die Umkehrung folgt durch Ableiten der Relation $\Phi_s^X = \Phi_{-t}^Y \circ \Phi_s^X \circ \Phi_t^Y$:

$$\begin{aligned}
0 &= \frac{\partial^2}{\partial t \partial s}{}_{|s=t=0} \Phi_s^X = \frac{\partial^2}{\partial t \partial s}{}_{|s=t=0} \Phi_{-t}^Y \circ \Phi_s^X \circ \Phi_t^Y \\
&\overset{\text{Hilfssatz } 1.5.4}{=} \frac{\partial}{\partial t}{}_{|t=0} \Phi_{-t}^Y{}_* X \overset{\text{Satz } 1.5.6}{=} -[X, Y]. \qquad \square
\end{aligned}$$

Die Voraussetzung des folgendes Resultats wird im Satz von Frobenius 2.3.10 noch vereinfacht.

Satz 1.5.9. *Seien $X_1, \ldots, X_k$ paarweise kommutierende Vektorfelder auf M, die bei $p \in M$ linear unabhängig sind. Dann existiert eine k-dimensionale Untermannigfaltigkeit $N \subset M$ mit $p \in N$, so dass $X_{1|q}, \ldots, X_{k|q}$ für alle $q \in N$ eine Basis von $T_q N$ bilden.*

Beweis. Für eine hinreichend kleine Umgebung $V \subset \mathbf{R}^k$ der 0 definiere

$$\begin{aligned}
\gamma : V &\to M \\
(t_1, \ldots, t_k) &\mapsto (\Phi_{t_1}^{X_1} \circ \cdots \circ \Phi_{t_k}^{X_k})(p).
\end{aligned}$$

Dann ist

$$\begin{aligned}
\frac{\partial \gamma}{\partial t_j} &\overset{1.5.8}{=} \frac{\partial}{\partial t_j} \left[\Phi_{t_j}^{X_j} \circ \Phi_{t_1}^{X_1} \circ \cdots \circ \widehat{\Phi_{t_j}^{X_j}} \circ \cdots \circ \Phi_{t_k}^{X_k} \right](p) \\
&= X_j{}_{\left|\left[\Phi_{t_j}^{X_j} \circ \Phi_{t_1}^{X_1} \circ \cdots \circ \widehat{\Phi_{t_j}^{X_j}} \circ \cdots \circ \Phi_{t_k}^{X_k} \right](p)\right.} \\
&= X_{j|\gamma(t_1, \ldots, t_k)}.
\end{aligned}$$

Wegen der linearen Unabhängigkeit der X_j bei p ist γ nach dem Satz über implizite Funktionen für hinreichend kleines V eine lokale Parametrisierung. $\qquad \square$

Aufgaben

Übung 1.5.10. *Berechnen Sie den Fluss Φ des Vektorfeldes*

$$Y \in \Gamma(\mathbf{R}^+, T\mathbf{R}^+), \quad x \mapsto \frac{1}{3x^2} \frac{\partial}{\partial x}.$$

Wie groß kann der Definitionsbereich von Φ maximal gewählt werden?

Übung 1.5.11. *Sei $G := \mathbf{GL}(n, \mathbf{R}) = \{A \in \mathbf{R}^{n \times n} \mid \det A \neq 0\}$ die **allgemeine lineare Gruppe**, $A \in \mathbf{R}^{n \times n}$ und $X_g = g \cdot A$ für $g \in G$. Warum definiert dies ein Vektorfeld auf G? Beweisen Sie für den Fluss Φ^X von X*

$$\Phi_t^X(g) = g \cdot \sum_{k=0}^{\infty} \frac{(tA)^k}{k!}.$$

Übung* 1.5.12. *Rechnen Sie die Jacobi-Identität durch sechsfaches Einsetzen der Definition der Lie-Klammer nach.*

1.6   Lie-Gruppen

Lie-Gruppe	Darstellung
Lie-Untergruppe	Standard-Darstellung
unitäre Gruppe	irreduzible Darstellung
spezielle unitäre Gruppe	adjungierte Darstellung
Lie-Algebra	adjungierte Darstellung (der Lie-Alge-
links-invariantes Vektorfeld	bra)
Trivialisierung	Darstellung einer Lie-Algebra
Lie-Gruppen-Homomorphismus	symplektische Gruppe
Lie-Algebren-Homomorphismus	Ideal
Exponentialabbildung	

Interessante und gleichzeitig gut zu untersuchende Beispiele erhält man, wenn man zusätzlich eine Gruppen-Struktur auf den Mannigfaltigkeiten fordert. Dabei lassen sich viele Eigenschaften auf Eigenschaften des Tangentialraums am neutralen Element zurückführen, der natürlich erheblich einfacher zu verstehen ist als die ganze Mannigfaltigkeit. Die entstehenden Lie-Gruppen sind die Basis für die Untersuchungen homogener und symmetrischer Räume in den späteren Kapiteln.

Definition 1.6.1. *Eine **Lie-Gruppe**[9] G ist eine Gruppe mit einer C^∞-Struktur, so dass die Abbildung $m_G : G^2 \to G, (g, h) \mapsto g \cdot h$ C^∞ ist. Für $g \in G$ seien*

$$L_g : G \quad \to G, \qquad R_g : G \quad \to G$$
$$h \quad \mapsto gh \qquad\qquad h \quad \mapsto hg$$

die Links- bzw. Rechtsmultiplikation.

Für eine Lie-Gruppe G sei e_G (und manchmal nur e) das neutrale Element.

Beispiel. $\mathbf{Z}/5\mathbf{Z}$ ist eine nicht-zusammenhängende Lie-Gruppe der Dimension 0. Die Mannigfaltigkeiten $\mathbf{R}^n$ und $\mathbf{R}^n/\mathbf{Z}^n$ sind Lie-Gruppen. Genauso $\mathbf{GL}(n, \mathbf{R})$ und $\mathbf{GL}(n, \mathbf{C})$ als offene Teilmengen von $\mathbf{R}^{n \times n}$ bzw. $\mathbf{C}^{n \times n}$.

Lemma 1.6.2. *Für jede Lie-Gruppe G ist die Abbildung $k_G : G \to G, g \mapsto g^{-1}$ eine C^∞-Abbildung.*

---

[9]1884, Sophus Lie, 1842-1899

Beweis. Die Ableitung von m_G bei (g, h) nach der zweiten Variable ist $T_h L_g$. Die Abbildung L_g ist ein Diffeomorphismus, denn die Umkehrabbildung ist $L_{g^{-1}} \in C^\infty(G, G)$. Somit ist $T_h L_g$ invertierbar und nach dem Satz über implizite Funktionen wird das Urbild $m_G^{-1}(\{e_G\}) = \{(g, g^{-1}) \mid h \in G\}$ des neutralen Elements lokal durch eine C^∞-Funktion in g parametrisiert. $\qquad \square$

Lemma und Definition 1.6.3. *Eine **Lie-Untergruppe** $H \subset G$ einer Lie-Gruppe G sei eine Untergruppe, die Untermannigfaltigkeit von G ist. Dann ist H eine Lie-Gruppe und abgeschlossen.*

Bemerkung. Mitunter wird in der Literatur von Lie-Untergruppen nicht verlangt, dass sie Untermannigfaltigkeiten sind.

Beweis. Für $\iota : H \to G$ ist nach Lemma 1.2.15 $\iota^{-1} : \iota(H) \to H$ eine C^∞-Abbildung. Also ist

$$m_H : H \times H \to H,$$
$$(g, h) \mapsto gh = \iota^{-1}(\iota(gh)) = \iota^{-1}(\iota(g) \cdot \iota(h))$$

glatt.

Sei $(h_j)_{j \in \mathbf{N}} \in H^{\mathbf{N}}$ eine in G konvergente Folge mit Grenzwert g und $U \subset G$ eine Umgebung von e, die durch einen Diffeomorphismus $U \cap H$ mit $\mathbf{R}^k \subset \mathbf{R}^n$ in einer Umgebung der 0 identifiziert. Insbesondere ist $U \cap H$ abgeschlossen in U. Wegen der Stetigkeit von m_G, k_G gibt es eine Umgebung $V \subset G$ von e_G mit $\overline{V^{-1} \cdot V} \subset U$. Für $j > N$ sei $g^{-1} h_j \in V$. Für $j, k > N$ folgt $h_j^{-1} h_k = (g^{-1} h_j)^{-1} g^{-1} h_k \in \overline{V^{-1} \cdot V} \cap H \subset U \cap H$. Also ist für $j \to \infty$ der Grenzwert $h_k^{-1} g \in H$ und somit $g \in H$. $\qquad \square$

Beispiel. $\mathbf{SL}(n, \mathbf{R})$, $\mathbf{SO}(n)$, $\mathbf{O}(n)$. Für die **unitäre Gruppe**

$$\mathbf{U}(n) := \{A \in \mathbf{C}^{n \times n} \mid A^t \bar{A} = \mathrm{id}\}$$

und die **spezielle unitäre Gruppe**

$$\mathbf{SU}(n) := \{A \in \mathbf{U}(n) \mid \det A = 1\}$$

folgt der Beweis wie bei $\mathbf{SO}(n)$, z.B. als Urbild $f^{-1}(0)$ mit $f : \mathbf{C}^{n \times n} \to \mathbf{C}^{n \times n}_{\text{Hermitesch}}$, $A \mapsto A^t \bar{A} - \mathrm{id}$. Diese Abbildung hat eine surjektive Ableitung, denn für $Y \in \mathbf{C}^{n \times n}_{\text{Hermitesch}}$ ist $T_A f(\frac{1}{2} A Y^t) = Y$.

Bemerkung. Man kann zeigen, dass jede abgeschlossene Untergruppe einer Lie-Gruppe eine Lie-Untergruppe ist (Satz von Cartan). Aber nicht jede Untergruppe, die Bild einer Lie-Gruppe unter einem differenzierbaren Gruppen-Homomorphismus ist, ist auch abgeschlossen: Etwa Bilder von Geraden irrationaler Steigung im Torus (Abb. 1.16).

Definition 1.6.4. *Eine **Lie-Algebra** $\mathfrak{g}$ ist ein $\mathbf{R}$-Vektorraum mit einer schiefen Bilinearform $[\cdot, \cdot] : \mathfrak{g}^2 \to \mathfrak{g}$, die die Jacobi-Identität erfüllt.*

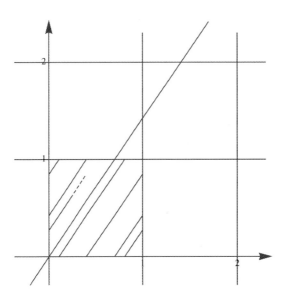

Abb. 1.16: Untergruppe des Torus, die keine Lie-Untergruppe ist.

Beispiel. Nach Lemma 1.5.7 ist $\Gamma(M, TM)$ eine Lie-Algebra. Ebenso die schief-symmetrischen Matrizen mit $[A, B] := AB - BA$, wie man durch sechsfaches Auf-schreiben dieser Definition und gegenseitiges Aufheben der entstehenden zwölf Ter-me sehen kann. Wir werden mit Lemma 1.6.12 und dem vorangehenden Beispiel einen konzeptuelleren Beweis kennenlernen.

Definition 1.6.5. *Ein Vektorfeld $X \in \Gamma(G, TG)$ heißt **links-** bzw. **rechts-inva-riant**, falls $\forall g \in G : L_{g*}X = X$ bzw. $\forall g \in G : R_{g*}X = X$.*

Beispiel. Die linksinvarianten Vektorfelder auf $\mathbf{R}^n$ entstehen durch Translation eines Vektors. Auf $S^1 \subset \mathbf{C}$ erhält man linksinvariante Vektorfelder durch Rotation um den Nullpunkt (Abb. 1.17).

Hilfssatz 1.6.6. *Die links-invarianten Vektorfelder auf G bilden eine Lie-Algebra.*

Beweis. Für X, Y links-invariant, $g \in G$ ist $L_{g*}[X, Y] = [L_{g*}X, L_{g*}Y] = [X, Y]$, also bilden die links-invarianten Vektorfelder eine Lie-Unteralgebra der Vektorfelder $\Gamma(G, TG)$. $\qquad\square$

Lemma 1.6.7. *Sei G eine Lie-Gruppe. Dann ist die Abbildung*

$$\rho : T_{e_G}G \;\rightarrow\; \{\text{links-invariante Vektorfelder auf } G\}$$
$$X \;\mapsto\; T_{e_G}L_g(X) =: \tilde{X}_{|g}$$

ein Vektorraum-Isomorphismus.

Im Gegensatz zur Lie-Algebra $\Gamma(G, TG)$ ist die Unteralgebra der links-invarianten Vektorfelder also endlich-dimensional.

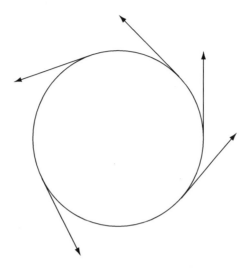

Abb. 1.17: Linksinvariantes Vektorfeld auf S^1.

Beweis. i) $\rho(X)$ ist ein links-invariantes Vektorfeld, denn $\forall h, g \in G$:

$$(L_{h*}\rho(X))_{|g} = T_{h^{-1}g}L_h(T_{e_G}L_{h^{-1}g}X) \overset{\text{Kettenregel}}{=} T_{e_G}L_{hh^{-1}g}X = \rho(X)_{|g}.$$

ii) Die Umkehrabbildung ist $\tilde{X} \mapsto \tilde{X}_{|e_G}$. $\square$

Korollar 1.6.8. *Das Tangentialbündel TG hat die* **Trivialisierung**

$$\begin{aligned} TG &\to G \times T_e G \\ (g, X) &\mapsto (g, T_g L_{g^{-1}} X). \end{aligned}$$

(Trivialisierungen von Bündeln werden im nächsten Kapitel umfangreicher besprochen).

Definition 1.6.9. *Die Lie-Algebra $\mathfrak{g}$ zu einer Lie-Gruppe G sei $\mathfrak{g} := T_{e_G} G$ mit der Lie-Klammer $[\cdot, \cdot] : \mathfrak{g}^2 \to \mathfrak{g}$, $(X, Y) \mapsto [\rho(X), \rho(Y)]_{|e_G}$ induziert von den links-invarianten Vektorfeldern.*

Beispiel 1.6.10. i) $G = \mathbf{R}^n, \mathfrak{g} = T_0 \mathbf{R}^n \cong \mathbf{R}^n, L_g : \mathbf{R}^n \to \mathbf{R}^n, x \mapsto x + g$,

$$L_{g*} \begin{pmatrix} a_1 \\ \vdots \\ a_n \end{pmatrix} - \begin{pmatrix} a_1 \\ \vdots \\ a_n \end{pmatrix} \quad \text{und} \quad \left[\begin{pmatrix} a_1 \\ \vdots \\ a_n \end{pmatrix}, \begin{pmatrix} b_1 \\ \vdots \\ b_n \end{pmatrix} \right] = 0.$$

ii) In einer Umgebung der 0 sind $\mathbf{R}^n$ und $\mathbf{R}^n / \mathbf{Z}^n$ identisch, also ist auch die Lie-Algebra des Torus der $\mathbf{R}^n$ mit trivialer Lie-Klammer.

iii) Wegen $\mathbf{GL}(n, \mathbf{R}) \overset{\text{offen}}{\subset} \mathbf{R}^{n \times n}$ ist $\mathfrak{gl}(n, \mathbf{R}) = \mathbf{R}^{n \times n}$. Für die Lie-Klammer folgt mit $\tilde{X}_{|g} := \rho(X)_{|g} = g \cdot X$ (wobei $\cdot$ die Matrix-Multiplikation ist) und $f \in$

$C^\infty(\mathbf{GL}(n,\mathbf{R}))$

$$
\begin{aligned}
(L_{\tilde X}L_{\tilde Y} - L_{\tilde Y}L_{\tilde X})_{|\mathrm{id}_{\mathbf{R}^n}} f
&= \left(X.(T_g f(gY)) - Y.(T_g f(gX))\right)_{|\mathrm{id}_{\mathbf{R}^n}} \\
&= f''_{|\mathrm{id}_{\mathbf{R}^n}}(X,Y) + f'_{|\mathrm{id}_{\mathbf{R}^n}}(X \cdot Y) \\
&\quad - f''_{|\mathrm{id}_{\mathbf{R}^n}}(Y,X) - f'_{|\mathrm{id}_{\mathbf{R}^n}}(Y \cdot X) \\
&= L_{X \cdot Y - Y \cdot X} f,
\end{aligned}
$$

also $[X,Y] = X \cdot Y - Y \cdot X$. Für diese Rechnung ist entscheidend, dass auf der offenen Teilmenge $\mathbf{R}^{n\times n}$ mit zweiten Ableitungen von f gerechnet werden kann, die wir in dieser Form für allgemeine Mannigfaltigkeiten noch nicht zur Verfügung haben und für die hier das Lemma von Schwarz angewendet werden kann.

Definition 1.6.11. *Ein **Lie-Gruppen-Homomorphismus** $f : G \to H$ sei ein glatter Gruppen-Homomorphismus zwischen Lie-Gruppen. Ein **Lie-Algebren-Homomorphismus** $A : \mathfrak{g} \to \mathfrak{h}$ sei ein Vektorraum-Homomorphismus mit $\forall X, Y \in \mathfrak{g} : A[X,Y] = [AX, AY]$.*

Lemma 1.6.12.

1. *Für jeden Lie-Gruppen-Homomorphismus $f : G \to H$ ist $T_e f : \mathfrak{g} \to \mathfrak{h}$ ein Lie-Algebren-Homomorphismus.*

2. *Für jede Lie-Untergruppe $G \subset H$ ist $\mathfrak{g} \subset \mathfrak{h}$ eine Lie-Unteralgebra.*

Beweis. 1) Zu $\tilde X, \tilde Y$ linksinvariant auf G seien $\hat X, \hat Y$ linksinvariant auf H zu $T_{e_G} f(\tilde X)$, $T_{e_G} f(\tilde Y) \in T_{e_H} H$. Für $g \in G$ gilt $f \circ L_g = L_{f(g)} \circ f$ auf G und somit

$$
T_g f(\tilde X) = T_g f(T_{e_G} L_g(\tilde X_{|e_G})) = T_{e_H} L_{f(g)}(T_{e_G} f(\tilde X)) = \hat X_{|f(g)}.
$$

Nach Lemma 1.4.7 folgt $T_g f([\tilde X, \tilde Y]_{\mathfrak{g}}) = [\hat X, \hat Y]_{\mathfrak{h}|f(g)}$, insbesondere bei $g = e_G$.
2) Nach Teil (1) angewendet auf $\iota : G \hookrightarrow H$ identifiziert $T_{e_G}\iota$ die Lie-Klammer auf $\mathfrak{g}$ mit der auf $\mathfrak{h}$. $\qquad\square$

Umgekehrt werden in Satz 7.4.1 Untergruppen zu Lie-Unteralgebren konstruiert.

Beispiel. Lie-Untergruppen $H \subset \mathbf{GL}(n,\mathbf{R})$:
i) $T_{\mathrm{id}_{\mathbf{R}^n}} \mathbf{SL}(n,\mathbf{R}) = \mathfrak{sl}_n$: Mit $f : \mathbf{R}^{n\times n} \to \mathbf{R}, A \mapsto \det A$ ist $f'_A(X) = \det A \cdot \mathrm{Tr}\, A^{-1} X$ surjektiv auf $A \in \mathbf{SL}(n,\mathbf{R})$ und $T_{\mathrm{id}_{\mathbf{R}^n}} \mathbf{SL}(n,\mathbf{R}) = \ker f'_{\mathrm{id}} = \{X \in \mathbf{R}^{n\times n} \,|\, \mathrm{Tr}\, X = 0\}$.
ii) $\mathfrak{so}(n) = \mathfrak{o}(n)$: Mit $f : \mathbf{R}^{n\times n} \to \mathbf{R}^{n\times n}_{\mathrm{symm}}, A \mapsto AA^t$ ist $f'_A(X) = AX^t + XA^t$ surjektiv bei $A \in \mathbf{SO}(n)$ (setze dazu $X = Y(A^{-1})^t$ mit Y symmetrisch). Also $T_{\mathrm{id}_{\mathbf{R}^n}} \mathbf{SO}(n) = \ker f'_{\mathrm{id}_{\mathbf{R}^n}} = \{X \in \mathbf{R}^{n\times n} \,|\, X^t = -X\}$, die schiefsymmetrischen Matrizen, und somit $\dim \mathbf{SO}(n) = \frac{n(n-1)}{2}$.
iii) Genauso folgt $\mathfrak{u}(n) = \{X \in \mathbf{C}^{n\times n} \,|\, X^t = -\bar X\}$, $\dim \mathbf{U}(n) = n^2$, und $\mathfrak{su}(n) = \{X \in \mathbf{C}^{n\times n} \,|\, X^t = -\bar X, \mathrm{Tr}\, X = 0\}$. Es ist $\dim \mathbf{SU}(n) = n^2 - 1$, da $\mathrm{Tr}\, X \in i\mathbf{R}$ für $X^t = -\bar X$.

Satz 1.6.13. *Sei G Lie-Gruppe, $X \in \Gamma(G, TG)$ linksinvariant, dann ist der Fluss zu X auf $\mathbf{R} \times G$ definiert und erfüllt $\Phi_t^X(g) = g \cdot \Phi_t^X(e_G)$, d.h. $\Phi_t^X = R_{\Phi_t^X(e_G)}$.*

Beweis. Sei $\Phi_t^X(e_G)$ für $|t| < \varepsilon$ definiert. Wegen $L_{g*}X = X$ ist nach Korollar 1.5.5 $L_g \circ \Phi_t^X = \Phi_t^X \circ L_g$, insbesondere $g \cdot \Phi_t^X(e_G) = \Phi_t^X(g)$. Also ist $\Phi_t^X(g)$ für alle $g \in G$ auf $|t| < \varepsilon$ definiert und mit derselben Konstruktion wie in Satz 1.5.3 auch auf ganz $\mathbf{R} \times G$ definiert. $\qquad\square$

Entsprechend ist der Fluss zu rechts-invarianten Vektorfeldern durch Linksmultiplikation gegeben. Da Links- und Rechtsmultiplikation nach dem Assoziativgesetz kommutieren, kommutieren nach Hilfssatz 1.5.8 auch rechts- und links-invariante Vektorfelder.

Definition 1.6.14. *Die* ***Exponentialabbildung*** *ist die Abbildung*

$$\begin{aligned} \exp_G : \mathfrak{g} &\rightarrow G \\ X &\mapsto \Phi_1^{\tilde{X}}(e_G) \end{aligned}$$

mit dem links-invarianten Vektorfeld $\tilde{X}$ zu $X \in T_{e_G}G$.

Beispiel. i) Für $G = (\mathbf{R}^n, +)$ ist $\Phi_t^X(p) = p + t \cdot X, \exp_{\mathbf{R}^n} X = X$.
ii) Für $G = \mathbf{GL}(n)$ wird nach Übung 1.5.11 $\exp_G X = e^X := \sum_j \frac{X^j}{j!}$. Für $n = 1$ wird insbesondere $\exp_{(\mathbf{R}^\times, \cdot)} : T_1\mathbf{R}^x \cong \mathbf{R} \rightarrow \mathbf{R}^\times, r \mapsto \sum \frac{r^j}{j!}$.

In späteren Kapiteln wird $\exp_G X$ als e^X geschrieben, solange keine Verwechslungen zu befürchten sind.

Hilfssatz 1.6.15. *Sei M eine Mannigfaltigkeit, $X \in \Gamma(M, TM)$, $p \in M$, dann ist $\Phi_{st}^X(p) = \Phi_s^{tX}(p)$ für s, t hinreichend klein. Für $M = G$ und X linksinvariant ist insbesondere $\Phi_t^X(g) = g \cdot \exp(tX)$.*

Beweis. $\Phi_0^{tX} = \mathrm{id}_M = \Phi_{0 \cdot t}^X$, $\Phi_{s_1 t}^X \circ \Phi_{s_2 t}^X = \Phi_{(s_1 + s_2)t}^X$ und $\frac{\partial}{\partial s}|_{s=0} \Phi_s^{tX} = tX = \frac{\partial}{\partial s}|_{s=0} \Phi_{ts}^X$. $\qquad\square$

Satz 1.6.16. *Für jede Lie-Gruppe G ist das Tangential der Exponentialabbildung bei $0 \in \mathfrak{g}$ gegeben durch $T_0 \exp = \mathrm{id}_{\mathfrak{g}}$. Insbesondere ist $\exp$ auf einer Umgebung $V \subset \mathfrak{g}$ der 0 ein Diffeomorphismus und $\exp^{-1}$ ist eine kanonische Karte um e_G.*

Beweis. Mit Hilfssatz 1.6.15 ist

$$(T_0 \exp)(X) = \frac{\partial}{\partial t}|_{t=0} \exp(tX) = \frac{\partial}{\partial t}|_{t=0} \Phi_1^{t\tilde{X}}(e) \overset{1.6.15}{=} \frac{\partial}{\partial t}|_{t=0} \Phi_t^{\tilde{X}}(e_G) = X. \qquad\square$$

Satz 1.6.17. *Für jeden Lie-Gruppen-Homomorphismus $f : G \rightarrow H$ ist*

$$f(\exp_G X) = \exp_H(T_{e_G} f(X))$$

für $X \in \mathfrak{g}$.

Für $\det : \mathbf{GL}(n, \mathbf{R}) \rightarrow (\mathbf{R}^\times, \cdot)$ folgt etwa $\det e^A = e^{\mathrm{Tr}\, A}$.

Beweis. Mit dem Vektorfeld $\tilde{Y}_{|h} := (L_h)_* T_{e_G} f(X)$ auf H und der links-invarianten Fortsetzung $\tilde{X}$ von X ist $f(\Phi_t^{\tilde{X}}(e)) = \Phi_t^{\tilde{Y}}(e_H)$, denn $f(\Phi_0^{\tilde{X}}(e_G)) = f(e_G) = e_H$ und

$$
\begin{aligned}
\frac{\partial}{\partial t}_{|t=t_0} f(\Phi_t^{\tilde{X}}(e_G)) &= \frac{\partial}{\partial t}_{|t=0} f(\Phi_t^{\tilde{X}}(\Phi_{t_0}^{\tilde{X}}(e_G))) = \frac{\partial}{\partial t}_{|t=0} f(\Phi_{t_0}^{\tilde{X}}(e_G) \cdot \Phi_t^{\tilde{X}}(e_G)) \\
&= \frac{\partial}{\partial t}_{|t=0} \left[f(\Phi_{t_0}^{\tilde{X}}(e_G)) \cdot f(\Phi_t^{\tilde{X}}(e_G)) \right] \\
&= (L_{f(\Phi_{t_0}^{\tilde{X}}(e_G))})_* T_e f(X) = \tilde{Y}_{|f(\Phi_{t_0}^{\tilde{X}}(e_G))}.
\end{aligned}
$$

Insbesondere ist

$$
f(\exp_G X) = f(\Phi_1^{\tilde{X}}(e_G)) = \Phi_1^{\tilde{Y}}(e_H) = \exp_H(T_{e_G} f(X)). \qquad \square
$$

Korollar 1.6.18. *Für eine Lie-Untergruppe* $\iota : H \hookrightarrow G$, $X \in \mathfrak{h}$ *gilt* $\exp_H(X) = \iota(\exp_H(X)) \overset{1.6.17}{=} \exp_G(T_{e_H} \iota(X)) = \exp_G X$.

Beispiel. Damit folgt aus der Berechnung für $\mathbf{GL}(n, \mathbf{R})$ für alle Matrix-Lie-Gruppen, etwa $G = \mathbf{O}(n)$, dass $\exp_G X = \sum_{n=0}^{\infty} \frac{X^n}{n!}$.

Satz 1.6.19. *Für G zusammenhängend wird jeder Lie-Gruppen-Homomorphismus $f : G \to H$ durch $T_{e_G} f : \mathfrak{g} \to \mathfrak{h}$ eindeutig bestimmt.*

Beweis. Zunächst wird gezeigt, dass jede Umgebung $U \subset G$ von e_G die Gruppe G erzeugt. Sei dazu rekursiv

$$
A_0 := U, \quad A_{k+1} := \bigcup_{u \text{ oder } u^{-1} \in U} L_u A_k \quad \text{und } A := \bigcup_{k \in \mathbf{N}} A_k.
$$

Somit ist A eine Untergruppe von G und offen, da L_u^{-1}, $L_{u^{-1}}^{-1}$ stetig sind. Also ist A eine Lie-Untergruppe und nach Lemma 1.6.3 abgeschlossen, also $A = G$.
Auf U hinreichend klein ist f durch $f(\exp X) = \exp T_e f(X)$ gegeben und somit werden auf ganz G die Werte dadurch bestimmt. $\qquad \square$

Bemerkung. Tatsächlich kann man sogar zeigen, dass jedes Element von G sich als Produkt zweier Elemente von $\exp \mathfrak{g}$ schreiben lässt ([Wü]).

In Satz 7.4.2 wird untersucht, wann es zu einem Lie-Algebren-Homomorphismus einen Lie-Gruppen-Homomorphismus gibt. Eine **Darstellung** einer Lie-Gruppe G ist ein Gruppen-Homomorphismus $\rho : G \to \mathbf{GL}(V)$ für einen Vektorraum V. Z.B. hat jede Untergruppe $H \subset \mathbf{GL}(n)$ die Einbettung in $\mathbf{GL}(n)$ als **Standard-Darstellung**. Ableiten einer Darstellung induziert eine Darstellung der zugehörigen Lie-Algebren $T_{e_G} \rho : \mathfrak{g} \to \text{End } V$, die für zusammenhängendes G nach Satz 1.6.19 ρ eindeutig bestimmt ist. Eine **irreduzible Darstellung** ist eine, die nicht in nicht-triviale Summanden zerlegbar ist.

Beispiel 1.6.20. Der Vektorraum V^q der homogenen Polynome vom Grad $q \in \mathbf{N}_0$ in zwei Variablen s, t ist mit der Operation

$$\mathbf{SL}(2) \times V^q \quad \to \quad V^q$$

$$\left(\begin{pmatrix} a & b \\ c & d \end{pmatrix}, P(s,t) \right) \quad \mapsto \quad P(as+ct, bs+dt)$$

bzw. $(A \cdot P)(s,t) := P\big((s,t) \cdot A\big)$ eine $\mathbf{SL}(2)$-Darstellung.

Definition 1.6.21. *Die **adjungierte Darstellung** $\mathrm{Ad} : G \to \mathrm{Aut}(\mathfrak{g})$ von G ist die Ableitung der Konjugation mit $g \in G$*

$$C_g : G \quad \to G, \qquad \mathrm{Ad}_g := T_{e_G} C_g : \mathfrak{g} \quad \to \mathfrak{g}$$

$$h \quad \mapsto ghg^{-1} \qquad\qquad X \quad \mapsto (R_{g^{-1}} \circ L_g)_* X.$$

Lemma 1.6.22. *Die adjungierte Darstellung erfüllt*

1) Ad ist eine G-Darstellung, d.h. $\mathrm{Ad}_g \circ \mathrm{Ad}_h = \mathrm{Ad}_{gh}$. Insbesondere ist $\mathrm{Ad}_g^{-1} = \mathrm{Ad}_{g^{-1}}$.

2) Ad_g ist ein Lie-Algebren-Automorphismus von $\mathfrak{g}$, d.h.

$$\mathrm{Ad}_g[X,Y] = [\mathrm{Ad}_g X, \mathrm{Ad}_g Y].$$

3) $\mathrm{Ad}_g(X) = \frac{\partial}{\partial t}_{|t=0} g \cdot \exp(tX) \cdot g^{-1}$.

Beweis. 1) Ableiten von $C_g \circ C_h = C_{gh}$.
2) gilt, weil C_g ein Diffeomorphismus ist und $[\cdot, \cdot]$ mit direkten Bildern kommutiert.
3) $t \mapsto \exp tX$ ist eine Kurve mit $\frac{\partial}{\partial t}_{|t=0} \exp tX = X$. □

Satz 1.6.23. *Für $X, Y \in \mathfrak{g}$ ist*

$$[X,Y] = \frac{\partial}{\partial s}_{|s=0} \mathrm{Ad}_{\exp sX} Y \overset{1.6.22(3)}{=} \frac{\partial^2}{\partial s \partial t}_{\substack{|s=0 \\ t=0}} \exp(sX) \cdot \exp(tY) \cdot \exp(-sX),$$

d.h. $T_{e_G}(\mathrm{Ad}.(Y))(X) = [X,Y]$.

Beweis. Nach Satz 1.5.6 ist mit $\tilde{X}, \tilde{Y}$ links-invariant zu X, Y

$$[X,Y] = \left(\frac{\partial}{\partial s}_{|s=0} \Phi_s^{-\tilde{X}} {}_* \tilde{Y} \right)_{|e_G} = \frac{\partial}{\partial s}_{|s=0} \left[T\Phi_s^{-\tilde{X}} (\tilde{Y}_{|\Phi_s^{\tilde{X}}(e_G)}) \right]$$

$$= \frac{\partial^2}{\partial s \partial t}_{\substack{|s=0 \\ t=0}} (\Phi_s^{-\tilde{X}} \circ \Phi_t^{\tilde{Y}} \circ \Phi_s^{\tilde{X}})(e_G)$$

$$\overset{1.6.13}{=} \frac{\partial^2}{\partial s \partial t}_{\substack{|s=0 \\ t=0}} R_{\exp(sX) \cdot \exp(tY) \cdot \exp(-sX)}(e)$$

$$= \frac{\partial^2}{\partial s \partial t}_{\substack{|s=0 \\ t=0}} \exp(sX) \cdot \exp(tY) \cdot \exp(-sX). \qquad □$$

Beispiel. Für $\mathbf{GL}(n, \mathbf{R})$, $X, Y \in \mathbf{R}^{n \times n}$ ist

$$[X, Y] = \frac{\partial}{\partial s}_{|s=0} e^{sX} \cdot Y \cdot e^{-sX} = X \cdot Y - Y \cdot X,$$

wie schon in Beispiel 1.6.10(iii) gezeigt wurde.

Ableiten in Lemma 1.6.22 impliziert zwei Varianten der Jacobi-Identität:

Korollar 1.6.24. *Sei* $\mathrm{ad} := T_{e_G}\mathrm{Ad} : \mathfrak{g} \to \mathrm{End}(\mathfrak{g})$, $X \mapsto (Y \mapsto [X, Y])$ *die **adjungierte (Lie-Algebren-)Darstellung**. Dann gilt*

1) ad *ist eine **Lie-Algebren-Darstellung**, d.h.* $\mathrm{ad}_{[X,Y]} = [\mathrm{ad}_X, \mathrm{ad}_Y]$.

2) Für $Z \in \mathfrak{g}$ *ist* ad_Z *eine Derivation auf* $\mathfrak{g}$, *d.h.*

$$\mathrm{ad}_Z[X, Y] = [\mathrm{ad}_Z X, Y] + [X, \mathrm{ad}_Z Y].$$

Mit Satz 1.6.17 folgt aus Satz 1.6.23

Korollar 1.6.25. *Für* $X \in \mathfrak{g}$ *ist* $\mathrm{Ad}_{\exp X} = \exp(\mathrm{ad}_X)$.

Aufgaben

Übung 1.6.26. *Zeigen Sie, dass* $G := \mathbf{R}^{\times} \times \mathbf{R}$ *mit der Verknüpfung*

$$(a, b) \cdot (a', b') := (aa', b + ab')$$

eine Lie-Gruppe ist. Beweisen Sie, dass G *als Gruppe zur Gruppe der affinen Transformationen der reellen Geraden (d.h. der Transformationen der Form* $x \mapsto ax + b$) *isomorph ist. Bestimmen Sie die linksinvarianten Vektorfelder und damit die (via* ρ *induzierte) Lieklammer auf* $T_{e_G}G = \mathbf{R}^2$.

Übung 1.6.27. *Die **symplektische Gruppe** $\mathbf{Sp}(n)$ ist folgende Untergruppe von* $\mathbf{U}(2n)$:

$$\mathbf{Sp}(n) := \left\{ \begin{pmatrix} A & B \\ -\overline{B} & \overline{A} \end{pmatrix} \in \mathbf{U}(2n) \,\middle|\, A, B \in \mathbf{C}^{n \times n} \right\}.$$

1) Zeigen Sie, dass $\mathbf{Sp}(n)$ *eine Lie-Gruppe ist.*

2) Bestimmen Sie $T_{\mathrm{id}_{\mathbf{R}^n}} \mathbf{Sp}(n) \subset T_{\mathrm{id}_{\mathbf{R}^n}} \mathbf{GL}_n(\mathbf{R}) = \mathbf{R}^{n \times n}$ *als Teilmenge. Wie groß ist* $\dim \mathbf{Sp}(n)$?

Bemerkung: $\mathbf{Sp}(n)$ *lässt sich auch als (links-)$\mathbf{H}$-lineare Isometriegruppe des* $\mathbf{H}^n$ *auffassen. Man kann zeigen, dass alle kompakten Lie-Gruppen (bis auf Überlagerungen) Produkte von* $\mathbf{SO}(n)$, $\mathbf{SU}(n)$, $\mathbf{Sp}(n)$ *und 5 sporadischen Gruppen sind.*

Übung 1.6.28. *Die **Heisenberg-Gruppe** $H \subset \mathbf{GL}(3, \mathbf{R})$ besteht aus den oberen Dreiecksmatrizen mit Einsen auf der Diagonale. Berechnen Sie die Lie-Algebra* $\mathfrak{h}$. *Zeigen Sie, dass* $\mathfrak{u} := [\mathfrak{h}, \mathfrak{h}] = \{[a, b] \,|\, a, b \in \mathfrak{h}\}$ *eine echte Lie-Unteralgebra von* $\mathfrak{h}$ *ist und dass*

$$[[\mathfrak{h}, \mathfrak{h}], \mathfrak{h}] = 0.$$

Berechnen Sie $\exp X$ *für ein* $X \in \mathfrak{h}$ *und folgern Sie, dass* $\exp$ *ein Diffeomorphismus ist.*

Übung* 1.6.29. *Zu einer Lie-Gruppe G sei $\mathfrak{g}^R$ der Vektorraum der rechts-invarianten Vektorfelder. Zu $X \in \mathfrak{g}$ sei $X^R \in \mathfrak{g}^R$ das rechts-invariante Vektorfeld mit $X_{|e_G} = X^R_{|e_G}$.*

1) Zeigen Sie für $X, Y \in \mathfrak{g}$ die Gleichung

$$[X^R, Y^R] = -[X, Y]^R.$$

2) Beweisen Sie, dass $\mathfrak{g}, \mathfrak{g}^R$ mit den von $\Gamma(G, TG)$ induzierten Lie-Algebra-Strukturen isomorph sind.

Die Lie-Algebra $\mathfrak{g}^R$ korrespondiert zu der Gruppenstruktur $G \times G \to G$, $(g, h) \mapsto h \cdot g$, welche zur ursprünglichen kanonisch isomorph ist.

Übung* 1.6.30. *Sei* exp *die Exponentialabbildung auf* $\mathbf{SL}(2)$.

1) Berechnen Sie explizit exp *von einer beliebigen Matrix $X = \begin{pmatrix} a & b \\ c & -a \end{pmatrix} \in \mathfrak{sl}(2)$ als geschlossene Formel in a, b, c. Tipp: Was ist X^2?*

2) Zeigen Sie, dass exp *nicht surjektiv ist. Tipp: Welche Werte nimmt* $\operatorname{Tr} \exp X$ *an?*

3) Zeigen Sie, dass exp *nicht injektiv ist.*

Übung 1.6.31. *Zeigen Sie, dass das direkte Bild unter der Rechtsmultiplikation $(R_g)_*$ für alle $g \in G$ die Menge der links-invarianten Vektorfeldern auf sich abbildet und dass sie dort der Operation von $\operatorname{Ad}_{g^{-1}}$ auf $\mathfrak{g}$ entspricht, genauer dass*

$$\rho(\operatorname{Ad}_{g^{-1}} X) = (R_g)_* \rho(X).$$

Übung* 1.6.32. *(Darstellungstheorie von $\mathbf{SL}(2)$ und $\mathfrak{sl}(2)$). Sei V eine endlich-dimensionale irreduzible komplexe Darstellung von $\mathbf{SL}(2)$, also durch Ableiten auch eine Darstellung von $\mathfrak{sl}(2)$. Die Elemente*

$$H := \begin{pmatrix} 1 & 0 \\ 0 & -1 \end{pmatrix}, \quad X := \begin{pmatrix} 0 & 1 \\ 0 & 0 \end{pmatrix}, \quad Y := \begin{pmatrix} 0 & 0 \\ 1 & 0 \end{pmatrix}$$

bilden eine Basis von $\mathfrak{sl}(2)$. Zeigen Sie

1. *$[H, X] = 2X$, $[H, Y] = -2Y$, $[X, Y] = H$.*

2. *Zu $\lambda \in \mathbf{C}$ sei $V_\lambda := \{v \in V \mid Hv = \lambda v\} \subset V$. Dann ist $X \cdot V_\lambda \subset V_{\lambda+2}$ und $Y \cdot V_\lambda \subset V_{\lambda-2}$.*

3. *Sei $q \in \mathbf{C}$ ein Eigenwert von H mit maximalem Realteil, $v \in V_q$ und W der von $\{Y^k v \mid k \in \mathbf{N}_0\}$ aufgespannte Unterraum von V. Dann ist $X \cdot Y^k v = k(q - k + 1)Y^{k-1}v$, W ist abgeschlossen unter der Operation von Y, H, X und $W = V$.*

4. *Folgern Sie mit der Formel für die Operation von X aus (3), dass $q \in \mathbf{N}_0$ und dass q die Darstellung von $\mathfrak{sl}(2)$ bis auf Isomorphie eindeutig bestimmt.*

5. *Zeigen Sie, dass $q \in \mathbf{N}_0$ bis auf Isomorphie die Darstellung von $\mathbf{SL}(2)$ eindeutig bestimmt.*

6. *Beispiel 1.6.20 liefert zu jedem $q \in \mathbf{N}_0$ eine Darstellung mit höchstem H-Eigenwert q. Nach (5) sind dies bis auf Isomorphie genau die endlich-dimensionalen irreduziblen Darstellungen von $\mathbf{SL}(2)$.*

Übung 1.6.33. *Sei G eine zusammenhängende Lie-Gruppe,*

$$Z(G) := \{g \in G \,|\, \forall h \in G : gh = hg\}$$

ihr Zentrum und $\mathfrak{z} := \ker \mathrm{ad}$. Zeigen Sie $Z(G) = \ker \mathrm{Ad}$ und beweisen Sie, dass die Exponentialabbildung $\mathfrak{z}$ surjektiv auf $Z \cap \exp_G(\mathfrak{g})$ abbildet. Folgern Sie, dass $Z \subset G$ eine Lie-Untergruppe mit Lie-Algebra $\mathfrak{z}$ ist.

Übung 1.6.34. *Sei $\varphi : G \to \tilde{G}$ ein Lie-Gruppen-Homomorphismus mit diskretem Kern Γ und G zusammenhängend. Zeigen Sie $\forall a \in G, b \in \Gamma : aba^{-1} = b$. Folgern Sie, dass Γ im Zentrum von G liegt, also insbesondere abelsch ist.*

Übung 1.6.35. *Eine Teilmenge $\mathfrak{h} \subset \mathfrak{g}$ einer Lie-Algebra $\mathfrak{g}$ heißt **Ideal** in $\mathfrak{g}$, falls $[\mathfrak{h}, \mathfrak{g}] \subset \mathfrak{h}$. Zeigen Sie, dass $\mathfrak{sl}_n$ ein Ideal in $\mathfrak{gl}_n$ ist.*

Übung 1.6.36. *Sei $H \subset G$ Untermannigfaltigkeit und Normalteiler. Zeigen Sie, dass $\mathfrak{h} \subset \mathfrak{g}$ ein Ideal ist.*

Kapitel 2

Vektorbündel und Tensoren

Dieses Kapitel gehört wie das vorangegangene zum Bereich der Differentialtopologie und noch nicht zur Riemannschen Geometrie. Das Tangentialbündel wird zu beliebigen Bündeln aus Vektorräumen verallgemeinert, die sehr schnell für weitere Konstruktionen wie etwa mehrfache Ableitungen notwendig werden. Außerdem werden einige Objekte aus der Linearen Algebra bereitgestellt: Die Algebra der Tensorprodukte von Vektoren und die endlich-dimensionale äußere Algebra zu einem endlich-dimensionalen Vektorraum. Der Wert dieser Objekte für die Differentialgeometrie wird in diesen Abschnitten bereits dadurch etwas klarer, dass sie die Definition weiterer Differentialoperatoren ermöglichen. Die äußere Algebra liefert im vorletzten Abschnitt ein topologisches Instrument zur Unterscheidung von Mannigfaltigkeiten, die de Rham-Kohomologie. Die äußere Algebra verallgemeinert den Begriff der Determinante. Im letzten Abschnitt wird die äußere Algebra zur Definition eines Integrals auf Mannigfaltigkeiten analog zum Integrationsbegriff auf dem $\mathbf{R}^n$ verwendet.

2.1 Vektorbündel

Faserbündel	Vektor(raum)bündel
typische Faser	Rang
lokale Trivialisierung	Nullschnitt
Basis	Linienbündel
Totalraum	eines Vektorbündels pullback
triviales Faserbündel	Rücktransport
Faser über x	eines Schnittes pullback
Übergangsabbildung	Vektorbündel-Homomorphismus
Faserungssatz von Ehresmann	direkte Summe von Vektorbündeln
Überlagerung	Normalenbündel
Schnitt	tautologisches Linienbündel

Man stößt schnell auf die Notwendigkeit der Verallgemeinerung der Konstruktion

© Springer-Verlag GmbH Deutschland, ein Teil von Springer Nature 2019
K. Köhler, *Differentialgeometrie und homogene Räume*,
https://doi.org/10.1007/978-3-662-60738-1_2

des Tangentialbündels. Z.B. kann man zu einer Funktion $f : M \to \mathbf{R}$ die Ableitung $T_p f : T_p M \to T_{f(p)} \mathbf{R} \to \mathbf{R}$ als 1-Form im Dualraum $(T_p M)^*$ auffassen; und Tf würde man dann gerne als je eine 1-Form an jedem Punkt aus M betrachten.

Definition 2.1.1. *Seien M, B, Z C^∞-Mannigfaltigkeiten. Sei $\pi : M \to B$ eine C^∞-Abbildung, $(U_j)_{j \in J}$ eine offene Überdeckung von B sowie*

$$h_j : \pi^{-1}(U_j) \to U_j \times Z$$

*Diffeomorphismen, so dass $\pi_{|\pi^{-1}(U_j)} = (\text{Projektion auf 1. Faktor}) \circ h_j$. Dann heißt π zusammen mit $(h_j)_{j \in J}$ **Faserbündel** mit **typischer Faser** Z. Die h_j heißen **lokale Trivialisierungen**. B heißt **Basis**, M **Totalraum** des Bündels.*

Wie bei der Definition von C^∞-Strukturen auf Mannigfaltigkeiten werden Faserbündel mit kompatiblen lokalen Trivialisierungen als gleich betrachtet.

Beispiel 2.1.2. i) Nach Lemma 1.3.4 das Tangentialbündel $TB \to B$ mit den lokalen Trivialisierungen

$$h_\varphi : \quad TU \quad \to U \times \mathbf{R}^n$$
$$(x, [(\varphi, u)]) \quad \longmapsto (x, u)$$

zu jeder Karte $\varphi : U \to V$.

ii) Das **triviale Bündel** $M := B \times Z \overset{\text{proj}_1}{\to} B$.

iii) Für $K = \mathbf{R}, \mathbf{C}, \mathbf{H}$ ist $K^{n+1} \setminus \{0\}$ ein Faserbündel über $\mathbf{P}^n K$ mit Faser $K \setminus \{0\}$ via

$$\pi : K^{n+1} \setminus \{0\} \quad \to \quad \mathbf{P}^n K$$
$$(x_0, \dots, x_n) \quad \mapsto \quad (x_0 : \dots : x_n).$$

Bemerkung 2.1.3. i) π ist als Verknüpfung der Submersion $U_j \times Z \to U_j$ und des Diffeomorphismus h_j eine Submersion und surjektiv, da $(U_j)_{j \in J}$ eine Überdeckung ist.

ii) Nach Lemma 1.1.3(2) sind die Fasern $\pi^{-1}(\{x\})$ Untermannigfaltigkeiten. Jedes h_j zu U_j um $x \in B$ induziert einen Diffeomorphismus $\pi^{-1}(\{x\}) \to \{x\} \times Z$. Deswegen wird $M_x := \pi^{-1}(\{x\})$ **Faser über** x genannt (Abb. 2.1).

iii) Für $j, k \in J$ ist $h_j \circ h_k^{-1} : (U_j \cap U_k) \times Z \to (U_j \cap U_k) \times Z$ von der Form $(\pi_{U_j \cap U_k}, g_{jk})$, wobei $\pi_{U_j \cap U_k}$ die Projektion auf den ersten Faktor ist und für $\forall x \in U_j \cap U_k$ die **Übergangsabbildung** $g_{jk|x}$ ein Diffeomorphismus von Z ist.

iv) Der Faserungssatz von Ehresmann [Du, ch. 9.5] besagt, dass jede eigentliche Submersion ein Faserbündel ist (vgl. auch den Faserungssatz von Hermann 6.3.10).

Beispiel 2.1.4. Beim Tangentialbündel ist $h_\psi \circ h_\varphi^{-1}(x, u) = (x, (\psi \circ \varphi^{-1})'u)$ für zwei Karten ψ, φ und somit $g_{\psi\varphi} = (\psi \circ \varphi^{-1})'$.

Definition 2.1.5. *Eine **#Z-fache Überlagerung** ist ein Faserbündel mit diskreter Faser Z.*

Z.B. ist $S^n \to \mathbf{P}^n \mathbf{R}$ eine zweifache Überlagerung.

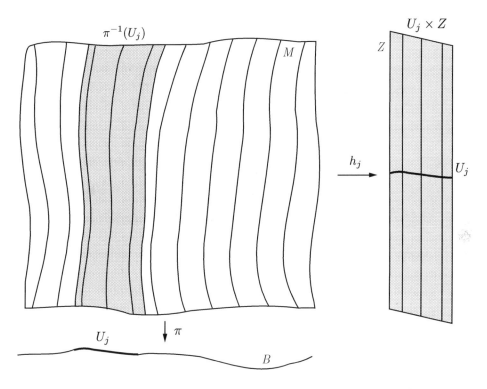

$U_j \times Z$

$\pi^{-1}(U_j)$

M

Z

h_j

U_j

U_j

π

B

Abb. 2.1: Faserbündel

Definition 2.1.6. *Ein **Schnitt** eines Faserbündels $\pi : M \to B$ ist eine C^∞-Abbildung $s : B \to M$ mit $\pi \circ s = \mathrm{id}_B$. Die Menge der Schnitte sei $\Gamma^\infty(B, M) = \Gamma(B, M)$.*

Insbesondere bettet ein Schnitt B in M ein.

Definition 2.1.7. *Ein Faserbündel E zusammen mit einer Wahl lokaler Trivialisierungen heißt K-**Vektor(raum)bündel** vom **Rang** $r \in \mathbf{N}_0$ für $K = \mathbf{R}$ oder $\mathbf{C}$, falls*

1) Z ein r-dimensionaler K-Vektorraum ist und

2) die Übergangsabbildungen $g_{jk|x} : Z \to Z$ K-linear sind.

Auch hier werden wieder Vektorbündel mit kompatiblen lokalen Trivialisierungen als gleich betrachtet. Dann ist jede Faser $F_x := \pi^{-1}(\{x\})$ ein K-Vektorraum mit den von h_j unabhängigen Vektorraumoperationen

$$\lambda \cdot h_j^{-1}((p, v)) + \mu \cdot h_j^{-1}((p, w)) = h_j^{-1}((p, \lambda \cdot v + \mu \cdot w))$$

für $v, w \in V, \lambda, \mu \in K$. Denn für eine andere Trivialisierung h_k ist $h_j^{-1}((p, v)) = h_k^{-1}((p, g_{kj}(v)))$, und aus der Linearität von g_{kj} folgt die Gleichheit der Vektorraumoperationen für h_j und h_k. Als kanonischen Schnitt hat jedes Vektorbündel $E \to$

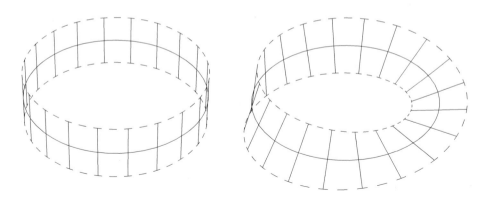

Abb. 2.2: Zylinder und Möbiusband als **R**-Linienbündel über S^1.

B den **Nullschnitt** $s \equiv 0$, der B kanonisch in E einbettet. Ein K-Vektorbündel vom Rang 1 heißt K-**Linienbündel**.

Beispiel. 1) Das Tangentialbündel nach Beispiel 2.1.4.

2) Zylinder und Möbiusband $\to S^1$ als **R**-Linienbündel (Abb. 2.2).

Die folgende formell vergleichsweise einfache Konstruktion ist eines der bemerkenswertesten Hilfsmittel bei der Behandlung von Vektorbündeln.

Lemma und Definition 2.1.8. *Sei $f : M \to N$ C^∞-Abbildung und $\pi : E \to N$ ein Faserbündel. Dann ist der **pullback** (oder **Rücktransport**) von E auf M das Faserbündel*

$$f^*E := \{(p,v) \in M \times E \mid \underbrace{\pi(v) = f(p)}_{v \in E_{f(p)}}\} \overset{\text{proj}_1}{\to} M$$

mit der von $M \times E$ induzierten Topologie. Falls E ein Vektorbündel ist, so ist auch f^*E ein Vektorbündel.

Bemerkung. An der Stelle $p \in M$ wird also der Raum $E_{f(p)}$ angeheftet. Die umgekehrte Konstruktion eines Faserbündels auf N aus einem auf M hingegen funktioniert so nicht; schon weil die Bilder $f(U_j)$ offener Mengen im Allgemeinen nicht offen sind.

Beweis. Falls E lokale Trivialisierungen $h_j : \pi^{-1}(U_j) \to U_j \times Z$ hat, so hat f^*E lokale Trivialisierungen

$$f^*h_j : (f^*E)_{|f^{-1}(U_j)} = \{(p,v) \mid p \in f^{-1}(U_j), v \in E_{f(p)}\} \overset{(\text{proj}_1, \text{proj}_2 \circ h_j)}{\to} f^{-1}(U_j) \times V.$$

Für diese ist

$$\begin{aligned} (f^*h_j) \circ (f^*h_k)^{-1}(p,v) &= (f^*h_j)\big(p, h_k^{-1}(f(p), v)\big) \\ &= \big(p, (h_j \circ h_k^{-1})_{|f(p)}(v)\big). \end{aligned}$$

Die Übergangsabbildungen sind also $g_{jk|p}^{f^*E} = g_{jk|f(p)}$. Damit folgt der zweite Teil.

$\square$

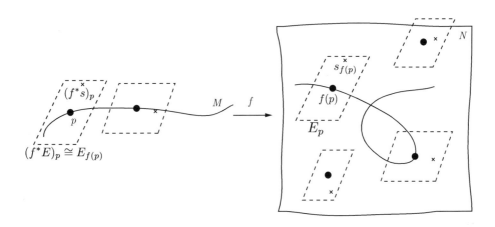

Abb. 2.3: Pullback von Vektorbündeln und Schnitten.

Dies induziert einen **pullback** von Schnitten $f^* : \Gamma(N, E) \to \Gamma(M, f^*E)$, $s \mapsto s \circ f$ bzw. $(f^*s)_p := s_{f(p)}$ (Abb. 2.3). Insbesondere ist für eine Basis $(s_\ell)_{\ell=1}^r$ von $E_{|U_j}$ eine lokale Basis von f^*E durch $(f^*s_\ell)_{\ell=1}^r$ gegeben, und somit lässt sich lokal jeder Schnitt als $\sum_{\ell=1}^r g_\ell \cdot f^*s_\ell$ mit $g_\ell \in C^\infty(f^{-1}(U_j), \mathbf{R})$ schreiben.

Definition 2.1.9. *Für Vektorbündel* $\pi : E \to M, \tilde{\pi} : F \to M$ *heißt* $f : E \to F$ *Vektorbündel-Homomorphismus, falls*

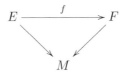

kommutiert und $\forall p \in M$ *die Abbildung* $f_p : E_p \to F_p$ *linear ist.*

Definition 2.1.10. *Seien* $\pi : E \to M, \tilde{\pi} : F \to M$ *Vektorbündel mit lokaler Trivialisierung* $h_j : \pi^{-1}(U_j) \to U_j \times V$, $\tilde{h}_j : \tilde{\pi}^{-1}(U_j) \to U_j \times W$ *(die Überdeckungen zu* E, F *können ohne Einschränkung gleich gewählt werden, indem man andernfalls alle Schnitte* $U_j \cap \tilde{U}_k$ *bildet). Dann ist die* **direkte Summe** $E \oplus F \to M$ *das Vektorbündel* $\{(p, v, w) \mid v \in E_p, w \in F_p, p \in M\} \overset{proj_1}{\to} M$ *mit lokaler Trivialisierung*

$$\hat{h}_j : \{(p, v, w) \mid p \in U_j, v \in \pi^{-1}(U_j), w \in \tilde{\pi}^{-1}(U_j)\} \to U_j \times (V \oplus W).$$

Analog definiert man die Vektorbündel E^*, $\mathrm{Hom}(E, F)$ und E/F für ein Unterbündel $F \subset E$. Z.B. ist $E^* := \{(p, \alpha) \mid \alpha \in E_p^*, p \in M\}$ mit lokaler Trivialisierung

$$h_j^* : \{(p, \alpha) \in \mathrm{Hom}(E_p, \mathbf{R}) \mid p \in U_j\} \quad \to \quad U_j \times V^*$$
$$(p, \alpha) \quad \mapsto \quad (p, \alpha \circ h_j^{-1}(p, \cdot))$$

für $h_j : E_{|U_j} \to U_j \times V$. Zu Bündelhomomorphismen $f : E \to E', g : F \to F'$ wird kanonisch $f \oplus g : E \oplus E' \to F \oplus F'$, $f \otimes g$ etc. definiert.

Lemma 2.1.11. *Sei $E, F \to M$ Vektorbündel und $f : E \to F$ ein Vektorbündel-Homomorphismus mit konstantem (faserweisem) Rang. Dann bilden* im f *und* ker f *Vektorbündel.*

Beweis. 1) im f: Identifiziere lokal auf $U \subset M$ die Vektorbündel E, F mit $\mathbf{R}^m$, $\mathbf{R}^k$ via Trivialisierungen h', h und somit $f_{|x}$ mit $A_x \in \mathbf{R}^{k \times m}$ zu $x \in U$. Sei ℓ der konstante Rang von A. Œ sei bei $x_0 \in U$ die Untermatrix $(A_{x_0,rr})_{r=1}^\ell$ von A invertierbar. Dann gibt es eine Umgebung $V \subset U$ von x_0, auf der $\det(A_{rr})_{r=1}^\ell \neq 0$ gilt. Dort ist im $f_{|V} \to V \times \mathbf{R}^\ell \times \{0_{\mathbf{R}^{m-\ell}}\}$, $h^{-1}((x, A_x v)) \mapsto (x, v)$ eine Trivialisierung von im f.

2) ker f: Als Verschwindungsraum des Bildes von $f^t : F^* \to E^*$ ist auch ker f ein Vektorbündel. $\qquad\qquad\square$

Aufgaben

Übung 2.1.12. *Sei $M^n \subset \mathbf{R}^{n+k}$ eine n-dimensionale Untermannigfaltigkeit. Lokal existiert $f : U \to \mathbf{R}^k$ mit $f^{-1}(0) = M \cap U$. Damit identifizieren wir T_pM mit* $\ker T_p f \subset T_p \mathbf{R}^{n+k} \cong \mathbf{R}^{n+k}$. *Bezüglich des kanonischen Skalarproduktes auf $\mathbf{R}^{n+k}$ sei*

$$N_p := \{v \in T_p \mathbf{R}^{n+k} \mid v \perp T_pM\} \qquad (p \in M).$$

Zeigen Sie, dass das **Normalenbündel**

$$N := \{(p, N_p) \mid p \in M\} \to M, (p, N_p) \mapsto p$$

ein Vektorbündel ist. Tipp: Betten Sie N als Untermannigfaltigkeit ein.

Übung 2.1.13. *Sei $M = S^n \subset \mathbf{R}^{n+1}$ und N das Normalenbündel aus Aufgabe 2.1.12.*

1) Beweisen Sie, dass

$$N = \{(p, v) \in \mathbf{R}^{n+1} \times \mathbf{R}^{n+1} \mid v \in \mathbf{R} \cdot p, p \in S^n\}$$

und dass dieses Vektorbündel isomorph zum trivialen $\mathbf{R}$-Linienbündel $\mathcal{O}$ ist.

2) Zeigen Sie, dass $TS^n \oplus \mathcal{O}$ isomorph zum trivialen $\mathbf{R}^{n+1}$-Bündel $\mathcal{O}^{\oplus(n+1)}$ ist.

Übung 2.1.14. *Seien E, F Vektorbündel auf M mit Übergangsabbildungen g_{jk}, h_{lm}. Beschreiben Sie die Übergangsabbildungen von E^*, $E \oplus F$ und $\mathrm{Hom}(E, F)$.*

Übung* 2.1.15. *Sei $K = \mathbf{R}$ oder $\mathbf{C}$ und L ein K-Linienbündel. Zeigen Sie, dass $\mathrm{Hom}_K(L, L)$ kanonisch isomorph zum trivialen Bündel ist.*

Übung 2.1.16. *Sei $K = \mathbf{R}, \mathbf{C}$ oder $\mathbf{H}$. L sei der Quotient von $K^{n+1} \setminus \{0\} \times K$ durch die Relation $(\mathbf{x}, \lambda) \sim (\mu \mathbf{x}, \lambda \mu^{-1})$ für jedes $\mu \in K^\times = K \setminus \{0\}$. Zeigen Sie, dass die Projektion $\pi : L \to \mathbf{P}^n K$, $[(\mathbf{x}, \lambda)] \mapsto [\mathbf{x}]$ ein Vektorbündel ist (das* **tautologische Linienbündel** *des $\mathbf{P}^n K$).*

2.2 Tensoren

Tensorprodukte wurden von Graßmann 1844 in seiner „Ausdehnungslehre" unter dem Namen „offenes Produkt" eingeführt. Zusammen mit seinem Schüler Tullio Levi-Civita entwickelte Gregorio Ricci-Curbastro 1900 nach einigen Vorarbeiten daraus den Begriff der Tensoren auf Mannigfaltigkeiten ([RCLC]). Das Tensorprodukt löst unter anderem die folgenden zwei Problemstellungen:
1) Stelle Räume der Form $\mathrm{Hom}(\mathrm{End}(\mathrm{Bil}(V,W)),\mathrm{Bil}(V^*,V))$ auf einheitliche übersichtliche Weise dar. Z.B. ist dieser Raum zu $\mathrm{End}(\mathrm{Hom}(W,\mathrm{End}V))$ auf kanonische Weise isomorph, was nicht auf den ersten Blick offensichtlich ist.
2) Zu K-Vektorräumen V,W ist ein Vektorraum U gesucht, der „groß" genug ist, um jede bilineare Abbildung $\sigma: V \times W \to Z$ mit beliebigen Vektorräumen Z durch eine lineare Abbildung $f_\sigma : U \to Z$ zu repräsentieren. Von allen möglichen Wahlen für U suchen wir die „kleinste" Wahl.

Definition 2.2.1. *Das **Tensorprodukt** $V \otimes W$ zweier Vektorräume V,W ist ein Vektorraum mit einer bilinearen Abbildung*

$$\kappa : V \times W \to V \otimes W, \qquad (v,w) \mapsto v \otimes w$$

mit der universellen Eigenschaft: $\forall \sigma : V \times W \to Z$ bilinear $\exists^1 f_\sigma$ linear, so dass

kommutiert.

Das heißt $(V \otimes W)^* = \mathrm{Bil}(V,W)$ mit den bilinearen Abbildungen $V \times W \to \mathbf{R}$, denn $Z := \mathbf{R}$ liefert einen Monomorphismus $\mathrm{Bil}(V,W) \hookrightarrow (V \otimes W)^*$, und Verknüpfung mit κ gibt eine bilineare Abbildung zu jedem Element von $(V \otimes W)^*$. Für endlich-dimensionale V,W ist somit $V \otimes W = \mathrm{Bil}(V,W)^*$ mit $v \otimes w = (\sigma \mapsto \sigma(v,w))$. Insbesondere ist $\dim V \otimes W = \dim V \cdot \dim W$, und für Basen $(v_1,\dots,v_n)$, $(w_1,\dots,w_m)$ von V,W ist $(v_j \otimes w_k)_{\substack{1 \le j \le n \\ 1 \le k \le m}}$ eine Basis von $V \otimes W$. Für allgemeines $\sigma : V \times W \to Z$ wird $f_\sigma : V \otimes W \to Z, \omega \mapsto \omega(\sigma)$. Die Elemente von $V \otimes W$ heißen **Tensoren**. Jeder Tensor hat also die Form $v_1 \otimes w_1 + \cdots + v_m \otimes w_m$ mit $v_1,\dots,v_m \in V, w_1,\dots,w_m \in W$. Nicht jeder Tensor lässt sich als $v \otimes w$ schreiben.

Bemerkung. Allgemein konstruiert man das Tensorprodukt als den von $(v_j \otimes w_k)_{\substack{j \in J \\ k \in K}}$ erzeugten Vektorraum für Basen $(v_j)_j, (w_k)_k$ von V,W. Die Eindeutigkeit gilt, weil für ein zweites Tensorprodukt $\tilde{\kappa} : V \times W \to V \tilde{\otimes} W$ wegen

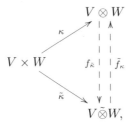

die Gleichheit $\kappa = \tilde{f}_\kappa \circ f_{\tilde{\kappa}} \circ \kappa$ folgt. Wegen der Eindeutigkeit in

$$
\begin{array}{ccc}
V \times W & \xrightarrow{\ \kappa\ } & V \otimes W \\
& \searrow{\scriptstyle \kappa} & \big\downarrow{\scriptstyle \mathrm{id}}\ \big\downarrow{\scriptstyle \tilde{f}_\kappa \circ f_{\tilde{\kappa}}} \\
& & V \otimes W
\end{array}
$$

folgt $\tilde{f}_\kappa \circ f_{\tilde{\kappa}} =$ id, also $f_{\tilde{\kappa}} : V \otimes W \xrightarrow{\cong} V \tilde{\otimes} W$.

Lemma 2.2.2. *Für Vektorräume U, V, W gilt*

$$
\text{(1) } (U \oplus V) \otimes W \overset{\text{can.}}{\cong} U \otimes W \oplus V \otimes W, \quad \text{(2) } V \otimes \mathbf{R} \overset{\text{can.}}{\cong} V,
$$

$$
\text{(3) } (U \otimes V) \otimes W \overset{\text{can.}}{\cong} U \otimes (V \otimes W), \qquad \text{(4) } V \otimes W \overset{\text{can.}}{\cong} W \otimes V,
$$

(distributiv, neutrales Element, assoziativ, kommutativ). Für endlich-dimensionale Vektorräume V, W ist

$$
\text{(5) } (V \otimes W)^* \overset{\text{can.}}{\cong} V^* \otimes W^*, \quad \text{(6) } \operatorname{Hom}(V, W) \overset{\text{can.}}{\cong} V^* \otimes W.
$$

Bemerkung. 1) Bil erfüllt zwar (1) und (4), aber es gibt keinen kanonischen Isomorphismus $\operatorname{Bil}(\operatorname{Bil}(U, V), W) \cong \operatorname{Bil}(U, \operatorname{Bil}(V, W))$.
2) Die Identifikationen (1),(3),(5),(6) werden ohne weiteren Kommentar verwendet werden, und Konstruktionen wie etwa die Lie-Ableitung in diesem Kapitel werden stillschweigend als kompatibel mit diesen Identifikationen betrachtet werden. Die Identifikation (4) wird nur selten verwendet, und in solche Fällen wird speziell darauf hingewiesen. Das Tensorprodukt wird also als assoziativ, aber nicht als kommutativ betrachtet.
3) Bei der Assoziativität für mehr Faktoren muss man überprüfen, dass durch unterschiedliche Reihenfolge der Klammerungen (etwa bei vier Faktoren) kein Widerspruch entsteht. Hier liefert die universelle Eigenschaft für multilineare Abbildungen ein geeignetes Hilfsmittel.

Beweis. (letzte Relation als Beispiel) $f : V^* \otimes W \to \operatorname{Hom}(V, W), \alpha \otimes w \mapsto (v \mapsto \alpha(v) \cdot w)$ ist ein Monomorphismus und aus Dimensionsgründen bijektiv. $\qquad\square$

Für $A \in \operatorname{Hom}(\mathbf{R}^n, \mathbf{R}^m)$ wird genauer $f^{-1}(A) = \sum a_{kj} \mathfrak{e}^j \otimes \mathfrak{e}_k$.

Bemerkung. Damit lässt sich jede verschachtelte Kombination von Bil, Hom, $\otimes$, $*$ angewendet auf endlich-dimensionale Vektorräume $V_1, \ldots, V_m$ als Tensorprodukt von $V_1, \ldots, V_m$, $V_1^*, \ldots, V_m^*$ schreiben. Z.B. ist für Vektorraum-Homomorphismen $f : V \to V', g : W \to W'$

$$f \otimes g \in \mathrm{Hom}(V, V') \otimes \mathrm{Hom}(W, W') = V^* \otimes V' \otimes W^* \otimes W' = \mathrm{Hom}(V \otimes W, V' \otimes W').$$

Definition 2.2.3. *Der Raum der q-**Multilinearformen** auf V ist*

$$V^{*\otimes q} = \underbrace{V^* \otimes \cdots \otimes V^*}_{q-\mathrm{mal}}.$$

*für $q \in \mathbf{Z}^+$ und $V^{*\otimes 0} := \mathbf{R}$ für $q = 0$. Die **Tensoralgebra** auf V ist $\bigotimes V^* := \bigoplus_{q \geq 0} V^{*\otimes q}$ mit der Ring-Struktur zu $(+, \otimes)$.*

Analog zu Definition 2.1.10 definiere $E \otimes F = \mathrm{Hom}(E^*, F)$ und $f \otimes g$ für Vektorbündel E, F bzw. Vektorbündel-Homomorphismen f, g.

Definition 2.2.4. *Das Vektorbündel $T^*M := (TM)^*$ heißt **Kotangentialbündel** von M. Die Schnitte von $T_q^p M := TM^{\otimes p} \otimes T^*M^{\otimes q}$ heißen (p, q)-**Tensoren oder** p-**fach kontravariante**, q-**fach kovariante Tensoren**.*

Für $A, B \in T_0^\bullet M$ und $\omega, \eta \in T_\bullet^0 M$ sei $(A \otimes \omega) \otimes (B \otimes \eta) := (A \otimes B) \otimes (\omega \otimes \eta)$. Die Tensoren formen damit eine zweifach graduierte $\mathbf{R}$-Algebra, die für $\dim M > 0$ unendlich-dimensional ist.

Definition 2.2.5. *Für $1 \leq j \leq p, 1 \leq k \leq q$ sei $\mathrm{Tr}_{jk} : T_q^p M \to T_{q-1}^{p-1} M$ die **Kontraktion** (oder **Spur**)*

$$\mathrm{Tr}_{jk}\left(\sum X_1 \otimes \cdots \otimes X_p \otimes \alpha_1 \otimes \cdots \otimes \alpha_q\right)$$
$$:= \sum \underbrace{\alpha_k(X_j)}_{\in C^\infty(M)} X_1 \otimes \cdots \otimes X_{j-1} \otimes X_{j+1} \otimes \cdots \otimes X_p$$
$$\otimes \alpha_1 \otimes \cdots \otimes \alpha_{k-1} \otimes \alpha_{k+1} \otimes \cdots \otimes \alpha_q.$$

*Das **innere Produkt** eines Vektorfeldes X mit einem $(p, q+1)$-Tensor ω ist der (p, q)-Tensor $\iota_X \omega := \mathrm{Tr}_{11}(X \otimes \omega)$, d.h. für Vektorfelder $Y_1, \ldots, Y_q$ ist*

$$(\iota_X \omega)(Y_1, \ldots, Y_q) = \omega(X, Y_1, \ldots, Y_q) \in T_0^p M$$

bzw. 0 für $\omega \in T_0^p M$.

Mit Hilfe der Kontraktion lassen sich viele einfache Vektorraum-Abbildung einheitlich beschreiben, etwa die Verknüpfung von Homomorphismen $\mathrm{Tr}_{12} : \mathrm{Hom}(V, W) \otimes \mathrm{Hom}(W, U) \to \mathrm{Hom}(V, U)$ oder Einsetzungs-Abbildungen wie eben das innere Produkt.

Definition 2.2.6. *Sei $f : M \to N$ C^∞ und ω ein kovarianter Tensor auf N. Der **pullback** $f^*\omega \in \Gamma(M, T^*M^{\otimes q})$ von ω ist der kovariante Tensor auf M mit*

$$(f^*\omega)_x(X_1, \ldots, X_q) := \omega_{f(x)}(T_x f(X_1), \ldots, T_x f(X_q)) \qquad (X_1, \ldots, X_q \in T_x N).$$

Im grundlegenden Unterschied zum direkten Bild von Vektoren muss f hier also **kein** Diffeomorphismus sein.

Lemma 2.2.7. *Für zwei C^∞-Abbildungen $M \xrightarrow{f} N \xrightarrow{g} P$ ist $(g \circ f)^* = f^* \circ g^*$, also ist $\forall q \in \mathbf{N}_0$*

$$\left\{ \begin{matrix} Mannigfaltigkeiten \\ C^\infty\text{-}Abbildungen \end{matrix} \right\} \rightarrow \left\{ \begin{matrix} \mathbf{R}\text{-}Vektorräume \\ lineare\ Abbildungen \end{matrix} \right\}$$
$$M \mapsto \Gamma(M, T_q^0 M)$$
$$f \mapsto f^*$$

ein kontravarianter Funktor.

Beweis. Mit der Kettenregel:

$$\begin{aligned} \left[(g \circ f)^* \omega\right](X_1, \ldots, X_q) &= \omega(T(g \circ f)X_1, \ldots, T(g \circ f)X_q) \\ &= (g^* \omega)(Tf(X_1), \ldots, Tf(X_q)) \\ &= f^*(g^* \omega)(X_1, \ldots, X_q). \end{aligned} \qquad \square$$

Dies entspricht leider nicht der historisch bedingten Benennung der Multilinearformen auf TM als **kovariante** Tensoren. Entsprechend nennt man die Schnitte in $T_0^p M$ kontravariante Tensoren, obwohl sie weder auf besondere Weise ko- noch kontravariant sind, denn sie lassen sich nur durch Diffeomorphismen $f : M \rightarrow N$ übertragen. Für Diffeomorphismen wird f^* auf beliebigen Tensoren definiert, indem man für ein Vektorfeld $X \in \Gamma(N, TN)$ $f^*X := (f^{-1})_* X$ setzt. Dann gilt weiter $(g \circ f)^* = f^* \circ g^*$, und für jeden Diffeomorphismus f ist $f^* \mathrm{Tr}_{jk} \omega = \mathrm{Tr}_{jk} f^* \omega$, da für $X \in \Gamma(M, TM), \alpha \in \Gamma(M, T^*M)$

$$\begin{aligned} \mathrm{Tr}\, f^*(\alpha \otimes X)_{|p} &= (f^* \alpha)(f_*^{-1}X)_{|p} = \alpha_{f(p)}(Tf \circ Tf^{-1}(X)) \\ &= \alpha(X)_{|f(p)} = f^*(\alpha(X))_{|p}. \end{aligned}$$

Mit Hilfe des pullbacks lassen sich die bisherigen Derivationen für reell-wertige Abbildungen und Vektorfelder auf beliebige Tensoren übertragen:

Satz 2.2.8. *Es gibt eindeutig einen Operator L_X auf $\Gamma(M, T_\bullet^\bullet M)$, die **Lie-Ableitung**, mit folgenden Eigenschaften:*

1) $\forall f \in C^\infty(M) : L_X f = X.f$,

2) $\forall Y \in \Gamma(M, TM) : L_X Y = [X, Y]$,

3) L_X ist eine Derivation auf der assoziativen Algebra (mit Eins) der Tensoren:

$$L_X(\omega \otimes \eta) = L_X \omega \otimes \eta + \omega \otimes L_X \eta,$$

4) L_X kommutiert mit Kontraktionen: $L_X \mathrm{Tr}_{jk} \omega = \mathrm{Tr}_{jk}(L_X \omega)$.

Beweis. Existenz: Mit

$$L_X : \Gamma(M, T_q^p M) \rightarrow \Gamma(M, T_q^p M)$$

$$\omega \mapsto \frac{\partial}{\partial t}_{|t=0} \Phi_t^{X*} \omega$$

folgt:

1) $L_X f = \frac{\partial}{\partial t}_{|t=0} \Phi_t^{X*} f = \frac{\partial}{\partial t}_{|t=0} f \circ \Phi_t^X = Tf(X).$

2) $L_X Y = \frac{\partial}{\partial t}_{|t=0} \Phi_t^{X*} Y = \frac{\partial}{\partial t}_{|t=0} \Phi_{-t*}^X Y \overset{1.5.6}{=} -[Y, X] = [X, Y].$

3), 4) Der pullback ist **R**-linear. Wende $\frac{\partial}{\partial t}_{|t=0}$ auf

$$\Phi_t^{X*}(\omega \otimes \eta) = \Phi_t^{X*} \omega \otimes \Phi_t^{X*} \eta \quad \text{bzw.} \quad \Phi_t^{X*} \text{Tr}_{jk} \omega = \text{Tr}_{jk} \Phi_t^{X*} \omega$$

an.

Eindeutigkeit: Sei K_X ein zweiter solcher Operator. Nach (1),(2) ist $K_X = L_X$ auf Funktionen und Vektorfeldern. Wie in Hilfssatz 1.4.2 sind K_X, L_X lokale Operatoren, es genügt also der Vergleich auf einer Karte $\varphi : U \rightarrow V$ um jeden Punkt $p \in M$. Sei nun $\alpha \in \Gamma(U, T^*U)$ und $Y_j := \varphi^* \mathfrak{e}_j$. Dann ist für alle j

$$(K_X \alpha)(Y_j) = \text{Tr}((K_X \alpha) \otimes Y_j) \overset{(3)}{=} \text{Tr}(K_X(\alpha \otimes Y_j) - \alpha \otimes K_X Y_j)$$
$$\overset{(4)}{=} K_X(\alpha(Y_j)) - \alpha(K_X Y_j) \overset{(1),(2)}{=} X.(\alpha(Y_j)) - \alpha([X, Y_j]). \quad (2.1)$$

Da $(Y_{j,p})$ eine Basis von $T_p M$ ist, folgt $K_X \alpha_{|p} = L_X \alpha_{|p}$. Mit (3) folgt iterativ $K_X = L_X$ auf allen Tensoren. $\qquad \square$

Damit folgt, dass L_X Tensoren von Typ (p, q) auf ebensolche abbildet.

Ähnlich wie Satz 1.4.3 wäre auch hier die Eindeutigkeit falsch, wenn überall in den Voraussetzungen C^∞ durch analytisch ersetzt würde.

Durch Iteration folgt für $\omega \in \Gamma(M, T_q^p M)$ in Verallgemeinerung von Gleichung (2.1)

$$L_X(\omega(Y_1, \ldots, Y_q)) = (L_X \omega)(Y_1, \ldots, Y_q) + \omega([X, Y_1], Y_2, \ldots, Y_q)$$
$$+ \cdots + \omega(Y_1, \ldots, Y_{q-1}, [X, Y_q]).$$

Bemerkung. Die Derivation von reell-wertigen Funktionen lässt sich auch punktweise als Ableitung in Richtung eines einzelnen Vektor beschreiben. Für Vektorfelder hingegen ergibt die Lie-Klammer nur eine Ableitung in Richtung eines ganzen Vektorfeldes, die nicht nur von dem Wert eines Vektorfeldes X an einer Stelle p abhängt, sondern auch von den 1. Ableitungen dieses Feldes bei p. Diesen Makel hat die Lie-Ableitung auf allen Tensoren bis auf jene vom Grad $(0,0)$. In Kapitel 3.2 wird ein Ableitungsbegriff behandelt, der dieses Problem behebt, aber von zusätzlichen Wahlen abhängt.

An dem Beispiel aus dem vorherigen Beweis, $L_X \alpha \in \Gamma(M, T^*M)$ mit $(L_X \alpha)(Y) = X.\alpha(Y) - \alpha([X, Y])$, sieht man, dass es nicht immer ganz offensichtlich ist, ob ein Operator auf den Tensoren ein Tensor ist. Folgende elegante Charakterisierung ist zum Nachweis der Tensorialität häufig sehr nützlich.

Satz 2.2.9. *Sei* $P : \Gamma(M, E) \to \Gamma(M, F)$ *eine Abbildung für Vektorbündel* E, F *über* M. *Dann ist* P *genau dann* $C^\infty(M)$-*linear, wenn* $P \in \Gamma(M, \operatorname{Hom}(E, F))$. *Mit anderen Worten gilt* $P(fs + g\tilde{s}) = fP(s) + gP(\tilde{s})$ $\forall f, g \in C^\infty(M), s, \tilde{s} \in \Gamma(M, E)$ *genau dann, wenn* P *faserweise bestimmt ist als* $P_x \in \operatorname{Hom}(E_x, F_x)$ $\forall x$ *und die Abbildung* $x \mapsto P_x$ *glatt ist.*

Beispiel. Zu festem $x_0 \in M$ erfüllt z.B. die **R**-lineare Abbildung $P : \Gamma(M, \mathbf{R}) \to \Gamma(M, \mathbf{R}), f \mapsto f(x_0)$ nicht diese Bedingung.

Beweis. „$\Leftarrow$" klar.

„$\Rightarrow$" Sei $x \in M, s, \tilde{s} \in \Gamma(M, E)$ mit $s_x = \tilde{s}_x$. Auf einer Trivialisierung $h : \pi^{-1}(U) \to U \times \mathbf{R}^m$ sei $(s_j)_j$ eine Familie von Schnitten, die faserweise eine Basis von $E_{|U}$ bildet (etwa $s_{j|y} := h^{-1}(y, \mathfrak{e}_j)$). Dann ist $(s - \tilde{s})_{|U} = \sum_j f_j \cdot s_j$ mit $f_j \in C^\infty(U)$.

Sei $\tau \in C^\infty(M), \tau = \begin{cases} 1 & \text{auf Umgebung } \tilde{U} \text{ von } x \\ 0 & \text{auf } M \backslash U \end{cases}$. Dann ist

$$
\begin{aligned}
P(s)_x - P(\tilde{s})_x &= (\tau^2 \cdot P(s - \tilde{s}))_x = P(\tau^2 \cdot (s - \tilde{s}))_x \\
&= P\left(\tau^2 \sum_j f_j s_j\right) = \sum_j \tau(x) \underbrace{f_j(x)}_{=0} \cdot P(\tau s_j)_x = 0.
\end{aligned}
$$

Also definiert $\tilde{P}_x : E_x \to F_x, \sum_j f_j \cdot s_j(x) \mapsto \sum_j f_j P(\tau s_j)_x$ (mit $f_j \in \mathbf{R}$) eine von der Trivialisierung unabhängige lineare Abbildung. Auf $\tilde{U}$ bestimmt diese Formel $\tilde{P}$, und wegen $P(\tau s_j) \in \Gamma^\infty(M, F)$ hängt $y \mapsto \tilde{P}_y$ auf $\tilde{U}$ glatt vom Fußpunkt y ab. $\qquad\square$

Korollar 2.2.10. *Eine Abbildung* $P : \Gamma(M, T_q^p M) \to \Gamma(M, T_{q'}^{p'} M)$ *ist genau dann* $C^\infty(M)$-*linear, wenn* $P \in \Gamma(M, T_{q'+p}^{p'+q} M)$.

Deshalb heißen $C^\infty(M)$-lineare Abbildungen zwischen Schnitten von Vektorbündeln **tensoriell**.

Beispiel. i) Ein q-fach kovarianter Tensor ist dasselbe wie eine $C^\infty(M)$-lineare Abbildung $P : \Gamma(M, TM^{\otimes q}) \to C^\infty(M)$, d.h. wie eine Abbildung

$$
\tilde{P} : \underbrace{\Gamma(M, TM) \times \cdots \times \Gamma(M, TM)}_{q-\text{mal}} \to C^\infty(M),
$$

die in jeder Variable $C^\infty(M)$-linear ist.

ii) Die Abbildung $\Gamma(M, TM \times TM) \to \Gamma(M, TM), (X, Y) \mapsto [X, Y]$ ist kein Tensor.

iii) Für festes $f \in C^\infty(M)$ ist $df : \Gamma(M, TM) \to C^\infty(M), X \mapsto L_X f$ ein Tensor, denn $\forall g \in C^\infty(M): L_{gX} f = Tf(gX) = g \cdot Tf(X)$. Für $X \in T_x M$ ist $df_x(X) = \operatorname{proj}_2(T_x f(X))$ und $df \in \Gamma(M, T^* M)$ das **Differential** von f. Zum Beispiel ist für die kartesische Koordinate $x_j : \mathbf{R}^n \to \mathbf{R}$

$$
dx_j = \left(\frac{\partial x_j}{\partial x_1}, \ldots, \frac{\partial x_j}{\partial x_n}\right) = (0, \ldots 0, 1, 0, \ldots, 0) \in (\mathbf{R}^n)^*.
$$

Aufgaben

Übung* 2.2.11. *Stellen Sie für endlich-dimensionale Vektorräume V, W, Z folgende Abbildungen als Kontraktionen dar:*

1) Die Komposition $\mathrm{Hom}(V, W) \otimes \mathrm{Hom}(W, Z) \to \mathrm{Hom}(V, Z)$, $\varphi \otimes \psi \mapsto \psi \circ \varphi$.

2) Die Auswertungsabbildung $\mathrm{Hom}(V, W) \otimes V \to W$, $\varphi \otimes v \to \varphi(v)$.

Übung 2.2.12. *Sei*

$$A = \begin{pmatrix} 0 & -2 \\ -1 & 1 \end{pmatrix} \in \mathrm{End}(\mathbf{C}^2).$$

Finden Sie eine Basis (v_1, v_2) von $\mathbf{C}^2$, bezüglich derer A die Gestalt $\lambda_1 v^1 \otimes v_1 + \lambda_2 v^2 \otimes v_2$ mit $\lambda_{1,2} \in \mathbf{C}$ hat. Dabei ist (v^1, v^2) die zu (v_1, v_2) duale Basis, i.e. $v^j(v_k) = \delta_{jk}$.

Übung 2.2.13. *1) Zeigen Sie, dass $\langle \cdot, \cdot \rangle : \mathfrak{su}(n) \times \mathfrak{su}(n) \to \mathbf{R}, (X, Y) \mapsto \mathrm{Tr}\,(X\bar{Y}^t)$ ein Skalarprodukt auf $\mathfrak{su}(n)$ ist. Beweisen Sie, dass $\mathrm{Ad} : \mathbf{SU}(n) \to \mathrm{End}(\mathfrak{su}(n))$ Werte in den Isometrien für dieses Skalarprodukt annimmt.*

2) Interpretieren Sie für $n = 2$ Ad als eine Abbildung von $\mathbf{SU}(2)$ nach $\mathbf{SO}(3)$. Bestimmen Sie den Kern dieser Abbildung.

Übung 2.2.14. *Sei $\iota : S^n \to \mathbf{R}^{n+1}$ die kanonische Einbettung und $\varphi_\pm$ seien die stereographischen Projektionen. Das euklidische Skalarprodukt $\langle \cdot, \cdot \rangle$ ist eine Bilinearform auf $T\mathbf{R}^{n+1}$, also ist $g := \iota^* \langle \cdot, \cdot \rangle \in T^*S^n \otimes T^*S^n$. Beweisen Sie*

$$((\varphi_\pm^{-1})^* g)|_u = \frac{4}{(1 + \|u\|^2)^2} \langle \cdot, \cdot \rangle_{\mathrm{eukl}}.$$

(Tipp: Die Rechnung wird etwas einfacher, wenn Sie bedenken, dass Sie nur die Gleichheit der Normen überprüfen müssen.)

Übung 2.2.15. *Seien M, X, Y, f wie in Übung 1.4.12 und $\omega \in \Gamma(M, \bigotimes T^*M)$ mit $\omega_{(x,y)} := \sin(x)dx \otimes dy + \cos(y)(dx + 2dy) + 1$. Berechnen Sie $\omega \otimes \omega$, $f^*\omega$, $\iota_X \omega$, $\iota_X(\omega \otimes \iota_Y \omega)$, $L_X \omega$ und $L_X(Y \otimes \omega)$.*

2.3 Äußere Algebra

alternierend	Differentialform
äußere Potenz	äußere Ableitung
äußeres Produkt	de Rham-Operator
Dachprodukt	Natürlichkeits-Eigenschaft
äußere Algebra	Cartans Homotopieformel
superkommutativ	Satz von Frobenius

Die Tensoralgebra ist eine unendlich-dimensionale Algebra, in die T^*M eingebettet ist. Diese unendliche Dimension führt häufig zu Schwierigkeiten. In diesem Abschnitt konstruieren wir eine endlich-dimensionale Algebra ΛT^*M, die T^*M enthält und die Konstruktion der Determinante verallgemeinert. Diese Konstruktion wurde von Graßmann[1] in demselben Artikel eingeführt, in dem er die Vektorräume erfand.

Definition 2.3.1. *Sei V ein n-dimensionaler $\mathbf{R}$-Vektorraum. Für $q \in \mathbf{N}_0$ heißt eine q-Form $\omega \in V^{*\otimes q}$ **alternierend***

   $:\Leftrightarrow$ *Falls von q Vektoren $v_1, \ldots, v_q$ zwei gleich sind, ist $\omega(v_1, \ldots, v_q) = 0$*

   $\Leftrightarrow$ *Falls q Vektoren $v_1, \ldots, v_q$ linear abhängig sind, ist $\omega(v_1, \ldots, v_q) = 0$.*

Dies ist äquivalent zu

$$\forall j \neq k : \omega(v_1, \ldots, v_j, \ldots, v_k, \ldots, v_q) = -\omega(v_1, \ldots, v_k, \ldots, v_j, \ldots, v_q),$$

wie man durch Einsetzen von $v_j + v_k$ an Stelle von v_j, v_k sieht. Die **q-te äußere Potenz** von V^* ist der Vektorraum

$$\Lambda^q V^* := \{\omega \in V^{*\otimes q} \mid \omega \text{ alternierend}\}.$$

Dann ist $\Lambda^q V^* = 0$ für $q > n$, da $q > n$ Vektoren immer linear abhängig sind. Weiter ist $\Lambda^0 V^* = \mathbf{R}, \Lambda^1 V^* = V^*$ und $\Lambda^n V^*$ wird für eine Basis $(e^1, \ldots, e^n)$ von V^* von $(v_1, \ldots, v_n) \mapsto \det((e^j(v_k))_{jk})$ erzeugt. Für $\sigma \in \mathfrak{S}_q$ ist

$$(\omega \circ \sigma)(v_1, \ldots, v_q) := \omega(v_{\sigma(1)}, \ldots, v_{\sigma(q)}) = \operatorname{sign} \sigma \cdot \omega(v_1, \ldots, v_q)$$

(schreibe zum Beweis σ als Produkt von Transpositionen). Also ist

$$\begin{aligned} \pi_\Lambda : V^{*\otimes q} &\to \Lambda^q V^* \\ \omega &\mapsto \frac{1}{q!} \sum_{\sigma \in \mathfrak{S}_q} \operatorname{sign} \sigma \cdot \omega \circ \sigma \end{aligned}$$

eine Vektorraum-Projektion. Nach der Leibnizformel ist

$$\pi_\Lambda(\alpha_1 \otimes \cdots \otimes \alpha_q)(v_1, \ldots, v_q) = \frac{1}{q!} \det((\alpha_j(v_k))_{jk}).$$

Lemma und Definition 2.3.2. *Mit dem **äußeren Produkt** (oder **Dachprodukt**)*

$$\begin{aligned} \wedge : \Lambda^p V^* \times \Lambda^q V^* &\to \Lambda^{p+q} V^* \\ (\alpha, \beta) &\mapsto \frac{(p+q)!}{p!q!} \pi_\Lambda(\alpha \otimes \beta) = \sum_{[\sigma] \in \mathfrak{S}_{p+q}/\mathfrak{S}_p \times \mathfrak{S}_q} \operatorname{sign} \sigma \cdot (\alpha \otimes \beta) \circ \sigma \end{aligned}$$

*wird $\Lambda^\bullet V^* := \bigoplus_{q=0}^n \Lambda^q V^*$ eine assoziative Algebra, die **äußere Algebra zu** V^*. Das Produkt $\wedge$ ist **superkommutativ**, $\alpha \wedge \beta = (-1)^{pq} \beta \wedge \alpha$.*

Beispiel. Es ist $e^1 \wedge e^2 = 2\pi_\Lambda(e^1 \otimes e^2) = e^1 \otimes e^2 - e^2 \otimes e^1$.

---

[1] 1844, Hermann Günther Graßmann, 1809–1877

Beweis. Als Projektion von $\otimes$ ist $\wedge$ bilinear. Für einen Unterraum $U \subset V$ bezeichne $U^0 \subset V^*$ den Verschwindungsraum im dualen Vektorraum. Dann ist $\operatorname{im} \pi_\Lambda = (V^*)^{\otimes q}/\ker \pi_\Lambda = ((\ker \pi_\Lambda)^0)^*$, also $\ker \pi_\Lambda = ((\operatorname{im} \pi_\Lambda)^*)^0$ bzw.

$$\mathcal{J}_q := \ker \pi_{\Lambda|(V^*)^{\otimes q}} = \operatorname{span}\{\alpha_1 \otimes \cdots \otimes \alpha_q \mid \exists j \neq k : \alpha_j = \alpha_k\}.$$

Also ist $\mathcal{J} := \ker \pi_{\Lambda| \bigotimes V^*}$ ein Ideal in der Algebra $\bigotimes V^*$ und somit der Quotient $\bigotimes V^*/\mathcal{J} = \bigoplus_q (V^*)^{\otimes q}/\mathcal{J}_q$ ein Ring bzgl. der Multiplikation $[\alpha] \wedge [\beta] := [\alpha \otimes \beta]$. Nach dem Homomorphiesatz erhält $\bigotimes V^*/\mathcal{J} \overset{\pi_\Lambda}{\to} \operatorname{im} \pi_\Lambda = \Lambda^\bullet V^*$ auf diese Weise eine Ringstruktur.

Superkommutativität: Sei $\tau := \begin{pmatrix} 1 & \cdots & p & p+1 & \cdots & p+q \\ q+1 & \cdots & p+q & 1 & \cdots & q \end{pmatrix} \in \mathfrak{S}_{p+q}$, dann ist $\operatorname{sign} \tau = (-1)^{pq}$ und

$$\alpha \wedge \beta = \frac{1}{p!q!} \sum_{\sigma \in \mathfrak{S}_{p+q}} \operatorname{sign} \sigma \cdot (\alpha \otimes \beta) \circ \sigma = \frac{1}{p!q!} \sum_{\sigma \in \mathfrak{S}_{p+q}} \operatorname{sign}(\sigma \circ \tau) \cdot (\alpha \otimes \beta) \circ (\sigma \circ \tau)$$

$$= \operatorname{sign} \tau \cdot \frac{1}{p!q!} \sum_{\sigma \in \mathfrak{S}_{p+q}} \operatorname{sign} \sigma \cdot (\beta \otimes \alpha) \circ \sigma = (-1)^{pq} \beta \wedge \alpha. \qquad \square$$

Der Umweg über die Verschwindungsräume zeigt hier, dass $\ker \pi_\Lambda$ ein Ideal ist, obwohl π_Λ kein Ringhomomorphismus ist. Man kann die Assoziativität auch umständlicher, aber elementarer mit der Definition nachrechnen. Allgemein ist für $\alpha_j \in \Lambda^{n_j} V^* \ (1 \leq j \leq k)$

$$\alpha_1 \wedge \cdots \wedge \alpha_k = \binom{n_1 + \cdots + n_k}{n_1, \ldots, n_k} \pi_\Lambda(\alpha_1 \otimes \cdots \otimes \alpha_k)$$

$$= \sum_{[\sigma] \in \mathfrak{S}_{n_1 + \cdots + n_k}/\mathfrak{S}_{n_1} \times \cdots \times \mathfrak{S}_{n_k}} \operatorname{sign} \sigma \cdot (\alpha_1 \otimes \cdots \otimes \alpha_k) \circ \sigma.$$

Damit ist für eine Basis $(e^1, \ldots, e^n)$ von V^* die Familie $(e^{j_1} \wedge \cdots \wedge e^{j_q} \mid 1 \leq j_1 < \cdots < j_q \leq n)$ eine Basis von $\Lambda^q V^*$, denn für $1 \leq k_1 \leq \cdots \leq k_q \leq n$ ist

$$(e^{j_1} \wedge \cdots \wedge e^{j_q})(e_{k_1}, \ldots, e_{k_q}) = \begin{cases} 1 \text{ falls } \forall \ell : j_\ell = k_\ell \\ 0 \text{ sonst.} \end{cases}$$

Insbesondere gilt $\dim \Lambda^q V^* = \binom{n}{q}$, $\dim \Lambda^\bullet V^* = 2^n$.

Notation: Sei $\mathfrak{A}^\bullet(M) := \Gamma(M, \Lambda^\bullet T^*M)$ der **Raum der Differentialformen**. Aus den Regeln für $\otimes$ folgt für $f : M \to N, \alpha, \beta \in \mathfrak{A}^\bullet(N), X \in \Gamma(N, TN)$

$$f^*(\alpha \wedge \beta) = f^*\alpha \wedge f^*\beta, \quad L_X(\alpha \wedge \beta) = L_X\alpha \wedge \beta + \alpha \wedge L_X\beta.$$

Auf der äußeren Algebra gibt es einen grundlegenden neuen Differentialoperator:

Theorem und Definition 2.3.3. *Es existiert eindeutig eine additive Abbildung* $d : \mathfrak{A}^\bullet(M) \to \mathfrak{A}^\bullet(M)$ *mit*

1) $\forall \alpha \in \mathfrak{A}^q(M), \beta \in \mathfrak{A}^\bullet(M) : d(\alpha \wedge \beta) = d\alpha \wedge \beta + (-1)^q \alpha \wedge d\beta,$

2) $d : C^\infty(M) \to \Gamma(M, T^*M)$ ist das Differential auf Funktionen,

3) $\forall f \in C^\infty(M) : d^2 f = 0$.

*Die Abbildung d heißt **äußere Ableitung** oder der **de Rham-Operator**[2].*

Beweis. Eindeutigkeit: Ein Operator d, der (1) erfüllt, muss wie in Hilfssatz 1.4.2 ein lokaler Operator sein. Sei nun $\varphi : U \to V$ eine Karte auf M und $\omega \in \mathfrak{A}^q(M)$. Dann ist $(\varphi^{-1})^* \omega_{|U} = \sum_{|I|=q} f_I\, dx_{j_1} \wedge \cdots \wedge dx_{j_q}$ mit $f_I \in C^\infty(V)$ für alle Multiindices $I = \{j_1, \ldots, j_q\}$, $1 \leq j_1 < \ldots j_q \leq n$, d.h.

$$
\begin{aligned}
\omega_{|U} &= \varphi^* \left(\sum_{|I|=q} f_I\, dx_{j_1} \wedge \cdots \wedge dx_{j_q} \right) \\
&= \sum_{|I|=q} (f_I \circ \varphi)\, d(x_{j_1} \circ \varphi) \wedge \cdots \wedge d(x_{j_q} \circ \varphi).
\end{aligned}
$$

Sei d^U ein Operator auf U, der (1)-(3) erfüllt, dann folgt eindeutig

$$
d^U \omega_{|U} \overset{(1),(3)}{=} \sum_{|I|=q} \underbrace{d(f_I \circ \varphi)}_{\overset{(2)}{=}\, \varphi^* \sum_j \frac{\partial f_I}{\partial x_j} dx_j} \wedge d(x_{j_1} \circ \varphi) \wedge \cdots \wedge d(x_{j_q} \circ \varphi). \tag{2.2}
$$

Existenz: Obiges d^U erfüllt (2). (3) folgt aus dem Satz von Schwarz kombiniert mit $dx_j \wedge dx_k = -dx_k \wedge dx_j$:

$$
(d^U)^2(f \circ \varphi) = \varphi^* \sum_{j,k} \frac{\partial^2 f}{\partial x_j \partial x_k} dx_j \wedge dx_k = 0.
$$

Und (1) folgt mit dem Spezialfall $\alpha = \varphi^*(f\, dx_{j_1} \wedge \cdots \wedge dx_{j_q})$, $\beta = \varphi^*(g\, dx_{k_1} \wedge \cdots \wedge dx_{k_p})$.

Insbesondere gibt es auf jeder Mannigfaltigkeit höchstens einen Operator d mit (1)-(3). Für zwei Karten $\varphi : U \to V, \psi : U' \to V'$ folgt also $d^U_{|U \cap U'} = d^{U'}_{|U \cap U'}$, d.h. d^U ist von der Wahl von U unabhängig und d somit global definiert. $\qquad \square$

Beispiel. Nach der Kettenregel ist für $g \in C^\infty(N, \mathbf{R}), f : M \to N$

$$
f^* dg = dg \circ Tf = d(g \circ f) = d(f^* g).
$$

Lemma 2.3.4. *Für $U, U' \subset \mathbf{R}^n, f : U \to U'$ ist*

$$
f^*(dx_1 \wedge \cdots \wedge dx_n) = \det f' \cdot dx_1 \wedge \cdots \wedge dx_n.
$$

Beweis. Dies folgt aus der eindeutigen axiomatischen Charakterisierung der Determinante. Weil $\Lambda^n(\mathbf{R}^n)^*$ eindimensional ist, gibt es eine Funktion $g \in C^\infty(\mathbf{R}^n)$ mit $f^*(dx_1 \wedge \cdots \wedge dx_n) = g \cdot dx_1 \wedge \cdots \wedge dx_n$. Die Funktion g hängt alternierend von den n Zeilen von f' ab, ist also bis auf einen konstanten Faktor $\det f'$. Für $f =$ id ist der Faktor 1, also folgt $g = \det f'$. $\qquad \square$

---

[2]1931, Georges de Rham, 1903–1990

Lemma 2.3.5. *Für den de Rham-Operator gilt*

1) $d(\mathfrak{A}^q(M)) \subset \mathfrak{A}^{q+1}(M)$.

2) $d^2 = 0$ *bzw.* $\operatorname{im} d \subset \ker d$, *d.h.*

$$0 \to \mathfrak{A}^0(M) \xrightarrow{d} \cdots \xrightarrow{d} \mathfrak{A}^n(M) \to 0$$

ist ein Komplex von **R**-*Vektorräumen.*

3) $\forall \varphi \in C^\infty(M, N), \omega \in \mathfrak{A}^\bullet(N) : d(\varphi^*\omega) = \varphi^* d\omega$.

4) $\forall X \in \Gamma(M, TM), \omega \in \mathfrak{A}^\bullet(M) : L_X d\omega = dL_X\omega$.

Beweis. Alle diese Eigenschaften sind lokal, also kann man ohne Einschränkung annehmen, dass die Formen Monome sind.
(1) folgt aus der lokalen Formel (2.2).
(2) folgt mit dem 2. Axiom für d und Induktion über den Grad mit

$$d^2(\alpha \wedge \beta) = (-1)^{q+1}d\alpha \wedge d\beta + (-1)^q d\alpha \wedge d\beta = 0.$$

(3) gilt für 1-Formen, da die Formel für $f \cdot dg$ gilt. Per Induktion über den Grad mit dem 1. Axiom folgt die Behauptung.
(4) folgt durch Anwenden von $\frac{\partial}{\partial t}|_{t=0}$ auf $\Phi_t^{X*}d\omega = d\Phi_t^{X*}\omega$. $\qquad\square$

Bemerkung 2.3.6. 1) Der Operator $\iota_X : \mathfrak{A}^q(M) \to \mathfrak{A}^{q-1}(M)$ hat ähnliche Eigenschaften: Es ist $\iota_X^2 = 0$ und $\iota_X(\alpha \wedge \beta) = \iota_X\alpha \wedge \beta + (-1)^q\alpha \wedge \iota_X\beta$ (Übung 2.3.18).
2) Man kann zeigen, dass die **Natürlichkeits-Eigenschaft** Lemma 2.3.5(3) ebenfalls den de Rham-Operator im wesentlichen eindeutig bestimmt. Palais beweist in [Pal, S. 127], dass auf einer kompakten Mannigfaltigkeit jeder lineare Operator auf den Differentialformen, der (3) erfüllt, eine Linearkombination von d, id und dem Integral aus Abschnitt 2.5 ist. Kolář, Michor und Slovák zeigen in [KMS, 25.4], dass für $q > 0$ eine (nicht unbedingt lineare) Abbildung, die (1) und (3) erfüllt, ein skalares Vielfaches von d sein muss.

Satz 2.3.7. *(Homotopieformel von Élie Cartan[3]) Für jedes Vektorfeld X und $\omega \in \mathfrak{A}^\bullet(M)$ gilt* $L_X\omega = (d \circ \iota_X + \iota_X \circ d)\omega = (d + \iota_X)^2\omega$.

Insbesondere hat L_X auf Differentialformen die zweite Wurzel $d + \iota_X$.

Beweis. Mit d und ι_X ist auch $K_X := (d + \iota_X)^2$ ein lokaler Operator.
a) Auf Funktionen f ist $(d \circ \iota_X + \iota_X \circ d)f = df(X) = L_X f$.
b) K_X operiert als Derivation auf $\mathfrak{A}^\bullet(M)$: Für $\alpha \in \mathfrak{A}^q(M), \beta \in \mathfrak{A}^\bullet(M)$ ist

$$\begin{aligned}
K_X(\alpha \wedge \beta) &= (d + \iota_X)((d + \iota_X)\alpha \wedge \beta + (-1)^q\alpha \wedge (d + \iota_X)\beta)\\
&= K_X\alpha \wedge \beta + (-1)^{q-1}(d + \iota_X)\alpha \wedge (d + \iota_X)\beta\\
&\quad + (-1)^q(d + \iota_X)\alpha \wedge (d + \iota_X)\beta + \alpha \wedge K_X\beta\\
&= K_X\alpha \wedge \beta + \alpha \wedge K_X\beta.
\end{aligned}$$

---

[3]Élie Cartan, 1869–1951

c) Auf 1-Formen ist $L_X = K_X$, denn $K_X df = d\iota_X df = dK_X f = dL_X f = L_X df$, und lokal hat jede 1-Form die Gestalt $\sum f_j \, dx_j$.

Also folgt $K_X = L_X$ auf ganz $\mathfrak{A}^\bullet(M)$ wie im Beweis von Satz 2.2.8. $\square$

Diese Formel ermöglicht also die Berechnung von L_X über d. Umgekehrt kann man mit Hilfe der Homotopieformel d in Termen von L_X beschreiben:

Satz 2.3.8. *Seien $X_0, \ldots, X_q$ Vektorfelder auf M und sei $\omega \in \mathfrak{A}^q(M)$, dann ist*

$$
d\omega(X_0, \ldots, X_q) = \sum_{j=0}^q (-1)^j X_j . \left(\omega(X_0, \ldots, \widehat{X_j}, \ldots, X_q) \right)
$$
$$
+ \sum_{0 \le j < k \le q} (-1)^{j+k} \omega([X_j, X_k], X_0, \ldots, \widehat{X_j}, \ldots, \widehat{X_k}, \ldots, X_q).
$$

Beweis. Per Induktion über q: Für $q = 0$ ist die Behauptung klar. Sei nun die Aussage wahr für alle $q - 1$-Formen. Nach der Leibniz-Regel für Tensoren ist

$$
L_{X_0} \left(\omega(X_1, \ldots, X_q) \right)
$$
$$
= \underbrace{\left(L_{X_0} \omega \right)}_{d\iota_{X_0}\omega + \iota_{X_0} d\omega} (X_1, \ldots, X_q)
$$
$$
+ \sum_{j=1}^q \omega(X_1, \ldots, [X_0, X_j], \ldots, X_q)
$$
$$
= \underbrace{(d\iota_{X_0}\omega)(X_1, \ldots, X_q)}_{\substack{= \sum_{1 \le j < k \le q} (-1)^{j+k} \omega(X_0, [X_j, X_k], X_1, \ldots, \widehat{X_j}, \ldots, \widehat{X_k}, \ldots, X_q) \\ - \sum_{j=1}^q (-1)^j X_j . \omega(X_0, \ldots, \widehat{X_j}, \ldots, X_q) \text{ nach Ind.–Vor.}}} \quad + d\omega(X_0, \ldots, X_q)
$$
$$
- \sum_{k=1}^q (-1)^k \omega([X_0, X_k], X_1, \ldots, \widehat{X_k}, \ldots, X_q). \qquad \square
$$

Beispiel 2.3.9. Für $\alpha \in \mathfrak{A}^1(M)$ ist $d\alpha(X, Y) = X.\alpha(Y) - Y.\alpha(X) - \alpha([X, Y])$.

Satz von Frobenius 2.3.10. [4] *Sei $H \subset TM^n$ ein Untervektorbündel vom Rang k, so dass für $X, Y \in \Gamma(M, H)$ auch $[X, Y]$ wieder ein Schnitt von H ist. Dann existiert zu jedem $p \in M$ eine k-dimensionale Untermannigfaltigkeit $N \subset M$ mit $p \in N$ und $TN = H_{|N}$.*

Beweis. Sei φ eine Karte um p. Dann bilden die Linearformen $\alpha_j := \varphi^* dx_j$ ($1 \le j \le n$) eine Basis von T^*M, also gibt es eine Teilmenge $I \subset \{1, \ldots, n\}$, für die $(\alpha_{j|H_p})_{j \in I}$ eine Basis von H_p^* ist. Sei U die offene Umgebung von p, auf der $(\alpha_{j|H})_{j \in I}$ eine Basis von H^* bleibt, und $(X_j)_{j \in I}$ sei punktweise die duale Basis von

---

[4] 1875, Ferdinand Georg Frobenius, 1849–1917. Tatsächlich erklärt Frobenius in diesem Artikel detailliert, dass und wie das Resultat 1840 von Heinrich Wilhelm Feodor Deahna, 1815–1844, bewiesen wurde.

H. Für $j, m, \ell \in I$ folgt

$$
\begin{aligned}
0 &= (\varphi^* d^2 x_j)(X_m, X_\ell) = d\alpha_j(X_m, X_\ell) \\
&\overset{2.3.9}{=} X_m.(\underbrace{\alpha_j(X_\ell)}_{=0 \text{ oder } 1}) - X_\ell.(\alpha_j(X_m)) - \alpha_j([X_m, X_\ell]).
\end{aligned}
$$

Nach der Voraussetzung ist $[X_m, X_\ell] \in H$, also gleich Null. Somit existiert $N \subset U$ nach Satz 1.5.9. $\qquad\square$

Aufgaben

Übung* 2.3.11. *Für $f \in \operatorname{End} V$ und für das charakteristische Polynom von f gilt*

$$
\chi_f = \sum_{q=0}^{n} (-X)^{n-q} \operatorname{Tr} f^*_{|\Lambda^q V^*}.
$$

Übung* 2.3.12. *Für Unterräume $U, W \subset V$ mit $U \oplus W = V$ ist $\forall k$*

$$
\Lambda^k(U^* \oplus W^*) \overset{\text{can.}}{\cong} \bigoplus_{q=0}^{k} \Lambda^q U^* \otimes \Lambda^{k-q} W^*.
$$

Übung 2.3.13. *Sei $M := \mathbf{R}^3$, $\omega \in \mathfrak{A}^\bullet(M)$ die Differentialform $\omega = y \, dx \wedge dz + (x+y) \, dy$ und $X := x \frac{\partial}{\partial x} - y \frac{\partial}{\partial z}, Y := x \frac{\partial}{\partial x} + y \frac{\partial}{\partial y} + z \frac{\partial}{\partial z} \in \Gamma(M, TM)$. Sei $f : \mathbf{R}^3 \to \mathbf{R}^3, (x, y, z) \mapsto (e^z, e^y, e^x)$. Berechnen Sie*

$$
d(\iota_X \omega) - L_X \omega, \qquad \text{den Fluss } \Phi \text{ von } Y, \qquad f_* X, \qquad f^* \omega.
$$

Übung 2.3.14. *Seien M, X, Y, f wie in Übung 1.4.12 und $\omega \in \Gamma(M, \Lambda^\bullet T^* M)$ mit $\omega_{(x,y)} := \sin(x) dx \wedge dy + \cos(y)(dx + 2dy) + 1$. Berechnen Sie $\omega \wedge \omega$, $\iota_X \omega$, $\iota_X(\omega \wedge \iota_Y \omega)$, $L_X \omega$ und $d\omega$.*

Übung* 2.3.15. *Seien E ein Vektorbündel auf M mit Übergangsabbildungen g_{jk}. Beschreiben Sie die Übergangsabbildungen von $\det E := \Lambda^{\operatorname{rang} E} E$.*

Übung 2.3.16. *Sei $M^m \subset \mathbf{R}^{m+1}$ eine m-dimensionale Untermannigfaltigkeit. Zeigen Sie $\Lambda^{m+1} \mathbf{R}^{m+1}_{|M} \cong N \otimes \Lambda^m TM$ mit dem Normalenbündel N.*

Übung* 2.3.17. *Zeigen Sie für die rechte Seite in Beispiel 2.3.9 direkt, dass sie tensoriell in X und Y ist.*

Übung 2.3.18. *Überprüfen Sie für das innere Produkt $\iota_X : T^* M^{\otimes q} \to T^* M^{\otimes(q-1)}$ mit einem Vektorfeld X*

1) Für $\alpha_0, \dots, \alpha_m \in \mathfrak{A}^1(M)$ ist

$$
\iota_X(\alpha_0 \wedge \dots \wedge \alpha_m) = \sum_{j=0}^{m} (-1)^j \alpha_j(X) \cdot \alpha_0 \wedge \dots \wedge \widehat{\alpha_j} \wedge \dots \wedge \alpha_m.
$$

Dies liefert eine alternative Definition von ι_X, die von der Einbettung der äußeren Algebra in die Tensoralgebra unabhängig ist.

2) ι_X *bildet* $\mathfrak{A}^q(M)$ *auf* $\mathfrak{A}^{q-1}(M)$ *ab.*

3) Für $\omega \in \mathfrak{A}^q(M)$ *ist* $\iota_X^2\omega = 0$.

4) Für $\alpha \in \mathfrak{A}^k(M), \beta \in \mathfrak{A}^\ell(M)$ *gilt die Leibnizregel*

$$\iota_X(\alpha \wedge \beta) = (\iota_X\alpha) \wedge \beta + (-1)^k\alpha \wedge \iota_X\beta.$$

5) Für $\alpha \in \mathfrak{A}^1(M), \omega \in \mathfrak{A}^q(M)$ *ist*

$$\iota_X(\alpha \wedge \omega) + \alpha \wedge \iota_X\omega = \alpha(X) \cdot \omega$$

(d.h. als Gleichung von Operatoren auf den Differentialformen $\iota_X \circ (\alpha\wedge) + (\alpha\wedge)\circ$
$\iota_X = \alpha(X)$*).*

Tipp: Dies lässt sich punktweise überprüfen.

Übung 2.3.19. *Zeigen Sie für Vektorfelder* X, Y *und das innere Produkt* ι_Y :
$\mathfrak{A}^\bullet(M) \to \mathfrak{A}^\bullet(M)$*: Als Gleichung von Operatoren auf* $\mathfrak{A}^\bullet(M)$ *gilt*

$$L_X \circ \iota_Y - \iota_Y \circ L_X = \iota_{[X,Y]}.$$

2.4   De Rham-Kohomologie

geschlossene Form	homotop
exakte Form	Homotopie
de Rham-Kohomologie	Homotopie-Typ
Poincaré-Dualität	homotopieäquivalent
cup-Produkt	zusammenziehbar
Kohomologie mit kompaktem Träger	Retrakt

Mit Hilfe der äußeren Algebra und des de Rham-Operators lässt sich vergleichs-weise schnell eine wichtige Invariante von Mannigfaltigkeiten konstruieren, eine graduierte **R**-Algebra $H^\bullet(M)$ zu jeder Mannigfaltigkeit M. Diese Invariante ist für das Kapitel 4 grundlegend.

Definition 2.4.1. *Die Formen in* ker d *bzw. im* d *heißen* **geschlossene** *bzw.* **exakte** *Formen. Die* **de Rham-Kohomologie**[5] *([deR]) einer Mannigfaltigkeit* M *ist die Familie von* **R**-*Vektorräumen*

$$H^q(M) := \ker d_{|\mathfrak{A}^q(M)}/\operatorname{im} d_{|\mathfrak{A}^{q-1}(M)} \qquad \textit{für } q \in \mathbf{N}_0.$$

Bemerkung. Für kompakte M lässt sich mit Hilfe der harmonischen Analysis dim $H^q(M) < \infty$ und die **Poincaré-Dualität** $H^p(M) \cong H^{n-p}(M)$ beweisen ([War]). Vektorbündel lassen sich als im Wesentlichen als Gitterpunkte in $H^\bullet(M)$ interpretieren; eine sehr abgeschwächte Version dieses Resultats folgt in Übung 3.2.27 und Satz 4.2.6.

---

[5] 1931, Georges de Rham, 1903–1990

Eine aus der Kohomologie abgeleitete ganzzahlige Invariante von Mannigfaltigkeiten ist die Euler-Charakteristik $\chi(M) := \sum(-1)^q \dim H^q(M) \in \mathbf{Z} \cup \{\infty\}$, die in Kapitel 4 weiter untersucht wird.

Lemma 2.4.2. *Die Kohomologie erfüllt*

1) $H^q(M) = 0$ *für* $q > \dim M$.

2) $H^0(M) \overset{\text{can.}}{\cong} \mathbf{R}$ *für* M *zusammenhängend.*

3) Das Dachprodukt auf $\mathfrak{A}^\bullet(M)$ *induziert eine Ring-Struktur auf* $H^\bullet(M)$ *(das* **cup-Produkt***), mit der* $H^\bullet(M)$ *eine superkommutative* $\mathbf{Z}$*-graduierte* $\mathbf{R}$*-Algebra wird.*

4) Jedes $\varphi \in C^\infty(M, N)$ *induziert einen* $\mathbf{R}$*-Algebren-Homomorphismus*

$$\varphi^* : H^\bullet(N) \to H^\bullet(M).$$

Beweis. 1) $\mathfrak{A}^q(M) = 0$ für $q > \dim M$, da dann $\forall p \in M : \Lambda^q T_p^* M = 0$.
2) $H^0(M) = \{f \in C^\infty(M) \mid df = 0\} = \{f : M \to \mathbf{R} \text{ konstant}\} \cong \mathbf{R}$.
3) Für $\alpha, \beta \in \ker d$ ist $d(\alpha \wedge \beta) = 0$, und für $\alpha \in \ker d$ ist $d\beta \wedge \alpha = d(\beta \wedge \alpha)$, also $\ker d \wedge \ker d \subset \ker d$, $\operatorname{im} d \wedge \ker d \subset \operatorname{im} d$.
4) Wegen $d \circ \varphi^* = \varphi^* \circ d$ bildet $\varphi^* : \mathfrak{A}^\bullet(N) \to \mathfrak{A}^\bullet(M)$ $\ker d^N$ nach $\ker d^M$ ab und $\operatorname{im} d^N$ nach $\operatorname{im} d^M$. $\qquad\square$

Wie bei den Differentialformen erhält man somit einen kontravarianten Funktor

$$\left\{ \begin{array}{c} \text{Mannigfaltigkeiten} \\ C^\infty - \text{Abbildungen} \end{array} \right\} \to \left\{ \begin{array}{c} \mathbf{R} - \text{Algebren} \\ \text{Algebra} - \text{Homomorphismen} \end{array} \right\}$$
$$M \mapsto H^\bullet(M)$$
$$\varphi \mapsto \varphi^*$$

Beispiel. Es ist $H^1(S^1) \cong \mathbf{R}$: Auf $S^1 \cong \mathbf{R}/\mathbf{Z}$ ist dx nicht exakt, da $\int_0^1 dx = 1 \neq 0$. Sei nun $\alpha \in \mathfrak{A}^1(S^1)$ beliebig, d.h. $\alpha = f \, dx$ mit $f \in C^\infty(S^1)$. Setze $c := \int_0^1 f \, dx$ und $F(x) := \int_0^x (f(t) - c) \, dt$. Dann ist $F(0) = F(1) = 0$, also $F \in C^\infty(S^1)$, und $\alpha = c \, dx + dF$, also $[\alpha] = c \cdot [dx]$ in $H^1(S^1)$. Als $\mathbf{R}$-Algebra ist somit $H^\bullet(S^1) = \mathbf{R}[X]/(X^2)$ mit $X := [dx]$.

Bemerkung. Ganz analog wird die **Kohomologie mit kompaktem Träger** $H_c^\bullet(M)$ als der Quotient der geschlossenen Formen mit kompaktem Träger durch das Bild von d auf den Formen mit kompaktem Träger definiert (ebenfalls in de Rhams Doktorarbeit). Für kompaktes M ist dann $H^\bullet(M) = H_c^\bullet(M)$.

Satz 2.4.3. *Mit den Abbildungen* $M \times \mathbf{R} \overset{s}{\underset{\pi}{\leftrightarrows}} M$, $s(p) := (p, 0)$ *der Nullschnitt, sind* s^*, π^* *zueinander inverse Isomorphismen* $H^\bullet(M \times \mathbf{R}) \cong H^\bullet(M)$.

Beweis. Zunächst ist $s^* \pi^* = (\pi \circ s)^* = \operatorname{id}_M^*$. Sei nun für die andere Richtung $N := \mathbf{R} \times M$. Wir konstruieren eine Abbildung $K : \mathfrak{A}^q(N) \to \mathfrak{A}^{q-1}(N)$ mit $1 - \pi^* s^* = d^N \circ K + K \circ d^N$. Dann bildet die rechte Seite geschlossene auf exakte Formen ab, operiert also als 0 auf $H^\bullet(N)$, und folglich ist $1 = \pi^* s^*$ auf $H^\bullet(N)$.

Setze $\alpha_t : N \to N, (p, u) \mapsto (p, tu)$ für $t \in \mathbf{R}$ und $X \in \Gamma(N, TN), X_{|(p,u)} = u\partial_u$.
Dann ist $\Phi_t(p, u) = (p, e^t u) = \alpha_{e^t}(p, u)$ der Fluss zu X. Für $\omega \in \mathfrak{A}^q(N), t > 0$ folgt

$$
\begin{aligned}
\frac{\partial}{\partial t} \alpha_t^* \omega &= \frac{\partial}{\partial t} \Phi_{\log t}^* \omega = \frac{1}{t} \Phi_{\log t}^* L_X \omega = \frac{1}{t} \alpha_t^* (d^N \iota_X \omega + \iota_X d^N \omega) \\
&= d^N (\frac{1}{t} \alpha_t^* \iota_X \omega) + \frac{1}{t} \alpha_t^* \iota_X d^N \omega.
\end{aligned}
$$

Diese Gleichung ist nach $t = 0$ stetig fortsetzbar, da $X_{\alpha_t((p,u))} = tu\partial_u$ und somit

$$
(\frac{1}{t} \alpha_t^* \iota_X \omega)_{|(p,u)} = \omega_{(p,tu)}(u\partial_u, T_{(p,u)}\alpha_t(\cdot), \ldots, T_{(p,u)}\alpha_t(\cdot)).
$$

Sei nun $K : \mathfrak{A}^q(N) \to \mathfrak{A}^{q-1}(N), \omega \mapsto \int_0^1 \left(\frac{1}{t} \alpha_t^* \iota_X \omega\right) dt$. Dann ist

$$
\begin{aligned}
(1 - \pi^* s^*)\omega &= \underbrace{\alpha_1^*}_{=\mathrm{id}} \omega - \underbrace{\alpha_0^*}_{=s \circ \pi} \omega = \int_0^1 \left(\frac{\partial}{\partial t} \alpha_t^* \omega\right) dt \\
&= \int_0^1 \left(d^N (\frac{1}{t} \alpha_t^* \iota_X \omega)\right) dt + \int_0^1 \left(\frac{1}{t} \alpha_t^* \iota_X d^N \omega\right) dt \\
&= d^N K \omega + K d^N \omega. \qquad \square
\end{aligned}
$$

Korollar 2.4.4. *(Poincaré [6]-Lemma)* $H^q(\mathbf{R}^n) = H^q(\text{Punkt}) = \begin{cases} \mathbf{R} \\ 0 \end{cases}$ *falls* $\begin{matrix} q=0 \\ q \neq 0 \end{matrix}$.

Beweis. Induktion mit $H^\bullet(\mathbf{R}^n \times \mathbf{R}) \cong H^\bullet(\mathbf{R}^n)$. $\qquad \square$

Dieses Lemma besagt also, dass für $q > 0$ jede geschlossene q-Form auf dem $\mathbf{R}^n$ (oder auf Mannigfaltigkeiten, die zu $\mathbf{R}^n$ diffeomorph sind, etwa sternförmige Gebiete im $\mathbf{R}^n$) bereits exakt sein muss.

Beispiel. Sei $\eta := e^{x+y} dx \wedge dy \in \mathfrak{A}^2(\mathbf{R}^2)$ und $s : \mathbf{R} \to \mathbf{R}^2, x \mapsto (x, 0)$, dann ist $s^*\eta = 0$ wegen $s^* dy = 0, X = y\frac{\partial}{\partial y}$ und

$$
K\eta = \int_0^1 (\alpha_t^* \iota_X \eta) \frac{dt}{t} = -\int_0^1 \left(e^{x+ty} ty \, dx\right) \frac{dt}{t} = (e^x - e^{x+y}) \, dx,
$$

somit $\eta = \eta - \pi^* s^* \eta = d(K\eta) + Kd\eta = d\left((e^x - e^{x+y}) \, dx\right)$.

Definition 2.4.5. *Zwei Abbildungen $f, g \in C^\infty(M, N)$ heißen (C$^\infty$-)homotop, falls es eine Abbildung $F \in C^\infty(M \times \mathbf{R}, N)$ gibt mit $F(\cdot, 0) = g, F(\cdot, 1) = f$. Die Abbildung F heißt dann (C$^\infty$-)**Homotopie**.*

Bemerkung. Man kann mit Hilfe von Approximationen zeigen, dass f, g genau dann C^∞-homotop sind, wenn sie über über eine stetige Abbildung F homotop sind ([Hi, ch. 2.2]). In der Definition hier wird $[0, 1]$ als Mannigfaltigkeit mit Rand vermieden.

---

[6] 1899 (ohne Beweis), Jules Henri Poincaré, 1854–1912. Wie Samelson in [Sam] erläutert, wurde diese Aussage bereits 1889 von Volterra bewiesen ([Volt]).

Lemma 2.4.6. C^∞-*homotop ist eine Äquivalenzrelation.*

Beweis. Sei $\simeq$ das Symbol für die Homotopie. Zu zeigen ist: Falls $f \simeq g$ und $g \simeq h$, dann ist $f \simeq h$. Seien F, G die Homotopien und $\lambda \in C^\infty(\mathbf{R}, [0,1])$ mit $\lambda_{[0,1/3]} \equiv 0$, $\lambda_{[2/3,1]} \equiv 1$. Dann ist

$$H(x,t) := \left\{ \begin{array}{l} F(x, \lambda(2t)) \\ G(x, \lambda(2t-1)) \end{array} \right. \text{ für } \begin{array}{l} t \leq 1/2 \\ 1/2 < t \end{array}$$

eine glatte Homotopie von f nach h. $\qquad\square$

Korollar 2.4.7. *Für homotope Abbildungen* $f, g \in C^\infty(M, N)$ *ist* $f^* = g^*$ *auf* $H^\bullet(N)$.

Beweis. Sei $M \times \mathbf{R} \overset{s_0, s_1}{\underset{\pi}{\rightleftarrows}} M$ mit $s_0(p) = (p, 0), s_1(p) = (p, 1)$. Dann ist $f = F \circ s_1, g = F \circ s_0$ und

$$f^* = s_1^* F^* \overset{2.4.3}{=} (\pi^*)^{-1} F^* \overset{2.4.3}{=} s_0^* F^* = g^*. \qquad\square$$

Zwei Mannigfaltigkeiten haben **denselben** $(C^\infty$-$)$**Homotopie-Typ** (sind **homotopieäquivalent**), falls es C^∞-Abbildungen $f : M \to N, g : N \to M$ gibt, so dass $f \circ g, g \circ f$ homotop zu $\mathrm{id}_N, \mathrm{id}_M$ sind. M heißt $(C^\infty$-$)$**zusammenziehbar**, falls es den Homotopietyp eines Punktes hat. Das heißt für $p_0 \in M$, dass die Abbildung $f : M \to M, f \equiv p_0$ homotop zu id_M ist.

Beispiel. Jede sternförmige offene Teilmenge $U \subset \mathbf{R}^n$ ist zusammenziehbar mit $F : U \times \mathbf{R} \to U, (x,t) \mapsto tx$.

Korollar 2.4.8. M, N *haben denselben Homotopietyp* $\Rightarrow H^\bullet(M) \cong H^\bullet(N)$. *Insbesondere ist* $H^\bullet(M) \cong \mathbf{R}$ *für* M *zusammenziehbar.*

Beweis. Aus $g^* f^* = \mathrm{id}_M^*$ auf $H^\bullet(M)$ (nach Korollar 2.4.7) folgt die Surjektivität von g^* und die Injektivität von f^*. Genauso impliziert $f^* g^* = \mathrm{id}_N^*$, dass f^* surjektiv, g^* injektiv ist. $\qquad\square$

Die Kohomologie kann folglich Mannigfaltigkeiten nur bis auf Homotopie-Äquivalenz unterscheiden. Anders ausgedrückt können zwei Mannigfaltigkeiten M, N mit verschiedenen Kohomologieringen nicht denselben Homotopietyp haben. Z.B. hat S^1 nicht denselben Homotopietyp wie ein $\mathbf{R}^n$.

Bemerkung. Siehe Übung 6.5.14ff zum Verhalten der Kohomologie bei endlichen Überlagerungen.

Aufgaben

Übung 2.4.9. *Bestimmen Sie die Kohomologie des zwei-dimensionalen Torus* $M := \mathbf{R}^2/\mathbf{Z}^2$ *als* $H^1(M) \cong \mathbf{R}^2$, $H^2(M) \cong \mathbf{R}$. *Was ist die Ring-Struktur? Tipp: Gehen Sie ähnlich wie bei* S^1 *vor.*

Übung 2.4.10. *Sei* M *eine Mannigfaltigkeit und* $X \in \Gamma(M, TM)$.

1) Zeigen Sie, dass L_X *die Nullabbildung auf der Kohomologie induziert.*

2) Sei ω *eine geschlossene 2-Form und* Φ *ein globaler Fluss zu* X, *so dass* $\forall t \in \mathbf{R} : \Phi_t^* \omega = \omega$. *Zeigen Sie, dass es lokal auf* M *eine reell-wertige Funktion* f *gibt mit* $\iota_X \omega = df$.

Bemerkung: Teil (2) tritt in der Hamiltonschen Mechanik mit symplektischer Form $\omega = \sum dp_j \wedge dq_j$, *Hamiltonschem Fluss* Φ_t *und Hamilton-Funktion* $f = H$ *auf.*

Übung* 2.4.11. *Beweisen Sie* $H_c^0(M) = 0$, *wenn* M *nicht kompakt ist, und anderenfalls* $H_c^0(M) = \mathbf{R}$.

Übung 2.4.12. *Sei* M *eine Mannigfaltigkeit,* $A \subset M$ *eine Untermannigfaltigkeit,* $\iota_A : A \hookrightarrow M$ *die Einbettung und* $r : M \to A$ *eine Abbildung mit* $r_{|A} = \mathrm{id}_A$ *(ein* **Retrakt**).

1. Zeigen Sie für die pullback-Abbildungen auf der Kohomologie, dass r^* *injektiv und* ι_A^* *surjektiv ist.*

2. Sei zusätzlich $\iota_A \circ r$ *homotop zu* id_M. *Folgern Sie, dass dann* r^*, ι_A^* *bijektiv sind.*

Übung 2.4.13. *Seien* M, N *Mannigfaltigkeiten und* π_M, π_N *die kanonischen Projektionen auf* M, N.

1. Zeigen Sie, dass die Abbildung

$$k : H^p(M) \otimes H^q(N) \quad \to \quad H^{p+q}(M \times N),$$
$$\alpha \otimes \beta \quad \mapsto \quad \pi_M^* \alpha \wedge \pi_N^* \beta$$

wohldefiniert ist.

2. Zeigen Sie für $M = N = \mathbf{Z}$, *dass* k *kein Isomorphismus ist.*

Übung 2.4.14. *Auf* $S^1 \subset \mathbf{C}$ *setze* $f : S^1 \to S^1$, $z \mapsto z^n$ *für* $n \in \mathbf{Z}$. *Bestimmen Sie die induzierte Abbildung* f^* *auf* $H^\bullet(S^1)$.

Übung 2.4.15. *Sei* $M := \mathbf{R}^2 \setminus \{0\}$.

1. Berechnen Sie den Ring $H^\bullet(M)$.

2. Zeigen Sie, dass $\omega \in \mathfrak{A}^1(M)$, $\omega_{|\binom{x}{y}} := \frac{-y\,dx + x\,dy}{x^2 + y^2}$ *ein nicht-verschwindendes Element in* $H^1(M)$ *ist.*

2.5 Integration

Zerlegung der Eins	Integral
Volumenform	Transformationsformel
orientierbar	Normalenvektorfeld
Orientierung	Antipoden-Abbildung
orientierte Mannigfaltigkeit	

Während die meisten bisherigen Betrachtungen im Wesentlichen lokal waren und hauptsächlich verwendeten, dass Mannigfaltigkeiten lokal diffeomorph zu einem $\mathbf{R}^n$ sind, setzt Integration lokale Objekte zu einem globalen Objekt zusammen. Hier wird zum ersten Mal die Zweitabzählbarkeits-Bedingung an Mannigfaltigkeiten unvermeidbar.

Hilfssatz 2.5.1. *(Schrumpfungslemma) Sei $(\tilde{U}_k)_{k\in K}$ eine lokal endliche Überdeckung einer Mannigfaltigkeit M. Dann gibt es eine Überdeckung $(W_k)_{k\in K}$ mit $\bar{W}_k \subset U_k$.*

Beweis. Sei $(V_m)_{m\in\mathbf{N}}$ eine Basis der Topologie. Für jedes $p \in M$ wähle eine Umgebung $V_{m(p)}$ und $k_{m(p)} \in K$ mit $\bar{V}_{m(p)} \subset \tilde{U}_{k_{m(p)}}$. Wähle eine lokal endliche Verfeinerung $(Z_\ell)_\ell$ der Überdeckung $(V_{m(p)})_{p\in M}$. Sei $W_k := \bigcup_{\bar{Z}_\ell \subset \tilde{U}_k} Z_\ell$. Dies ist wieder eine Überdeckung. Dann ist nach Hilfssatz 1.2.4

$$\bar{W}_k = \overline{\bigcup_{\bar{Z}_\ell \subset \tilde{U}_k} Z_\ell} = \bigcup_{\bar{Z}_\ell \subset \tilde{U}_k} \bar{Z}_\ell \subset \tilde{U}_k \qquad \square$$

Satz 2.5.2. *(Zerlegung der Eins) Sei M eine C^∞-Mannigfaltigkeit, $(U_j)_{j\in J}$ eine offene Überdeckung von M. Dann gibt es **eine** $(U_j)_j$ **untergeordnete Zerlegung der Eins**, d.h. eine Familie von C^∞-Abbildungen $(\tau_k : M \to \mathbf{R}_0^+)_{k\in K}$ mit*

1) es gibt eine Abbildung $j : K \to J$ mit $\operatorname{supp}\tau_k \subset U_{j(k)}$,

2) $(\operatorname{supp}\tau_k)_k$ ist lokal endlich,

3) $\sum_k \tau_k \equiv 1$.

Beispiel. Abb. 2.4 für die Überdeckung $(U_j)_j = (]-\infty, 3[,]0, 4[,]1, 5[,]1, 7[,]3, \infty[)$ von $\mathbf{R}$.

Beweis. Sei $(\varphi_\ell : U'_\ell \to V_\ell)_\ell$ ein Atlas mit $\forall\ell\exists j : U'_\ell \subset U_j$ und $\bar{V}_\ell$ kompakt (dies kann durch Schneiden eines Atlanten mit den U_j erreicht werden). Wähle eine lokal endliche Verfeinerung $(\tilde{U}_k)_{k\in K}$ von $(U'_\ell)_\ell$ und $\bar{W}_k \subset \tilde{U}_k$ wie in Hilfssatz 2.5.1. Insbesondere ist $\tilde{\varphi}_k(W_k) \subset \mathbf{R}^n$ beschränkt für jedes $k \in K$. Wähle Testfunktionen $\lambda_k \in C_c^\infty(\mathbf{R}^n, \mathbf{R}_0^+)$ mit $\lambda_{k|\tilde{\varphi}_k(W_k)} > 0, \lambda_{k|\mathbf{R}^n\setminus\tilde{\varphi}_k(\tilde{U}_k)} \equiv 0$. Setze $\mu_k : M \to \mathbf{R}_0^+$,

$$\mu_k := \begin{cases} \lambda_k \circ \tilde{\varphi}_k & \text{auf} \quad \tilde{U}_k \\ 0 & M \setminus \tilde{U}_k \end{cases}.$$

Wegen $\bigcup_k \operatorname{supp}\mu_k \supset \bigcup \bar{W}_k = M$ und der lokalen Endlichkeit von $(\tilde{U}_k)_k$ ist $\tau_k := \frac{\mu_k}{\sum_m \mu_m}$ wohldefiniert. Dann ist $\operatorname{supp}\tau_k \subset \tilde{U}_k \subset U_{j(k)}$, $\tau_k \geq 0$ und $\sum \tau_k \equiv 1$. $\square$

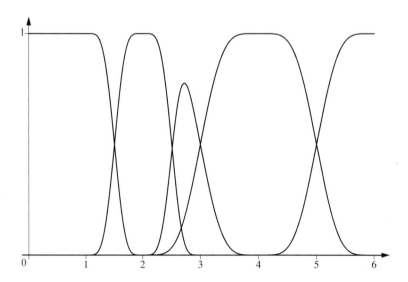

Abb. 2.4: Eine Zerlegung der Eins auf **R**.

Definition 2.5.3. *Eine **Volumenform** auf einer n-dimensionalen Mannigfaltig-keit M ist eine n-Form ω mit $\omega_p \neq 0 \,\forall p \in M$. Für $n > 0$ ist M **orientierbar**, wenn ein Atlas existiert, dessen Kartenwechsel positive Jacobi-Determinanten haben (vgl. Übung 1.3.10). Für $n = 0$ sei jede Mannigfaltigkeit M orientierbar*

Für $n = 0$ bildet jede Karte einzelne Punkte nach $\mathbf{R}^0$ ab, und die Karte ist auf jedem Punkt eindeutig bestimmt. Ein Atlas hat somit nur die Identität als Kartenwechsel.

Satz 2.5.4. *Für eine n-dimensionale Mannigfaltigkeit sind äquivalent:*

1) Es gibt eine Volumenform,

2) $\Lambda^n T^* M$ ist ein triviales Bündel,

3) M ist orientierbar.

Beweis. (1)$\Rightarrow$(2) Die Abbildung $M \times \mathbf{R} \to \Lambda^n T^* M, (p, r) \mapsto (p, r \cdot \omega_p)$ zur Volumenform ω liefert die Trivialisierung.
(2)$\Rightarrow$(3) Für $n = 0$ ist nichts zu zeigen. Sei also $n > 0$. Sei $\Lambda^n T^* M = M \times \mathbf{R}$ und $(\varphi_j : U_j \to V_j)_j$ ein Atlas von M mit zusammenhängenden U_j. Überall auf U_j ist $\nu := \varphi_j^*(dx_1 \wedge \cdots \wedge dx_n) \neq 0$, da φ_j^* invertierbar ist mit $(\varphi_j^*)^{-1} = (\varphi_j^{-1})^*$. Also ist $\nu_{|p} \in \Lambda^n T_p^* M = \mathbf{R}$ entweder überall auf U_j positiv oder überall negativ. Setze

$$\psi_j := \begin{cases} \varphi_j & \text{falls } \nu > 0 \\[2mm] \begin{pmatrix} -1 & \begin{matrix} & 0 \end{matrix} \\ \hline \begin{matrix} & \\ 0 & \end{matrix} & \begin{matrix} 1 & & 0 \\ & \ddots & \\ 0 & & 1 \end{matrix} \end{pmatrix} \cdot \varphi_j & \text{falls } \nu < 0. \end{cases}$$

Dann ist $(\psi_j \circ \psi_k^{-1})^* dx_1 \wedge \cdots \wedge dx_n = f \cdot dx_1 \wedge \cdots \wedge dx_n$ mit $f \in C^\infty(V_j \cap V_k, \mathbf{R}^+)$
und andererseits nach Lemma 2.3.4 $f = \det T(\psi_j \circ \psi_k^{-1})$.

$(3) \Rightarrow (1)$ Für $n = 0$ ist jede Funktion $\omega : M \to \mathbf{R}^\times$ eine Volumenform. Sei nun
$n > 0$ und $(\varphi_j : U_j \to V_j)_j$ ein orientierter Atlas. Wegen der Parakompaktheit
von M kann ohne Einschränkung $(U_j)_j$ lokal endlich gewählt werden. Sei (τ_k) eine
untergeordnete Zerlegung der Eins. Setze

$$\omega := \sum_k \tau_k \cdot \varphi_{j(k)}^* (dx_1 \wedge \cdots \wedge dx_n).$$

Dann ist $\forall j$

$$(\varphi_j^{-1})^* \omega = \sum_k \underbrace{\tau_k \circ \varphi_j^{-1}}_{\geq 0} \cdot \overbrace{\underbrace{\det T(\varphi_{j(k)} \circ \varphi_j^{-1})}_{>0}}^{>0} dx_1 \wedge \cdots \wedge dx_n. \qquad \square$$

Definition 2.5.5. *Eine* **Orientierung** *auf M ist für $\dim M > 0$ die Wahl einer Äquivalenzklasse von Atlanten mit positiver Jacobi-Determinante aller Kartenwechsel. Für $\dim M = 0$ sei eine Orientierung eine Abbildung $M \to \{\pm 1\}$. Zusammen mit einer solchen Wahl heißt M* **orientierte Mannigfaltigkeit.**

Korollar 2.5.6. *M ist zusammenhängend und orientierbar $\Leftrightarrow M$ hat genau zwei verschiedene mögliche Orientierungen.*

Beweis. Sei $\sigma : \Lambda^n T^* M \to M \times \mathbf{R}$ eine fest gewählte Trivialisierung. Nach Satz 2.5.4 entspricht die Wahl einer Orientierung der Wahl des Vorzeichens eines Schnittes

$$\omega \in \Gamma(M, \sigma(\Lambda^n T^* M \setminus \{0\})) = \Gamma(M, M \times \mathbf{R} \setminus \{0\}) = C^\infty(M, \mathbf{R} \setminus \{0\}). \qquad \square$$

Also liefern zwei Volumenformen ω_0, ω_1 dieselbe Orientierung, falls es ein $f \in C^\infty(M, \mathbf{R}^+)$ gibt mit $\omega_0 = f \cdot \omega_1$. Für $V \overset{\text{offen}}{\subset} \mathbf{R}^n, f \in C(V, \mathbf{R})$ sei

$$\int_V f dx_1 \wedge \cdots \wedge dx_n := \int_V f \, d\lambda$$

mit dem Lebesgue-Maß $d\lambda$.

Definition 2.5.7. *Sei M eine orientierte Mannigfaltigkeit. Für einen orientierten Atlas $(\varphi_j : U_j \to V_j)_j$ von M und eine untergeordnete Zerlegung $(\tau_k)_{k \in K}$ der Eins sei das* **Integral von** *$\omega \in \mathfrak{A}^q(M)$* **über** *$M$*

$$\int_M \omega := \sum_{k \in K} \int_{V_{j(k)}} (\varphi_{j(k)}^{-1})^* (\tau_k \cdot \omega)$$

(d.h. 0 für $q < \dim M$).

Im nulldimensionalen Fall ist das Integral die Summe über die Werte von ω, punktweise multipliziert mit der Orientierung. Wir beschränken uns auf Integrale von Formen mit kompaktem Träger, um Konvergenz-Probleme nicht diskutieren zu müssen.

Satz 2.5.8. $\int_M : \mathfrak{A}_c^\bullet(M) \to \mathbf{R}$ *hängt nur von der Orientierung ab, nicht von dem Atlas oder der Zerlegung der Eins.*

Im Beweis verwenden wir die **Transformationsformel** auf $\mathbf{R}^n$ nach Analysis III: Für $V \overset{\text{offen}}{\subset} \mathbf{R}^n, f \in C_c(\mathbf{R}^n, \mathbf{R})$, φ Diffeomorphismus ist

$$\int_{\varphi(V)} f \, d\lambda = \int_V (f \circ \varphi) \cdot |\det T\varphi| \, d\lambda.$$

Andererseits ist nach Lemma 2.3.4 für eine n-Form $\omega = f \, dx_1 \wedge \cdots \wedge dx_n \in \mathfrak{A}_c^n(\mathbf{R}^n)$

$$\varphi^* \omega \;=\; (f \circ \varphi)\varphi^*(dx_1 \wedge \cdots \wedge dx_n) = (f \circ \varphi) \cdot \det T\varphi \cdot dx_1 \wedge \cdots \wedge dx_n,$$

also $\int_{\varphi(V)} \omega = \operatorname{sign} \det(T\varphi) \cdot \int_V \varphi^*\omega$. Die mögliche Vorzeichenänderung ist der Grund für die Orientierungs-Voraussetzungen.

Beweis. Sei $(\psi_m : \tilde{U}_m \to \tilde{V}_m)_m$ ein zweiter orientierter Atlas, $(\sigma_\ell)_\ell$ eine passende Zerlegung der Eins, dann ist wegen $\det(T(\varphi_{j(k)} \circ \psi_{m(\ell)}^{-1})) > 0$

$$\sum_k \int_{V_{j(k)}} (\varphi_{j(k)}^{-1})^*(\tau_k \omega) = \sum_{k,\ell} \int_{\varphi_{j(m)}(U_{j(k)} \cap \tilde{U}_{m(\ell)})} (\varphi_{j(k)}^{-1})^*(\tau_k \sigma_\ell \omega)$$

$$= \sum_{k,\ell} \int_{\psi_{m(\ell)}(U_{j(k)} \cap \tilde{U}_{m(\ell)})} (\varphi_{j(k)} \circ \psi_{m(\ell)}^{-1})^*(\varphi_{j(k)}^{-1})^*(\tau_k \sigma_\ell \omega)$$

$$= \sum_\ell \int_{\tilde{V}_{m(\ell)}} (\psi_{m(\ell)}^{-1})^*(\sigma_\ell \omega). \qquad \square$$

Bemerkung 2.5.9. Jede Wahl einer Volumenform ω liefert ein (signiertes) Maß auf M via

$$C_c(M) \to \mathbf{R}, f \mapsto \int_M f \cdot \omega.$$

Bemerkung. Bei einer konkreten Rechnung wird man in aller Regel Integrale nicht direkt mit der Definition bestimmen, sondern zunächst eine Teilmenge $A \subset M$ vom Maß 0 suchen, so dass $M \setminus A$ disjunkte Vereinigung der Definitionsbereiche von Karten $\varphi_j : U_j \to V_j$ ist. Mit der Zerlegung der Eins $\tau_j := \begin{cases} 1 & \text{auf } U_j \\ 0 & \text{sonst} \end{cases}$ wird dann $\int_M \omega = \sum_j \int_{V_j} (\varphi_j^{-1})^* \omega$.

Korollar 2.5.10. *(Transformationsformel) Für einen orientierungserhaltenden Diffeomorphismus $f : M \to N$, $U \subset M$ und $\omega \in \mathfrak{A}(N)$ ist $\int_{f(U)} \omega = \int_U f^* \omega$.*

Beweis. Für einen Atlas (φ_j) von M liefert $\varphi_j \circ f^{-1}$ einen Atlas von N. $\qquad \square$

Satz 2.5.11. *(Spezialfall des Satzes von Stokes) Für M orientierbar, $\omega \in \mathfrak{A}_c^\bullet(M)$ ist $\int_M d\omega = 0$.*

Beweis. Für einen orientierten Atlas $(\varphi_j : U_j \to V_j)_j$, mit einer untergeordneten Zerlegung der Eins (τ_k) ist

$$
\int_M d\omega \;=\; \int_M d(\sum_k \tau_k \omega) = \sum_k \int_{V_{j(k)}} (\varphi_{j(k)}^{-1})^* \underbrace{d(\tau_k \omega)}_{\mathrm{supp} \subset\subset U_{j(k)}}
$$

$$
= \sum_k \int_{V_{j(k)}} d \underbrace{\left[(\varphi_{j(k)}^{-1})^* \tau_k \omega \right]}_{=: \sum_\ell f_{k,\ell}\, dx_1 \wedge \ldots \widehat{dx_\ell} \cdots \wedge dx_n,\, \mathrm{supp} \subset\subset V_{j(k)}}
$$

$$
= \int_{\mathbf{R}^n} \sum_{k,\ell} \frac{\partial f_{k,\ell}}{\partial x_\ell} dx_\ell \wedge dx_1 \wedge \ldots \widehat{dx_\ell} \cdots \wedge dx_n
$$

$$
\stackrel{\text{Fubini}}{=} \int_{\mathbf{R}^{n-1}} \underbrace{\left(\int_{\mathbf{R}} \sum_{k,\ell} \frac{\partial f_{k,\ell}}{\partial x_\ell} dx_\ell \right)}_{=0} dx_1 \wedge \ldots \widehat{dx_\ell} \cdots \wedge dx_n. \qquad \square
$$

Korollar 2.5.12. *Für jede kompakte orientierte Untermannigfaltigkeit $N \subset\subset M$ induziert $\int_N$ eine Abbildung $\int_N : H^\bullet(M) \to \mathbf{R}$.*

Korollar 2.5.13. *Für M^n kompakt und orientierbar ist $H^n(M) \neq 0$.*

Beweis. Für eine Volumenform ω auf M ist $[\omega] \in H^\bullet(M) \setminus \{0\}$ wegen $\int_M \omega \neq 0$. $\qquad \square$

Bemerkung. Insbesondere ist M für $n > 0$ nicht zusammenziehbar, da $H^n(M) \neq H^n(\text{Punkt})$.

Korollar 2.5.14. *Sei N kompakt orientiert, seien $f, g : N \hookrightarrow M$ zwei homotope Einbettungen und $\omega \in \mathfrak{A}^\bullet(M)$. Dann ist $\int_{f(N)} \omega = \int_{g(N)} \omega$.*

Die Homotopie muss dabei nicht aus Einbettungen bestehen.

Beweis. Nach Korollar ist $f^*\omega = g^*\omega$ in $H^\bullet(N)$, also

$$
\int_{f(N)} \omega = \int_N f^*\omega \stackrel{\text{Kor. 2.5.12}}{=} \int_N g^*\omega = \int_{g(N)} \omega. \qquad \square
$$

Bemerkung. Es gibt den Begriff „Mannigfaltigkeit mit Rand", für den dann ganz ähnlich $\int_M d\omega = \int_{\partial M} \omega$ folgt. Dafür gilt dann

Korollar 2.5.15. *Sei M eine kompakte orientierte (Unter-)mannigfaltigkeit (des $\mathbf{R}^n$) mit Rand $\partial M \neq 0$. Dann existiert keine C^∞-Abbildung $\varphi : M \to \partial M$ mit $\varphi_{|\partial M} = \mathrm{id}$.*

Beweis. Sei ω eine Volumenform auf ∂M. Dann ist

$$
0 = \int_M \varphi^* \underbrace{d\omega}_{=0} = \int_M d(\varphi^*\omega) \stackrel{\text{Stokes}}{=} \int_{\partial M} \varphi^*\omega = \int_{\partial M} \omega > 0. \; \lightning \qquad \square
$$

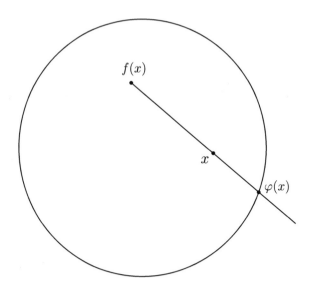

Abb. 2.5: Abbildung $\varphi : \overline{B^n} \to S^{n-1}$.

Korollar 2.5.16. *Jede C^∞-Abbildung $f : \overline{B^n} \to \overline{B^n}$ hat mindestens einen Fixpunkt.*

Beweis. Angenommen, f habe keinen Fixpunkt. Sei $\varphi : \overline{B^n} \to \partial \overline{B^n} = S^{n-1}$ die Abbildung, die $x \in \overline{B^n}$ den Schnittpunkt des Strahls $f(x) + \mathbf{R}^+ \cdot (x - f(x))$ mit S^{n-1} zuordnet (Abb. 2.5). Dann ist $\varphi_{|S^{n-1}} = $ id. $\frac{\ell}{\ell}$ zu 2.5.15. $\square$

Am Schluss dieses Abschnitts können wir uns davon überzeugen, dass die Projektion $\pi : TM \to M$, die ja lokal auf jeder Karte wie eine Projektion $U \times \mathbf{R}^n \to U$ aussieht, global keineswegs immer diese Gestalt hat.

Satz 2.5.17. *Jedes Vektorfeld auf S^{2m} hat mindestens eine Nullstelle („Igel kann man nicht kämmen"). Insbesondere ist $\pi : TS^{2m} \to S^{2m}$ nicht $\tilde{\pi} : S^{2m} \times \mathbf{R}^{2m} \to S^{2m}$.*

Beweis. Sei X ein nullstellenfreies Vektorfeld und $h : [0, \pi] \times S^{2m} \to S^{2m}, (t, p) \mapsto p \cdot \cos t + \frac{X_p}{\|X_p\|} \sin t$. Dann ist für eine Volumenform ω auf S^{2m}

$$0 \neq \int_{S^{2m}} \omega = \int_{S^{2m}} h_0^* \omega = - \int_{S^{2m}} h_\pi^* \omega,$$

im Widerspruch zu Korollar 2.4.7 oder auch zu

$$0 = \int_{[0,\pi] \times S^{2m}} h^* \underbrace{d\omega}_{=0} = \int_{[0,\pi] \times S^{2m}} d(h^* \omega) \overset{\text{Stokes}}{=} \int_{S^{2m}} (h_\pi^* \omega - h_0^* \omega). \qquad \square$$

Aufgaben

Übung* 2.5.18. *Sei $f : M \to N$ eine glatte Abbildung und $E \to N$ ein Vektorbündel. Zeigen Sie mit Hilfe einer Zerlegung der Eins, dass sich global jeder Schnitt in f^*E als (lokal endliche) Summe $\sum_{\ell \in \mathbf{N}} g_\ell \cdot f^* s_\ell$ mit $g_\ell \in C^\infty(M, \mathbf{R}), s_\ell \in \Gamma(N, E)$ schreiben lässt. Wenn N kompakt ist, genügen endlich viele ℓ.*

Übung 2.5.19. *Sei $M^m \subset \mathbf{R}^{m+1}$ eine m-dimensionale Untermannigfaltigkeit. Ein **Normalenvektorfeld** $\mathfrak{n}$ auf M ist ein Schnitt in N mit $\|\mathfrak{n}\|^2_{\mathbf{R}^{m+1}} \equiv 1$. Folgern Sie mit Übung 2.3.16, dass M genau dann orientierbar ist, wenn M ein Normalenvektorfeld hat. Zeigen Sie, dass es in diesem Fall genau zwei Normalenvektorfelder gibt, die der Wahl einer Orientierung entsprechen.*

Übung 2.5.20. *1) Beweisen Sie, dass der Torus $T^n = \mathbf{R}^n/\mathbf{Z}^n$ orientierbar ist.*

*2) Zeigen Sie, dass $P^n\mathbf{R}$ genau dann orientierbar ist, wenn n ungerade ist. Verwenden Sie dazu Übung 1.2.19 und die **Antipoden-Abbildung** $a : S^n \to S^n, u \mapsto -u$.*

Übung 2.5.21. *Sei M eine orientierte zusammenhängende Mannigfaltigkeit und ω eine Volumenform auf M. Für $f \in C^\infty_c(M, \mathbf{R}_0^+)$ mit $\int_M f \cdot \omega = 0$ folgt $f \equiv 0$.*

Übung 2.5.22. *Sei $\omega \in \mathfrak{A}^2(\mathbf{R}^3 \setminus \{0\})$ die Form*

$$\omega_{|(x,y,z)} := \frac{x\,dy \wedge dz + y\,dz \wedge dx + z\,dx \wedge dy}{\|(x,y,z)\|^3}$$

Zeigen Sie $d\omega = 0$, berechnen Sie $\int_{S^2} \omega$ und folgern Sie $[\omega] \neq 0$ in $H^2(S^2)$.

Kapitel 3

Riemannsche Mannigfaltigkeiten

Die bisherigen Abschnitte behandelten einige grundlegende Begriffe zu C^∞-Mannigfaltigkeiten und gehörten damit zur Differentialtopologie. In diesem Kapitel wird den Mannigfaltigkeiten eine weitere Struktur hinzugefügt, die Riemannsche Metrik. Diese eine Struktur wird einerseits bemerkenswerterweise zahlreiche geometrische Definitionen ermöglichen: Winkel und Längen von Vektoren, eine kanonische Volumenform, Länge von Kurven auf Mannigfaltigkeiten, den Abstand zweier Punkte, Krümmungen sowie n-fache Richtungsableitungen von Funktionen und Tensoren allgemein. Andererseits trägt jede Untermannigfaltigkeit des euklidischen $\mathbf{R}^n$ kanonisch eine solche Riemannsche Metrik.

Bernhard Riemann hat diesen Begriff und im Wesentlichen den Inhalt dieses Kapitels inklusive des Krümmungsbegriffes für seinem Habilitationsvortrag in Göttingen am 10.6.1854 entwickelt ([Rie]), aufbauend auf Ideen, die Gauß für Flächen 1828 publizierte ([Gauß]). Dabei erdachte er auch den Begriff Mannigfaltigkeit.

In den mittleren Abschnitten wird eine Ableitung von Vektorfeldern und allgemeineren Schnitten in Richtung eines einzelnen Vektors definiert. Dies liefert durch Iteration mehrfache Ableitungen, und eine zweifache Ableitung führt zum Krümmungsbegriff. Schönerweise wird die Krümmung kein Differentialoperator zweiter Ordnung, sondern ein punktweise definierter Tensor. Im letzten Abschnitt werden für die Krümmung zum kanonischen Zusammenhang des Tangentialraums zahlreiche Symmetrien hergeleitet.

3.1   Riemannsche Metriken

Metrik

Polarisationsformel

Riemannsche Metrik

Riemannsche Mannigfaltigkeit

euklidischer Raum

hyperbolischer Raum

Lorentz-Metrik

Minkowski-Form

© Springer-Verlag GmbH Deutschland, ein Teil von Springer Nature 2019
K. Köhler, *Differentialgeometrie und homogene Räume*,
https://doi.org/10.1007/978-3-662-60738-1_3

musikalische Isomorphismen | obere Halbebene
Gradient | biinvariante Metrik
Isometrie | Satz von Pappos
Riemannsche Untermannigfaltigkeit | Bogenlänge
Rotationsfläche | nach Bogenlänge parametrisierte Kurve
Drehfläche | Pseudosphäre
kanonische Volumenform | Regelfläche
Volumen | Leitkurve
Länge | Striktionslinie
Abstand | Verteilungsparameter
Helikoid | Hodge-∗(Stern)-Operator
Wendelfläche |

Riemannsche Metriken sind Skalarprodukte auf den Fasern des Tangentialbündels. Nachdem in diesem Abschnitt erste Eigenschaften erklärt werden, werden sie zur Definition von Volumina verwendet, insbesondere von Längen von Kurven. Damit wird eine Abstandsmetrik auf M konstruiert.

Definition 3.1.1. *Sei $E \to M$ ein $\mathbf{R}$-Vektorbündel. Eine* **Metrik** *auf E ist ein Schnitt $h \in \Gamma(M, E^* \otimes E^*)$, der punktweise ein euklidisches Skalarprodukt ist, d.h. $\forall p \in M$:*

1) h_p ist symmetrisch, d.h. $\forall v, w \in E_p : h_p(v, w) = h_p(w, v)$,

2) h_p ist positiv, d.h. $\forall v \in E_p \setminus \{0\} : h_p(v, v) > 0$

(analog definiert man Hermitesche Metriken auf $\mathbf{C}$-Vektorbündeln).

Ein solches Skalarprodukt ist durch seine Norm wegen der **Polarisationsformel**

$$h(v, w) = \frac{1}{4}(\|v + w\|^2 - \|v - w\|^2)$$

eindeutig bestimmt (analog auch jede andere symmetrische Bilinearform).

Definition 3.1.2. *Eine* **Riemannsche Metrik** *g auf M ist eine Metrik auf TM. Das Paar (M, g) heißt* **Riemannsche Mannigfaltigkeit***.*

Für eine Karte $\varphi : U \to V \subset \mathbf{R}^n$ ist also für $g \in \Gamma(M, T_2^0 M)$

$$(\varphi^{-1})^* g = \sum_{j,k=1}^{n} g_{jk} dx_j \otimes dx_k$$

mit einer C^∞-Abbildung $(g_{jk})_{j,k=1}^{n} : V \to \mathbf{R}^{n \times n}$ mit Werten in den positiv definiten Matrizen. Insbesondere ist eine Riemannsche Metrik etwas ganz anderes als eine Metrik in den Analysis-Grundvorlesungen. Eine Metrik im letzteren Sinne werden wir zur Unterscheidung Abstand nennen.

Beispiel 3.1.3. 1) Der **euklidische Raum** ist die Mannigfaltigkeit $\mathbf{R}^n$ mit der konstanten kanonischen Metrik $\langle \cdot, \cdot \rangle_{\mathbf{R}^n} = \langle \cdot, \cdot \rangle_{\text{can}} = \sum_{j=1}^n dx_j \otimes dx_j$ auf $T_p \mathbf{R}^n \overset{\text{can}}{\cong} \mathbf{R}^n$, für die die kartesische Basis eine Orthonormalbasis ist.

2) Der n-dimensionale **hyperbolische Raum** ist die Riemannsche Mannigfaltigkeit $M := \{u \in \mathbf{R}^n \mid \|u\|_{\text{can}} < 1\}$ mit $g_u := \frac{4}{(1-\|u\|_{\text{can}}^2)^2} \langle \cdot, \cdot \rangle_{\text{can}}$.

Satz 3.1.4. *Auf jedem Vektorbündel $\pi : E \to M$ gibt es mindestens eine Metrik.*

Insbesondere trägt jede Mannigfaltigkeit eine Riemannsche Metrik.

Beweis. Sei $(h_j : \pi^{-1}(U_j) \to U_j \times \mathbf{R}^m)_j$, $U_j \subset M$ eine Familie von Trivialisierungen von E. Wähle eine passende Zerlegung der Eins $(\tau_k)_k$. Setze mit der Projektion $\pi_2 : U_j \times \mathbf{R}^m \overset{\text{can}}{\to} \mathbf{R}^m$

$$h(v, w) := \sum_k \tau_k \cdot \langle \pi_2 h_{j(k)}(v), \pi_2 h_{j(k)}(w) \rangle_{\text{can}}.$$

Dann ist h symmetrisch und $h(v,v) = \sum_k \tau_k \|\pi_2 h_{j(k)}(v)\|_{\text{can}}^2 > 0 \ \forall v \in E_p \setminus \{0\}$. $\square$

Bemerkung 3.1.5. Allgemeiner kann man nicht-degenerierte Bilinearformen g beliebiger Signatur auf einer Mannigfaltigkeit betrachten. Eine **Lorentz-Metrik** g_L ist wie eine Riemannsche Metrik definiert, nur mit **Minkowski-Formen** der Signatur $(1, -1, -1, \ldots, -1)$ an Stelle der Skalarprodukte. Viele algebraisch hergeleitete Aussagen der nächsten Kapitel gelten auch für Lorentz-Metriken, aber Satz 3.1.4 ist für Lorentz-Metriken falsch. Z.B. gibt es nach Satz 2.5.17 keine Lorentz-Metrik g_L auf $M = S^{2n}$. Denn für eine Riemannsche Metrik g auf S^{2n} und den Endomorphismus $g^{-1} g_L := A \in \text{End}(TM)$ mit $g(\cdot, A\cdot) = g_L$ bilden die Eigenvektoren zum einzigen positiven Eigenwert von $g^{-1} g_L$ ein Unterlinienbündel $\mathcal{L}$ von TM. Nach Übung 3.1.19 gibt es eine Überlagerung $\pi : N \to S^{2n}$, für die $\pi^* \mathcal{L}$ trivial ist. Aber in Satz 6.5.8 wird $N \cong S^{2n} \dot{\cup} S^{2n}$ gezeigt. Also hat $\mathcal{L}$ einen nirgendwo verschwindenden Schnitt X. Somit ist X ein Vektorfeld ohne Nullstellen. Siehe Korollar 4.2.16 für ein allgemeineres Kriterium.

Korollar 3.1.6. *Für jedes $\mathbf{R}$-Vektorbündel E ist $E \cong E^*$ (allerdings nicht auf kanonische Art und Weise).*

Beweis. Mit einer Metrik h ist $s \mapsto h(s, \cdot)$ ein Vektorbündelisomorphismus. $\square$

Für $E = TM$ sind dies die **musikalischen Isomorphismen** $TM \overset{\cong}{\to} T^*M$, $X \mapsto X^\flat := g(X, \cdot)$, $\alpha^\sharp \hookleftarrow \alpha$. Der **Gradient** von $f \in C^\infty(M, \mathbf{R})$ ist $\text{grad} f := (df)^\sharp$.

Definition 3.1.7. *Eine **Isometrie** von Riemannschen Mannigfaltigkeiten (M, g), $(N, \tilde{g})$ ist ein Diffeomorphismus $f : M \to N$ mit $f^* \tilde{g} = g$, d.h. mit $g_p(X, Y) = \tilde{g}_{f(p)}(T_p f(X), T_p f(Y))$.*

Beispiel. Für den Kartenwechsel $f : \mathbf{R}^+ \times]0, 2\pi[\to \mathbf{R}^2 \setminus \mathbf{R}_0^+$, $\binom{r}{\vartheta} \mapsto \binom{r \cos \vartheta}{r \sin \vartheta}$ ist $f^*(dx \otimes dx + dy \otimes dy) = dr \otimes dr + r^2 d\vartheta \otimes d\vartheta$.

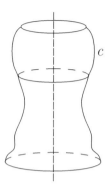

Abb. 3.1: Rotationsfläche

Lemma 3.1.8. *Sei $(N, \tilde{g})$ eine Riemannsche Mannigfaltigkeit und $\iota : M \to N$ eine Immersion. Dann ist $g := \iota^* \tilde{g}$ eine Riemannsche Metrik auf M. Falls ι eine Einbettung ist, heißt (M, g)* **Riemannsche Untermannigfaltigkeit** *von $(N, \tilde{g})$.*

Beweis. g ist symmetrisch, und für $X \in T_p M \setminus \{0\}$ folgt wegen der Injektivität von $T\iota$, dass

$$g_p(X, X) = \tilde{g}_{\iota(p)}(T\iota(X), \underbrace{T\iota(X)}_{\neq 0}) > 0 \qquad \qquad \square$$

Die Metrik g hängt natürlich von der Wahl von ι ab. Insbesondere liefert die Einbettung eine Untermannigfaltigkeit $\iota : M \hookrightarrow (\mathbf{R}^{n+k}, \langle \cdot, \cdot \rangle)$ kanonisch eine Riemannsche Metrik g auf M, durch Einschränkung des Standardskalarproduktes auf $TM \cong \operatorname{im} T\iota$.

Beispiel 3.1.9. Die von $\mathbf{R}^3$ auf S^2 induzierte Riemannsche Metrik, zurückgezogen mit den stereographischen Projektionen $\varphi_\pm$, ist $\left((\varphi_\pm^{-1})^* g\right)_{|u} = \frac{4}{(1+\|u\|^2)^2} \langle \cdot, \cdot \rangle_{\text{eukl}}$ nach Übung 2.2.14.

Beispiel 3.1.10. Sei M eine **Rotationsfläche** (oder **Drehfläche**) im $\mathbf{R}^3$, d.h. die Fläche, die bei dem Drehen einer Kurve $c : I =]a, b[\to \mathbf{R}^+ \times \mathbf{R}^2, u \mapsto \begin{pmatrix} r(u) \\ 0 \\ z(u) \end{pmatrix}$ um die z-Achse entsteht (Abb. 3.1). Es ist also für $J_0 :=]-\pi, \pi[, J_1 :=]0, 2\pi[$

$$\iota_k : \underbrace{I \times J_k}_{=:V_k} \to \mathbf{R}^3, \quad (u, \vartheta) \mapsto \begin{pmatrix} r(u) \cos \vartheta \\ r(u) \sin \vartheta \\ z(u) \end{pmatrix} \qquad \text{für } k = 0, 1$$

eine Parametrisierung einer offenen Teilmenge U_k von M. Somit wird $T\iota(TM)$ von

$$\frac{\partial}{\partial u} \iota = \begin{pmatrix} r'(u) \cos \vartheta \\ r'(u) \sin \vartheta \\ z'(u) \end{pmatrix} \qquad \text{und} \qquad \frac{\partial}{\partial \vartheta} \iota = \begin{pmatrix} -r(u) \sin \vartheta \\ r(u) \cos \vartheta \\ 0 \end{pmatrix}$$

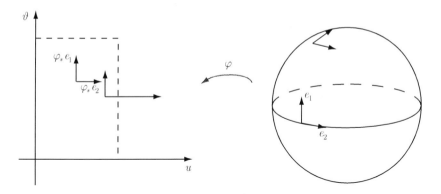

Abb. 3.2: Orthonormalbasis

aufgespannt. Also ist die induzierte Metrik g auf M durch

$$g(\frac{\partial}{\partial u}, \frac{\partial}{\partial u}) = \langle \frac{\partial \iota}{\partial u}, \frac{\partial \iota}{\partial u} \rangle_{\mathbf{R}^3} = r'^2 + z'^2,$$

$$g(\frac{\partial}{\partial u}, \frac{\partial}{\partial \vartheta}) = \langle \frac{\partial \iota}{\partial u}, \frac{\partial \iota}{\partial \vartheta} \rangle_{\mathbf{R}^3} = 0, \qquad g(\frac{\partial}{\partial \vartheta}, \frac{\partial}{\partial \vartheta}) = \langle \frac{\partial \iota}{\partial \vartheta}, \frac{\partial \iota}{\partial \vartheta} \rangle_{\mathbf{R}^3} = r^2$$

eindeutig bestimmt, d.h. $g = (r'^2 + z'^2)du \otimes du + r^2 d\vartheta \otimes d\vartheta$ und

$$(g_{jk})_{jk} = \begin{pmatrix} r'^2 + z'^2 & 0 \\ 0 & r^2 \end{pmatrix} = (T\iota)^t T\iota.$$

Für $M = S^2$ erhält man z.B. $g = du \otimes du + \sin^2 u \cdot d\vartheta \otimes d\vartheta$. Durch Reparametrisierung von c lässt sich immer erreichen, dass $r'^2 + z'^2 \equiv 1$.

Bemerkung. Der Einbettungssatz von Nash[1] besagt, dass sich jede n-dimensionale Mannigfaltigkeit isometrisch in den euklidischen $\mathbf{R}^{n(n+1)(3n+11)/2}$ einbetten lässt.

Für eine Karte $\varphi : U \to V$ sei $G := (g_{jk}) \in C^\infty(V, \mathbf{R}^{n \times n})$, d.h. $(\varphi^{-1})^* g = \langle \cdot, G \cdot \rangle_{\mathbf{R}^n}$. Als positiv definite Matrix hat G eine positiv definite Wurzel $\sqrt{G}$, also $(\varphi^{-1})^* g = \langle \sqrt{G} \cdot, \sqrt{G} \cdot \rangle_{\mathbf{R}^n}$. Für die Orthonormalbasis $(\frac{\partial}{\partial x_j})_j$ von $\langle \cdot, \cdot \rangle_{\mathbf{R}^n}$ ist also $((\varphi^{-1})_* \sqrt{G}^{-1} \frac{\partial}{\partial x_j}) =: (e_j)$ eine Orthonormalbasis für g auf TU (Abb. 3.2).

Definition 3.1.11. *Sei (M, g) eine orientierte Riemannsche Mannigfaltigkeit. Für eine orientierte Orthonormalbasis $(e^1, \ldots, e^n)$ von $T_p^* M$ sei die* **kanonische Volumenform** $\mathrm{dvol}_{g|p} := e^1 \wedge \cdots \wedge e^n$.

Satz 3.1.12. *Die kanonische Volumenform ist von der Wahl der orientierten Orthonormalbasis unabhängig, also global auf M definiert. Für eine orientierte Karte $\varphi : U \to V$ ist $(\varphi^{-1})^* \mathrm{dvol}_g = \sqrt{\det G} \, dx_1 \wedge \cdots \wedge dx_n$.*

---

[1]1956, John Forbes Nash, 1928–2015

Beweis. Für eine zweite orientierte Orthonormalbasis $f^1, \ldots, f^n$ von $T_p^* M$ mit der Isometrie $A : e^j \mapsto f^j$ ist nach Lemma 2.3.4 $f^1 \wedge \cdots \wedge f^n = \underbrace{\det A}_{=1} \cdot e^1 \wedge \cdots \wedge e^n =$

dvol$_g$. Mit der Orthonormalbasis $\left(\varphi^* \sqrt{G}^{-1} \frac{\partial}{\partial x_j} \right)_j$ von TU ist $\left(\varphi^* (dx_j \circ \sqrt{G}) \right)_j$ die duale Orthonormalbasis von $T^* U$, also $dvol_{g|U} = \varphi^*(\det \sqrt{G}\, dx_1 \wedge \cdots \wedge dx_n)$. □

Lemma 3.1.13. *Für einen orientierungserhaltenden Diffeomorphismus $f : N \to M$ ist das **Volumen** $\mathrm{vol}(M, g) := \int_M dvol$ gleich $\mathrm{vol}(N, f^*g)$.*

Beweis. Für eine orientierte Orthonormalbasis (e^j) bezüglich g ist $(f^* e^j)$ eine orientierte Orthonormalbasis bezüglich f^*g, also $f^* dvol_g = dvol_{f^*g}$ und $\mathrm{vol}(N, f^*g) = \int_N f^* dvol_g = \int_{f(N)} dvol_g = \mathrm{vol}(M, g)$. □

Beispiel. 1) Sei $A = (v_1, \ldots, v_n) \in \mathbf{R}^n$ eine orientierte Basis und Γ das von A über $\mathbf{Z}$ erzeugte Gitter in $\mathbf{R}^n$ (Abb. 3.3). Mit $A := (v_1, \ldots, v_n) \in \mathbf{R}^{n \times n}$ ist $\Gamma = A \cdot \mathbf{Z}^n$, und für $\lambda \in \Gamma \setminus \{0\}$ ist somit $1 \le \| \underbrace{A^{-1}\lambda}_{\in \mathbf{Z}^n \setminus \{0\}} \|_2 \le \|A^{-1}\| \cdot \|\lambda\|_2$ mit der Operatornorm zu $\| \cdot \|_2$. Also ist $\|\lambda\|_2 \ge 1/\|A^{-1}\|$ und Γ ist diskret. Damit ist $\mathbf{R}^n/\Gamma$ mit der Quotiententopologie, den Karten $\varphi_{B_r(x)} : B_r(x)/\Gamma \overset{\mathrm{id}}{\to} B_r(x)$ mit $r < 1/\|2A^{-1}\|$, $x \in \mathbf{R}^n$ und der Standardmetrik auf $\mathbf{R}^n$ eine Riemannsche Mannigfaltigkeit. Mit der linearen Kartenabbildung $\varphi := A^{-1}, \varphi(v_j) = \frac{\partial}{\partial x_j}$ gilt

$$\mathrm{vol}(\mathbf{R}^n/\Gamma) = \int_{\mathbf{R}^n/\Gamma} dx_1 \wedge \cdots \wedge dx_n \overset{\text{Kartenwechsel}}{=} \int_{\mathbf{R}^n/\mathbf{Z}^n} (\varphi^{-1})^* dx_1 \wedge \cdots \wedge dx_n$$

$$= \int_{\mathbf{R}^n/\mathbf{Z}^n} \det(A)\, dx_1 \wedge \cdots \wedge dx_n = \det A.$$

2) Für eine parametrisierte Untermannigfaltigkeit $\iota : M \hookrightarrow \mathbf{R}^{n+k}, M = V \subset \mathbf{R}^n$ ist $g = \iota^* \langle \cdot, \cdot \rangle_{\mathbf{R}^{n+k}}$ und somit

$$dvol_g = \sqrt{\det(T\iota^t \cdot T\iota)}\, dx_1 \wedge \cdots \wedge dx_n.$$

Jede Untermannigfaltigkeit N einer Riemannschen Mannigfaltigkeit hat somit ein (evtl. unendliches) Volumen durch Einschränkung der Metrik auf N und Integration der kanonischen Volumenform dort. Insbesondere findet man für das Volumen von Wegen auf M:

Definition 3.1.14. *Sei $c :]a, b[\to M$ ein glatter Weg (mit $c' \ne 0$ überall) auf einer Riemannschen Mannigfaltigkeit (M, g). Die **Länge** von c ist das Volumen von $]a, b[$ bezüglich der mit c zurückgezogenen Metrik,*

$$L(c) := \mathrm{vol}(]a, b[, c^*g) = \int_a^b \sqrt{(c^*g)_t(\frac{\partial}{\partial t}, \frac{\partial}{\partial t})}\, dt = \int_a^b \sqrt{g_{c(t)}(c'(t), c'(t))}\, dt.$$

Nach Lemma 3.1.13 ist die Länge unabhängig von der Parametrisierung der Kurve. Falls c eine Einbettung ist, ist dies für das Volumen der Untermannigfaltigkeit $c(I) \subset M$ noch offensichtlicher.

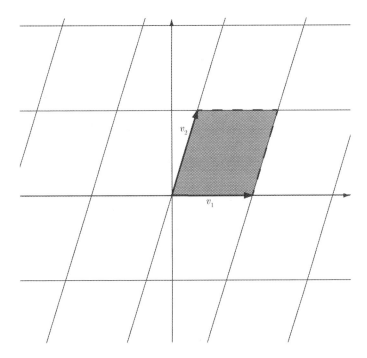

Abb. 3.3: Fundamentalbereich eines Torus $\mathbf{R}^2/\Gamma$

Definition 3.1.15. *Der **Abstand** dist(p, q) zwischen $p, q \in M$ für eine (zusammenhängende) Riemannsche Mannigfaltigkeit (M, g) sei das Infimum der Längen aller stückweise-C^∞-Wege von p nach q.*

Bemerkung. Dies ist endlich für alle p, q. Denn für $p \in M$ sei $N \subset M$ die Teilmenge aller Punkte, die durch einen stückweise-C^∞-Weg $c : [0, 1] \to M$ mit p verbunden werden können. Dann ist N offen, denn jeder Punkt $q \in N$ kann mit allen Punkten einer Karte U um q verbunden werden. Und $M \setminus N$ ist aus demselben Grund offen, also $M = N$.

Hilfssatz 3.1.16. *Für $f : \mathbf{R} \to \mathbf{R}^n \setminus \{0\}$ ist $\|f'\|_{\mathbf{R}^n} \geq \|f\|'_{\mathbf{R}^n}$.*

Beweis. Für den Differenzenquotienten gilt mit $f_k := f(t_k)$

$$\frac{\|f_1 - f_0\|^2}{(t_1 - t_0)^2} \quad = \quad \frac{\|f_1\|^2 + \|f_0\|^2 - 2\langle f_1, f_0 \rangle}{(t_1 - t_0)^2}$$

$$\overset{\text{Cauchy-Schwarz}}{\geq} \frac{\|f_1\|^2 + \|f_0\|^2 - 2\|f_1\|\|f_0\|}{(t_1 - t_0)^2} = \frac{(\|f_1\| - \|f_0\|)^2}{(t_1 - t_0)^2}. \qquad \square$$

Satz 3.1.17. *Sei M zusammenhängend. Dann ist (M, dist) ein metrischer Raum, und die von dist auf M induzierte Topologie ist die ursprüngliche Topologie.*

Beweis. 1) dist$(p, q) = $ dist(q, p), da jeder Weg von p nach q einen Weg derselben Länge von q nach p liefert.

2) $\mathrm{dist}(p,q) \leq \mathrm{dist}(p,r) + \mathrm{dist}(r,q)$, da jeder Weg von p nach r vereinigt mit einem von r nach q einen stückweise-C^∞-Weg von p nach q liefert.

3) $\mathrm{dist}(p,q) = 0 \Leftrightarrow p = q$: Sei $\varphi : U \to V$ eine Karte um p mit $\varphi(p) = 0$ und $\bar{B}_\varepsilon \subset\subset V$ ein Ball um 0. Dann existieren $\lambda_1, \lambda_2 \in \mathbf{R}^+ \forall u \in T\bar{B}_\varepsilon$:

$$\lambda_1 \|u\|^2_{\mathbf{R}^n} \leq (\varphi^{-1})^* g(u,u) \leq \lambda_2 \|u\|^2_{\mathbf{R}^n},$$

da $((\varphi^{-1})^* g)_x(u,u)$ auf $\bar{B}_\varepsilon \times S^{n-1} \ni (x,u)$ Werte in einem kompakten Intervall $[\lambda_1, \lambda_2] \subset\subset \mathbf{R}^+$ hat. Sei $c : [0,1] \to M$ ein Weg von p nach q mit $p \notin c(]0,1])$. Sei q_0 der erste Punkt, an dem $c\ \varphi^{-1}(S^{n-1}_\varepsilon)$ trifft, zur Zeit t_0 (bzw. $q_0 := q, t_0 := 1$, falls $\varphi(c) \subset B_\varepsilon$). Dann ist

$$
\begin{aligned}
L(c) \ &\geq\ L(c_{|]0,t_0[}) = \int_0^{t_0} \sqrt{g_{c(t)}(c'(t), c'(t))}\, dt \\
&=\ \int_0^{t_0} \sqrt{(\varphi^{-1*} g)_{|\varphi(c(t))}((\varphi \circ c)'(t), (\varphi \circ c)'(t))}\, dt \\
&\geq\ \sqrt{\lambda_1} \int_0^{t_0} \|(\varphi \circ c)'(t)\|\, dt \overset{3.1.16}{\geq} \sqrt{\lambda_1} \int_0^{t_0} \|\varphi \circ c\|'\, dt \\
&=\ \sqrt{\lambda_1} \|\varphi(q_0)\| > 0.
\end{aligned}
$$

4) Eine Teilmenge $U \subset M$ ist offen bezüglich der ursprünglichen Topologie, wenn es um jeden Punkt $p \in U$ eine Karte φ gibt und $r > 0$ mit $\varphi^{-1}(B_r(\varphi(p))) \subset U$. Bezüglich der von dist induzierten Topologie ist U offen, wenn es zu jedem Punkt $p \in U$ ein $r > 0$ gibt mit $B_r^{\mathrm{dist}}(p) \subset U$.

Zu zeigen ist also, dass für alle $p \in M$ und eine Karte φ um p jeder hinreichend kleine Ball $\varphi^{-1}(B^{\mathrm{eukl}}(0))$ um p einen Ball B^{dist} bezüglich dist enthält und umgekehrt.

Nach (3) ist $B_{\varepsilon\sqrt{\lambda_1}}^{\mathrm{dist}}(p) \subset \varphi^{-1}(B_\varepsilon^{\mathrm{eukl}}(0))$. Für $r < \varepsilon$, $q \in \varphi^{-1}(B_\varepsilon^{\mathrm{eukl}}(0))$ zeigt (3) außerdem $\mathrm{dist}(p,q) \geq \sqrt{\lambda_1}\|\varphi(q)\|$. Also ist $B_{r\sqrt{\lambda_1}}^{\mathrm{dist}}(p) \subset \varphi^{-1}(B_r^{\mathrm{eukl}}(0))$.

Umgekehrt folgt für $r < \varepsilon$, $q \in B_r^{\mathrm{dist}}(p)$ und den Weg $\varphi^{-1}(t\varphi(q))$ in $\varphi^{-1}(B_\varepsilon^{\mathrm{eukl}}(0))$, dass

$$\mathrm{dist}(p,q) \leq L(c) = \int_0^1 \sqrt{(\varphi^{-1*} g)_{|t\varphi(q)}(\varphi(q), \varphi(q))}\, dt \leq \sqrt{\lambda_2}\|\varphi(q)\|_{\mathbf{R}^n}.$$

Also ist $\varphi^{-1}(B_r^{\mathrm{eukl}}(0)) \subset B_{r\sqrt{\lambda_2}}^{\mathrm{dist}}(p)$ und die von dist induzierte Topologie die Standard-Topologie. $\qquad\qquad \square$

Aufgaben

Übung 3.1.18. *Sei $\pi : \mathcal{L} \to M$ ein $\mathbf{R}$-Linienbündel. Beweisen Sie, dass $\mathcal{L} \otimes \mathcal{L}$ isomorph zum trivialen Linienbündel ist.*

Übung 3.1.19. *Sei $\pi : \mathcal{L} \to M$ ein $\mathbf{R}$-Linienbündel mit einer Metrik h.*

1) Sei $N := \{s \in \mathcal{L}_p \,|\, p \in M, h(s,s) = 1\}$. Zeigen Sie, dass $\pi_1 := \pi_{|N}$ eine 2-fache Überlagerung ist.

2) Beweisen Sie, dass $\pi_1^* \mathcal{L}$ ein triviales Bündel ist.

Bemerkung: Dies zeigt, dass das Auftrennen eines Möbiusbandes in der Mitte einen Zylinder ergibt.

Übung 3.1.20. *1) Bestimmen Sie die mit den Umkehrungen der stereographischen Projektionen $\varphi_\pm^{-1}$ zurückgezogene Volumenform $(\varphi_\pm^{-1})^*$dvol von S^n mit der vom euklidischen $\mathbf{R}^{n+1}$ induzierten Metrik.*

2) Bestimmen Sie die von der Einbettung in $\mathbf{R}^4$ induzierte Metrik auf der Kleinschen Flasche aus Übung 1.2.24.

Übung 3.1.21. *Sei $a \in \mathbf{R}^+$ und $h : \mathbf{R}^2 \to \mathbf{R}^3, (u, \vartheta) \mapsto (u\cos\vartheta, u\sin\vartheta, a\vartheta)$ das* **Helikoid** *(oder* **Wendelfläche***). Zeigen Sie, dass h eine Untermannigfaltigkeit des $\mathbf{R}^3$ parametrisiert, und bestimmen Sie die induzierte Riemannsche Metrik und die kanonische Volumenform.*

Übung 3.1.22. *Sei $H^2 := \{z \in \mathbf{C} \mid \operatorname{Im} z > 0\}$ die* **obere Halbebene** *mit der Riemannschen Metrik $g = \frac{\langle \cdot, \cdot \rangle_{\text{eukl.}}}{(\operatorname{Im} z)^2}$ für die euklidische Metrik $\langle \cdot, \cdot \rangle_{\text{eukl.}}$ auf $\mathbf{R}^2$.*

1) Zeigen Sie, dass H^2 isometrisch zur hyperbolischen Ebene (Beispiel 3.1.3) ist.

2) Beweisen Sie, dass $\mathbf{SL}(2, \mathbf{R})$ durch $\begin{pmatrix} a & b \\ c & d \end{pmatrix} \cdot z := \frac{az+b}{cz+d}$ auf H^2 durch Isometrien operiert.

Übung 3.1.23. *Sei $G = \mathbf{SO}(k)$, $\mathfrak{g} = \mathfrak{so}(k)$ und $g_{\text{id}}(A, B) := -\operatorname{Tr} AB$ für $A, B \in \mathfrak{g}$. Beweisen Sie*

1) g_{id} ist ein euklidisches Skalarprodukt auf $\mathfrak{g}$ und invariant unter Konjugation mit Matrizen aus G.

2) $g_h := (L_{h^{-1}})^* g_{\text{id}}$ (pullback mit der Linksmultiplikation mit $h^{-1} \in G$) ist eine Riemannsche Metrik auf G, für die Multiplikation mit $k \in G$ von links oder von rechts eine Isometrie ist (d.h. g ist eine **biinvariante Metrik***).*

Übung* 3.1.24. *Beweisen Sie den Satz von Pappos[2]: Sei $c : I \to \mathbf{R}^+ \times \mathbf{R}^2, u \mapsto (r(u), 0, z(u))$ eine* **nach Bogenlänge parametrisierte Kurve** *(d.h. $\|c'\| = 1$), dann ist für die zugehörige Rotationsfläche M*

$$\operatorname{vol}(M) = 2\pi \int_I r(u)\, du.$$

Übung 3.1.25. *Die (halbe)* **Pseudosphäre** *M ist die Drehfläche mit $r(u) = e^{-u}, z(u) = u + \log(1 + \sqrt{1 - e^{-2u}}) - \sqrt{1 - e^{-2u}}$ für $u \in \mathbf{R}^+$.*

1) Bestimmen Sie zu einer Tangente an einen Punkt p dieser Fläche, die die Drehachse in einem Punkt q schneidet, den Abstand von p zu q im $\mathbf{R}^3$.

2) Berechnen Sie die Riemannsche Metrik von M in den Koordinaten u, ϑ.

---

[2]Pappos von Alexandria, um 320 n. Chr.

3) Berechnen Sie den Flächeninhalt von M.

4) Zeigen Sie, dass $f : M \setminus \{\vartheta = 0\} \to H, \left(\begin{smallmatrix} u \\ \vartheta \end{smallmatrix}\right) \mapsto \vartheta + ie^u$ eine Isometrie auf einen Teil der oberen Halbebene H aus Übung 3.1.22 ist.

Übung 3.1.26. *Sei M die Drehfläche mit $z(u) = u, r(u) = \frac{1}{u}$ für $u \in]1, \infty[$. Bestimmen Sie den Flächeninhalt von M sowie das Volumen der von M und einer Scheibe $\{(r\cos\vartheta, r\sin\vartheta, 1) \mid \vartheta \in \mathbf{R}, r \in [0,1]\}$ berandeten Teilmenge U des $\mathbf{R}^3$ (evtl. sind diese auch ∞).*

Übung* 3.1.27. *Sei I ein Intervall und $\alpha : I \to \mathbf{R}^3$, $w : I \to S^2$ zwei C^∞-Abbildungen mit $w'(t) \neq 0 \ \forall t$. Eine **(nichtzylindrische) Regelfläche** M im $\mathbf{R}^3$ ist eine Fläche mit einer Parametrisierung*

$$u : I \times \mathbf{R} \to \mathbf{R}^3, (t, s) \mapsto \alpha(t) + s \cdot w(t)$$

*für solche α, w. M wird also durch eine Familie von Geraden beschrieben. Die Kurve α heißt **Leitkurve** von M.*

1) Zeigen Sie, dass es zu gegebenem (α, w) eine eindeutig bestimmte Kurve $\beta : I \to \mathbf{R}^3$ der Form

$$\beta(t) = \alpha(t) + s(t)w(t)$$

*gibt , die überall $\langle \beta'(t), w'(t) \rangle = 0$ erfüllt. β heißt **Striktionslinie**.*

2) Sei $(\tilde{\alpha}, w)$ eine weitere Regelflächen-Beschreibung von M mit $\tilde{\alpha}(t) = \alpha(t) + \tilde{s}(t)w(t)$. Zeigen Sie, dass die entsprechende Striktionslinie wieder β ist. Die Striktionslinie ist also eine kanonische Wahl für die Leitkurve.

3) M ist nicht unbedingt überall eine Mannigfaltigkeit. Sei

$$\lambda := \frac{\det(\beta', w, w')}{|w'|^2}$$

*der **Verteilungsparameter**. Zeigen Sie, dass M genau dann an einem Punkt p keinen Tangentialraum hat, wenn p auf der Striktionslinie liegt und λ dort eine Nullstelle hat. Tipp: Wählen Sie als α die Striktionslinie.*

Vgl. auch Theorem 8.1.4 für die Klassifikation von Flächen, die zwei Familien von Geraden tragen.

Übung 3.1.28. *Sei M eine durch (α, w) bestimmte Regelfläche ohne singuläre Stellen wie in Übung 3.1.27(3), wobei α die Striktionslinie ist. Bestimmen Sie die vom $\mathbf{R}^3$ induzierte Riemannsche Metrik auf M und die zugehörige Volumenform (bzw. den pullback beider mit u).*

Übung 3.1.29. *Sei (M, g) eine Riemannschen Mannigfaltigkeit, $\omega := \mathrm{dvol}_g$ die Riemannsche Volumenform und seien $X_1, \ldots, X_n, Y_1, \ldots, Y_n$ Vektorfelder. Zeigen Sie*

1) $\omega(X_1, \ldots, X_n) \cdot \omega = X_1^\flat \wedge \cdots \wedge X_n^\flat$,

2) $\omega(X_1, \ldots, X_n) \cdot \omega(Y_1, \ldots, Y_n) = \det[g(X_j, Y_k)]_{j,k}$.

Übung 3.1.30. *Sei M^n eine orientierte Riemannsche Mannigfaltigkeit und lokal (e^j) eine orientierte Orthonormalbasis von $T_p^* M$. Der **Hodge-$*$ (Stern)-Operator** $* : \Lambda^k T_p^* M \to \Lambda^{n-k} T_p^* M$ sei diejenige lineare Abbildung, für die mit*

$$I := \{j_1, \ldots, j_k\} \subset \{1, \ldots, n\}, \quad j_1 < \cdots < j_k$$

und $e^I := e^{j_1} \wedge \cdots \wedge e^{j_k} \in \Lambda^k T_p^* M$

$$*e^I = \pm e^{\{1, \ldots, n\} \setminus I}$$

gilt. Dabei ist das Vorzeichen so zu wählen, dass $e^I \wedge *e^I = e^1 \wedge \cdots \wedge e^n$.

1) Verifizieren Sie mit der Metrik, für die e^I Norm 1 hat, dass für $\alpha, \beta \in \Lambda^q T^* M$

$$\alpha \wedge *\beta = \langle \alpha, \beta \rangle \, d\text{vol}.$$

2) Beweisen Sie, dass $*$ unabhängig von der Wahl der Basis wohldefiniert ist.

3) Überprüfen Sie $*^2 = (-1)^{k(n-k)}$ auf $\mathfrak{A}^k(M)$.

3.2 Zusammenhänge und Krümmungen

Zusammenhang	metrischer Zusammenhang
Form mit Koeffizienten in einem Vektorbündel	Kurve
	Parallelverschiebung
Krümmung	Torsion
parallel	torsionsfreier Zusammenhang
Zweite Bianchi-Gleichung	erste Chern-Klasse
eines Zusammenhangs pullback	

Bisher wurde noch kein Verfahren eingeführt, um an einem Punkt $p \in M$ mehrfache Ableitungen einer Funktion $f \in C^\infty(M)$ definieren zu können. Analog zu den Ableitungen auf dem euklidischen Raum sollte so eine q-fache Ableitung ein q-fach kovarianter Tensor sein. Z.B. sollte eine 2-Form $\omega \in T_2^0 M$ existieren, die zu $X, Y \in T_p M$ eine zweifache Ableitung $\omega(X, Y)$ von f in Richtung X und Y ergibt. Die Lie-Ableitung dagegen liefert nur $L_X L_Y f$ für ein lokales Vektorfeld Y, nicht für einen Vektor $Y \in T_p M$, und das Ergebnis an einem Punkt p hängt von der Variation von Y bei p ab. Das entspricht auch dem, was bei dem Iterieren des Tangential-Funktors zu etwa $TTf : TTM \to TT\mathbf{R}$ passiert. Man bräuchte also eine Möglichkeit, die 1-Form df punktweise in Richtung eines Tangentialvektors abzuleiten. Dual dazu (etwa via der musikalischen Isomorphismen) möchte man Vektorfelder punktweise ableiten können. Allgemein erhält man auf beliebigen Vektorbündeln geeignete Differentialoperatoren durch folgende Forderung analog zu Derivationen von $\mathbf{R}$-wertigen Funktionen:

Definition 3.2.1. *Sei $E \to M$ ein Vektorbündel. Ein **(kovarianter) Zusammenhang** ∇ auf E ist eine **R**-lineare Abbildung $\nabla : \Gamma(M, E) \to \Gamma(M, T^*M \otimes E)$, die die Leibniz-Regel erfüllt:*

$$\forall f \in C^\infty(M), s \in \Gamma(M, E) : \nabla(f \cdot s) = df \otimes s + f\nabla s.$$

∇ kann nach Satz 2.2.9 auch als Abbildung

$$\begin{aligned} \nabla : \Gamma(M, TM) \times \Gamma(M, E) &\to \Gamma(M, E) \\ (X, s) &\mapsto \nabla_X s \end{aligned}$$

aufgefasst werden, die im ersten Faktor $C^\infty(M)$-linear ist und im zweiten die Leibniz-Regel erfüllt. Damit ist $\nabla_X s$ eine Ableitung von s in Richtung $X \in T_p M$ am Punkt $p \in M$.

Beispiel. Für das triviale Bündel $E := M \times \mathbf{R}^k \to M$ ist der komponentenweise angewendete de-Rham-Operator

$$d : \Gamma(M, E) = C^\infty(M, \mathbf{R})^k \to \Gamma(M, T^*M)^k = \Gamma(M, T^*M \otimes E)$$

ein kanonischer Zusammenhang auf E.

Schreibweise: $\mathfrak{A}^q(M, E) := \Gamma(M, \Lambda^q T^*M \otimes E)$ sei der **Raum der q-Formen mit Koeffizienten in E**. Produkte $\mathfrak{A}^p(M, E) \otimes \mathfrak{A}^q(M, F) \to \mathfrak{A}^{p+q}(M, E \otimes F)$ werden als $(\alpha \otimes s) \wedge (\beta \otimes \tilde{s}) := (\alpha \wedge \beta) \otimes (s \otimes \tilde{s})$ definiert.

Lemma 3.2.2. *Die Differenz zweier Zusammenhänge ∇^0, ∇^1 ist ein Element von $\mathfrak{A}^1(M, \mathrm{End}(E))$.*

Beweis. Für $f \in C^\infty(M), s \in \Gamma(M, E)$ ist

$$\nabla^0(f \cdot s) - \nabla^1(f \cdot s) = f \cdot \nabla^0 s - f \cdot \nabla^1 s + df \otimes s - df \otimes s = f \cdot (\nabla^0 - \nabla^1)s,$$

also ist $\nabla^0 - \nabla^1$ nach Satz 2.2.9 tensoriell. $\qquad\square$

Umgekehrt ist $\nabla^0 + \vartheta$ für einen Zusammenhang ∇^0 und $\vartheta \in \mathfrak{A}^1(M, \mathrm{End}(E))$ wieder ein Zusammenhang. Die Wahl eines Zusammenhangs ∇^0 bildet also die Menge aller Zusammenhänge auf E bijektiv auf $\mathfrak{A}^1(M, \mathrm{End}(E))$ ab. Im Allgemeinen gibt es unter all diesen keinen ausgezeichneten kanonischen Zusammenhang auf einem Bündel E. Im nächsten Kapitel wird aber zu einer Riemannschen Metrik ein kanonischer Zusammenhang auf dem Tensorbündel konstruiert.

Lokal lässt sich jeder Zusammenhang durch eine Matrix aus 1-Formen beschreiben:

Korollar 3.2.3. *Auf einer lokalen Trivialisierung $h : E_{|U} \to U \times \mathbf{R}^k$ hat jeder Zusammenhang ∇ die Form $\nabla s = h^{-1}((d + \vartheta)h(s))$ für ein $\vartheta \in \mathfrak{A}^1(U, \mathbf{R}^{k \times k})$.*

Beweis. $h^{-1} \circ d \circ h$ ist ein Zusammenhang auf $E_{|U}$, denn

$$h^{-1}(d(h(fs))) = h^{-1}(df \circ h(s) + fd(h(s))).$$

Also ist $h^{-1} \circ d \circ h - \nabla$ ein Tensor. $\qquad\square$

Insbesondere ist ∇ ein Differentialoperator erster Ordnung. Die Definition erzwingt also, dass ∇ lokal bis auf einen Summanden 0. Ordnung gleich d ist. Dies motiviert umgekehrt noch einmal die Verwendung von Zusammenhängen: Die lokalen Operatoren d bilden im Allgemeinen keinen globalen Operator auf $\Gamma(M, E)$, aber nach dem nächsten Korollar gibt es stets global Zusammenhänge, die dann bis auf Terme 0. Ordnung den lokalen de Rham-Operatoren entsprechen.

Wie bei der Konstruktion des Integrals ermöglicht die Zerlegung der Eins den Existenzbeweis für ein globales Objekt:

Korollar 3.2.4. *Auf jedem Vektorbündel $E \to M$ existiert mindestens ein Zusammenhang.*

Beweis. Sei $(h_j)_j$ eine Familie von Trivialisierungen von E, die M überdeckt, und sei $(\tau_k)_k$ eine untergeordnete Zerlegung der Eins. Wähle $\nabla := \sum_k \tau_k \cdot h_{j(k)}^{-1} \circ d \circ h_{j(k)}$. Dann ist für $f \in C^\infty(M), s \in \Gamma(M, E)$

$$\nabla(f \cdot s) = \sum_k \tau_k h_{j(k)}^{-1} (df \otimes h_{j(k)}(s) + f \cdot d(h_{j(k)}(s)))$$

$$= \sum_k (df \otimes s + f \cdot h_{j(k)}^{-1} d(h_{j(k)}(s))) \cdot \tau_k = df \otimes s + f \nabla s. \qquad \square$$

Die Analogie zum de Rham-Operator lässt sich noch erweitern:

Definition 3.2.5. *Für $\alpha \in \mathfrak{A}^q(M), s \in \Gamma(M, E)$ wird ein Zusammenhang ∇^E auf E mit der Regel*

$$\nabla^E(\alpha \otimes s) = d\alpha \otimes s + (-1)^{\deg \alpha} \alpha \wedge \nabla^E s$$

zu einem Operator $\nabla^E : \mathfrak{A}^q(M, E) \to \mathfrak{A}^{q+1}(M, E)$ fortgesetzt.

Damit lassen sich Potenzen von ∇ in der Sequenz

$$0 \to \Gamma(M, E) \xrightarrow{\nabla^E} \mathfrak{A}^1(M, E) \xrightarrow{\nabla^E} \cdots \xrightarrow{\nabla^E} \mathfrak{A}^n(M, E) \to 0$$

betrachten. Die Notation $\nabla^{\Lambda^q \otimes E}$ wird im Unterschied zu ∇^E weiterhin einen Zusammenhang

$$\nabla^{\Lambda^q \otimes E} : \mathfrak{A}^q(M, E) \to \Gamma(M, T^*M \otimes \Lambda^q T^*M \otimes E)$$

auf dem Bündel $\Lambda^q T^*M \otimes E$ bezeichnen.

Lemma 3.2.6. *Für $\alpha \in \mathfrak{A}^q(M), \beta \in \mathfrak{A}^\bullet(M, E)$ gilt*

$$\nabla^E(\alpha \wedge \beta) = d\alpha \wedge \beta + (-1)^{\deg \alpha} \alpha \wedge \nabla^E \beta$$

Beweis. Für $\beta = \omega \otimes s$ mit $\omega \in \mathfrak{A}^p(M), s \in \Gamma(M, E)$ wird

$$\nabla^E(\alpha \wedge \beta) = d(\alpha \wedge \omega) \otimes s + (-1)^{q+p} \alpha \wedge \omega \wedge \nabla^E s$$

$$= d\alpha \wedge \omega \otimes s + (-1)^q \alpha \wedge (d\omega \otimes s + (-1)^p \omega \wedge \nabla^E s)$$

$$= d\alpha \wedge \beta + (-1)^q \alpha \wedge \nabla^E \beta. \qquad \square$$

Beispiel 3.2.7. Als Verallgemeinerung des Beispiels 2.3.9 ist Ableitung von $\omega = \alpha \otimes \tilde{s} \in \Gamma(M, T^*M \otimes E)$ mit einem Zusammenhang ∇^E auf E gegeben durch

$$
\begin{aligned}
(\nabla^E \omega)(X, Y) &= d\alpha(X, Y)\tilde{s} - (\alpha \wedge \nabla^E \tilde{s})(X, Y) \\
&= X.\alpha(Y)\tilde{s} - Y.\alpha(X)\tilde{s} - \alpha([X, Y])\tilde{s} - \alpha(X)\nabla^E_Y \tilde{s} + \alpha(Y)\nabla^E_X \tilde{s} \\
&= \nabla^E_X(\omega(Y)) - \nabla^E_Y(\omega(X)) - \omega([X, Y]).
\end{aligned}
$$

Erstaunlicherweise ist das Quadrat von ∇^E kein Differentialoperator zweiter Ordnung, sondern nullter Ordnung. Das verallgemeinert das Verhalten des de Rham-Operators mit $d^2 = 0$ und liefert punktweise (tensorwertige) Invarianten des Zusammenhangs.

Satz 3.2.8. *Die **Krümmung** $\Omega^E := (\nabla^E)^2$ eines Zusammenhangs ∇^E auf E ist tensoriell. Genauer ist $\Omega^E \in \mathfrak{A}^2(M, \operatorname{End}(E))$.*

Beweis.

$$
\nabla^E(\nabla^E(fs)) = \nabla^E(df \otimes s + f\nabla^E s) = -df \wedge \nabla^E s + df \wedge \nabla^E s + f(\nabla^E)^2 s. \quad \square
$$

In einer lokalen Trivialisierung h von $E_{|U}$ ist nach Korollar 3.2.3 $\nabla^E s = h^{-1}(d + \vartheta)h(s)$ mit $\vartheta = (\vartheta_{j\ell})^k_{j,\ell=1}$, $\vartheta_{j\ell} \in \mathfrak{A}^1(U)$. Allgemeiner ist $h \circ \nabla^E \circ h^{-1} = d + \vartheta \wedge$ auf Formen mit Koeffizienten in E. Also folgt

$$
h \circ \Omega^E \circ h^{-1} = d\vartheta + \vartheta \wedge \vartheta = (d\vartheta_{j\ell} + \sum_m \vartheta_{jm} \wedge \vartheta_{m\ell})^k_{j,\ell=1}.
$$

Lemma 3.2.9. *Für $X, Y \in \Gamma(M, TM)$ ist*

$$
\Omega^E(X, Y)s = \nabla^E_X \nabla^E_Y s - \nabla^E_Y \nabla^E_X s - \nabla^E_{[X,Y]} s.
$$

In dieser Formel hängt die linke Seite an jedem Punkt $p \in M$ nur von den Werten von X_p, Y_p ab. Die Summanden der rechten Seite dagegen sind nur für Vektorfelder in einer Umgebung von p definiert.

Beweis. Einsetzen von $\omega := \nabla^E s$ in Beispiel 3.2.7 liefert die Behauptung. $\quad \square$

Sämtliche bisher behandelten Verfahren, aus Vektorbündeln andere Vektorbündel zu konstruieren, ergeben zu Zusammenhängen auf den verwendeten Bündeln einen Zusammenhang auf dem neuen Bündel. Zusammenhänge ∇^E, ∇^F auf Bündeln E, F induzieren Zusammenhänge auf $E \oplus F, E \otimes F$ durch

$$
\begin{aligned}
\nabla^{E \oplus F}(s, s') &:= (\nabla^E s, \nabla^F s'), \\
\nabla^{E \otimes F}(s \otimes s') &:= \nabla^E s \otimes s' + s \otimes \nabla^F s' \qquad (s \in \Gamma(M, E), s' \in \Gamma(M, F)).
\end{aligned}
$$

Letztere Produktregel folgt daraus auch für $\mathfrak{A}^\bullet(M, E) \otimes \mathfrak{A}^\bullet(M, F)$: Für $\alpha \otimes s \in \mathfrak{A}^q(M, E)$, $\tilde{s} \in \Gamma(M, F)$ ist

$$
\begin{aligned}
\nabla^{E \otimes F}((\alpha \otimes s) \otimes \tilde{s}) &= d\alpha \otimes s \otimes \tilde{s} + (-1)^q \alpha \wedge \nabla^{E \otimes F}(s \otimes \tilde{s}) \\
&= d\alpha \otimes s \otimes \tilde{s} + (-1)^q \alpha \wedge (\nabla^E s) \otimes \tilde{s} + (-1)^q \alpha \wedge (s \otimes \nabla^F \tilde{s}) \\
&= (\nabla^E(\alpha \otimes s)) \otimes \tilde{s} + (-1)^q(\alpha \otimes s) \wedge \nabla^F \tilde{s}
\end{aligned}
$$

und analog für $d(s \otimes (\alpha \otimes \tilde{s}))$.

Lemma 3.2.10. *Für die Krümmungen von $E \oplus F$, $E \otimes F$ gilt*

$$\Omega^{E \oplus F} = \begin{pmatrix} \Omega^E & 0 \\ 0 & \Omega^F \end{pmatrix}, \qquad \Omega^{E \otimes F} = \Omega^E \otimes \mathrm{id}_F + \mathrm{id}_E \otimes \Omega^F.$$

Beweis. Exemplarisch nur für die 2. Gleichung: Somit wird

$$(\nabla^{E \otimes F})^2 (s \otimes s') = \nabla^{E \otimes F}(\nabla^E s \otimes s' + s \otimes \nabla^F s')$$
$$= (\nabla^E)^2 s \otimes s' - \nabla^E s \wedge \nabla^F s' + \nabla^E s \wedge \nabla^F s' + s \otimes (\nabla^F)^2 s'. \ \square$$

Lemma 3.2.11. *Ein Zusammenhang ∇^E auf einem Bündel E induziert einen Zusammenhang ∇^{E^*} auf E^* mit*

$$\forall s \in \Gamma(M, E), \sigma \in \Gamma(M, E^*) : d(\sigma(s)) = (\nabla^{E^*} \sigma)(s) + \sigma(\nabla^E s).$$

Mit dem kanonischen Isomorphismus ${}^t : \mathrm{End}(E) \to \mathrm{End}(E^*)$ gilt für die Krümmung $\Omega^{E^*} = -(\Omega^E)^t$, d.h. $(\Omega^{E^*} \sigma)(s) = -\sigma(\Omega^E s)$.

Beweis. Für $f \in C^\infty(M)$ ist

$$(\nabla^{E^*}(f\sigma))(s) = d(f\sigma(s)) - f\sigma(\nabla^E s) = df \otimes \sigma(s) + f \cdot (\nabla^{E^*}\sigma)(s).$$

Weiter folgt wie bei Lemma 3.2.10

$$0 = d^2(\sigma(s)) = d(\nabla^{E^*}\sigma(s) + \sigma(\nabla^E s))$$
$$= (\nabla^{E^*})^2 \sigma(s) - \underbrace{(\nabla^{E^*}\sigma)(\nabla^E s) + (\nabla^{E^*}\sigma)(\nabla^E s)}_{\text{mit } \wedge \text{ auf dem 1-Formen-Faktor}} + \sigma((\nabla^E)^2 s). \qquad \square$$

Das führt verwirrenderweise dazu, dass ein Zusammenhang des Tangentialbündels auf mindestens zwei Arten Zusammenhänge auf $\mathfrak{A}^q(M, TM)$ induziert, die tatsächlich verschieden sind: Einmal den über die superkommutative Leibniz-Regel definierten $\nabla : \Gamma(M, TM \otimes \Lambda^q T^*M) \to \Gamma(M, TM \otimes \Lambda^{q+1} T^*M)$, und einmal $\nabla^{\otimes T^*M \otimes T^*M} : \Gamma(M, TM \otimes \Lambda^q T^*M) \to \Gamma(M, T^*M \otimes TM \otimes \Lambda^q T^*M)$ über das Unterbündel der Tensoralgebra $\Lambda T^*M \subset \bigotimes T^*M$. Die Beziehung zwischen diesen beiden wird in Korollar 3.3.6 bestimmt.

Das Prinzip bei der Definition von $\nabla^{E \otimes F}$ und bei Lemma 3.2.11 ist eine Erweiterung der Leibniz-Regel aus Definition 3.2.1: Die Ableitung eines Terms, der in mehreren Variablen multilinear ist, soll eine Summe sein mit jeweils einem Summanden zu den Ableitungen der einzelnen Variablen.

Schnitte mit verschwindender kovarianter Ableitung heißen **parallel**. Zum Beispiel ist die Krümmung für den von ∇^E auf $\mathrm{End}\, E$ induzierten Zusammenhang in folgendem Sinne parallel:

Korollar 3.2.12. *(2. Bianchi* [3] *-Gleichung)* $\nabla^{\mathrm{End}\, E} \Omega = 0$.

Beweis. Für $s \in \Gamma(M, E)$ gilt

$$(\nabla\Omega)(s) = \nabla(\Omega s) - \Omega(\nabla s) = \nabla(\nabla^2 s) - \nabla^2(\nabla s) = 0. \qquad \square$$

---

[3]1880, Ricci-Curbastro; 1902, Luigi Bianchi, 1856-1928 unabhängig davon

Für Vektoren $X, Y, Z \in T_p M$, $s \in E_p$ bedeutet dies

$$0 = (\nabla\Omega)(X, Y, Z)s = (\nabla_X\Omega)(Y, Z)s + (\nabla_Y\Omega)(Z, X)s + (\nabla_Z\Omega)(X, Y)s.$$

Für einen weiteren Zusammenhang ∇^{TM} auf TM ist Ω im Allgemeinen für den Zusammenhang $\nabla^{\Lambda^2 T^* M \otimes \mathrm{End} E}$ nicht parallel (vgl. Lemma 7.2.5).

Definition 3.2.13. *Für eine C^∞-Abbildung $\varphi : M \to N$ und ein Vektorbündel $E \to N$ mit Zusammenhang ∇^E sei der **pullback-Zusammenhang** $\nabla^{\varphi^* E}$ auf $\varphi^* E$ der eindeutig bestimmte Zusammenhang mit $\nabla^{\varphi^* E}(f \cdot \varphi^* s) = df \otimes \varphi^* s + f \varphi^* \nabla^E s$ $\forall f \in C^\infty(M), s \in \Gamma(N, E)$.*

Dabei ist $\varphi^* : \mathfrak{A}^\bullet(N, \mathrm{End}(E)) \to \mathfrak{A}^\bullet(M, \mathrm{End}(\varphi^* E))$ auf dem Formen-Faktor der pullback von kovarianten Tensoren aus Definition 2.2.6 und auf $\mathrm{End}(E)$ der pullback nach Definition 2.1.8. Da der Zusammenhang lokal operiert, genügt es, die definierende Regel auf lokale Schnitte von $\varphi^* E$ anzuwenden; die Schnitte sind aber sogar global Summen von Termen der Form $f\varphi^* s$, vgl. Übung 2.5.18. Für $X \in T_p M$ ist somit

$$\left(\nabla_X^{\varphi^* E}(f \cdot \varphi^* s)\right)_{|p} = (X.f)(p) \cdot s(\varphi(p)) + f(p)\left(\nabla_{T_p\varphi(X)}^E s)\right)_{|\varphi(p)},$$

wobei die rechte Seite als Element von $(\varphi^* E)_p$ interpretiert wird. Aus der Definition folgt $\Omega^{\varphi^* E} = \varphi^* \Omega^E$.

Beispiel. Für eine Kurve $c : I \to M$ und einem Zusammenhang ∇ auf einem Bündel $E \to M$ erhält man einen Zusammenhang $\nabla^{c^* E}$ auf dem Bündel $c^* E \to I$. Dieser Zusammenhang wird in der Literatur oft als $\frac{\nabla}{dt}$ geschrieben und manchmal mit der Wahl einer Trivialisierung von $c^* E \cong \mathbf{R}^k$ verbunden, so dass er in der Gestalt $\nabla_{\partial_t}^{c^* E} = \frac{\partial}{\partial t} + A_t$ mit $A_t = \vartheta(\frac{\partial}{\partial t}) : I \to \mathbf{R}^{k \times k}$ dargestellt werden kann. Wir werden in diesem Buch die Notation $\nabla^{c^* E}$ verwenden, um deutlicher zu machen, auf welchem Bündel der Zusammenhang definiert ist.

In Verbindung mit den Metriken auf Vektorbündeln aus dem letzten Abschnitt ergibt sich folgende Verfeinerung des Zusammenhangsbegriffs:

Definition 3.2.14. *Sei h eine Metrik auf einem Vektorbündel $E \to M$. Ein Zusammenhang ∇ auf E heißt **metrisch**, falls $\nabla h = 0$, d.h. falls*

$$\forall s_1, s_2 \in \Gamma(M, E), X \in \Gamma(M, TM) : X.(h(s_1, s_2)) = h(\nabla_X s_1, s_2) + h(s_1, \nabla_X s_2).$$

Damit gilt folgende Variante von Lemma 3.2.2:

Lemma 3.2.15. *Sei $E \to M$ ein Vektorbündel mit einer Metrik h, ∇, ∇' Zusammenhänge auf E und ∇ metrisch. Dann ist $S := \nabla - \nabla'$ genau dann eine 1-Form mit Koeffizienten in den schiefsymmetrischen Endomorphismen von E bezüglich h, wenn ∇' metrisch ist.*

Siehe auch Übung 3.2.24 für die Existenz metrischer Zusammenhänge.

Beweis. Für Schnitte s, s' in E ist

$$d(h(s, s')) - h(\nabla's, s') - h(s, \nabla's')$$
$$= h(\nabla s, s') - h(\nabla's, s') + h(s, \nabla s') - h(s, \nabla's')$$
$$= h(Ss, s') + h(s, Ss'). \qquad \square$$

Entsprechend hat auch die Krümmung eines metrischen Zusammenhang eine speziellere Gestalt.

Lemma 3.2.16. *Die Krümmung eines metrischen Zusammenhangs ist eine 2-Form mit Koeffizienten in den schiefsymmetrischen Endomorphismen von E bezüglich h.*

Beweis. Für Schnitte s_1, s_2 eines Bündels E mit Metrik h mit metrischem Zusammenhang ∇ ist wie bei Lemma 3.2.10

$$0 = d^2(h(s_1, s_2)) = d(h(\nabla s_1, s_2) + h(s_1, \nabla s_2))$$
$$= h(\Omega s_1, s_2) - h(\nabla s_1, \nabla s_2) + h(\nabla s_1, \nabla s_2) + h(s_1, \Omega s_2).$$

Also ist der End(E)-Faktor von Ω schiefsymmetrisch, $\Omega^* = -\Omega$. $\qquad \square$

Lemma und Definition 3.2.17. *Sei $c : I \to M$ mit $I \subset \mathbf{R}$ eine **Kurve**, i.e. eine C^∞-Abbildung mit $\dot{c}(t) \neq 0 \, \forall t$, d.h. c ist eine Immersion von I in M. Sei ∇ ein Zusammenhang auf einem Vektorbündel $E \to M$. Die **Parallelverschiebung** von $s_0 \in E_{c(t_0)}$ längs c sei der Schnitt $s \in \Gamma(I, c^*E)$ mit $\nabla^{c^*E}s = 0$ und $s_{|t_0} = s_0$ (Abb. 3.4). Die Parallelverschiebung in $\mathrm{Hom}(E_{c(t_0)}, E_{c(t)})$ ist bijektiv und hängt glatt von den Startdaten ab.*

D.h. lokal um jedes $c(\tilde{t})$ hat s eine Fortsetzung $\tilde{s} \in \Gamma(U, E)$ auf $U \subset M$ mit $\nabla_{\dot{c}(t)}\tilde{s}_{|c(t)} = 0 \, \forall t$ in einer Umgebung von $\tilde{t}$.

Beweis. (Existenz und Eindeutigkeit) Auf I hat $\nabla^{c^*E}_{\partial/\partial t}$ für eine lokale Trivialisierung von $c^*E \to J$, $J \subset I$ die Form $\frac{\partial}{\partial t} + A_t$ mit $A_t \in \mathbf{R}^{k \times k}$, also bedeutet obige Bedingung

$$0 = \nabla^{c^*E}_{\partial/\partial t}s(t) = \frac{\partial s(t)}{\partial t} + A_t s(t). \qquad (3.1)$$

Dies ist eine gewöhnliche lineare Differentialgleichung 1. Ordnung, hat also global auf J eine eindeutig bestimmte Lösung. Wegen der Eindeutigkeit bilden die Lösungen auf allen Trivialisierungen eine globale Lösung, und die Umkehrabbildung ist durch Parallelverschiebung in die Rückrichtung gegeben. Die Koeffizienten der Gleichung sind glatt, also hängt die Lösung glatt von den Startdaten ab. $\square$

Genauso hängt bei einer Parametrisierung von $E \to M$ durch eine zusätzliche Mannigfaltigkeit N die Parallelverschiebung glatt von den Parametern ab.

Bemerkung. 1) Falls $\nabla^E = d + \vartheta$ in einer lokalen Trivialisierung von E ist, so ist $A_t = (c^*\vartheta)_t(\frac{\partial}{\partial t}) = \vartheta_{c(t)}(\dot{c})$ wegen $c^*ds = d(c^*s)$, und Gleichung (3.1) lautet $0 = \dot{s}(t) + \vartheta_{c(t)}(\dot{c}(t))s(t)$.
2) Vergleiche Bemerkung 5.3.13 für eine anschauliche Interpretation auf Flächen.

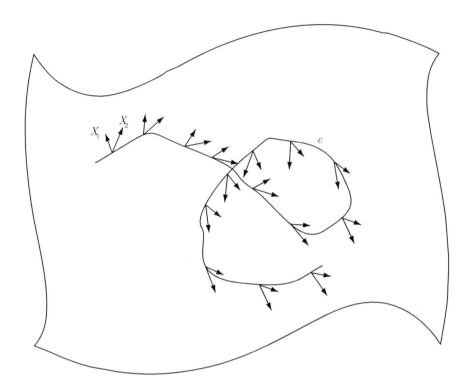

Abb. 3.4: Parallelverschiebung zweier Vektoren X_1, X_2

Beispiel 3.2.18. Im euklidischen $\mathbf{R}^n$ wird die Differentialgleichung zu $s' \equiv 0$, also $s \equiv$const. und die Parallelverschiebung ist von der Kurve unabhängig.

Lemma 3.2.19. *Für ∇ metrisch ist die Parallelverschiebung von $E_{c(t_0)}$ nach $E_{c(t)}$ eine Isometrie euklidischer Vektorräume.*

Beweis. Für parallele Schnitte $s, \tilde{s} \in \Gamma(I, c^*E)$ ist

$$\frac{\partial}{\partial t} \langle s, \tilde{s} \rangle = \langle \underbrace{\nabla^{c^*E}_{\partial/\partial t} s}_{=0}, \tilde{s} \rangle + \langle s, \underbrace{\nabla^{c^*E}_{\partial/\partial t} \tilde{s}}_{=0} \rangle = 0. \qquad \square$$

Im Allgemeinen hängt die Parallelverschiebung vom Weg ab. Allerdings ist sie von der Parametrisierung von c unabhängig, denn für einen Diffeomorphismus $\varphi : \tilde{I} \to I, \tilde{c} := c \circ \varphi$ ist $\nabla^{\tilde{c}^*E}(s \circ \varphi) = \nabla^{\varphi^*c^*E}(\varphi^*s) = \varphi^*(\nabla^{c^*E}s)$. Also ist mit s auch φ^*s parallel.

Satz 3.2.20. *Seien M, N Mannigfaltigkeiten, $E \to N$ ein Vektorbündel und $f, g : M \to N$ C^∞-homotop. Dann sind $f^*E, g^*E \to M$ als Vektorbündel isomorph.*

Beweis. Wähle einen Zusammenhang auf E und eine Homotopie $F \in C^\infty(M \times \mathbf{R}, N)$ von f (bei 0) nach g (bei 1). Setze $s_t : M \hookrightarrow M \times \mathbf{R}, p \mapsto (p, t)$ $(t \in \mathbf{R})$.

Identifiziere die Fasern $f^*E = s_0^*F^*E$, $g^*E = s_1^*F^*E$ von $F^*E \to M \times \mathbf{R}$ mit dem Paralleltransport mit ∇^{F^*E}. □

Korollar 3.2.21. *Sei M C^∞-zusammenziehbar. Dann ist jedes Vektorbündel $E \to M$ trivialisierbar.*

Beweis. Sei $p_0 \in M$. Wende Satz 3.2.20 auf eine C^∞-Homotopie $F : M \times \mathbf{R} \to M$ mit $F_0 = \mathrm{id}_M$, $F_1 \equiv p_0$ an. □

Die letzten beiden Ergebnisse lassen sich mit einem Zusammenhangs-Begriff für Faserbündel $P \to M$ direkt auf allgemeine Faserbündel übertragen.

Aufgaben

Übung* 3.2.22. *Sei ∇ ein beliebiger Zusammenhang auf $TM \to M$ und für zwei Vektorfelder X, Y sei die* **Torsion** *von ∇*

$$T(X,Y) := \nabla_X Y - \nabla_Y X - [X,Y].$$

Beweisen Sie, dass T ein Tensor in $\Lambda^2 T^*M \otimes TM$ ist.

Übung* 3.2.23. *Sei ∇ ein Zusammenhang auf TM mit Torsion T. Zeigen Sie, dass der Zusammenhang $\nabla' := \nabla - \frac{1}{2}T$* **torsionsfrei** *ist, d.h. verschwindende Torsion hat.*

Übung 3.2.24. *Zeigen Sie, dass jedes Vektorbündel E mit Metrik h mindestens einen metrischen Zusammenhang trägt, indem Sie einen beliebigen Zusammenhang ∇ wählen und $\nabla' := \nabla + \frac{1}{2}h^{-1}\nabla h$ setzen (wobei $h^{-1}\nabla h \in \mathrm{End}\, E$ durch $h(\cdot, (h^{-1}\nabla_X h)\cdot) := \nabla_X h$ für $X \in TM$ definiert ist).*

Übung 3.2.25. *Sei $\mathcal{L} \to M$ ein $\mathbf{R}$-Linienbündel mit einer Metrik h. Zeigen Sie, dass es auf $\mathcal{L}$ einen eindeutig bestimmten metrischen Zusammenhang ∇ gibt.*

Übung 3.2.26. *Zeigen Sie mit Hilfe von Satz 2.3.8, dass für einen Zusammenhang ∇ auf $E \to M$ und $\alpha \in \mathfrak{A}^\ell(M, E)$*

$$(\nabla\alpha)(X_0, \ldots, X_\ell) = \sum_{j=0}^{\ell} (-1)^j \nabla_{X_j} \left[\alpha(X_0, \ldots, \widehat{X_j}, \ldots, X_\ell) \right]$$
$$+ \sum_{j<m} (-1)^{j+m} \alpha([X_j, X_m], X_0, \ldots, \widehat{X_j}, \ldots, \widehat{X_m}, \ldots, X_\ell)$$

mit Vektorfeldern $X_0, \ldots, X_\ell$ gilt.

Übung 3.2.27. *Sei $\mathcal{L}$ ein k-Linienbündel über einer Mannigfaltigkeit M (mit $k = \mathbf{R}$ oder $\mathbf{C}$) und ∇ ein (k-linearer) Zusammenhang auf $\mathcal{L}$.*

1) Zeigen Sie $\nabla^{\mathrm{End}(\mathcal{L})} = h^{-1} \circ d \circ h$ mit der kanonischen Identifikation

$$h : \mathrm{End}(\mathcal{L}) \overset{\cong}{\to} M \times k, \sigma \otimes s \mapsto \sigma(s).$$

Diesen Isomorphismus werden wir im Rest der Aufgabe nicht mehr hervorheben.

2) Zeigen Sie, dass die Krümmung $\Omega \in \mathfrak{A}^2(M)$ von ∇ geschlossen ist.

3) Sie $\widetilde{\nabla}$ ein weiterer Zusammenhang auf $\mathcal{L}$ mit Krümmung $\widetilde{\Omega}$. Beweisen Sie, dass $\Omega - \widetilde{\Omega}$ exakt ist. Somit induziert $\mathcal{L}$ also kanonisch ein Element $c_1(\mathcal{L}) := [\frac{-1}{2\pi i}\Omega] \in H^2(M) \otimes_{\mathbf{R}} \mathbf{C}$, die **erste Chern-Klasse**.

4) Sei $\mathrm{Pic}(M)$ die Menge der Isomorphieklassen von k-Linienbündeln auf M. Dann bildet $\mathrm{Pic}(M)$ mit $\otimes$ als Produkt und der Dualisierung $*$ als Inversenbildung (nach Übung 2.1.15) eine abelsche Gruppe. Beweisen Sie, dass $c_1 : \mathrm{Pic}(M) \to H^2(M) \otimes_{\mathbf{R}} \mathbf{C}$ ein Gruppen-Homomorphismus ist.

5) Folgern Sie $c_1(\mathcal{L}) = 0$ für $k = \mathbf{R}$.

6) Allgemein setzt man für ein Vektorbündel $c_1(E) := c_1(\Lambda^{\mathrm{rk}\,E} E)$. Berechnen Sie dies in Termen der Krümmung Ω^E eines Zusammenhangs ∇^E auf E.

Bemerkung: Aus derartigen Klassen kann man auch zahlwertige Invarianten gewinnen, z.B. den Grad $\deg \mathcal{L} := \int_M c_1(\mathcal{L})^{\dim M/2} \in \mathbf{R}$ für geradedimensionales M.

Übung 3.2.28. Für eine beliebige orientierte Riemannsche Fläche M lässt sich TM als komplexes Linienbündel auffassen, indem für eine lokale orientierte Orthonormalbasis (e_1, e_2) von TM die Multiplikation mit i durch

$$i \cdot (a_1 e_1 + a_2 e_2) := -a_2 e_1 + a_1 e_2 \qquad (a_1, a_2 \in C^\infty(M, \mathbf{R}))$$

definiert wird. Berechnen Sie $\int_M c_1(TM)$ für diese komplexe Struktur auf TM und (a) $M = S^2$, (b) $M = \mathbf{R}^2/\mathbf{Z}^2$.

3.3   Der Levi-Civita-Zusammenhang

Levi-Civita-Zusammenhang	Killing-Vektorfeld
metrischer Zusammenhang	Hesse-Form
torsionsfreier Zusammenhang	kritischer Punkt
Koszul-Formel	nicht-ausgearteter kritischer Punkt
Christoffelsymbol	Index

In letzten Abschnitt sahen wir, dass es auf jedem Vektorbündel überabzählbar viele Zusammenhänge gibt. Für das Tangentialbündel, und damit auf allen Tensoren, gibt es aber zu jeder Riemannschen Metrik einen kanonischen Zusammenhang.

Satz 3.3.1. Sei (M, g) eine Riemannsche Mannigfaltigkeit. Dann gibt es einen eindeutig bestimmten Zusammenhang ∇ auf TM, den **Levi-Civita-Zusammenhang**[4] ([Levi]), mit

1) ∇ ist **metrisch**: $\nabla g = 0$,

2) ∇ ist **torsionsfrei**: $X, Y \in \Gamma(M, TM) : \nabla_X Y - \nabla_Y X = [X, Y]$.

---

[4]1917, Tullio Levi-Civita, 1873–1941

Dieser ist eindeutig bestimmt durch die **Koszul-Formel**[5]

$$
\begin{aligned}
2g(\nabla_X Y, Z) \;=\; & X.g(Y,Z) + Y.g(Z,X) - Z.g(X,Y) \\
& -g(X,[Y,Z]) + g(Y,[Z,X]) + g(Z,[X,Y]).
\end{aligned}
$$

Die erste Bedingung lässt sich für jedes Vektorbündel mit einer Metrik formulieren, die zweite nur für das Tangentialbündel. Die Standard-Ableitung auf dem euklidischen $\mathbf{R}^n$ erfüllt beide Bedingungen. Einsetzen von Vektorfeldern in die erste Bedingung liefert die äquivalente Formulierung

$$
d(g(X,Y)) = g(\nabla X, Y) + g(X, \nabla Y).
$$

Für $U \overset{\text{offen}}{\subset} M, f \in C^\infty(U)$ folgt aus der 2. Bedingung

$$
\begin{aligned}
0 \;=\; & d^2 f(X,Y) \overset{\text{Beispiel 2.3.9}}{=} X.df(Y) - Y.df(X) - df([X,Y]) \\
\overset{(2)}{=} \; & X.df(Y) - Y.df(X) - df(\nabla_X Y) + df(\nabla_Y X) \\
=\; & (\nabla df)(X,Y) - (\nabla df)(Y,X).
\end{aligned}
$$

D.h. diese zweite Ableitung von f in die Richtungen X, Y ist von der Reihenfolge der Vektoren unabhängig, analog zur zweiten Ableitung auf dem euklidischen $\mathbf{R}^n$. Genauso folgt für eine geschlossene 1-Form α, dass $\nabla\alpha$ symmetrisch ist. Umgekehrt folgt mit lokalen Koordinaten $f := x_j$, dass dies äquivalent zur Torsionsfreiheit ist.

Beweis. Für Vektorfelder X, Y, Z auf M folgt aus den beiden Bedingungen

$$
\begin{aligned}
& X.g(Y,Z) + Y.g(X,Z) - Z.g(X,Y) \\
=\; & g(\nabla_X Y, Z) + g(Y, \nabla_X Z) + g(\nabla_Y X, Z) \\
& + g(X, \nabla_Y Z) - g(\nabla_Z X, Y) - g(X, \nabla_Z Y) \\
=\; & 2g(\nabla_X Y, Z) + g(X, [Y,Z]) + g(Y, [X,Z]) - g(Z, [X,Y]),
\end{aligned}
$$

also die Koszul-Formel. Diese Formel ist tensoriell in X und Z: Es ist

$$
\begin{aligned}
& 2g(\nabla_{fX} Y, Z) - 2fg(\nabla_X Y, Z) = Y.f \cdot g(X,Z) - Z.f \cdot g(X,Y) \\
& -g(Y, [fX,Z]) + g(Z, [fX,Y]) + fg(Y,[X,Z]) - fg(Z,[X,Y]) = 0
\end{aligned}
$$

und analog für Z. In Y hingegen liefert diese Rechnung die Leibniz-Regel.
(1) folgt in der Form $2g(\nabla_X Y, Z) + 2g(Y, \nabla_X Z) = 2X.g(Y,Z)$, da sich die fünf anderen Terme bei dem Tausch von Y und Z wegheben. Genauso folgt (2). $\qquad\square$

In der Koszul-Formel erkennt man ganz rechts die Lie-Klammer $\frac{1}{2}[X,Y]$. Wegen der Torsionsfreiheit liefert sie den in X, Y schiefsymmetrischen Anteil von $(X,Y) \mapsto \nabla_X Y$, wenn man letzteres als $\mathbf{R}$-Bilinearform auf dem $\mathbf{R}$-Vektorraum $\Gamma(M, TM)$ auffasst. Die restlichen fünf Terme ergeben folglich einen in X und Y symmetrischen Ausdruck.

---

[5] 1950, Jean-Louis Koszul, 1921–

Bei zwei typischen Wahlen lokaler Basen verschwinden glücklicherweise drei der sechs Summanden in der Koszul-Formel für $\nabla_X Y$: Zum einen, falls X, Y, Z aus einer lokalen Orthonormalbasis sind. Dann verschwinden die Ableitungen ihrer Skalarprodukte auf der linken Seite. Falls andererseits X, Y, Z Basisvektoren $\frac{\partial}{\partial x_j}$ eines lokalen Koordinatensystems sind, verschwinden die drei Terme mit Lie-Klammern auf der rechten Seite und die ganze Formel wird zwangsläufig symmetrisch in X und Y. Dieser Fall wird im nächsten Absatz genauer beschrieben:

Bemerkung. Sei $\varphi : U \to V$ eine Karte. Dann ist $\nabla^{\varphi^{-1*}TM}$ ein Zusammenhang auf $(\varphi^{-1})^* TM \overset{T\varphi}{\cong} TV \to V$. Nach Korollar 3.2.3 ist $\nabla^{\varphi^{-1*}TM} = d + \Gamma$ mit einem 2-fach kovariantem, 1-fach kontravariantem Tensor $\Gamma \in \Gamma(V, T^*V \otimes T^*V \otimes TV)$, dem **Christoffelsymbol**[6] ([Chr]). Γ ist natürlich nur auf $V \subset \mathbf{R}^n$ definiert, nicht auf M selbst. Γ hängt stark von der Wahl von φ ab und kann nicht unabhängig von φ definiert werden, genauso wie im letzten Abschnitt die Zusammenhangsform ϑ von der Wahl der Trivialisierung abhing. Wegen

$$
\begin{aligned}
0 &= [\frac{\partial}{\partial x_j}, \frac{\partial}{\partial x_k}] = \nabla^{\varphi^{-1*}TM}_{\frac{\partial}{\partial x_j}} \frac{\partial}{\partial x_k} - \nabla^{\varphi^{-1*}TM}_{\frac{\partial}{\partial x_k}} \frac{\partial}{\partial x_j} \\
&= \Gamma(\frac{\partial}{\partial x_j}, \frac{\partial}{\partial x_k}) - \Gamma(\frac{\partial}{\partial x_k}, \frac{\partial}{\partial x_j})
\end{aligned}
$$

ist Γ symmetrisch. Mit $G = (g_{jk})$, $\varphi^{-1*}g = \langle \cdot, G \cdot \rangle_{\mathbf{R}^n}$ folgt aus Satz 3.3.1 mit $X := \frac{\partial}{\partial x_j}, Y := \frac{\partial}{\partial x_k}, Z := \frac{\partial}{\partial x_\ell}$

$$
\frac{\partial}{\partial x_j} g_{k\ell} + \frac{\partial}{\partial x_k} g_{j\ell} - \frac{\partial}{\partial x_\ell} g_{jk} = 2 \mathfrak{e}_\ell^t \cdot G \cdot \Gamma\left(\frac{\partial}{\partial x_j}, \frac{\partial}{\partial x_k}\right),
$$

also mit $G^{-1} = (g^{jk})_{j,k}$

$$
\begin{aligned}
\Gamma\left(\frac{\partial}{\partial x_j}, \frac{\partial}{\partial x_k}\right) &= \frac{1}{2} G^{-1} \cdot \left(\frac{\partial g_{k\ell}}{\partial x_j} + \frac{\partial g_{j\ell}}{\partial x_k} - \frac{\partial g_{jk}}{\partial x_\ell}\right)^n_{\ell=1} \\
&= \left(\frac{1}{2} \sum_{\ell=1}^n g^{\ell m} \cdot \left(\frac{\partial g_{k\ell}}{\partial x_j} + \frac{\partial g_{j\ell}}{\partial x_k} - \frac{\partial g_{jk}}{\partial x_\ell}\right)\right)^n_{m=1}.
\end{aligned}
$$

Beispiel. Für $G = \begin{pmatrix} 1 & 0 \\ 0 & r(u)^2 \end{pmatrix}$, also $g(\varphi_*^{-1} \frac{\partial}{\partial u}, \varphi_*^{-1} \frac{\partial}{\partial u}) = 1$, ist mit $\nabla = \nabla^{\varphi^{-1*}TM}$

$$
\nabla_{\frac{\partial}{\partial u}} \frac{\partial}{\partial u} = 0, \quad \nabla_{\frac{\partial}{\partial \vartheta}} \frac{\partial}{\partial \vartheta} = -r' r \frac{\partial}{\partial u}, \quad \nabla_{\frac{\partial}{\partial u}} \frac{\partial}{\partial \vartheta} = \nabla_{\frac{\partial}{\partial \vartheta}} \frac{\partial}{\partial u} = \frac{r'}{r} \frac{\partial}{\partial \vartheta}.
$$

Die ursprüngliche Motivation für die Konstruktion des Levi-Civita-Zusammenhangs war die folgende Formel für Untermannigfaltigkeiten (ursprünglich des euklidischen $\mathbf{R}^m$). Sie erlaubt eine einfache Berechnung des Zusammenhangs aus dem Zusammenhang der umgebenden Mannigfaltigkeit, aber das differenzierte Vektorfeld muss auf die umgebende Mannigfaltigkeit fortgesetzt werden. Sei dazu $\iota : M \hookrightarrow \tilde{M}$ eine Einbettung, X, Y Vektorfelder auf M und $\tilde{X}, \tilde{Y}$ Vektorfelder auf

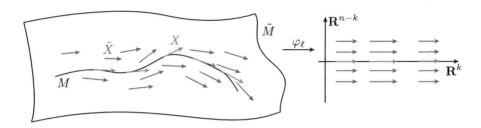

Abb. 3.5: Fortsetzung eines Vektorfeldes.

$\tilde{M}$ mit $\tilde{X}_{|M} = X, \tilde{Y}_{|M} = Y$ (Abb. 3.5). Solche Vektorfelder $\tilde{X}, \tilde{Y}$ existieren für alle X, Y: Lokal ist mit Karten φ_ℓ wie in Lemma 1.1.3 $\iota : M \hookrightarrow N$ eine Einbettung $(\mathbf{R}^k \times \{0_{\mathbf{R}^{n-k}}\}) \cap \Omega \to \Omega \subset \mathbf{R}^n$. Setze ein Vektorfeld X von $\mathbf{R}^k$ parallel auf $\mathbf{R}^n$ fort und kombiniere diese mit einer Zerlegung der Eins zu einem Vektorfeld auf $\tilde{M}$:

$$X^\ell_{|\binom{y}{z}} := (T\varphi_\ell(X))_y, \qquad \tilde{X} := \sum_j \tau_j \cdot T\varphi_{\ell(j)}^{-1}(X^{\ell(j)}).$$

Für folgenden Satz benötigen wir $\tilde{X}$ aber nur lokal.

Satz 3.3.2. *Sei $\tilde{g}$ eine Riemannsche Metrik auf $\tilde{M}$, $g := \iota^*\tilde{g}$ die induzierte Metrik auf $\iota : M \hookrightarrow \tilde{M}$ und $\tilde{\nabla}, \nabla$ seien die zugehörigen Levi-Civita-Zusammenhänge (z.B. $(\tilde{M}, \tilde{g}) = (\mathbf{R}^n, \langle \cdot, \cdot \rangle_{\text{eukl}})$, $\tilde{\nabla} = d$). Sei $\pi : T\tilde{M}_{|M} \to TM, X \mapsto X^{TM}$ die Orthogonalprojektion. Dann ist*

$$\nabla_X Y = (\tilde{\nabla}_{\tilde{X}} \tilde{Y})^{TM} = (\nabla_X^{\iota^* T\tilde{M}} Y)^{TM}.$$

Beweis. Nach Lemma 1.4.7 ist $[\tilde{X}, \tilde{Y}]_{|M} = [X, Y]$. Also ist

$$\pi(\tilde{\nabla}_{\tilde{X}} \tilde{Y} - \tilde{\nabla}_{\tilde{Y}} \tilde{X})_{|M} = \pi([\tilde{X}, \tilde{Y}])_{|M} = \pi([X, Y]) = [X, Y].$$

Außerdem gilt für jedes $Z \in \Gamma(M, TM)$ mit Fortsetzung $\tilde{Z}$

$$g(\pi\tilde{\nabla}_{\tilde{Z}} \tilde{X}, Y) + g(X, \pi\tilde{\nabla}_{\tilde{Z}} \tilde{Y}) = \tilde{g}(\tilde{\nabla}_{\tilde{Z}} \tilde{X}, \tilde{Y}) + \tilde{g}(\tilde{X}, \tilde{\nabla}_{\tilde{Z}} \tilde{Y})$$
$$= \tilde{Z}.\tilde{g}(\tilde{X}, \tilde{Y}) = Z.g(X, Y).$$

Einsetzen in die Koszul-Formeln für $\nabla, \tilde{\nabla}$ liefert die Behauptung. $\qquad \square$

Bemerkung. In der Regel ist $\tilde{\nabla}_{\tilde{X}} \tilde{Y}_{|M}$ nicht tangential zu M, also ist im Allgemeinen $\tilde{\nabla}_{\tilde{X}} \tilde{Y}_{|M} \neq \nabla_X Y$.

Beispiel. $M := S^2 \subset \mathbf{R}^3 =: \tilde{M}, \varphi : S^2 \setminus \text{Pole} \to \mathbf{R}^2, \begin{pmatrix} \cos u \cos \vartheta \\ \cos u \sin \vartheta \\ \sin u \end{pmatrix} \mapsto \begin{pmatrix} u \\ \vartheta \end{pmatrix}$. Dann ist

$$X := \varphi^* \frac{\partial}{\partial u} = \begin{pmatrix} -\sin u \cos \vartheta \\ -\sin u \sin \vartheta \\ \cos u \end{pmatrix}, \quad Y := \varphi^* \frac{\partial}{\partial \vartheta} = \begin{pmatrix} -\cos u \sin \vartheta \\ \cos u \cos \vartheta \\ 0 \end{pmatrix}.$$

---

[6]Elwin Bruno Christoffel, 1829–1900

Mit $\tilde{Y}\begin{pmatrix} x \\ y \\ z \end{pmatrix} := \begin{pmatrix} -y \\ x \\ 0 \end{pmatrix}$ gilt

$$X.\tilde{Y} = -\sin u \sin \vartheta \cdot \begin{pmatrix} 0 \\ 1 \\ 0 \end{pmatrix} - \sin u \cos \vartheta \cdot \begin{pmatrix} -1 \\ 0 \\ 0 \end{pmatrix} = \tan u \cdot Y,$$

also $\nabla_{\frac{\partial}{\partial u}} \frac{\partial}{\partial \vartheta} = -\tan u \cdot \frac{\partial}{\partial \vartheta}$.

Analog zur Formel für die Lie-Ableitung von Formen mit dem de Rham-Operator gibt es eine entsprechende Formel mit jedem torsionsfreien Zusammenhang.

Satz 3.3.3. *Sei ∇ ein torsionsfreier Zusammenhang auf TM und $\omega \in T_q^0 M$ ein q-fach kovarianter Tensor. Dann folgt für Vektorfelder $X_1, \ldots, X_q, X$*

$$(L_X \omega)(X_1, \ldots, X_q) = (\nabla_X^{T_q^0 M} \omega)(X_1, \ldots, X_q) + \sum_{j=1}^{q} \omega(X_1, \ldots, \nabla_{X_j}^{TM} X, \ldots, X_q)$$

(insbesondere „$L_X = \nabla_X + \iota_{\nabla X}$" auf $\mathfrak{A}^\bullet(M)$).

In dieser Formel spiegelt sich deutlich wieder, dass $\nabla_X \omega$ im Gegensatz zu $L_X \omega$ nicht von den 1. Ableitungen von X abhängt. Deswegen muss auf der rechten Seite ein Summand mit Ableitungen von X stehen.

Beweis. Nach Satz 2.2.8 ist

$$(L_X \omega)(X_1, \ldots, X_q)$$

$$= X.[\omega(X_1, \ldots, X_q)] - \sum_{j=1}^{q} \omega(X_1, \ldots, [X, X_j], \ldots, X_q)$$

$$\overset{\nabla \text{ torsionsfrei}}{=} (\nabla_X \omega)(X_1, \ldots, X_q) + \sum_{j=1}^{q} \omega(X_1, \ldots, \nabla_X X_j, \ldots, X_q)$$

$$- \sum_{j=1}^{q} \omega(X_1, \ldots, \nabla_X X_j - \nabla_{X_j} X, \ldots, X_q). \qquad \square$$

Diese Formel kann als Verallgemeinerung der Formel mit dem de Rham-Operator aufgefasst werden, denn der de Rham-Operator auf Formen ist in folgendem Sinne ein alternierend gemachter torsionsfreier Zusammenhang:

Satz 3.3.4. *Sei ∇ torsionsfreier Zusammenhang auf TM und $\omega \in \mathfrak{A}^q(M)$ eine q-Form. Dann folgt für Vektorfelder $X_0, \ldots, X_q$*

$$d\omega(X_0, \ldots, X_q) = \sum_{j=0}^{q} (-1)^j (\nabla_{X_j}^{\Lambda^q T^* M} \omega)(X_0, \ldots, \widehat{X_j}, \ldots, X_q).$$

D.h. $d = \varepsilon \circ \nabla$ auf $\Gamma(M, \Lambda^q T^* M)$ mit $\varepsilon : T^* M \otimes \Lambda^q T^* M \to \Lambda^{q+1} T^* M, \alpha \otimes \omega \mapsto \alpha \wedge \omega$.

Insbesondere folgt $\nabla\omega = 0 \Rightarrow d\omega = 0$.

Beweis. Nach Satz 2.3.8 ist

$$
d\omega(X_0,\ldots,X_q) = \sum_{j=0}^{q}(-1)^j X_j.\omega(X_0,\ldots,\widehat{X_j},\ldots,X_q)
$$
$$
+ \sum_{j<k}(-1)^{j+k}\omega([X_j,X_k],X_0,\ldots,\widehat{X_j},\ldots,\widehat{X_k},\ldots,X_q)
$$
$$
= \sum_{j\neq k}(-1)^j\omega(X_0,\ldots,\nabla_{X_j}X_k,\ldots,\widehat{X_j},\ldots,X_q)
$$
$$
+ \sum(-1)^j(\nabla_{X_j}\omega)(X_0,\ldots,\widehat{X_j},\ldots,X_q)
$$
$$
- \sum_{j<k}(-1)^j\omega(X_0,\ldots,\widehat{X_j},\ldots,\nabla_{X_j}X_k,\ldots,X_q)
$$
$$
- \sum_{j<k}(-1)^k\omega(X_0,\ldots,\nabla_{X_k}X_j,\ldots,\widehat{X_k},\ldots,X_q).
$$

Die Formel $d = \varepsilon\circ\nabla$ folgt, weil in der Formel 2.3.2 für das äußere Produkt mit einer 1-Form eine Summe über die zyklischen Vertauschungen $\mathfrak{S}_{q+1}/\mathfrak{S}_1\times\mathfrak{S}_q$ entsteht. $\square$

Der induzierte Zusammenhang auf den 1-Formen hat verglichen mit der Koszul-Formel eine sehr einfache Gestalt:

Lemma 3.3.5. *Der Levi-Civita-Zusammenhang ist eindeutig bestimmt durch*

$$
\nabla\alpha = \frac{1}{2}d\alpha + \frac{1}{2}L_{\alpha^\#}g \qquad \forall\alpha\in\Gamma(M,T^*M)
$$

als Zerlegung in den schiefsymmetrischen und den symmetrischen Anteil.

Beweis. Nach Satz 3.3.4 ist $d\alpha(X,Y) = (\nabla_X\alpha)(Y) - (\nabla_Y\alpha)(X)$ und nach Satz 3.3.3 folgt mit $Z := \alpha^\#$

$$
(L_Zg)(X,Y) = (\nabla_Zg)(X,Y) + g(X,\nabla_YZ) + g(\nabla_XZ,Y)
$$
$$
= (\nabla\alpha)(X,Y) + (\nabla\alpha)(Y,X). \qquad \square
$$

Mit Satz 3.3.4 wird auch die im letzten Abschnitt angesprochene Beziehung zwischen den verschiedenen Fortsetzungen von ∇^{TM} auf vektorwertige Formen ganz natürlich:

Korollar 3.3.6. *Für den Zusammenhang $\nabla^{TM\otimes\Lambda T^*M}$, der wie vor Lemma 3.2.10 von einem torsionsfreien Zusammenhang ∇^{TM} induziert wird, und für die Fortsetzung von ∇^{TM} auf $\mathfrak{A}^\bullet(M,TM)$ (vor 3.2.8) gilt mit $s\in\Gamma(M,TM\otimes\Lambda^\bullet T^*M)$*

$$
\nabla^{TM}s = \varepsilon(\nabla^{TM\otimes\Lambda T^*M}s).
$$

Beweis. s ist Summe von Termen der Form $W\otimes\omega$, W Vektorfeld, $\omega\in\mathfrak{A}(M)$. Mit Satz 3.3.4 folgt

$$
\nabla^{TM}(W\otimes\omega) = W\otimes d\omega + \nabla W\wedge\omega
$$
$$
= W\otimes\varepsilon(\nabla^{\Lambda T^*M}\omega) + \varepsilon(\nabla W\otimes\omega) = \varepsilon(\nabla^{TM\otimes\Lambda T^*M}(W\otimes\alpha)). \square
$$

Aufgaben

Übung 3.3.7. *Berechnen Sie $\nabla_X Y$ und $L_Y X$ für den Levi-Civita-Zusammenhang ∇ auf dem euklidischen $\mathbf{R}^2$ und die Vektorfelder*

$$X_{(x,y)} := (-y,x) \qquad und \qquad Y_{(x,y)} := \frac{1}{\sqrt{x^2+y^2}}(x,y).$$

Übung 3.3.8. *Sei M eine durch (α, w) bestimmte Regelfläche wie in Übung 3.1.27, wobei α die Striktionslinie ist. Bestimmen Sie an den regulären Punkten die Volumenform (in Termen von λ und $\|w'\|$) und für den Levi-Civita-Zusammenhang $\nabla_{\partial_s}\partial_s, \nabla_{\partial_t}\partial_s, \nabla_{\partial_s}\partial_t$ (in Termen von λ und $\langle \alpha', w \rangle$).*

Übung 3.3.9. *Sei $G = \mathbf{SO}(k)$ mit der Riemannschen Metrik aus Übung 3.1.23. Zeigen Sie (z.B. mit der Koszul-Formel) $\nabla_X X = 0$ für den Levi-Civita-Zusammenhang auf G und für jedes links-invariante Vektorfeld X.*

Übung 3.3.10. *Ein **Killing-Vektorfeld** X [7] auf einer Riemannschen Mannigfaltigkeit (M,g) ist ein Vektorfeld mit $L_X g = 0$. Sei ∇ der Levi-Civita-Zusammenhang. Folgern Sie, dass X genau dann Killing ist, wenn*

1) ∇X punktweise ein schiefer Endomorphismus von TM ist,

2) der Fluss Φ von X aus Isometrien besteht.

Übung 3.3.11. *Sei X ein Vektorfeld auf M, $p \in M$ eine Nullstelle von X und ∇ ein beliebiger Zusammenhang auf TM. Zeigen Sie $(L.X)_{|p} = (\nabla X)_{|p}$ als Abbildungen von $T_p M$ nach $T_p M$. Insbesondere liegen beide in $\mathrm{End}(T_p M)$.*

Übung 3.3.12. *Sei (M,g) eine Riemannsche Mannigfaltigkeit und ∇ der Levi-Civita-Zusammenhang. Für eine Funktion $f \in C^\infty(M, \mathbf{R})$ und $p \in M$ ist die* **Hesse-Form**
$$\mathrm{Hesse}_p(f) := \nabla^{T^*M}(df) \in T_p^* M \otimes T_p^* M.$$

1) Beweisen Sie für den Gradienten $\mathrm{grad}\, f := (df)^\# \in \Gamma(M, TM)$, dass

$$\mathrm{Hesse}_p(f) = \frac{1}{2} L_{\mathrm{grad}\, f}\, g.$$

Insbesondere ist $\mathrm{Hesse}_p(f)$ symmetrisch.

*2) Sei p ein **kritischer Punkt** von f, d.h. $df_{|p} = 0$. Zeigen Sie ohne Verwendung lokaler Koordinaten, dass $\mathrm{Hesse}_p(f)$ von der Metrik g unabhängig ist.*

Übung 3.3.13. *Ein kritischer Punkt $p \in M$ von $f \in C^\infty(M)$ heißt **nicht-ausgeartet**, falls $\mathrm{Hesse}_p(f)$ nicht-ausgeartet ist. Der **Index** $\mathrm{ind}_p f$ dort sei die maximale Dimension eines Unterraums von $T_p M$, auf dem $\mathrm{Hesse}_p(f)$ negativ definit ist. Zeigen Sie für $X := \mathrm{grad}\, f$, dass $\mathrm{sign}\, \det(L.X)_{|p} = (-1)^{\mathrm{ind}_p f}$.*

---

[7]Wilhelm Karl Joseph Killing, 1847–1923

Übung* 3.3.14. *Sei (M, g) eine Riemannsche Mannigfaltigkeit mit Levi-Civita-Zusammenhang ∇, ∇' ein anderer metrischer Zusammenhang auf TM mit Torsion T (vgl. Übung 3.2.22) und $S \in T^*M \otimes \mathrm{End}_{\mathrm{schief}} TM$ definiert durch*

$$g(S_X Y, Z) := \frac{1}{2}\big(g(T(X, Y), Z) + g(T(Z, X), Y) + g(T(Z, Y), X)\big).$$

Beweisen Sie $\nabla'_X Y - \nabla_X Y = S_X Y$. Folgern Sie damit, dass es umgekehrt zu jedem Tensor $T \in \Lambda^2 T^*M \otimes TM$ einen eindeutig bestimmten metrischen Zusammenhang mit Torsion T gibt. Zeigen Sie, dass S die Torsion T eindeutig durch $T(X, Y) = S_X Y - S_Y X$ bestimmt.

Übung 3.3.15. *Bestimmen Sie die Parallelverschiebung von Tangentialvektoren längs eines Breitenkreises auf S^2 bezüglich des Levi-Civita-Zusammenhangs.*

3.4 Krümmung einer Riemannschen Mannigfaltigkeit

Erste Bianchi-Gleichung	Gaußkrümmung
Riemannscher Krümmungstensor	Ricci-Krümmung
Schnittkrümmung	Skalarkrümmung

Die Krümmung Ω des Levi-Civita-Zusammenhangs ist die wichtigste punktweise Invariante der Metrik. An jedem Punkt $p \in M$ hat die Metrik g_p selber nach dem Satz von Sylvester keine Invarianten, da sie stets mit einer Orthonormalbasis durch die Identitätsmatrix dargestellt werden kann. Der Levi-Civita-Zusammenhang ist ein Differentialoperator, aber seine Krümmung ist ein Tensor, der Informationen über die ersten beiden Ableitungen von g in einer Karte enthält. Die Krümmung des Levi-Civita-Zusammenhangs hat sehr viele Symmetrien. Die ersten beiden im folgenden Satz gelten für jeden metrischen Zusammenhang und werden hier nur der Vollständigkeit halber noch einmal aufgelistet.

Satz 3.4.1. *Sei (M, g) eine Riemannsche Mannigfaltigkeit und ∇ ein Zusammenhang auf TM, dann gilt für Vektorfelder X, Y, Z, W und $R(X, Y, Z, W) := -g(\Omega(X, Y)Z, W)$*

1) $R(X, Y, Z, W) = -R(Y, X, Z, W)$,

2) $R(X, Y, Z, W) = -R(X, Y, W, Z)$, falls ∇ metrisch ist,

3) $R(X, Y, Z, W) + R(Y, Z, X, W) + R(Z, X, Y, W) = 0$, falls ∇ torsionsfrei ist (**1. Bianchi-Gleichung**[8]),

4) $R(X, Y, Z, W) = R(Z, W, X, Y)$, falls ∇ der Levi-Civita-Zusammenhang ist.

Der Tensor $R \in \Gamma(M, \Lambda^4 T^*M)$ heißt **Riemannscher Krümmungstensor**.

---

[8] 1880, Ricci-Curbastro

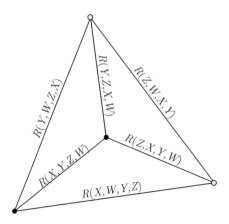

Abb. 3.6: Beweis der 4. Symmetrie des Krümmungstensors

Beweis. 1) gilt wegen $\Omega \in \Lambda^2 T^* M \otimes \mathrm{End}(TM)$.
2) folgt aus Lemma 3.2.16.
3) folgt aus der Jacobi-Identität und Korollar 3.2.9:

$$
\begin{aligned}
0 &= [[X,Y],Z] + [[Y,Z],X] + [[Z,X],Y] = \nabla_{[X,Y]}Z - \nabla_Z(\nabla_X Y - \nabla_Y X) \\
&\quad + \nabla_{[Y,Z]}X - \nabla_X(\nabla_Y Z - \nabla_Z Y) + \nabla_{[Z,X]}Y - \nabla_Y(\nabla_Z X - \nabla_X Z) \\
&= -\Omega(X,Y)Z - \Omega(Y,Z)X - \Omega(Z,X)Y.
\end{aligned}
$$

4) Beschrifte die Kanten eines Tetraeders (oder des vollständigen Graphen K_4) wie in Abb. 3.6. Mit der Kombination $R(X,Y,Z,W) = R(Y,X,W,Z)$ von (1),(2) bei drei der Ecken je zweimal angewendet ist jeweils die Summe der Kantenbeschriftungen für jede der Ecken nach (3) gleich 0. Addiere die entsprechenden Formeln für die mit „•" markierten Ecken und subtrahiere diejenigen für die beiden „∘"-Ecken, dann bleibt die Formel $0 = 2R(X,Y,Z,W) - 2R(Z,W,X,Y)$. □

Bemerkung. Dass (1)-(3) die 4. Gleichung implizieren, ist letzten Endes folgender Sachverhalt über den Gruppenring $\mathbf{Q}[\mathfrak{A}_4]$ der alternierenden Gruppe von vier Elementen (der Isometriegruppe des Tetraeders): $\omega \in \mathfrak{A}_4$ operiert durch

$$
(\omega R)(X_1, X_2, X_3, X_4) := R(X_{\omega^{-1}(1)}, X_{\omega^{-1}(2)}, X_{\omega^{-1}(3)}, X_{\omega^{-1}(4)})
$$

von links auf $T^* M^{\otimes 4}$. Sei (in Zyklenschreibweise) $\tilde{\tau} := (1\ 2)(3\ 4)$, $\tau := (1\ 3)(2\ 4)$, $\sigma := (1\ 2\ 3) \in \mathfrak{A}_4$ und e das neutrale Element. Dann sind nach Kombination von (1),(2) $\tilde{\tau} - e$ und wegen (3) $\Sigma := e + \sigma + \sigma^2$ im Annihilator von R. Dass dann auch die 4. Relation gilt, bedeutet, dass es $\alpha, \beta \in \mathbf{Q}[\mathfrak{A}_4]$ mit $\tau - e = (\tilde{\tau} - e)\alpha + \Sigma\beta$ gibt. Und tatsächlich zeigt obiger Beweis, wenn man ihn in diesen Termen nachvollzieht,

$$
2(e - \tau) = \Sigma + (\Sigma + (\tilde{\tau} - e)(\sigma + e))\tilde{\tau}(e - \sigma - \sigma^2).
$$

Man kann alternativ argumentieren, dass für die symmetrische Gruppe $\mathfrak{S}_4$ das von $(1\ 2) - e, (3\ 4) - e$ und Σ erzeugte Rechtsideal in $\mathbf{C}[\mathfrak{S}_4]$ Kodimension 2 hat und maximal ist. Da es nicht-triviale Krümmungen mit Annihilator $\tau - e$ gibt, muss dieses Element im Ideal liegen. Dies zeigt auch, dass R selbst in spezielleren Situationen keine weiteren Symmetrien dieser Art haben kann.

Nach (1),(2),(4) definiert R eine symmetrische Bilinearform $(X \wedge Y, Z \wedge W) \mapsto R(X, Y, Z, W)$ auf $\Lambda^2 TM$, bzw. für $\omega \in \mathfrak{D}_4 \subset \mathfrak{S}_4$ ist $(\omega R)(X, Y, Z, W) = \operatorname{sign} \omega \cdot R(X, Y, Z, W)$, wobei die Dieder-Gruppe $\mathfrak{D}_4$ auf dem Viereck $_W^Y \square_X^Z$ operiert. Mit dem von g auf $\Lambda^2 TM$ induzierten Skalarprodukt mit

$$\langle X \wedge Y, \tilde{X} \wedge \tilde{Y} \rangle := g(X, \tilde{X}) g(Y, \tilde{Y}) - g(X, \tilde{Y}) g(Y, \tilde{X}),$$
$$\text{also } \|X \wedge Y\|^2 = \|X\|^2 \cdot \|Y\|^2 - g(X, Y)^2,$$

sei

$$K_p(X \wedge Y) := \frac{R_p(X, Y, X, Y)}{\|X \wedge Y\|^2} \in \mathbf{R}$$

für nicht-kollineare $X, Y \in T_p M$. Falls (X, Y) und $(\tilde{X}, \tilde{Y})$ dieselbe Ebene aufspannen, d.h. $X \wedge Y = c \cdot \tilde{X} \wedge \tilde{Y}$, folgt $K_p(X \wedge Y) = K_p(\tilde{X} \wedge \tilde{Y})$; deswegen heißt $K_p(X \wedge Y)$ **Schnittkrümmung (in Richtung) der Ebene** $\mathbf{R} \cdot X + \mathbf{R} \cdot Y \subset T_p M$. Für eine Riemannsche Fläche enthält $T_p M$ nur eine Ebene, und der Wert von K_p ordnet jedem Punkt eine reelle Zahl zu, die **Gaußkrümmung**. Im Allgemeinen hat K_p an jedem Punkt mehrere Werte, abhängig von der Ebene. Die quadratische Form $N := \| \cdot \|_{g_p}^2 \cdot K_p$ auf $\Lambda^2 T_p M$ bestimmt nach der Polarisationsformel eindeutig R_p. Tatsächlich wird R sogar allein durch die Werte von N auf Monomen in $\Lambda^2 T^* M$ eindeutig bestimmt:

Satz 3.4.2. *An jedem Punkt $p \in M$ wird R_p durch die Werte von $\|X \wedge Y\| \cdot K_p(X \wedge Y)$ für $X, Y \in T_p M$, $X \wedge Y \neq 0$ eindeutig bestimmt.*

Beweis. Zunächst ist wegen der Symmetrie (4)

$$R(X, Y + W, X, Y + W)$$
$$= R(X, Y, X, Y) + R(X, W, X, W) + 2R(X, Y, X, W).$$

Also kann $R(X, Y, X, W)$ als Linearkombination von drei Werten von N dargestellt werden. Andererseits wird $R(X + Z, Y, X + Z, W)$ bis auf derartige Terme gleich

$$R(X, Y, Z, W) + R(Z, Y, X, W) \overset{\text{1. Bianchi}}{=} 2R(X, Y, Z, W) - R(X, Z, Y, W).$$

Somit ist die Linearkombination von Werten von N

$$2R(X + Z, Y, X + Z, W) + R(X + Y, Z, X + Y, W)$$

gleich $3R(X, Y, Z, W)$ plus einer Linearkombination von Werten von N. $\square$

Korollar 3.4.3. *Für eine Orthonormalbasis $(e_j)_j$ von $T_p M$ wird R_p durch die Werte $K(e_j \wedge e_\ell), K((e_j + e_k) \wedge e_\ell), K((e_j + e_k) \wedge (e_\ell + e_m))$ $(1 \le j, k, \ell, m \le n)$ eindeutig bestimmt.*

Beweis. Mit der Konstruktion im letzten Beweis für die Werte $R(e_j, e_k, e_\ell, e_m)$ folgt die Behauptung. $\square$

Ab Dimension 4 lassen sich Beispiele für Tensoren $r \in \mathrm{Sym}^2 \Lambda^2 T^* M$ finden, die die Symmetrien (1),(2) und (4) erfüllen, und für die obiges Theorem nicht gilt. Die 1. Bianchi-Gleichung ist also für den Beweis wesentlich. Die Schnittkrümmung ist eine vergleichsweise intuitive Möglichkeit, den Vier-Tensor R durch eine übersichtlichere Abbildung $TM^2 \to \mathbf{R}$ darzustellen. Im nächsten Abschnitt wird genauer erläutert, wie K mit anschaulichen Begriffen der Krümmung von Flächen in Beziehung steht. Andererseits macht der Quotient in der Definition von K diesen Begriff auch schwieriger zu handhaben, im Gegensatz zu R ist sie keine lineare Abbildung. Algebraisch lassen sich aus R durch sukzessive Spurbildung einfachere Krümmungen konstruieren, die allerdings im Gegensatz zur Schnittkrümmung R nicht mehr eindeutig bestimmen:

Definition 3.4.4. *Die **Ricci-Krümmung**[9] $\mathrm{Ric}(X,Y)$ zu $X, Y \in T_p M$ ist die Spur des $T_p M$-Endomorphismus $Z \mapsto -\Omega_p(X, Z)Y$.*

Bezüglich einer Orthonormalbasis (e_j) von TM ist also

$$\mathrm{Ric}(X,Y) = \sum_j R(X, e_j, Y, e_j).$$

Alle anderen Spuren über zwei der vier Variablen von R sind wegen der Symmetrien (1),(2),(4) entweder 0 oder gleich $\pm\mathrm{Ric}$.

Korollar 3.4.5. Ric *ist eine symmetrische Bilinearform auf $T_p M$.*

Beweis. Nach Satz 3.4.1(4) ist

$$\mathrm{Ric}(Y,X) = \sum_j R(Y, e_j, X, e_j) = \mathrm{Ric}(X,Y).$$ $\square$

Bemerkung. Auf jeder Mannigfaltigkeit der Dimension ≥ 3 existiert eine Metrik mit $\mathrm{Ric} < 0$ (Lohkamp [Loh]). Das zeigt, wie wenig die Ricci-Krümmung über die Topologie einer Mannigfaltigkeit verrät.

Für eine symmetrische Bilinearform γ auf TM setze $\mathrm{Tr}_g \gamma := \mathrm{Tr}\,(g_{jk})^{-1}(\gamma_{k\ell})$ mit den Gramschen Matrizen zu einer beliebigen Basis. Für einen Basiswechsel A ist dann

$$\mathrm{Tr}\,(\tilde{g}_{jk})^{-1}(\tilde{\gamma}_{k\ell}) = \mathrm{Tr}\,(A^t)^{-1}(g_{jk})^{-1}A^{-1}A(\gamma_{k\ell})A^t = \mathrm{Tr}\,(g_{jk})^{-1}(\gamma_{k\ell}).$$

Für eine Orthonormalbasis (e_j) gilt insbesondere $\mathrm{Tr}_g \gamma = \sum_j \gamma(e_j, e_j)$.

Definition 3.4.6. *Die **Skalarkrümmung** $s : M \to \mathbf{R}$ ist bei $p \in M$ durch $s_p := \mathrm{Tr}_g = \sum_k \mathrm{Ric}(e_k, e_k) = \sum_{j,k} R(e_k, e_j, e_k, e_j)$ für eine Orthonormalbasis $(e_j)_j$ definiert, also gleich der Spur von $2R$ auf $\Lambda^2 T_p M$.*

---

[9]Gregorio Ricci-Curbastro, 1853–1925

Bemerkung. Die Existenz von Metriken mit $s > 0$ ist ein wichtiges und teilweise noch offenes Problem.

Lemma 3.4.7. *Für eine Orthonormalbasis $(e_j)_j$ von T_pM und $X \in T_pM$ gilt*

1) $\mathrm{Ric}(X, X) = \sum_{\substack{j=1 \\ e_j \neq X}}^{n} K(e_j \wedge X)(\|X\|^2 - g(e_j, X)^2),$

2) $s_p = \sum_{j \neq k} K(e_j \wedge e_k).$

Beweis. 1) Die rechte Seite wird zu

$$\sum K(e_j \wedge X)(\|X\|^2 - g(e_j, X)^2) = \sum K(e_j \wedge X)\|X \wedge e_j\|^2$$
$$= \sum R(e_j, X, e_j, X) = \mathrm{Ric}(X, X),$$

2) $\sum \mathrm{Ric}(e_k, e_k) \overset{(1)}{=} \sum_{j \neq k} K(e_j \wedge e_k) = s.$ $\qquad\square$

Beispiel. Für eine Fläche M^2 wird der 1-dimensionalen Raum $\Lambda^2 TM$ durch ein Monom aufgespannt, für das $R(X, Y, X, Y) = K \cdot \|X \wedge Y\|^2$ durch die Gauß-Krümmung gegeben ist. Also ist nach der Polarisationsformel die symmetrische Form R auf $\Lambda^2 TM$ eindeutig bestimmt als $R(X, Y, Z, W) = K \cdot g(X \wedge Y, Z \wedge W)$ und folglich $\mathrm{Ric}(X, Y) = K \cdot g(X, Y), s = 2K$.

Aufgaben

Übung 3.4.8. *Bestimmen Sie den Levi-Civita-Zusammenhang für die obere Halb-ebene mit der Metrik aus Aufgabe 3.1.22 und berechnen Sie den Krümmungstensor Ω.*

Übung* 3.4.9. *Für die Schnittkrümmung gelte $K \geq K_0$ (bzw. $> K_0, \leq K_0, < K_0$). Zeigen Sie, dass dann $\mathrm{Ric} - (n-1)K_0 g \geq 0$ (bzw. $>, \leq, <$) und $s \geq n(n-1)K_0$ (bzw. $>, \leq, <$) gilt.*

Übung 3.4.10. *Sei $G \subset \mathrm{SO}(n)$ eine Lie-Untergruppe mit der induzierten Metrik.*

1) Zeigen Sie $\nabla_X X = 0$ für den Levi-Civita-Zusammenhang und für jedes links-invariante Vektorfeld X mit Hilfe von Übung 3.3.9.

2) Folgern Sie aus (a) für links-invariante Vektorfelder X, Y

$$\nabla_X Y = \frac{1}{2}[X, Y].$$

3) Berechnen Sie die Krümmung als

$$\Omega(X, Y)Z - \frac{1}{4}[Z, [X, Y]] \qquad (X, Y, Z \in \mathfrak{g}).$$

4) Beweisen Sie für $X, Y, Z, W \in \mathfrak{g}$

$$R(X, Y, Z, W) = \frac{1}{4}g([X, Y], [Z, W]).$$

Übung 3.4.11. *Bestimmen Sie die Schnittkrümmungen von $\mathrm{SO}(3)$.*

Kapitel 4

Die Sätze von Poincaré-Hopf und Chern-Gauß-Bonnet

Die topologischen Betrachtungen über die de Rham-Kohomologie werden in diesem Kapitel weitergeführt, um eine elegante und weitreichende Formel über Nullstellen von Schnitten in Vektorfeldern zu erhalten. Deren (mit einem Vorzeichen gewichtete) Anzahl wird dabei mit einem Integral über ein bestimmtes Polynom in Termen der Krümmung des Levi-Civita-Zusammenhangs identifiziert. Einem Ansatz von Mathai und Quillen[1] folgend, ist diese Formel genauer eine Kombination der klassischen Sätze von Poincaré-Hopf und Chern-Gauß-Bonnet. Die damit geschaffene Brücke zwischen differentialtopologischen und differentialgeometrischen Größen lässt sich vielfach für überraschende Anwendungen nutzen.

Zum Abschluss des Kapitels werden etliche Konsequenzen für Vektorfelder, Krümmungsschranken, Extrema reellwertigen Funktionen, Lorentz-Metriken und Kreisoperationen erklärt. Wir folgen weitgehend [MaQ] und [BGV, Sect. 1.6].

4.1 Die Mathai-Quillen-Thom-Form

Thom-Form	tautologischer Schnitt
Berezin-Integral	Mathai-Quillen-Thom-Form

Als Zwischenziel wird in diesem Abschnitt eine geschlossene Form U auf dem Totalraum eines orientierten Vektorbündels $E \to M$ definiert, die für kompaktes M eine Klasse in der Kohomologie $H_c^k(E)$ mit kompaktem Träger liefert und deren Integrale $\int_{E_p} U$ über die Fasern für alle $p \in M$ gleich 1 sind. Ein Repräsentant einer solchen Klasse heißt **Thom-Form** von π. Zunächst wird U auf einer Faser, d.h. einem Vektorraum V konstruiert.

---

[1] 1986, Mathai Varghese, Daniel G. Quillen

© Springer-Verlag GmbH Deutschland, ein Teil von Springer Nature 2019
K. Köhler, *Differentialgeometrie und homogene Räume*,
https://doi.org/10.1007/978-3-662-60738-1_4

Definition 4.1.1. *Sei (V, ω) ein k-dimensionaler $\mathbf{R}$-Vektorraum mit einer Volumenform $\omega \in \Lambda^k V^*$. Das **Berezin-Integral** ist die Abbildung $\mathcal{T} : \Lambda^\bullet V \to \mathbf{R}, \alpha \mapsto \omega(\alpha)$.*

Z.B. ist für einen orientierten euklidischen Vektorraum $(V, \langle \cdot, \cdot \rangle)$ mit Orthonormalbasis $(e_1, \ldots, e_k)$, der Volumenform $\omega := \frac{1}{n!} e^1 \wedge \cdots \wedge e^k$ und $1 \leq j_1 < \cdots < j_m \leq k$

$$\mathcal{T}(e_{j_1} \wedge \cdots \wedge e_{j_m}) = \begin{cases} 1 & \text{falls } k = m \\ 0 & \text{sonst.} \end{cases}$$

Umkehrung der Orientierung ändert das Vorzeichen von $\mathcal{T}$.

Lemma 4.1.2. *Sei $(F, h) \to N$ ein orientiertes euklidisches Vektorbündel vom Rang k mit einem metrischem Zusammenhang ∇. Setze als Produkt auf $\mathfrak{A}^\bullet(N, \Lambda F)$ für $\rho \in \Lambda^\bullet T^* N, \rho' \in \Lambda^j T^* N, \eta \in \Lambda^\ell F, \eta' \in \Lambda^\bullet F$*

$$(\rho \otimes \eta) \cdot (\rho' \otimes \eta') := (-1)^{\ell j} (\rho \wedge \rho' \otimes \eta \wedge \eta').$$

Sei $\alpha \in \mathfrak{A}^\bullet(N, \Lambda F)$ und $s \in \Gamma(N, F^*)$. Mit dem von der Metrik auf F induziertem $\mathcal{T} : \mathfrak{A}^\bullet(N, \Lambda F) \to \mathfrak{A}^\bullet(N)$ ist

$$d\mathcal{T}(\alpha) = \mathcal{T}(\nabla \alpha + \iota_s \alpha).$$

Beweis. Da $\iota_s \alpha$ keine Komponente in $\mathfrak{A}^\bullet(N, \Lambda^k F)$ hat, ist $\mathcal{T}(\iota_s \alpha) = 0$. Sei $\omega \in \Lambda^k F^*$ die kanonische Volumenform auf F. Dann ist $h(\omega, \omega) \equiv$const., also $0 = 2h(\nabla \omega, \omega)$ und somit $\nabla \omega = 0$ wegen der Eindimensionalität von $\Lambda^k F^*$. Folglich gilt

$$d\mathcal{T}(\alpha) = d(\omega(\alpha)) = (\nabla \omega)(\alpha) + \omega(\nabla \alpha) = \omega(\nabla \alpha) = \mathcal{T}(\nabla(\alpha)). \qquad \square$$

Sei nun $\pi : (E, h) \to M$ ein orientiertes euklidisches Vektorbündel vom Rang k und ∇^E ein metrischer Zusammenhang auf E. Setze $\mathfrak{A}^{\ell, m} := \mathfrak{A}^\ell(E, \pi^* \Lambda^m E) \otimes \mathbf{C}$ und seien $\mathcal{T}$ und die Produktregel wie in Lemma 4.1.2 gewählt mit $N := E, F := \pi^* E$. Sei $\mathbf{x} \in \Gamma(E, \pi^* E) = \mathfrak{A}^{0,1}$ der **tautologische Schnitt** mit $\mathbf{x}_{|s} := s$.

Sei zunächst für den nächsten Satz M ein Punkt. Wegen $\pi^* E = TE$ hat $\pi^* E$ den kanonischen Zusammenhang d und es ist $d\mathbf{x} \in \mathfrak{A}^1(E, \pi^* E) = \mathfrak{A}^{1,1}$. Der Repräsentant von U im folgenden Satz hat keinen kompakten Träger, fällt aber für $|s| \to \infty$ schnell genug, um später eine entsprechende Klasse zu liefern. Für die Anwendung im nächsten Kapitel wird das ausreichen. Als Ausgleich ist U durch eine sehr gut zu handhabende Formel gegeben.

Satz 4.1.3. *Für $U_{|s} := \frac{1}{\sqrt{2\pi}^k} e^{-\|s\|^2/2} dx_1 \wedge \cdots \wedge dx_k \in \mathfrak{A}^k(E)$ gilt*

$$U = \mathcal{T}(e^{-\|\mathbf{x}\|^2/2 - i \cdot d\mathbf{x}}) \cdot \underbrace{\frac{1}{\sqrt{2\pi}^k} \begin{cases} 1 & \text{für } k \quad \text{gerade} \\ i & \quad \text{ungerade} \end{cases}}_{=: c_k}$$

sowie $\int_{E_p} U \equiv 1$.

Beweis. Es ist

$$
\mathcal{T}(e^{-i \cdot d\mathbf{x}}) \;=\; \mathcal{T}\left(\prod_j e^{-i \cdot dx_j \otimes \frac{\partial}{\partial x_j}}\right) = \mathcal{T}\left(\prod_j (1 - i \cdot dx_j \otimes \frac{\partial}{\partial x_j})\right)
$$

$$
= \; (-i)^k \cdot (-1)^{\frac{k(k-1)}{2}} dx_1 \wedge \cdots \wedge dx_k.
$$

Der zweite Teil folgt mit $\int_{\mathbf{R}} e^{-x^2/2}\, dx = \sqrt{2\pi}$. $\qquad\square$

Sei nun wieder M allgemein und $\nabla := \pi^* \nabla^E : \mathfrak{A}^{\ell,m} \to \mathfrak{A}^{\ell+1,m}$. Setze mit der nach Lemma 3.2.16 schiefsymmetrischen Krümmung Ω^E von ∇^E

$$
\Omega := \pi^* \langle \Omega^E \cdot, \cdot \rangle := \sum_{j < m \leq k} h(\pi^* \Omega^E e_j, e_m) e_j \wedge e_m \in \mathfrak{A}^2(E, \pi^* \Lambda^2 E) = \mathfrak{A}^{2,2}.
$$

Man könnte Ω über h auch nach $\mathfrak{A}^2(E, \pi^* \Lambda^2 E^*) = \Gamma(E, \pi^*(\Lambda^2(T^*M \oplus E^*) \otimes \Lambda^2 E^*))$ abbilden. Aber dann wäre in den Rechnungen unklarer, mit welchem der $\Lambda^2 E^*$-Faktoren man gerade welche Operation durchführt.

Satz 4.1.4. *Für* $\tilde{\Omega} := \frac{\|\mathbf{x}\|^2}{2} + i\nabla\mathbf{x} + \Omega \in \mathfrak{A}^{\bullet,\bullet}$ *gilt* $(\nabla - i\iota_{\mathbf{x}^*})\tilde{\Omega} = 0$.

Beweis. Es ist $\nabla \frac{\|\mathbf{x}\|^2}{2} = 2\langle \nabla\mathbf{x}, \mathbf{x}\rangle = -\iota_{\mathbf{x}^*}\nabla\mathbf{x}$, $\nabla(\nabla\mathbf{x}) = \iota_{\mathbf{x}^*}\pi^*\langle(\nabla^E)^2 \cdot, \cdot\rangle = \iota_{\mathbf{x}^*}\Omega$. Außerdem ist $\iota_{\mathbf{x}^*}\frac{\|\mathbf{x}\|^2}{2} = 0$ und wegen der 2. Bianchi-Identität $\nabla\Omega = 0$. $\qquad\square$

Korollar 4.1.5. *Für* $f \in C^\infty(\mathbf{R})$ *setze* $f(\tilde{\Omega}) := \sum_{j=0}^{k} \frac{f^{(j)}(\frac{\|\mathbf{x}\|^2}{2})}{j!}(i\nabla\mathbf{x} + \Omega)^{\wedge j}$. *Dann ist* $(\nabla - i\iota_{\mathbf{x}^*})f(\tilde{\Omega}) = 0$ *und* $f(\tilde{\Omega}) \in \sum_j \mathfrak{A}^{j,j}$.

Beweis. Wegen $\nabla\mathbf{x} \in \mathfrak{A}^{1,1}$, $\Omega \in \mathfrak{A}^{2,2}$ ist $f(\tilde{\Omega}) \in \bigoplus_j \mathfrak{A}^{j,j}$. Der Term $f(\tilde{\Omega})$ entsteht durch Einsetzen von $\tilde{\Omega}$ in die formale Potenzreihe zu f um $\frac{\|\mathbf{x}\|^2}{2}$, und $(\nabla - i\iota_{\mathbf{x}^*})\tilde{\Omega}^{\wedge j} = 0$. $\qquad\square$

Korollar 4.1.6. *Es ist* $\mathcal{T}(f(\tilde{\Omega})) \in \mathfrak{A}^k(E)$ *und* $d\mathcal{T}(f(\tilde{\Omega})) = 0$, *also* $[\mathcal{T}(f(\tilde{\Omega}))] \in H^k(E)$.

Beweis. Wegen $f(\tilde{\Omega}) \in \sum_j \mathfrak{A}^{j,j}$ ist $\mathcal{T}(f(\tilde{\Omega})) \in \mathfrak{A}^k(E)$. Nach Lemma 4.1.2 ist $d\mathcal{T}(f(\tilde{\Omega})) = \mathcal{T}((\nabla - i\iota_{\mathbf{x}^*})f(\tilde{\Omega}))$. $\qquad\square$

Definition 4.1.7. *Die* **Mathai-Quillen-Thom-Form**[2] *auf* E *ist*

$$
U := c_k \mathcal{T}(e^{-\tilde{\Omega}}) \in \mathfrak{A}^k(E).
$$

Lemma 4.1.8. *Für* $p \in M$ *ist* $\int_{E_p} U = 1$.

Beweis. Es ist $\Omega_{|E_p} = 0$, da $\Omega^E \in \mathfrak{A}^2(M, \mathrm{End}(E))$, und $(\nabla\mathbf{x})_{|E_p} = (d\mathbf{x})_{|E_p}$. Also ist $U_{|E_p}$ nach Satz 4.1.3 die Normalverteilungsdichte auf E_p, für die dort $\int_{E_p} U = 1$ gezeigt wurde. $\qquad\square$

---

[2]1952, René Thom, 1986 Mathai-Quillen

Als Nächstes untersuchen wir das Verhalten von U bei einem Wechsel des Zusammenhangs.

Satz 4.1.9. *Die Kohomologieklasse von U ist von ∇ unabhängig.*

Beweis. Der Raum der metrischen Zusammenhänge ∇ auf (E, h) ist affin. Also lassen sich zwei Zusammenhänge ∇_0, ∇_1 durch eine reell-parametrisierte Familie $u \mapsto \nabla_u^E$ von metrischen Zusammenhängen auf (E, h) verbinden (sogar durch eine Gerade). Nach Lemma 3.2.15 nimmt die Ableitung $\frac{d\nabla_u^E}{du}$ Werte in den schiefsymmetrischen Endomorphismen an. Für die Krümmung folgt

$$\frac{d}{du}(\nabla_u^E)^2 s \;=\; \nabla_u^E\big(\frac{d\nabla_u^E}{du} s\big) + \frac{d\nabla_u^E}{du}(\nabla_u^E s) \;\overset{\text{Leibniz}}{=}\; (\nabla_u^E \frac{d\nabla_u^E}{du})s.$$

Die Ableitung von $\tilde{\Omega}_u$ nach u ist mit $\vartheta_u := \pi^*\langle \frac{d\nabla_u^E}{du}\cdot, \cdot\rangle \in \mathfrak{A}^{1,2}$

$$\frac{d\tilde{\Omega}_u}{du} \;=\; i\frac{d\nabla_u}{du}\mathbf{x} + \pi^*\langle(\nabla_u^E \frac{d\nabla_u^E}{du})\cdot, \cdot\rangle = -i\iota_{\mathbf{x}^*}\vartheta_u + \nabla_u \vartheta_u = (\nabla_u - i\iota_{\mathbf{x}^*})\vartheta_u.$$

Also folgt

$$\frac{d}{du}e^{-\tilde{\Omega}_u} \;\overset{\text{Satz 4.1.4}}{=}\; -(\nabla_u - i\iota_{\mathbf{x}^*})(\vartheta_u e^{-\tilde{\Omega}_u})$$

und $\frac{d}{du}U_u = -d\mathcal{T}(\vartheta_u e^{-\tilde{\Omega}_u}) \cdot c_k$ für die assoziierte Thom-Formen U_u. Somit gilt

$$U_1 - U_0 = d\int_0^1 \mathcal{T}(-c_k \vartheta_u e^{-\tilde{\Omega}_u})\, du. \qquad\qquad \square$$

Bemerkung. Offenbar hat U keinen kompakten Träger. Allerdings liefert der pull back von U mit $\varphi : E_p \to E_p$, $s \mapsto \frac{s}{\sqrt{1-\|s\|^2}}$ eine Kohomologieklasse $[\varphi^*U] \in H_c^k(E)$ mit Träger in $\{s \in E_p \mid \|s\| \le 1\}$, und ähnlich verhalten sich die Formen im Beweis von Satz 4.1.9, deren de Rham-Ableitung die Differenz $U_1 - U_0$ ist. Ganz genau den Bezug zu $H_c^\bullet$ herzustellen, wird aber für die Anwendung im nächsten Abschnitt nicht entscheidend sein, da der Beweis dort nicht direkt algebraisch $H_c^\bullet$ verwendet. Das schnell fallende Verhalten dieser Formen ist gut genug, um ein Ergebnis zu erhalten, das topologisch mit einem Resultat über $H_c^\bullet$ begründet werden kann.

Übung* 4.1.10. *Sei E_p ein Vektorraum der Dimension k. Folgern Sie mit Hilfe von $\varphi^*U \in H_c^k(E_p)$, dass $\int_{E_p} : H_c^k(E_p) \to \mathbf{R}$ wohldefiniert und ein Vektorraum-Epimorphismus ist.*

4.2   Die Euler-Klasse

Pfaffsche Determinante	transversaler Schnitt
Euler-Form	Satz von Poincaré-Hopf
Euler-Klasse	Satz von Chern-Gauß-Bonnet

nicht-degeneriertes Vektorfeld	Senke
Euler-Charakteristik	nicht-ausgearteter kritischer Punkt
Quelle	

In diesem Abschnitt wird zunächst eine kanonische Kohomologieklasse $\chi(E)$ eines orientierten reellen Vektorbündels E konstruiert und damit der Satz von Poincaré-Hopf bewiesen. Dann folgen einige Anwendungen.

Definition 4.2.1. *Sei V ein orientierter euklidischer k-dimensionaler $\mathbf{R}$-Vektorraum. Die **Pfaffsche Determinante**[3] ist die Abbildung*

$$\mathrm{Pf}_\Lambda : \Lambda^2 V^* \;\to\; \mathbf{R}$$

$$\alpha \;\mapsto\; \mathcal{T}(e^\alpha) = \mathcal{T}\Big(\sum_{j=0}^\infty \frac{\alpha^{\wedge j}}{j!}\Big) = \begin{cases} \mathcal{T}\big(\frac{\alpha^{\wedge k/2}}{(k/2)!}\big) & \text{für } k \quad \text{gerade} \\ 0 & \text{ungerade.} \end{cases}$$

Für $A \in \mathrm{End}(V)$ schiefsymmetrisch sei $\mathrm{Pf}(A) := \mathrm{Pf}_\Lambda(\langle A\cdot,\cdot\rangle)$.

Pf ist also ein homogenes Polynom vom Grad $k/2$ in den Komponenten von A.

Beispiel. Für eine Matrixdarstellung $\begin{pmatrix} 0 & -\lambda \\ \lambda & 0 \end{pmatrix}$ von A bezüglich einer Orthonormalbasis ist $\langle A\cdot,\cdot\rangle = \lambda(e^1 \otimes e^2 - e^2 \otimes e^1) = \lambda e^1 \wedge e^2$ und $\mathrm{Pf}\begin{pmatrix} 0 & -\lambda \\ \lambda & 0 \end{pmatrix} = \lambda$.

Satz 4.2.2. *Für $A \in \mathrm{End}(V)$ schief ist $\mathrm{Pf}(A)^2 = \det A$.*

Beweis. Für k ungerade verschwinden beide Seiten. Sei also k gerade. Wähle mit dem Satz über die Hauptachsentransformation eine Orthonormalbasis $\mathcal{B}$ mit

$$\mathrm{Mat}_\mathcal{B}(A) = \begin{pmatrix} 0 & -\lambda_1 & & \\ \lambda_1 & 0 & & 0 \\ & & \ddots & \\ & 0 & 0 & -\lambda_{k/2} \\ & & \lambda_{k/2} & 0 \end{pmatrix}.$$

Dann ist $\mathrm{Pf}(A) = \lambda_1 \cdots \lambda_{k/2}$ und $\det A = \lambda_1^2 \cdots \lambda_{k/2}^2$. $\qquad\square$

Lemma 4.2.3. *Für $A, B \in \mathbf{R}^{k\times k}$ und A schiefsymmetrisch ist $\mathrm{Pf}(BAB^t) = \det B \cdot \mathrm{Pf}(A)$.*

Beweis. Wegen $\det(BAB^t) = (\det B)^2 \cdot \det(A)$ sind beide Seiten der zu zeigenden Gleichung bis auf Vorzeichen gleich. Insbesondere stimmt die Gleichung für $\det B = 0$ oder $\mathrm{Pf}(A) = 0$. Sei nun $\mathrm{Pf}(A) \neq 0$ und $\det B > 0$. Wegen $\mathbf{GL}^+(\mathbf{R}^k)$ zusammenhängend und der Stetigkeit beider Seiten folgt die Behauptung aus dem Fall $B = \mathrm{id}_{\mathbf{R}^k}$. Für $B \in \mathbf{GL}^-(\mathbf{R}^k)$ wähle eine Basis wie im Beweis von Satz 4.2.2. Wegen der Stetigkeit genügt die Verifikation für $B = \begin{pmatrix} -1 & 0 \\ 0 & \mathrm{id}_{\mathbf{R}^{k-1}} \end{pmatrix}$. $\qquad\square$

---

[3] Johann Friedrich Pfaff, 1765–1825

Bemerkung 4.2.4. Für $s \in \Gamma(M, E)$ ist wegen $\pi \circ s = \mathrm{id}_M$

$$
\begin{aligned}
s^*\tilde{\Omega} &= \frac{\|s\|^2}{2} + s^*\nabla^{\pi^*E}\mathbf{x} + s^*\Omega \\
&= \frac{\|s\|^2}{2} + \nabla^{s^*\pi^*E}s^*\mathbf{x} + s^*\pi^*\langle\Omega^E\cdot,\cdot\rangle = \frac{\|s\|}{2} + \nabla^E s + \langle\Omega^E\cdot,\cdot\rangle.
\end{aligned}
$$

Definition 4.2.5. Mit dem Nullschnitt $s_0 : M \to E, p \mapsto 0$ sei die **Euler-Form** $\chi(\nabla^E) := s_0^*U$, d.h.

$$
\chi(\nabla^E) = c_k\mathcal{T}(e^{-\Omega}) = c_k\mathrm{Pf}(-(\nabla^E)^2) = \left\{ \begin{array}{cc} \mathrm{Pf}\left(\frac{-1}{2\pi}\Omega^E\right) & \text{für } k \quad \text{gerade} \\ 0 & \text{ungerade.} \end{array} \right.
$$

Die Euler-Form repräsentiert eine E kanonisch zugeordnete Kohomologie-Klasse:

Satz 4.2.6. *Die Euler-Form hat folgende Eigenschaften:*

1) $\chi(\nabla^E) \in \mathfrak{A}^k(M)$ *mit* $d\chi(\nabla^E) = 0$.

*2) Die **Euler-Klasse** $[\chi(\nabla^E)] \in H^k(M)$ hängt nur von der Orientierung von E ab, nicht von der Wahl von h oder ∇^E.*

3) Für $s \in \Gamma(M, E)$ ist $[s^*U] = [\chi(\nabla^E)]$ in $H^k(M)$.

Beweis. 1) gilt wegen $U \in \mathfrak{A}^k(E)$ mit $dU = 0$.
2) Die Unabhängigkeit von ∇^E gilt nach Satz 4.1.9. Seien weiter h_0, h_1 zwei Metriken auf E. Dann existiert ein (bezüglich h_0) positiv definiter Endomorphismus $\sqrt{H} \in \mathrm{End}(E)$ mit $h_1 = h_0(\sqrt{H}\cdot, \sqrt{H}\cdot)$. Sei Pf_Λ^j die Pfaffsche Determinante zur Metrik h_j. Dann ist nach der Definition des Berezin-Integrals $\mathrm{Pf}_\Lambda^0 = \det H \cdot \mathrm{Pf}_\Lambda^1$. Zu einem h_0-kompatiblen Zusammenhang ∇_0 ist $\nabla_1 := \sqrt{H}^{-1}\nabla_0\sqrt{H}$ ein h_1-kompatibler Zusammenhang und

$$
\begin{aligned}
\chi(\nabla_1) &= \mathrm{Pf}_\Lambda^1(h_1(-\frac{\nabla_1^2}{2\pi}\cdot,\cdot)) = \mathrm{Pf}_\Lambda^1(h_0(\sqrt{H}\sqrt{H}^{-1}(-\frac{\nabla_0^2}{2\pi})\sqrt{H}\cdot,\sqrt{H}\cdot)) \\
&\overset{4.2.3}{=} \det H \cdot \mathrm{Pf}_\Lambda^1(h_0(-\frac{\nabla_0^2}{2\pi}\cdot,\cdot)) = \chi(\nabla_0).
\end{aligned}
$$

3) folgt aus Korollar 2.4.7 mit der Homotopie $t \mapsto ts$, $t \in \mathbf{R}$, von s_0 (bei $t = 0$) zu s (bei $t = 1$). $\square$

Für eine orientierte Riemannsche Mannigfaltigkeit sei $\chi(M, g) := \chi(\nabla^{\mathrm{Levi-Civita}})$.

Beispiel. Für eine Fläche M ist $\chi(M, g) = \frac{1}{2\pi}K \cdot d\mathrm{vol}$ und somit ist dieser Wert von der Wahl der Metrik unabhängig.

Definition 4.2.7. *Ein Schnitt $s \in \Gamma(M, E)$ heißt **(zum Nullschnitt) transversal**, falls für einen Zusammenhang ∇^E auf E und alle Nullstellen p von s der Homomorphismus $(\nabla^E s)_{|p} \in \mathrm{Hom}(T_pM, E_p)$ invertierbar ist. Für E orientiert setze $\mathrm{sign}(s, p) = \pm 1$ je nachdem, ob $(\nabla^E s)_{|p}$ orientierungs-erhaltend oder -umkehrend ist.*

Bemerkung. Nach dem Transversalitätssatz von Thom ([BtD2, (14.6)]) gibt es beliebig nahe an einem beliebigen Schnitt einen transversalen Schnitt.

Da sich zwei Zusammenhänge auf E um ein Element aus $\mathfrak{A}^1(M, \text{End}\, E)$ unterscheiden, ist $(\nabla^E_{\cdot} s)_{|p}$ und somit auch sign von der Wahl von ∇^E unabhängig. Damit gilt nun folgende Beziehung zwischen einer ganzzahligen Invariante eines nicht-degenerierten Vektorfelds und der kanonisch der orientierten Mannigfaltigkeit zugeordneten Kohomologieklasse, die selbst wiederum ein Polynom in den Koeffizienten des Krümmungstensors ist:

Satz von Poincaré-Hopf 4.2.8. *[Hopf][4] Sei M eine orientierte kompakte n-dimensionale Mannigfaltigkeit, $E \to M$ orientiert mit $\text{Rang}\, E = n$, $s \in \Gamma(M, E)$ ein transversaler Schnitt und ∇^E ein metrischer Zusammenhang zu einer Metrik auf E. Dann ist*

$$\sum_{p \text{ Nullstelle von } s} \text{sign}(s, p) = \int \chi(\nabla^E).$$

Bemerkung. In dieser Formulierung kann man den Satz genauer als eine Kombination des Satzes von Poincaré-Hopf mit dem **Satz von Chern-Gauß-Bonnet** ([Chern][5]) auffassen. Später: $\chi(M) = \sum_{q=0}^n (-1)^q \dim H^q(M)$, und ein Satz von de Rham impliziert, dass diese Invariante nicht von der C^∞-Struktur abhängt ([BoTu]). Satz 4.2.8 lässt sich auch auf allgemeinere Nullstellen und nicht-isolierte Nullstellen verallgemeinern.

Beweis. Wähle um eine Nullstelle p eine Trivialisierung $h : \pi^{-1}(\tilde{U}_p) \to \tilde{U}_p \times \mathbf{R}^n$ von E. Für den von h induzierten flachen Zusammenhang d auf E ist $d(h \circ s)$ invertierbar. Also gibt es eine Umgebung U_p von p mit $\overline{U_p} \subset \tilde{U}_p$, auf der $\psi := \pi_2 \circ h \circ s : U_p \to U_p \times \mathbf{R}^n \overset{\text{can.}}{\to} \mathbf{R}^n$ ein Diffeomorphismus auf sein Bild $V \subset \mathbf{R}^n$ ist. Die U_p seien so gewählt, dass $\varphi_p^{-1}(\overline{U_p}) \cap \varphi_q^{-1}(\overline{U_q}) = \emptyset$ für verschiedene Nullstellen p, q gilt. Da $E_{|U_p} \to U_p$ ein triviales Bündel ist, ist auch $(\psi^{-1})^* E \to V$ trivial und kanonisch isomorph zu TV. Die Abbildung ψ^* ändert die Orientierung um $\text{sign}(s, p)$. Dann ist $(\psi^{-1})^* s \in \Gamma(V, TV)$ gegeben durch $(\psi^{-1})^* s)_{|\mathbf{x}} = s_{|(h \circ s)^{-1}(\mathbf{x})} = \mathbf{x}$. Mit der euklidischen Metrik auf TV und dem zugehörigen Levi-Civita-Zusammenhang $d =: \nabla^{TV}$ folgt $d((\psi^{-1})^* s)_{|v} = \text{id}_{TV}$.

Ziehe die Metrik auf TV mit ψ^* zurück und setze sie auf ganz $E \to M$ außerhalb von $\bigcup_p U_p$ mit einer Zerlegung der Eins fort. Setze $\psi^* d$ zu einem metrischen Zusammenhang ∇^E fort. Dann ist $(\nabla^E s)_{|U_p} = \nabla^{\psi^* TV}(\psi^* \mathbf{x}) = \psi^* \text{id}_{TV}$. Hier ist ψ^* der pullback von 1-Formen auf T^*V und der pullback von Vektorbündeln auf TV. Da M kompakt ist, gibt es ein $\delta > 0$ mit $\|s\|^2 > \delta$ auf $M \setminus \bigcup_p U_p$. Sei $\tau : \mathbf{R}^+ \to [0, 1]$ eine Testfunktion mit $\tau(x) = \begin{cases} 0 & \text{für } \begin{smallmatrix} r > \delta \\ x < \delta/2 \end{smallmatrix} \\ 1 \end{cases}$. Dann ist für $t \in \mathbf{R}^+$

$$\int_M \chi(\nabla^E) = \int_M (ts)^* U = \int_M \underbrace{(1 - \tau(\|s\|^2))(tX)^* U}_{\text{Träger auf } \|s\|^2 > \delta/2} + \int_M \underbrace{\tau(\|s\|^2)(ts)^* U}_{\text{Träger auf } U_p}.$$

---

[4] 1881 für Flächen von H. Poincaré; 1926, Heinz Hopf, 1894–1971
[5] 1944, Shiing-Shen Chern, 1911–2004; 1848, Pierre Ossian Bonnet, 1819–1892 für Flächen.

Nun ist $(ts)^*U = e^{-t^2\|s\|^2/2} \cdot \mathrm{Polynom}(t)$, also folgt

$$\int_M (1 - \tau(\|s\|^2))(ts)^*U = \int_{\|s\|^2 > \delta/2} (1 - \tau(\|s\|^2))(ts)^*U$$

$$= O(e^{-t^2\delta/4}) \overset{t\to\infty}{\to} 0.$$

Für den zweiten Summanden folgt

$$\int_M \tau(\|s\|^2)(ts)^*U$$

$$= \sum_p \mathrm{sign}(s,p) \cdot \int_V (\psi_p^{-1})^*(\tau(\|s\|^2)(ts)^*U)$$

$$= \sum_p \mathrm{sign}(s,p) \cdot \int_{\mathbf{R}^n} \tau(\|x\|^2)c_n e^{-t^2\|x\|^2/2} t^n dx_1 \wedge \cdots \wedge dx_n$$

$$\overset{u:=xt}{=} \sum_p \mathrm{sign}(s,p) \cdot \int_{\mathbf{R}^n} \tau\!\left(\frac{\|u\|^2}{t^2}\right) c_n e^{-\|u\|^2/2} du_1 \wedge \cdots \wedge du_n$$

$$\overset{t\to\infty}{\to} \sum_p \mathrm{sign}(s,p). \qquad\qquad \square$$

Bemerkung. Eine starke Verallgemeinerung dieses Satzes ist der Indexsatz von Atiyah-Singer, der Integrale über allgemeinere Polynome von Krümmungstermen mit ganzzahligen Invarianten identifiziert.

Der Rest des Abschnitts wird genutzt, um beispielhaft einige erste Konsequenzen des Satzes von Poincaré-Hopf aufzulisten.

Korollar 4.2.9. *Es ist $\int_M \mathrm{Pf}(\frac{-\Omega^E}{2\pi}) \in \mathbf{Z}$.*

Sei $X \in \Gamma(M, TM)$, $p \in M$ mit $X_p = 0$. Dann ist für eine Riemannsche Metrik auf M und den zugehörigen Levi-Civita-Zusammenhang $(L.X)_{|p} = (\nabla.X)_{|p} \in \mathrm{End}(T_pM)$.

Definition 4.2.10. *Ein Vektorfeld X auf M heißt **nicht-degeneriert**, falls für alle Nullstellen p von X der Endomorphismus $L.X_{|p} \in \mathrm{End}(T_pM)$ invertierbar ist. Die **Euler-Charakteristik** von M ist $\chi(M) = \int \chi(M, g)$.*

Für zwei Vektorbündel $E, F \to M$ ist $\chi(\nabla^{E\oplus F}) = \chi(\nabla^E) \wedge \chi(\nabla^F)$, also folgt insbesondere $\chi(M \times N) = \chi(M) \cdot \chi(N)$ für zwei orientierte kompakte Mannigfaltigkeiten M, N (Übung 4.2.21). Eine Nullstelle p von X mit $\mathrm{sign}\det(L.X_{|p}) = 1$ wird **Quelle** genannt, eine mit $\mathrm{sign}\det(L.X_{|p}) = -1$ als **Senke** bezeichnet (Abb. 4.1). Dann ist also $\int \chi(M, g) = \#\mathrm{Quellen} - \#\mathrm{Senken}$.

Beispiel. Auf Tori gibt es eine Metrik mit $\Omega \equiv 0$, also ist dort $\#\mathrm{Quellen} = \#\mathrm{Senken}$.

Beispiel. Für $X_{|x} = x$ auf $M := \mathbf{R}^n$ ist $dX_{|0} = \mathrm{id}$, also ist 0 eine Quelle für X. Für $X_{|x} = -x$ ist $\mathrm{sign}\det(L.X_{|0}) = (-1)^n$. Das Vektorfeld $X_{\binom{x}{y}} = \binom{x}{-y}$ auf $\mathbf{R}^2$ hat eine Senke.

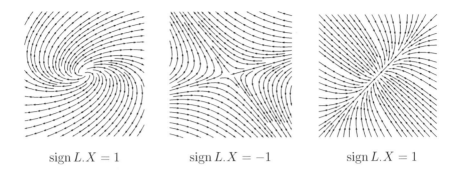

$$\text{sign } L.X = 1 \qquad \text{sign } L.X = -1 \qquad \text{sign } L.X = 1$$

Abb. 4.1: Beispiele für Quellen und Senken

Korollar 4.2.11. *Die Zahl $\sum_p$ Nullstelle von s sign(s, p) ist von der Wahl des transversalen Schnitts $s \in \Gamma(E, M)$ unabhängig. Insbesondere ist für alle nicht-degenerierten Vektorfelder X auf einer kompakten orientierten Mannigfaltigkeit die Zahl $\#Quellen - \#Senken$ gleich.*

Denn die rechte Seite im Satz von Poincaré-Hopf hängt nicht von s ab.

Korollar 4.2.12. *Für $\dim M$ ungerade ist $\sum_p$ Nullstelle von s sign$(s, p) = 0$ für alle transversalen Schnitte $s \in \Gamma(E, M)$. Insbesondere ist für alle nicht-degenerierten Vektorfelder*

$$\#Quellen = \#Senken.$$

Denn die Pfaffsche Determinante verschwindet in ungeraden Dimensionen.

Korollar 4.2.13. *Auf M gilt:*

Es existiert ein Vektorfeld ohne Nullstellen

$\Rightarrow$ *Für alle nicht-degenerierten Vektorfelder ist $\#Quellen= \#Senken$*

$\Leftrightarrow \chi(M) = 0$.

Bemerkung. „$\Leftarrow$" gilt in der 2. Zeile ebenfalls ([Hopf]). Das lässt sich (skizziert) wie folgt zeigen: Sei X ein Vektorfeld mit isolierten nicht-ausgearteten Nullstellen und $U \subset M$ eine zusammenziehbare offene Teilmenge, die die Nullstellen von X enthält. Dann hat $\frac{X}{\|X\|} : \partial U \to S^{n-1}$ Abbildungsgrad 0. Nach Hopf (moderner formuliert wegen $\pi_n(S^n) \overset{\text{Abb.--Grad}}{\cong} \mathbf{Z}$) gibt es dann eine Homotopie H_t von einer konstanten Abbildung $\partial U \to Y_0 \in S^{n-1}$ auf $\frac{X}{\|X\|}$ mit $t \in [0, 1]$. Mit einem Diffeomorphismus $g : U \to B_1^n(0)$ sei

$$Y_q := H_{\|g(q)\|}\left(g^{-1}\left(\frac{g(q)}{\|g(q)\|}\right)\right) \cdot \left\|X_{g^{-1}\left(\frac{g(q)}{\|g(q)\|}\right)}\right\|$$

für $g(q) \neq 0$ und $Y_{g^{-1}(0)} := Y_0$. Dann ist Y stetig, $Y_{|\partial U} = X_{|\partial U}$ und $\|Y\| \geq \min_{q \in \partial U} \|X_q\|$. Glätte Y mit dem Weierstraß-Approximationssatz zu einem C^∞-Vektorfeld.

Korollar 4.2.14. *Die Anzahl der Nullstellen jedes nicht-degenerierten Vektorfeldes X ist mindestens so groß wie $|\chi(M)|$. Falls $\chi(M) \neq 0$ gilt, so ist TM kein triviales Bündel.*

Beispiel. Auf $M := S^n$ mit dem Nordpol $N = (1, 0, \ldots, 0)^t$ sei $X_{|p} := N - \langle N, p \rangle p \in T_p S^n$. X hat genau an den Polen $\mathbf{R} \cdot N \cap S^n$ Nullstellen; am Nordpol zeigt X zu ihm hin, also sign $\det(L.X_{|N}) = (-1)^n$, und am Südpol zeigt X nach außen, also sign $\det(L.X_{|N}) = 1$. Genauer: $\frac{\partial}{\partial p} X = -\langle N, p \rangle \mathrm{id} - \langle N, \cdot \rangle p$, also $(\frac{\partial}{\partial p} X_{|N})_{|TS^n} = \mathrm{id}$. Somit ist

$$\chi(S^n) = 1 + (-1)^n = \begin{cases} 2 & \text{für } n \quad \text{gerade} \\ 0 & \quad \quad \text{ungerade.} \end{cases}$$

Insbesondere folgt noch einmal die Nicht-Trivialität von TS^n für n gerade. Ähnlich folgt für die komplex-projektiven Räume $\chi(\mathbf{P}^n\mathbf{C}) = n+1$, insbesondere $\mathbf{P}^n\mathbf{C} \neq S^{2n}$ für $n > 1$.

Beispiel. Für eine orientierte kompakte Fläche M mit g Henkeln folgt durch Orthogonalprojektion eines konstanten Vektorfeldes

$$\chi(M) = \sum_p \mathrm{sign} \det(L.X)_{|p} = 2 - 2g.$$

Falls $g > 2$ ist, so muss die Fläche Punkte negativer Krümmung haben.

Bemerkung. Die orientierten kompakten Flächen lassen sich durch $g \in \mathbf{N}_0$ bis auf Homöomorphie eindeutig charakterisieren (s. [Hi, ch. 9.3]). Wegen $\chi(M) = \frac{1}{2\pi} \int_M K \cdot dvol$ folgt aus $K > 0$ überall, dass $M = S^2$ ist, und aus $K = 0$ überall folgt $M = T^2$.

Korollar 4.2.15. *Sei $f \in C^\infty(M)$ eine Funktion auf einer kompakten orientierbaren Mannigfaltigkeit mit **nicht-ausgearteten kritischen Punkten**, d.h. an Punkten p mit $df_p = 0$ ist die Hesse-Form $\mathrm{Hesse}_p(f) := \nabla df$ nicht ausgeartet (Übung 3.3.12). Dann ist mit dem Index $\mathrm{ind}_p f$ von f an den kritischen Punkten (Übung 3.3.13)*

$$\chi(M) = \sum_{p \text{ kritischer Punkt}} (-1)^{\mathrm{ind}_p f}$$

$$= \#\{p \,|\, \mathrm{ind}_p f \text{ gerade}\} - \#\{p \,|\, \mathrm{ind}_p f \text{ ungerade}\}.$$

Die folgende Anwendung verallgemeinert Bemerkung 3.1.5.

Korollar 4.2.16. *Falls M eine Lorentz-Metrik g_L trägt, gilt $\chi(M) = 0$.*

Beweis. Sei g eine beliebige Riemannsche Metrik auf M. Dann gibt es einen symmetrischen Endomorphismus $g^{-1}g_L \in \Gamma(M, \mathrm{End}(TM))$ mit $g_L = g(\cdot, (g^{-1}g_L)\cdot)$. Sei $\mathcal{L}$ das Linienbündel zum negativen Eigenwert von $g^{-1}g_L$ und $E \subset TM$ das g-orthogonale Komplement zu $\mathcal{L}$. Dann ist $\Omega^\mathcal{L} = 0$ für den vom Levi-Civita-Zusammenhang zu g induzierten metrischen Zusammenhang $\nabla^\mathcal{L}$ auf $\mathcal{L}$, also

$$\chi(M, g) = \mathrm{Pf}\left(\frac{-1}{2\pi} \begin{pmatrix} \Omega^E & 0 \\ 0 & \Omega^\mathcal{L} \end{pmatrix} \right) = 0. \qquad \square$$

Bemerkung. Die Umkehrung folgt wie bei Korollar 4.2.13 mit dem Satz von Hopf.

Aufgaben

Übung* 4.2.17. *Zeigen Sie für $A \in \mathbf{GL}(2n)$ schief*

$$\mathrm{Pf}(A)\mathrm{Pf}(-A^{-1}) = 1.$$

Übung* 4.2.18. *Bestimmen Sie $\mathrm{Pf}(A)$ und $\det A$ für die Matrix*

$$A = \begin{pmatrix} 0 & -a & -b & -c \\ a & 0 & -e & -f \\ b & e & 0 & -g \\ c & f & g & 0 \end{pmatrix} \in \mathbf{R}^{4 \times 4}$$

bezüglich des Standard-Skalarprodukts.

Übung 4.2.19. *Zeigen Sie für $A \in \mathbf{R}^{2k \times 2k}$ schiefsymmetrisch und $n \in \mathbf{N}_0$*

$$\mathrm{Pf}(A^{2n+1}) = (-1)^{kn}\mathrm{Pf}(A)^{2n+1}.$$

Übung* 4.2.20. *Zeigen Sie für $\mathrm{Rang}\, E = 2k$ direkter die Unabhängigkeit von $[\chi(\nabla^E)] \in H^{2k}(M)$ von der Wahl des Zusammenhangs.*

Übung 4.2.21. *Seien $E, F \to M$ orientierte Vektorbündel mit Metriken h^E, h^F und metrischen Zusammenhängen ∇^E, ∇^F.*

1. *Zeigen Sie $\chi(\nabla^{E \oplus F}) = \chi(\nabla^E) \wedge \chi(\nabla^F)$.*

2. *Folgern Sie $\chi(M \times N) = \chi(M) \cdot \chi(N)$ für zwei orientierte kompakte Mannigfaltigkeiten M, N.*

Übung 4.2.22. *Die Krümmung der Sphäre S^n ist durch*

$$g(\Omega(X,Y)Z,U) = g(X,U)g(Y,Z) - g(X,Z)g(Y,U)$$

gegeben. Berechnen Sie für n gerade mit dieser Formel $\mathrm{Pf}(\frac{-\Omega}{2\pi})$ als Vielfaches der Volumenform und verwenden Sie $\chi(S^n)$, um die Formel für das Volumen geradedimensionaler Sphären zu erhalten.

Übung 4.2.23. *Sei $\Phi : S^1 \times M \to M$ eine C^∞-Operation des Kreises auf einer Mannigfaltigkeit M (d.h. der Fluss Φ_t hat Periode 2π in t). Sei X das Vektorfeld zum Fluss $t \mapsto \Phi_t$.*

1) Sei g' eine beliebige Riemannsche Metrik auf M. Beweisen Sie, dass

$$g_p(Y,Z) := \int_0^{2\pi} (\Phi_t^* g')_p(Y,Z)\, dt \qquad (p \in M, Y, Z \in T_p M)$$

eine S^1-invariante Metrik auf M ist.

2) Zeigen Sie, dass dim M *gerade ist, falls* Φ *mindestens einen isolierten Fixpunkt hat (z.B., indem Sie X als Killing-Vektorfeld interpretieren, s. Übung 3.3.10). Sie dürfen dabei an jedem Fixpunkt p voraussetzen, dass* $\det(L.X)_{|p} \neq 0$ *(oder dies beweisen).*

3) Φ habe endlich viele Fixpunkte. Zeigen Sie

$$\#\{\textit{Fixpunkte der } S^1\textit{-Operation}\} = \sum_{p \text{ Nullstelle von } X} \operatorname{sign} \det(L.X)_{|p}.$$

4) Folgern Sie: Für eine Kreisoperation mit endlich vielen Fixpunkten auf einer orientierten kompakten Mannigfaltigkeit M ist $\#$Fixpunkte $= \chi(M)$. *Insbesondere ist dann* $\chi(M) \geq 0$, *und die Anzahl der Fixpunkte hängt nicht von der Operation ab.*

Übung 4.2.24. *Berechnen Sie* $\chi(\mathbf{P}^n\mathbf{C})$, *indem Sie eine Kreisoperation*

$$e^{i\varphi} \cdot (z_0 : \cdots : z_n) := (e^{ik_0\varphi} z_0 : \cdots : e^{ik_n\varphi} z_n)$$

für geeignete $k_0, \ldots, k_n \in \mathbf{Z}$ verwenden.

Kapitel 5

Geodätische

In diesem Kapitel werden weitere Objekte zur Beschreibung Riemannscher Mannigfaltigkeiten eingeführt. Im ersten Abschnitt wird die Differentialgeometrie von Untermannigfaltigkeiten mit Hilfe der 2. Fundamentalform beschrieben, und von diesen wiederum die Hyperflächen genauer untersucht. Da sich unsere direkte Anschauung hauptsächlich auf Flächen im dreidimensionalen euklidischen Raum beschränkt, kann man für diesen speziellen Fall ein wenig besser die geometrische Bedeutung des Krümmungsbegriffs verstehen. Im zweiten Abschnitt werden eingebettete Kurven mit verschwindender 2. Fundamentalform betrachtet, die Geodätischen. Mit ihnen wird zu einem gewählten Punkt p auf einer Riemannschen Mannigfaltigkeit und einer Orthonormalbasis auf T_pM eine kanonische Karte um diesen Punkt konstruiert, die Normalkoordinaten. Die Beschreibung von Metrik, Zusammenhang und Krümmungen in dieser kanonischen Karte führt zu weiteren Interpretationen der Schnittkrümmung, die das Volumen kleiner Bälle und Sphären dominiert. Im letzten Abschnitt wird ein einfaches Kriterium dafür erarbeitet, wann sich zwei beliebige Punkte auf M durch kürzeste Wege verbinden lassen.

5.1   Immersionen

Zweite Fundamentalform

Erste Fundamentalform

Gauß-Gleichung

Hyperfläche

Weingarten-Abbildung

Hauptkrümmungen

Hauptkrümmungsrichtungen

Gauß-Kronecker-Krümmung

Satz von Hopf

Weingarten-Gleichung

Mainardi-Codazzi-Gleichung

Codazzi-Mainardi-Gleichung

Katenoid

Wendelfläche

Ricci-Gleichung

Nach Satz 3.3.2 gibt es für eine Riemannsche Untermannigfaltigkeit $M \subset \tilde{M}$ eine enge Beziehung zwischen den Levi-Civita-Zusammenhängen, die einen entsprechenden Vergleich der Krümmungen plausibel macht. Allgemeiner gilt dasselbe für

© Springer-Verlag GmbH Deutschland, ein Teil von Springer Nature 2019
K. Köhler, *Differentialgeometrie und homogene Räume*,
https://doi.org/10.1007/978-3-662-60738-1_5

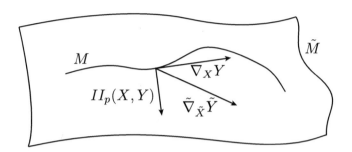

Abb. 5.1: Definition der Zweiten Fundamentalform.

Immersionen, da diese lokal auf der immersierten Mannigfaltigkeit Einbettungen sind. Dies ist der Inhalt dieses Kapitels, der insbesondere einen weiteren Zugang zur Krümmung von Untermannigfaltigkeiten des euklidischen $\mathbf{R}^n$ öffnet. Damit werden einige anschauliche Interpretationen der Krümmung möglich. Für den Fall $\dim \tilde{M} = \dim M + 1$ gibt es einen speziellen Kalkül, der in der Mitte des Abschnitts erklärt wird, ehe die Verfahren für beliebige Kodimension behandelt werden.

Definition 5.1.1. *Sei* $\iota : M \to \tilde{M}$ *eine Riemannsche Immersion,* $\nabla, \tilde{\nabla}$ *die Levi-Civita-Zusammenhänge und lokal* $\tilde{X}, \tilde{Y}$ *Vektorfelder auf* $\tilde{M}$, *so dass* $X := \tilde{X}_{|M}$, $Y := \tilde{Y}_{|M}$ *Vektorfelder auf* M *sind. Die* **Zweite Fundamentalform** *ist bei* $p \in M$

$$II_p(\tilde{X}, \tilde{Y}) := \tilde{\nabla}_{\tilde{X}} \tilde{Y} - \nabla_X Y \in T_p\tilde{M}.$$

Erste Fundamentalform ist eine andere Bezeichnung für die Riemannsche Metrik. Die Immersion induziert einen Vektorbündel-Monomorphismus $TM \to \iota^*T\tilde{M}$. Nach Satz 3.3.2 ist mit dem Normalenbündel $N := (TM)^\perp \subset \iota^*T\tilde{M}$ und den Orthogonalprojektionen $\iota^*T\tilde{M} \to TM, X \mapsto X^{TM}$ und $\iota^*T\tilde{M} \to N, X \mapsto X^N =: X^\perp$ auf die Komponenten $\iota^*T\tilde{M} = TM \oplus N$

$$II(\tilde{X}, \tilde{Y}) = (\nabla_X^{\iota^*T\tilde{M}} \tilde{Y})^N$$

der zu T_pM orthogonale Anteil von $\tilde{\nabla}_{\tilde{X}} \tilde{Y}$ (Abb. 5.1), hat also Werte im Normalenbündel N. Obwohl die Definition scheinbar Ableitungen 1. Ordnung involviert, ist II tatsächlich ein sehr viel übersichtlicheres Objekt:

Satz 5.1.2. *II ist symmetrisch und ein Tensor* $II_p : T_pM \times T_pM \to N_p$.

Beweis. Es ist

$$II(\tilde{X}, \tilde{Y}) \quad = \quad (\tilde{\nabla}_{\tilde{X}} \tilde{Y})^\perp = (\tilde{\nabla}_{\tilde{Y}} \tilde{X} - [\tilde{X}, \tilde{Y}])^\perp$$

$$\overset{\text{Lemma 1.4.7}}{=} \quad (\tilde{\nabla}_{\tilde{Y}} \tilde{X} - \underbrace{[X, Y]}_{\in TM})^\perp = II(\tilde{Y}, \tilde{X}).$$

Nach Definition ist II tensoriell in der 1. Variable und wegen der Symmetrie damit auch in der 2. Es sind $\tilde{X}_p, \tilde{Y}_p \in T_pM$, und bei Satz 3.3.2 war gezeigt worden, dass jeder Vektor $X \in T_pM$ lokal eine Fortsetzung $\tilde{X}$ auf $\tilde{M}$ hat (global bei Einbettungen). $\qquad \square$

Mit Hilfe der 2. Fundamentalform lässt sich die Krümmung von M aus der von $\tilde{M}$ berechnen:

Satz 5.1.3. *(**Gauß-Gleichung**) Sei* $\iota : M \to \tilde{M}$ *eine Riemannsche Immersion. Für die Krümmungen* $R, \tilde{R}$ *von* $M, \tilde{M}$ *und* $X, Y, Z, W \in T_p M$ *gilt*

$$\begin{aligned} R(X,Y,Z,W) &= \tilde{R}(X,Y,Z,W) + \tilde{g}(II(X,Z), II(Y,W)) \\ &\quad - \tilde{g}(II(Y,Z), II(X,W)). \end{aligned}$$

Beweis. Auf M ist

$$g(\nabla_{[Y,X]} Z, W) - \tilde{g}(\tilde{\nabla}_{[\tilde{Y},\tilde{X}]} \tilde{Z}, \tilde{W}) \overset{\text{Lemma 1.4.7}}{=} g(\nabla_{[Y,X]} Z, W) - \tilde{g}(\tilde{\nabla}_{[Y,X]} \tilde{Z}, \tilde{W})$$
$$\overset{\text{Satz 3.3.2}}{=} 0$$

und

$$\begin{aligned} &g(\nabla_Y \nabla_X Z, W) - \tilde{g}(\tilde{\nabla}_{\tilde{Y}} \tilde{\nabla}_{\tilde{X}} \tilde{Z}, \tilde{W}) \\ &= Y.g(\nabla_X Z, W) - \tilde{Y}.\tilde{g}(\tilde{\nabla}_{\tilde{X}} \tilde{Z}, \tilde{W}) - g(\nabla_X Z, \nabla_Y W) + \tilde{g}(\tilde{\nabla}_{\tilde{X}} \tilde{Z}, \tilde{\nabla}_{\tilde{Y}} \tilde{W}) \\ &\overset{\text{Satz 3.3.2}}{=} \tilde{g}(II(X,Z), II(Y,W)). \qquad\qquad \square \end{aligned}$$

Definition 5.1.4. *Sei* $M^n \subset \tilde{M}$ *eine* **Hyperfläche**, *d.h.* $\dim \tilde{M} = \dim M + 1$. *Auf einer Umgebung* $U \subset M$ *von* $p \in M$ *sei* $\mathfrak{n}$ *ein Normalenvektor (also ist* $\mathfrak{n}$ *bis auf das Vorzeichen eindeutig bestimmt). Die* **Weingarten-Abbildung**[1] $\mathcal{W} \in \Gamma(U, \mathrm{End}(TU))$ *ist definiert durch* $\tilde{g}(II(X,Y), \mathfrak{n}) = g(X, \mathcal{W}Y)$. *Nach Satz 5.1.2 ist* $\mathcal{W}$ *symmetrisch (bezüglich* g), *die reellen Eigenwerte* $\lambda_1, \ldots, \lambda_n$ *heißen* **Hauptkrümmungen**, *die Vektoren einer Orthonormalbasis* $(e_1, \ldots, e_n)$ *aus Eigenvektoren heißen* **Hauptkrümmungsrichtungen**.

Die λ_j wechseln also mit $\mathfrak{n}$ das Vorzeichen, die e_j sind unabhängig von $\mathfrak{n}$, und $II(e_j, e_k) = \lambda_j \delta_{jk}$.

Korollar 5.1.5. *Für* $j \neq k$ *ist* $K(e_j \wedge e_k) = \tilde{K}(e_j \wedge e_k) + \lambda_j \lambda_k$. *Insbesondere ist für* $\tilde{M} = (\mathbf{R}^{n+1}, g_{\text{eukl}})$

$$R(e_j, e_k, e_\ell, e_m) = \lambda_j \lambda_k (\delta_{j\ell} \delta_{km} - \delta_{jm} \delta_{k\ell})$$

und nach Korollar 3.4.7

$$K(e_j \wedge e_k) = \lambda_j \lambda_k, \quad \mathrm{Ric}(e_k, c_k) = \sum_{j \neq k} \lambda_j \lambda_k = \lambda_k \cdot (\mathrm{Tr}\, \mathcal{W} - \lambda_k),$$

$$\mathrm{Ric}(e_j, e_k) \overset{j \neq k}{=} 0, \quad s = \sum_{j \neq k} \lambda_j \lambda_k = (\mathrm{Tr}\, \mathcal{W})^2 - \mathrm{Tr}\, \mathcal{W}^2 = 2\mathrm{Tr}\,(\mathcal{W} \wedge \mathcal{W}).$$

---

[1] Julius Weingarten, 1836–1910

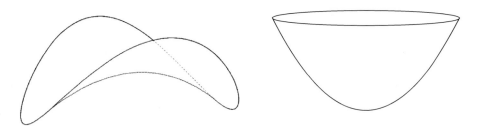

Abb. 5.2: Flächen negativer und positiver Gauß-Krümmung.

K ist als nicht-lineare Funktion durch die Werte $K(e_j \wedge e_k)$ nicht unbedingt eindeutig bestimmt. Für $X = \sum_j \alpha_j e_j, Y = \sum_k \beta_k e_k$ wird allgemeiner

$$K(X \wedge Y) = \frac{\sum_{j<k}(\alpha_j \beta_k - \alpha_k \beta_j)\lambda_j \lambda_k}{\sum_{j<k}(\alpha_j \beta_k - \alpha_k \beta_j)}.$$

Lemma 5.1.6. *Sei* $M^n \subset \mathbf{R}^{n+k}$ *eine Riemannsche Untermannigfaltigkeit und* $\gamma : V \to U$ *eine Parametrisierung. Dann ist*

$$\forall x \in V, W, Z \in T_x \mathbf{R}^n : \gamma''_{|x}(W,Z)^\perp = II_{\gamma(x)}(T_x \gamma(W), T_x \gamma(Z)).$$

Beweis. Sei $c : I \to M$ eine Kurve und Y lokal eine Fortsetzung des Vektorfeldes $\dot{c}$. Mit $\dot{c}(t) = Y_{|c(t)}$ folgt durch Ableiten

$$\ddot{c}(t) = dY_{c(t)}(\dot{c}(t)) = \nabla_Y^{\mathbf{R}^{n+1}} Y_{|c(t)}$$

und somit

$$\ddot{c}^\perp = II(\dot{c}, \dot{c}).$$

Für $c = \gamma \circ \tilde{c}$ mit $x = \tilde{c}(0)$, $W = \tilde{c}'(0)$ folgt $\gamma''_p(W,W) = II(T_x \gamma(W), T_x \gamma(W))$ und mit der Paralellogramm-Gleichung die Behauptung. $\qquad\square$

Für eine Hyperfläche $M^n \subset \mathbf{R}^{n+1}$ und $\dot{\gamma}(0) = e_j$ ist insbesondere $\ddot{\gamma}(0)^\perp = \lambda_j \mathfrak{n}$. Bei $K(e_j, e_k) > 0$ krümmt sich M in beide Richtungen e_j, e_k also entweder zu $\mathfrak{n}$ hin oder von $\mathfrak{n}$ weg. Bei $K(e_j, e_k) < 0$ krümmt sich M in eine Richtung von $\mathfrak{n}$ weg und in einer zu $\mathfrak{n}$ hin (Abb. 5.2).

Korollar 5.1.7. *1) Sei* $M^n \subset \mathbf{R}^{n+k}$ *lokal gleich* $f^{-1}(0)$ *für* $f : \mathbf{R}^{n+k} \to \mathbf{R}^k$ *mit* $\operatorname{rg} Tf = k$. *Dann ist* $II_p(X,Y) \in (\ker T_p f)^\perp = \operatorname{im}(T_p f)^t$ *eindeutig bestimmt durch* $T_p f(II_p(X,Y)) = -f''_{|p}(X,Y)$ *als*

$$II_p(X,Y) = -(T_p f)^t \cdot (T_p f \cdot (T_p f)^t)^{-1} f''_{|p}(X,Y).$$

2) Für $k = 1$ *ist mit* $\operatorname{grad} f = df^{\#}$ *und dem Normalenfeld* $\mathfrak{n} := \frac{\operatorname{grad} f}{\|df\|}$

$$g(X, \mathcal{W}Y) = \frac{-1}{\|df\|} f''(X,Y) \quad \text{und} \quad II(X,Y) = -f''(X,Y)\frac{\operatorname{grad} f}{\|df\|^2}.$$

Beweis. 1) Aus $f \circ \gamma = 0$ folgt durch Ableiten im $T\gamma = \ker Tf = (\operatorname{im}(Tf)^t)^{\perp}$ und mit $X = T_x\gamma(W)$, $Y = T_x\gamma(Z)$

$$0 = f''_{|\gamma(x)}(T\gamma(W), T\gamma(Z)) + Tf_{|\gamma(x)}(\gamma''(W,Z))$$
$$\overset{5.1.6}{=} f''_{|\gamma(x)}(X,Y) + Tf_{|\gamma(x)}(II(X,Y)).$$

Weil $T_p f \cdot (T_p f)^t \in \mathbf{R}^{k \times k}$ maximalen Rang hat, folgt die Gleichung mit der Pseudoinversen über den Ansatz $II(X,Y) = T_p f^t \cdot v$.

2) ist ein Spezialfall von (1). $\hspace{1cm}$ $\square$

Beispiel 5.1.8. Für $f : \mathbf{R}^{n+1} \to \mathbf{R}, \mathbf{x} \to \|\mathbf{x}\|^2 - 1$ ist $M = S^n$, $df(Y) = 2\langle \mathbf{x}, Y\rangle$ und $f''(X,Y) = 2\langle X, Y\rangle$, also $\mathcal{W} = -\mathrm{id}$ und $K \equiv 1$.

Korollar 5.1.9. *Sei $M^n \subset \mathbf{R}^{n+1}$ bestimmt durch $x_0 = f(x_1, \ldots, x_n)$ mit $f(0) = 0$, $df_{|0} = 0$, also $T_0 M = \{0\} \times \mathbf{R}^n$. Dann ist für $X, Y \in T_0 M$ $g(X, \mathcal{W}Y) = f''_{|0}(X,Y)$, d.h. II ist die Hesse-Form von f.*

Beweis. Mit $\gamma(t) = \begin{pmatrix} f(c(t)) \\ c(t) \end{pmatrix}, \dot\gamma(0) = X$ folgt

$$\left\langle \begin{pmatrix} 1 \\ 0 \\ \vdots \\ 0 \end{pmatrix}, II(X,X) \right\rangle = (f'_{|c(0)}(\dot c(t)))^{\cdot} = f''_{|c(0)}(\dot c, \dot c) + \overbrace{f'_{|c(0)}(\ddot c)}^{=0}. \hspace{0.5cm} \square$$

Satz 5.1.10. *Sei $M^n \subset \mathbf{R}^{n+1}$ eine Hyperfläche. Dann sind für ein $p \in M$ äquivalent*

1) $K_p > 0$ für jede Ebene $\subset T_p M$,

2) M ist strikt konvex an p, d.h. M liegt lokal auf einer Seite von $T_p M$.

Beweis. $K > 0 \Leftrightarrow \forall j \neq k : \lambda_j \lambda_k > 0$ für alle Hauptkrümmungen
$\Leftrightarrow$ entweder sind alle $\lambda_j > 0$ oder alle $\lambda_j < 0$
$\Leftrightarrow g(\cdot, \mathcal{W}\cdot)$ ist positiv oder negativ definit. Nach Korollar 5.1.9 ist M um p (bis auf eine Verschiebung von p nach 0 und eine Drehung des $\mathbf{R}^{n+1}$) gegeben durch $\mathbf{R}^n \to \mathbf{R}^{n+1}, x \mapsto \begin{pmatrix} \frac{1}{2} g(x, \mathcal{W}x) + O(|x|^3) \\ x \end{pmatrix}$, also hinreichend nahe bei 0 entweder oberhalb oder unterhalb von $\{0\} \times \mathbf{R}^n$. $\hspace{1cm}$ $\square$

Satz 5.1.3 besagt für eine Hyperfläche in Termen der Weingarten-Abbildung

$$R(X,Y,Z,W) = \tilde{R}(X,Y,Z,W) + g(\mathcal{W}X,Z)g(\mathcal{W}Y,W) - g(\mathcal{W}Y,Z)g(\mathcal{W}X,W)$$

oder

$$\Omega(X,Y)Z = \tilde{\Omega}(X,Y)Z - g(\mathcal{W}X,Z)\mathcal{W}Y + g(\mathcal{W}Y,Z)\mathcal{W}X.$$

Kürzer lässt sich dies durch Dualisieren in der 3. Variable als $\Omega^{\#} = \tilde{\Omega}^{\#}_{|TM^{\otimes 4}} + \frac{1}{2}\mathcal{W} \wedge \mathcal{W}$ schreiben, mit $\Omega^{\#} \in \Lambda^2 T^* M \otimes \Lambda^2 TM \subset \Lambda T^* M \otimes \mathrm{End}(TM)^{\#}$ wegen

$$\sum_{j,k,\ell,m} a_{jk} a_{\ell m} e^j \otimes e^\ell \otimes e_k \wedge e_m = \frac{1}{2} \sum_{j,k,\ell,m} a_{jk} a_{\ell m} e^j \wedge e^\ell \otimes e_k \wedge e_m.$$

Dabei wird $\mathcal{W}$ als vektorwertige 1-Form aufgefasst und analog zu Lemma 4.1.2 unabhängig voneinander in den von den Formen und den Vektoren aufgespannten äußeren Algebren gerechnet. Für die Konvention $\mathcal{W}, \Omega^\#, \tilde{\Omega}^\# \in \Lambda T^*M \wedge \Lambda TM$ wird genauso $\Omega^\# = \tilde{\Omega}^\# - \frac{1}{2}\mathcal{W} \wedge \mathcal{W}$.

Satz 5.1.11. *Für $M^{2n} \subset (\mathbf{R}^{2n+1}, g_{\mathrm{eukl}})$ orientiert kompakt ist*

$$\mathrm{Pf}(-\Omega) = \frac{(2n)!}{2^n n!} \det \mathcal{W} \, d\mathrm{vol}.$$

Insbesondere ist

$$\chi(M) = \frac{(2n-1)!!}{(2\pi)^n} \int_M \lambda_1 \cdots \lambda_{2n} \, d\mathrm{vol}.$$

Dabei heißt $\det \mathcal{W} \in C^\infty(M)$ **Gauß-Kronecker-Krümmung**.

Beweis. Es ist

$$\frac{1}{n!}\mathcal{T}\left((-\frac{1}{2}\mathcal{W} \wedge \mathcal{W})^{\wedge n}\right) = \frac{1}{(-2)^n n!}\mathcal{T}(\mathcal{W}^{\wedge 2n})$$

$$= \frac{(2n)!}{(-2)^n n!} \det \mathcal{W} \cdot \mathcal{T}(e^1 \wedge e_1 \wedge \cdots \wedge e^{2n} \wedge e_{2n})$$

$$= (2n-1)!!(-1)^n \det \mathcal{W} \cdot (-1)^{n(2n-1)} e^1 \wedge \cdots \wedge e^{2n}. \quad \square$$

Satz von Hopf 5.1.12. *Sei $M^{2n} \subset (\mathbf{R}^{2n+1}, \langle \cdot, \cdot \rangle_{\mathrm{eukl}})$ orientiert kompakt und $\mathfrak{n} : M^{2n} \to S^{2n}$ eine Überlagerung vom Grad m. Setze $\varepsilon := 1$ oder -1, falls $\mathfrak{n}$ orientierungserhaltend oder -umkehrend ist. Dann ist $\mathfrak{n}^* d\mathrm{vol}_{S^{2n}} = \varepsilon \det \mathcal{W} \, d\mathrm{vol}$ und $\chi(M) = 2\varepsilon m$.*

Beweis. Nach Lemma 5.1.14 ist $\langle \mathcal{W}X, Y \rangle_{\mathrm{eukl}} = -\langle T\mathfrak{n}(X), Y \rangle_{\mathrm{eukl}}$, also

$$\mathfrak{n}^* d\mathrm{vol}_{S^{2n}} = \varepsilon \det \mathcal{W} \, d\mathrm{vol}_g.$$

Somit ist

$$\chi(M) = \frac{(2n-1)!!}{(2\pi)^n} \int_M \det \mathcal{W} \, d\mathrm{vol} = \frac{(2n-1)!!}{(2\pi)^n} \varepsilon \int_M \mathfrak{n}^* d\mathrm{vol}_{S^{2n}}$$

$$= \frac{(2n-1)!!}{(2\pi)^n} \varepsilon m \int_{S^{2n}} d\mathrm{vol}_{S^{2n}} = \frac{(2n-1)!!}{(2\pi)^n} \varepsilon m \cdot \mathrm{vol}\, S^{2n}. \quad \square$$

Bemerkung. Diese Resultate lassen sich auch andersherum verwenden, um den Satz von Poincaré-Hopf für Hyperflächen zu zeigen.

Die folgende Definition von O'Neill [ON1] fasst die 2. Fundamentalform und eine Verallgemeinerung der Weingarten-Abbildung zusammen.

Definition 5.1.13. *Für eine Riemannsche Immersion $\iota : M \to \tilde{M}$ mit beliebiger Kodimension sei $T \in \Gamma(M, (\iota^*T^*\tilde{M})^{\otimes 2} \otimes \iota^*T\tilde{M})$ der Tensor*

$$T_X Y := (\nabla_{X^{TM}}^{\iota^*T^*\tilde{M}} Y^{TM})^N + (\nabla_{X^{TM}}^{\iota^*T^*\tilde{M}} Y^N)^{TM}.$$

Für $X, Y \in \Gamma(M, TM)$ ist $II(X, Y) = T_X Y$. Wegen $T_{\mathfrak{n}} = 0$ hat T nicht die Symmetrie der 2. Fundamentalform. Die Orthogonalprojektion von $\tilde{\nabla}$ auf N induziert einen metrischen Zusammenhang ∇^N mit $\nabla^N_X \mathfrak{n} := (\nabla^{\iota^* T\tilde{M}}_X \mathfrak{n})^N$ für $X \in TM, \mathfrak{n} \in \Gamma(M, N)$. Damit gilt analog zu der Definition der 2. Fundamentalform:

Lemma 5.1.14. (*Weingarten-Gleichung*) *Für $X \in \Gamma(M, TM)$ ist der Tensor T_X schiefsymmetrisch. Für $\mathfrak{n} \in \Gamma(M, N)$ ist $T_X \mathfrak{n} = \nabla^{\iota^* T\tilde{M}}_X \mathfrak{n} - \nabla^N_X \mathfrak{n}$.*

Für eine Hyperfläche $M \subset \tilde{M}$ und einen Normalenvektor $\mathfrak{n}$ der Norm 1 wird somit

$$\tilde{g}(Y, -T_X \mathfrak{n}) = \tilde{g}(T_X Y, \mathfrak{n}) = \tilde{g}(II(X, Y), \mathfrak{n}) = \tilde{g}(X, \mathcal{W}Y)$$

bzw. $T_Y \mathfrak{n} = -\mathcal{W}Y$.

Beweis. ∇^{TM} und ∇^N induzieren einen metrischen Zusammenhang $\nabla^{TM \oplus N}$ auf $TM \oplus N \cong \iota^* T\tilde{M}$, und T ist die Differenz $\nabla^{\iota^* T\tilde{M}} - \nabla^{TM \oplus N}$. Nach Lemma 3.2.15 ist T schiefsymmetrisch. $\square$

Analog zum Beweis der Gauß-Gleichung erhält man:

Satz 5.1.15. (*Mainardi-Codazzi-Gleichung*)[2] *Sei $M \to \tilde{M}$ eine Riemannsche Immersion. Für $Z \in T_p M, \mathfrak{n} \in N_p$ ist*

$$\tilde{R}(X, Y, Z, \mathfrak{n}) = \tilde{g}((\nabla_Y T)_X Z, \mathfrak{n}) - \tilde{g}((\nabla_X T)_Y Z, \mathfrak{n}).$$

In dieser Gleichung wird T mit dem von ∇^{TM}, ∇^N induzierten Zusammenhang ∇ auf $T^* M^{\otimes 2} \otimes N$ differenziert. Mit $\nabla^{\iota^* T\tilde{M}}$ ist die Gleichung allerdings auch richtig. Die Schiefsymmetrie von $\nabla_Y T$ liefert die Umformung

$$\tilde{R}(X, Y, Z, \mathfrak{n}) = -\tilde{g}(Z, (\nabla_Y T)_X \mathfrak{n}) + \tilde{g}(Z, (\nabla_X T)_Y \mathfrak{n}). \qquad (5.1)$$

Mit der Erweiterung des Zusammenhangs auf $\mathfrak{A}^1(M, TM \otimes N)$ lässt sich dies auch schreiben als

$$g(\nabla^{TM \otimes N} II^{\#}, Z) = (\tilde{\Omega}_{|TM^{\otimes 2}} Z)^N.$$

Für eine Hyperfläche $M \subset \tilde{M}$ und $\|\mathfrak{n}\| = 1$ ist $\tilde{g}(\tilde{\nabla}\mathfrak{n}, \mathfrak{n}) = 0$, also $\nabla^N \mathfrak{n} = 0$. Falls zusätzlich $\tilde{M}$ der euklidische $\mathbf{R}^{n+1}$ ist, folgt aus Gleichung (5.1) $\nabla^{TM}(T\mathfrak{n}) \equiv 0 \in \mathfrak{A}^2(M, TM)$, wenn $T\mathfrak{n}$ als Element von $\mathfrak{A}^1(M, TM)$ interpretiert wird.

Beweis. Für $X, Y, Z \in \Gamma(M, TM), \mathfrak{n} \in \Gamma(M, N)$ mit Fortsetzungen $\tilde{X}, \tilde{Y}, \tilde{Z}, \tilde{\mathfrak{n}}$ auf $\tilde{M}$ ist

$$
\begin{aligned}
g(\tilde{\nabla}_X \tilde{\nabla}_{\tilde{Y}} \tilde{Z}, \mathfrak{n}) &= X.\tilde{g}(\tilde{\nabla}_Y \tilde{Z}, \mathfrak{n}) - \tilde{g}(\tilde{\nabla}_Y Z, \tilde{\nabla}_X \tilde{\mathfrak{n}}) \\
&= X.\tilde{g}(II(Y, Z), \mathfrak{n}) - \tilde{g}(II(Y, Z), \nabla^N_X \mathfrak{n}) - g(\nabla_Y Z, T_X \mathfrak{n}) \\
&= \tilde{g}(\nabla^N_X (II(Y, Z)), \mathfrak{n})) + \tilde{g}(II(X, \nabla_Y Z), \mathfrak{n}) \\
&= \tilde{g}((\nabla_X II)(Y, Z), \mathfrak{n}) + \tilde{g}(II(\nabla_X Y, Z), \mathfrak{n}) \\
&\quad + \tilde{g}(II(Y, \nabla_X Z), \mathfrak{n}) + \tilde{g}(II(X, \nabla_Y Z), \mathfrak{n}).
\end{aligned}
$$

---

[2]1853, Karl M. Peterson (Dissertation), 1828–1881; 1856, G. Mainardi; 1860, D. Codazzi

Also wird wegen der Torsionsfreiheit

$$\tilde{g}(\tilde{\nabla}_X \tilde{\nabla}_Y Z - \tilde{\nabla}_Y \tilde{\nabla}_X Z - \tilde{\nabla}_{[X,Y]} Z, \mathfrak{n})$$
$$= \tilde{g}((\nabla_X II)(Y, Z), \mathfrak{n}) - \tilde{g}((\nabla_Y II)(X, Z), \mathfrak{n}). \qquad \square$$

Bemerkung. Es gibt eine weitere Krümmungsidentität für $R(X, Y, \mathfrak{n}, \mathfrak{n}')$, die Ricci-Gleichung (Übung 5.1.20).

Aufgaben

Übung 5.1.16. *Zeigen Sie für eine Parametrisierung* $\gamma : U \to \mathbf{R}^{n+1}$, $U \subset \mathbf{R}^n$ *einer Hyperfläche mit Normalenvektor* $\mathfrak{n} : U \to S^n$, *dass* $II(X, Y) = \langle \gamma''(X, Y), \mathfrak{n} \rangle \mathfrak{n}$ *und* $WX = -d\gamma^{-1}(d\mathfrak{n}(X))) \; \forall X, Y \in TU$.

Übung 5.1.17. *Auf einer Fläche* $M \subset \mathbf{R}^3$ *sei auf* $U \subset M$ *eine Orientierung gewählt und* $\mathfrak{n} : U \to S^2$ *derjenige Normalenvektor, für den mit einer lokalen orientierten Basis* (e_1, e_2) *die Basis* $(e_1, e_2, \mathfrak{n})$ *des* $\mathbf{R}^3$ *standard-orientiert ist.*

1) *Zeigen Sie mit Übung 5.1.16* $\mathfrak{n}^* \mathrm{dvol}_{S^2} = K \, \mathrm{dvol}_M$ *mit der Schnittkrümmung* $K \in C^\infty(M)$.

2) *Folgern Sie* $\int_M K \, \mathrm{dvol}_M = 4\pi$, *falls* $\mathfrak{n} : M \to S^2$ *ein Diffeomorphismus ist.*

Übung 5.1.18. *Sei* $f_1 : \mathbf{R}^2 \to \mathbf{R}^3, (x, y) \mapsto (\cosh x \cos y, \cosh x \sin y, x)$ *das **Katenoid** und* $f_2 : \mathbf{R}^2 \to \mathbf{R}^3, (x, y) \mapsto (\sinh x \cos y, \sinh x \sin y, y)$ *die **Wendelfläche**. Finden Sie eine lokale Isometrie zwischen diesen Flächen. Skizzieren Sie beide Flächen, und bestimmen Sie die 2. Fundamentalformen sowie die Weingarten-Abbildungen auf* $T\mathbf{R}^2$ *und die Hauptkrümmungen.*

Übung* 5.1.19. *Zeigen Sie, dass die Krümmung einer Regelfläche* M *wie in Übung 3.1.27 zu einer Parametrisierung* u *zu* (α, w), α *Striktionslinie, gegeben ist durch*

$$K_{u(t,s)} = -\frac{\lambda(t)^2}{(\lambda(t)^2 + s^2)^2} \leq 0.$$

Übung* 5.1.20. *Sei* $\iota : M \hookrightarrow \tilde{M}$ *eine Immersion mit Normalenbündel* N, $\tilde{g}$ *eine riemannsche Metrik auf* $\tilde{M}$ *und* g, g^N *die induzierten Metriken auf* TM, N. *Folgern Sie analog zur Gauß- und Mainardi-Codazzi-Gleichung die **Ricci-Gleichung***

$$\tilde{R}(X, Y, \mathfrak{n}, \mathfrak{n}') = -g^N(\Omega^N(X, Y)\mathfrak{n}, \mathfrak{n}') + g(T_Y \mathfrak{n}, T_X \mathfrak{n}') - g(T_X \mathfrak{n}, T_Y \mathfrak{n}').$$

5.2   Geodätische

Geodätische	Normalumgebung
Exponentialabbildung	geodätische Polarkoordinaten
normales Koordinatensystem	radiales Vektorfeld
Normalkoordinaten	Gauß-Lemma

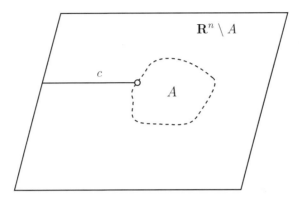

Abb. 5.3: Eine nicht auf ganz $\mathbf{R}$ definierbare Geodätische

Kürzeste | totalgeodätisch
Energie | Torsion

In diesem Abschnitt werden kürzeste Wege auf Mannigfaltigkeiten untersucht. Diese liefern zu einer gewählten Orthonormalbasis $(e_j)_j$ von T_pM für einen Punkt $p \in M$ eine kanonische Karte um diesen Punkt, die Normalkoordinaten.

Definition 5.2.1. *Eine **Geodätische** auf einer Riemannschen Mannigfaltigkeit (M, g) ist eine Kurve c mit parallelem Geschwindigkeitsfeld, d.h. $\nabla^{c^*TM}\dot{c} \equiv 0$ für den Levi-Civita-Zusammenhang ∇^{TM}.*

Bemerkung. Nach 3.2.19 ist $\|\dot{c}\| \equiv$const., Geodätische haben also konstante Geschwindigkeit.

Beispiel. Für $M = (\mathbf{R}^n, g_{\mathrm{eukl}})$ wird diese Gleichung $\ddot{c} \equiv 0$, somit $c(t) = at + b$. Wegen der lokalen Isometrie eines Zylinders $S^1 \times \mathbf{R} \subset \mathbf{R}^3$ zum $\mathbf{R}^2$ bestimmt dies auch die Geodätischen auf dem Zylinder.

Wie man schon am Beispiel $M = \mathbf{R}^n \setminus A$ für eine abgeschlossene Teilmenge A sieht, müssen Geodätische nicht auf ganz $\mathbf{R}$ definierbar sein (Abb. 5.3).

Lemma 5.2.2. *Für alle $p \in M, X \in T_pM \setminus \{0\}$ existiert ein $\varepsilon > 0$ und eine Umgebung $\tilde{U} \subset TM$ von X, so dass es zu $Y \in \tilde{U}$ genau eine Geodätische $c :\ ]-\varepsilon, \varepsilon[\to M$ mit $\dot{c}(0) = Y$ gibt. Diese hängt C^∞ von Y ab.*

Beispiel 5.2.3. Sei $M = S^n$. Anstatt in lokalen Koordinaten die Differentialgleichung zu lösen, kann man viel einfacher die Geodätischen mit obigem Lemma durch eine Symmetriebetrachtung bestimmen. Sei $p \in S^n$, $X \in T_pM$ mit $\|X\| = 1$ und $H \subset \mathbf{R}^{n+1}$ die 2-dimensionale Ebene, die von p, X aufgespannt wird. Dann sind S^n, p, X invariant unter Spiegelung an H. Wegen der Eindeutigkeit ist somit auch die Geodätische c mit Startvektor X invariant unter der Spiegelung, muss also auf dem Großkreis $H \cap S^N$ liegen. Da Geodätische konstante Geschwindigkeit haben, folgt $c(t) = p \cdot \cos t + X \cdot \sin t$.

Beweis. Sei $\varphi : U \to V$ eine Karte um p und in dieser Karte $\nabla^{TM} = d + \Gamma$. Die Gleichung für Geodätische lautet dann

$$0 = \frac{\partial^2 \varphi(c(t))}{\partial t^2} + \Gamma_{|\varphi(c(t))} \left(\frac{\partial \varphi(c(t))}{\partial t}, \frac{\partial \varphi(c(t))}{\partial t} \right).$$

Dies ist eine gewöhnliche Differentialgleichung 2. Ordnung. Also existiert um $\varphi(p) \in V$ eine Umgebung $\tilde{V} \subset \mathbf{R}^n$, um $T\varphi(X)$ eine Umgebung $W \subset \mathbf{R}^n$ und $\varepsilon > 0$, so dass diese Differentialgleichung eine eindeutig bestimmte Lösung $\varphi \circ c :] - \varepsilon, \varepsilon[\to V$ für Startwerte $\varphi(c(0)) \in \tilde{V}, T\varphi(\dot{c}(0)) \in W$ hat. Setze $\tilde{U} := T\varphi^{-1}(\tilde{V} \times W)$. Die Lösung hängt glatt von den Startwerten ab, da die Koeffizienten der Gleichung glatt sind.   □

Korollar 5.2.4. *Für jedes $p \in M$ existiert eine Umgebung U und ein $\delta > 0$, so dass es für alle $Y \in TU$ mit $\|Y\| < \delta$ eine eindeutig bestimmte Geodätische $c :] - 2, 2[\to M$ mit $\dot{c}(0) = Y$ gibt.*

Beweis. Sei $c :]-\varepsilon, \varepsilon[\times \tilde{U} \to M$ eine Lösung aus Lemma 5.2.2 mit $\tilde{V} \times W \subset T\varphi(\tilde{U})$ für eine Umgebung W von $T\varphi(X) = 0$. Skaliere c als $\tilde{c}(t) := c(\frac{\varepsilon t}{2})$. Dann ist $\tilde{c}$ Geodätische mit Startgeschwindigkeit $\dot{\tilde{c}}(0) = \frac{\varepsilon}{2}\dot{c}(0)$, da die definierende Differentialgleichung invariant unter der Skalierung von t mit Konstanten ist. Also existieren Lösungen auf $] - 2, 2[$ für Startwerte in $T\varphi^{-1}(\tilde{V} \times \frac{\varepsilon}{2}W)$.   □

Definition 5.2.5. *Sei $W \subset TM$ eine offene Umgebung von $(q, 0) \in TM$, so dass $c(1)$ für alle Geodätischen c mit Startwerten in W existiert. Die **Exponentialabbildung** sei die Abbildung $\exp_p : W \to M, (p, X) \mapsto \exp_p X := c_X(1)$ für die Geodätische c_X mit $c(0) = p, \dot{c}(0) = X$.*

Beispiel. Für $(\mathbf{R}^n, g_{\text{eukl}})$ und $p, X \in \mathbf{R}^n$ ist $\exp_p X = p + X$.

Die Beziehung zwischen dieser Exponentialabbildung und der für eine Lie-Gruppe G hängt natürlich von der Wahl einer Metrik auf G ab. Auf vielen Lie-Gruppen gibt es keine Metrik, die diese beiden Abbildungen gleich werden lässt.

Lemma 5.2.6. *Für $p \in M$ ist $T_0 \exp_p = \text{id}_{T_p M}$ (wobei $T_0 \exp_p : T_0 T_p M \to T_p M$ als Endomorphismus von $T_p M$ aufgefasst wird).*

Beweis.

$$\frac{\partial}{\partial \varepsilon}_{|\varepsilon = 0} \exp_p(\varepsilon X) = \frac{\partial}{\partial \varepsilon}_{|\varepsilon = 0} c_{\varepsilon X}(1) = \frac{\partial}{\partial \varepsilon}_{|\varepsilon = 0} c_X(\varepsilon) = \dot{c}_X(0) = X.   □$$

Korollar 5.2.7. *$\exp_p$ ist ein lokaler Diffeomorphismus einer Umgebung $V \subset T_p M$ von $0_{T_p M}$ auf eine Umgebung U von p in M, also eine lokale Parametrisierung von M.*

(nach dem Satz über implizite Funktionen). Somit induziert jedes Koordinatensystem auf $T_p M$ lokale Koordinaten auf M. Wähle eine Orthonormalbasis $(e_j)_j$ von $T_p M$, d.h. eine Isometrie von $(T_p M, g_p)$ mit dem euklidischen $\mathbf{R}^n$, auf den nach Definition der Mannigfaltigkeiten Karten abbilden. Die Parametrisierung durch

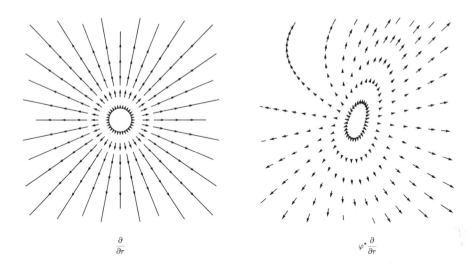

$$\frac{\partial}{\partial r} \qquad\qquad \varphi^* \frac{\partial}{\partial r}$$

Abb. 5.4: Radiales Vektorfeld.

$\underbrace{\tilde{V}}_{\subset \mathbf{R}^n} \overset{(e_j)}{\to} \underbrace{V}_{\subset T_pM} \overset{\exp}{\to} \underbrace{U}_{\subset M}$ heißt **normales Koordinatensystem** (oder **Normal-koordinaten**) auf der **Normalumgebung** U. Für Polarkoordinaten auf $\mathbf{R}^n$ gibt

entsprechend $\underbrace{\widehat{V}}_{\subset \mathbf{R}^+ \times S^{n-1}} \overset{(e_j)}{\to} \underbrace{V}_{\subset T_pM} \overset{\exp}{\to} \underbrace{U}_{\subset M}$ **geodätische Polarkoordinaten**. Die

Bilder radialer Linien sind also Geodätische.

Definition 5.2.8. *Das* **radiale Vektorfeld** *sei* $\mathfrak{R} := \exp_{p*} \frac{\partial}{\partial r} = \exp_{p*} \sum x_\ell e_\ell$.

D.h. $\mathfrak{R}_{|\exp X} = (T_X \exp_p)(X)$ (via $T_X(T_pM) \overset{\text{can.}}{\cong} T_pM$) bzw. $\mathfrak{R}_{c(t)} = t\dot{c}(t)$ für eine in p startende Geodätische c (Abb. 5.4). Dieses Vektorfeld ist also fast das Geschwindigkeitsfeld der radialen Geodätischen, ist aber im Gegensatz zu diesem auch bei p wohldefiniert. Seien $b_{j|\exp X} := T_X \exp(e_{j|p}) = (\exp_p)_* e_{j|(p,X)}$ für $e_{j|(p,X)} \in T_X(T_pM) \overset{\text{can.}}{\cong} T_pM$ die Vektorfelder zu den kartesischen Koordinaten auf U. Da $\exp$ ein Diffeomorphismus auf U ist, ist $(b_j)_j$ eine C^∞-Basis auf TU, allerdings im Allgemeinen keine Orthonormalbasis.

Sei $e_{j|\exp tX}$ die Parallelverschiebung von $e_{j|p}$ längs $\exp_p tX$ für $X \in T_pM$, d.h. $\nabla_{\mathfrak{R}} e_j \equiv 0$. Da die Parallelverschiebung glatt von dem Startwert abhängt und eine Isometrie ist, ist $(e_j)_j$ eine C^∞-Orthonormalbasis auf TU. Wegen $b_{j|p} = T_0 \exp e_j \overset{5.2.6}{=} e_{j|p}$ folgt $b_{j|\exp X} = e_j + O(\|X\|)$.

Lemma 5.2.9. *Für das radiale Vektorfeld gilt*

1) $\nabla_{\mathfrak{R}} \mathfrak{R} = \mathfrak{R}$,

2) $\mathfrak{R}_{|\exp_p \sum x_j e_j} = \sum x_j b_j$,

3) $\mathfrak{R}_{|\exp_p \sum x_j e_j} = \sum x_j e_j$, *insbesondere* $\|\mathfrak{R}\|^2_{|\exp X} = \|X\|^2$.

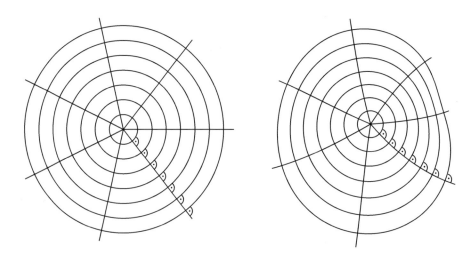

Abb. 5.5: Polarkoordinaten auf T_pM und geodätische Polarkoordinaten auf M.

Beweis. 1) Für die Geodätische $c(t) := \exp_p tX$ ist in c^*TM

$$c^*\nabla_{\mathfrak{R}}\mathfrak{R} = \nabla_{t\partial/\partial t}^{c^*TM}(t\dot c) = t\frac{\partial t}{\partial t} \cdot \dot c = \mathfrak{R}.$$

2)

$$\mathfrak{R}_{|\exp_p \sum x_j e_j} = \exp_{p*}\sum x_j e_j = \sum x_j \exp_{p*} e_j = \sum x_j b_j.$$

3) Wähle $x_1,\dots,x_n \in \mathbf{R}$ fest. Dann ist $\frac{1}{t}\mathfrak{R}$ parallel längs $\exp(t\sum x_j e_j)$ als Geschwindigkeitsfeld der Geodätischen, $\sum x_j e_j$ ist parallel längs derselben Kurve nach Konstruktion der e_j, und

$$\lim_{t\searrow 0}\frac{1}{t}\mathfrak{R}_{\exp(t\sum x_j e_j)} = \lim_{t\searrow 0}\frac{1}{t}\sum tx_j b_{j|\exp(t\sum x_j e_j)} = \sum x_j e_{j|p}.$$

Wegen der Eindeutigkeit der Parallelverschiebung bei gleichen Startwerten folgt $\mathfrak{R}_{|\exp_p \sum x_j e_j} = \sum x_j e_j.$ $\qquad\square$

Gauß-Lemma 5.2.10. *Für* $X,Y \in V \subset T_pM$ *ist*

$$g_{\exp X}(\overbrace{\exp_* X}^{=\mathfrak{R}}, \exp_* Y) = g_p(X,Y).$$

Für Y proportional zu X ist dies wieder die Gleichung $\|\mathfrak{R}\|_{|\exp X}^2 = \|X\|^2$. Für $Y \perp X$ ist die neue Aussage, dass auch die Bildvektoren senkrecht aufeinander stehen. Die Bilder von Sphären um 0_{T_pM} schneiden die radialen Geodätischen also senkrecht (Abb. 5.5).

Beweis. Die Gleichung ist linear in Y, es genügt also der Nachweis für $Y = e_j$. Dann ist die linke Seite $g_{\exp \sum x_k e_k}(\mathfrak{R}, b_j)$ und die rechte $g_p(\underbrace{\sum x_k e_k}_{=:X}, e_j) = x_j.$

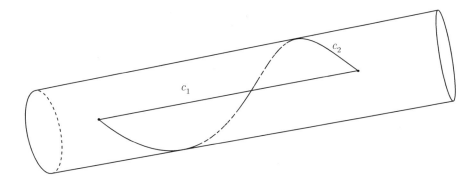

Abb. 5.6: Die Geodätische c_1 ist kürzer als die Geodätische c_2

Weiter ist

$$\mathfrak{R}.(g(\mathfrak{R},b_j))|_{\exp\sum x_k e_k}$$

$$= \quad g(\nabla_{\mathfrak{R}}\mathfrak{R},b_j) + g(\mathfrak{R},\nabla_{\mathfrak{R}}b_j)$$

$$\overset{5.2.9(1)}{=} \quad g(\mathfrak{R},b_j) + g(\mathfrak{R},[\mathfrak{R},b_j]) + g(\mathfrak{R},\nabla_{b_j}\mathfrak{R})$$

$$= \quad g(\mathfrak{R},b_j) + g(\mathfrak{R},\exp_* \underbrace{[\sum x_k e_k, e_j]}_{=-e_j \text{ als VF auf } T_pM}) + \frac{1}{2}b_j.g(\mathfrak{R},\mathfrak{R})$$

$$\overset{5.2.9(3)}{=} \quad \frac{1}{2}\frac{\partial}{\partial x_j}\sum x_k^2 = x_j.$$

Andererseits ist auch $\mathfrak{R}.x_j = \exp_*(\sum_k x_k e_k.x_j) = x_j$, also ist $g(\mathfrak{R},b_j) = x_j + y$ für eine Konstante $y \in \mathbf{R}$ längs jeder radialen Geodätischen. Wegen $g(\mathfrak{R},b_j)_p = 0$ folgt $y = 0$ und

$$g_{\exp\sum x_k e_k}(\mathfrak{R},b_j) = x_j. \qquad \square$$

Satz 5.2.11. *Sei $V \subset T_pM$ ballförmig und Urbild einer Normalumgebung. Dann ist*

$$\operatorname{dist}(p,\exp_p X) = \|X\| \ \forall X \in V.$$

Geodätische sind lokal kürzeste Verbindungswege (kurz **Kürzeste***). Umgekehrt sind (auch global) Kürzeste stets Geodätische.*

Global muss eine Geodätische nicht Kürzeste sein, vergleiche etwa Abb. 5.6 für zwei geodätische Wege. Am Beispiel von Abb. 5.3 sieht man auch, dass es nicht immer kürzeste Wege zwischen zwei Punkten gibt.

Beweis. Sei c eine Kurve von p nach $\exp_p X$.
1. Fall: c verläuft in der Normalumgebung. Dann ist $r \cdot u := \exp_p^{-1} \circ c$ eine Kurve

in V von 0 nach X mit $r : I \to \mathbf{R}_0^+, u : I \to S^{n-1}$ (also $\|u\| \equiv 1$). Dann ist

$$
\begin{aligned}
\|\dot{c}\|^2 \quad &= \quad \|T_{r(t)u(t)} \exp_p(\dot{r}u + r\dot{u})\|^2 \\
&= \quad \dot{r}^2 \cdot \|T_{ru} \exp u\|^2 + r^2 \|T_{ru} \exp \dot{u}\|^2 \\
&\quad + 2\dot{r} \cdot g_{ru}(T\exp(ru), T\exp(\dot{u})) \\
\overset{\text{Gauß-Lemma}}{=} \quad &\quad \dot{r}^2 \|u\|^2 + r^2 \|T_{ru} \exp \dot{u}\|^2 + 2\dot{r}r \cdot g_p(u, \dot{u}) \\
&= \quad \dot{r}^2 + r^2 \|T_{ru} \exp \dot{u}\|^2 \geq \dot{r}^2.
\end{aligned}
$$

Also ist Länge$(c) = \int_a^b \|\dot{c}\|\, dt \overset{=,\ \text{falls } \dot{u}\equiv 0}{\geq} \int_a^b |\dot{r}|\, dt \overset{=,\ \text{falls } r \text{ monoton}}{\geq} |r(b) - r(a)| = \|X\|$. Das Minimum wird also genau von der radialen Geodätischen angenommen.
2. Fall: c verlässt die Normalumgebung. Dann ist c nach Fall 1 mindestens so lang wie der Radius von ∂V und somit länger als $\|X\|$.
Die Umkehrung folgt, weil in der Normalumgebung jedes Punktes $c(t_0)$ die Kurve c Geodätische sein muss, also überall $\nabla^{c^* TM} \dot{c} \equiv 0$ erfüllt. $\qquad\square$

Bemerkung. Nach diesem Beweis minimieren (in obigem Sinne) Geodätische **jedes** Funktional der Form $\int f(\|\dot{c}\|)\, dt$ mit f monoton wachsend, insbesondere die **Energie** $\int \|\dot{c}\|^2 dt$.

Korollar 5.2.12. *$c \neq \tilde{c}$ seien Geodätische derselben Länge zwischen $c(0), c(t_0)$. Dann ist c für $t_1 > t_0$ nicht Kürzeste von $c(0)$ bis $c(t_1)$.*

Beweis. Ohne Einschränkung sei $c(t_0) = \tilde{c}(t_0)$, d.h. $\|\dot{c}\| = \|\dot{\tilde{c}}\|$. Sei $\gamma : t \mapsto$ $\begin{cases} \tilde{c}(t) \text{ für } & t \leq t_0 \\ c(t) & t_0 < t < t_1 \end{cases}$ Dann ist Länge $\gamma =$ Länge $c_{|[0,t_1]}$. Wenn c Kürzeste wäre, wäre auch γ Kürzeste, also Geodätische. Aber wegen der Eindeutigkeit von Geodätischen zum Startvektor $-\dot{c}(t_1)$ folgt $\gamma = c$. $\notlightning$ $\qquad\square$

Aufgaben

Übung 5.2.13. *Sei $G \subset \mathbf{SO}(k)$ eine Lie-Untergruppe und $\mathfrak{so}(k)$ der Vektorraum der schiefsymmetrischen $k \times k$-Matrizen. Sei $g_{\mathrm{id}}(A, B) = -\mathrm{Tr}\, AB$ für $A, B \in \mathfrak{g} \subset \mathfrak{so}(k)$. Zeigen Sie, dass $\exp_{\mathrm{id}}(A)$ mit $A \in \mathfrak{g}$ durch*

$$
e^A = \sum_{j=0}^{\infty} \frac{A^j}{j!}
$$

gegeben ist (etwa mit Übung 3.4.10).

Übung 5.2.14. *Eine Immersion $\iota : M \hookrightarrow \tilde{M}$ heißt **totalgeodätisch**, falls $II \equiv 0$. Folgern Sie in diesem Fall, dass jede Geodätische auf M auch Geodätische auf $\tilde{M}$ ist.*

Übung 5.2.15. *Zeigen Sie, dass die gemeinsame Fixpunktmenge M^Γ einer Menge Γ von Isometrien eine totalgeodätische Untermannigfaltigkeit ist. Insbesondere ist jede eindimensionale Zusammenhangskomponente der Fixpunktmenge Bahn einer Geodätischen.*

Übung 5.2.16. *Sei γ eine Isometrie einer kompakten Riemannschen Mannigfaltigkeit M.*

1) Zeigen Sie, dass ein Fixpunkt $x \in M$ von γ genau dann isoliert ist, wenn die Eigenwerte von $T_x\gamma$ ungleich 1 sind.

2) Beweisen Sie, dass die Fixpunktmenge M^γ endlich ist, wenn alle Fixpunkte isoliert sind.

Übung 5.2.17. *Beweisen Sie mit Hilfe von Übung 5.2.15, dass die gemeinsame Fixpunktmenge M^Γ einer endlichen Gruppe von Diffeomorphismen eine Untermannigfaltigkeit ist.*

Übung 5.2.18. *Sei γ_t eine Ein-Parameter-Gruppe von Isometrien und $X := \frac{\partial}{\partial t}_{|t=0}\gamma_t$. Sei M^X die Nullstellenmenge von X. Zeigen Sie*

1) X ist ein Killing-Vektorfeld.

2) In einer Umgebung $U \subset M$ mit $\overline{U}$ kompakt und für hinreichend kleine t ist M^X die Fixpunktmenge von γ_t.

3) $\ker \nabla X_{|M^X} = T(M^X)$.

4) ∇X ist parallel längs M^X.

5) Das Normalenbündel N zu M^X lässt sich als orthogonale Summe der Eigenräume von $(\nabla X)^2$ zerlegen.

6) N ist geradedimensional und lässt sich als Vektorbündel mit einer komplexen Struktur versehen.

7) Falls M orientierbar ist, ist jede Zusammenhangskomponente von M^X orientierbar.

Übung* 5.2.19. *Sei X ein Killing-Feld konstanter Norm. Zeigen Sie, dass die Flusslinien Geodätische sind.*

Übung 5.2.20. *Sei N Untermannigfaltigkeit einer Riemannschen Mannigfaltigkeit M.*

1) Sei c eine Geodätische in M, deren Bahn in N liegt. Folgern Sie, dass c auch eine Geodätische in N ist (insbesondere sind Geraden auf Untermannigfaltigkeiten des euklidischen Raums Geodätische).

2) Sei c eine Kurve in N. Zeigen Sie, dass c genau dann eine Geodätische in N ist, wenn $\nabla^{c^*TM}_{\partial/\partial t}\dot{c} \perp c^*TN$.

Übung 5.2.21. *Sei $M = \mathbf{C}/(\mathbf{Z} + \tau\mathbf{Z})$ ein flacher 2-dimensionaler Torus für $\tau \in \mathbf{C} \setminus \mathbf{R}$. Bestimmen Sie die Punkte, die von mindestens zwei verschiedenen in 0 startenden Geodätischen minimaler Länge erreicht werden (mit Skizze dieser Punktmenge in einem Fundamentalbereich). Dabei können Sie annehmen, dass $|\tau| \geq 1$ und $0 \leq \operatorname{Re}\tau \leq 1/2$ (bis auf Skalierung lässt sich das stets durch Drehungen, Spiegelung und Wahl der Gitterbasis erreichen).*

Übung 5.2.22. *Sei G eine Lie-Gruppe.*

1) Zeigen Sie, dass die Bedingung „$\nabla^L Y = 0$ für jedes links-invariante Vektorfeld Y“ einen Zusammenhang auf TG definiert.

2) Berechnen Sie die Krümmung Ω^L.

*3) Berechnen Sie die **Torsion***

$$T^L : \mathfrak{g} \times \mathfrak{g} \to \mathfrak{g}$$

$$(X, Y) \mapsto \nabla_X^L Y - \nabla_Y^L X - [X, Y].$$

4) Zeigen Sie, dass die Lie-Gruppen-Exponentialabbildung und die geodätische Exponentialabbildung $\exp^L$ für ∇^L übereinstimmen (letzteres analog zum Levi-Civita-Zusammenhang definiert).

Übung* 5.2.23. *Finden Sie mit Hilfe von Satz 5.2.11 einen einfacheren Beweis von Satz 3.1.17(3),(4).*

5.3   Jacobi-Felder

Jacobi-Feld	geodätische Scheibe
Variation einer Geodätischen	abrollen
geodätische Sphäre	Schmiegtorse
geodätischer Ball	Satz von Minding
geodätischer Kreis	

Jacobi-Felder sind infinitesimale Variationen von Geodätischen. Mit ihnen werden in diesem Abschnitt die ersten Terme der Taylorentwicklung der Riemannschen Metrik in Normalkoordinaten bestimmt. Damit kann am Ende des Abschnitts das Verhalten von kleinen geometrischen Objekten um einen Punkt $p \in M$ in Beziehung zu der Krümmung bei p gesetzt werden.

Definition 5.3.1. *Die **Jacobi-Felder** $Y \in \Gamma(I, c^*TM)$ längs einer Geodätischen c sind die Lösungen der Differentialgleichung*

$$(\nabla_{\partial/\partial t}^{c^*TM})^2 Y = \Omega_{c(t)}(\dot{c}, Y)\dot{c}.$$

Beispiel 5.3.2. Wegen $\nabla_{\partial/\partial t}^{c^*TM}\dot{c} = 0$ sind $\dot{c}$ und $Y_t = t \cdot \dot{c}(t)$ Jacobi-Felder.

Lemma 5.3.3. *Der Vektorraum der Jacobi-Felder ist isomorph zu $(T_{c(0)}M)^2$ via $Y \mapsto (Y(0), \nabla_{\partial/\partial t}Y(0))$.*

Beweis. Existenz und Eindeutigkeit der Lösungen von gewöhnlichen linearen DGL (2. Ordnung).   □

Eine **Variation einer Geodätischen** $c : I \to M$ sei eine C^∞-Abbildung $H : U \to M$, $U \subset \mathbf{R}^2$ mit $U \cap 0 \times \mathbf{R} = I$, $H(0, \cdot) = c$, für die $H(s, \cdot)$ Geodätische ist für jedes s.

Satz 5.3.4. *Die Jacobi-Felder sind genau die Vektorfelder, für die eine solche Variation mit $Y = \frac{\partial}{\partial s}_{|s=0}H$ existiert.*

Anschaulich ist Y der infinitesimale Abstand zu benachbarten Geodätischen in H.

Beispiel. Die Beispiele 5.3.2 erhält man über die beiden geodätischen Variationen $H(s,t) = c(t+s)$ und $H(s,t) = c((s+1)t)$. Da Geodätische konstante Geschwindigkeit haben, sind alle Umparametrisierungen von c, die wieder Geodätische ergeben, affin.

Beweis. 1) Sei H eine Variation von c. Lokal um einen Punkt $H(s,t) \in M$ seien $\tilde{X}, \tilde{Y}$ Fortsetzungen von $\frac{\partial H}{\partial t}, \frac{\partial H}{\partial s}$. Nach Lemma 1.4.7 ist dann $[\tilde{Y}, \tilde{X}]_{|H(s,t)} = [\frac{\partial}{\partial s}, \frac{\partial}{\partial t}].H = 0$. Für $H^*\Omega = \Omega^{H^*TM} \in \mathfrak{A}^2(U, \mathrm{End}(H^*TM))$ ist mit $Y := \frac{\partial}{\partial s}_{|s=0}H$ und $H^* : TM \to H^*TM$ bei $s = 0$

$$\Omega(\frac{\partial H}{\partial t}, \frac{\partial H}{\partial s})\frac{\partial H}{\partial t}_{|s=0}$$

$$= \Omega^{H^*TM}(\frac{\partial}{\partial t}, \frac{\partial}{\partial s})\dot{c}$$

$$= \nabla^{H^*TM}_{\partial/\partial t}\nabla^{H^*TM}_{\partial/\partial s}\frac{\partial H}{\partial t} - \nabla^{H^*TM}_{\partial/\partial s}\underbrace{\nabla^{H^*TM}_{\partial/\partial t}\frac{\partial H}{\partial t}}_{=0} - \underbrace{\nabla^{H^*TM}_{[\partial/\partial t, \partial/\partial s]}}_{=0}\frac{\partial H}{\partial t}$$

$$= \nabla^{H^*TM}_{\partial/\partial t}H^*\nabla^{TM}_{\tilde{Y}}\tilde{X}$$

$$= \nabla^{H^*TM}_{\partial/\partial t}\nabla^{H^*TM}_{\partial/\partial s}\frac{\partial H}{\partial s} + \nabla^{H^*TM}_{\partial/\partial t}H^*\underbrace{\left[\tilde{Y}, \tilde{X}\right]}_{=0} \overset{s=0}{=} (\nabla^{c^*TM}_{\partial/\partial t})^2 Y.$$

Der Pullback $H^* : TM \to H^*TM$ zu Vektorbündeln sollte hier nicht mit dem Pullback von Vektorfeldern durch Diffeomorphismen verwechselt werden.

2) Da eine Geodätische durch den Startvektor eindeutig bestimmt ist, entsprechen geodätische Variationen $H : I \times J \to M$ eindeutig Abbildungen $\tilde{H} : J \to TM, s \mapsto \frac{\partial H}{\partial t}(s,0)$. Also werden die Vektorfelder $\frac{\partial H}{\partial s}_{|s=0}$ bijektiv und linear auf $\frac{\partial \tilde{H}}{\partial s}_{|s=0}$ im Vektorraum $T_{\frac{\partial H}{\partial t}(0,0)}TM$ der Dimension $\dim TM = 2n$ abgebildet. Andererseits ist dies nach Lemma 5.3.3 die Dimension des Raums der Jacobifelder, also ist die Abbildung aus Teil (1) surjektiv. $\qquad\square$

Korollar 5.3.5. *Sei $c : I \to M, t \mapsto \exp_p tX_0, 0 \in I$ eine Geodätische. Die Jacobi-Felder längs c mit Nullstelle bei p sind die Schnitte $Y \in \Gamma(I, c^*TM)$ der Form $Y_t = T_{tX_0}\exp_p(tV)$ für ein $V \in T_pM$ (Abb. 5.7).*

Beweis. Ableiten der Variation $H(s,t) := \exp_p(t(X_0+sV))$ radialer Geodätischer liefert diese Jacobi-Felder. Dann ist $Y_0 = 0$ und wegen $T_0\exp_p = \mathrm{id}$ ist

$$\nabla_{\partial/\partial t}Y_{t|t=0} = \left((T_{tX_0}\exp_p)(V) + t \cdot \nabla_{\partial/\partial t}(T_{tX_0}\exp_p)(V)\right)_{|t=0} = V.$$

Dank der Eindeutigkeit zu gegebenen Startdaten sind dies alle Jacobi-Felder mit Nullstelle bei p. $\qquad\square$

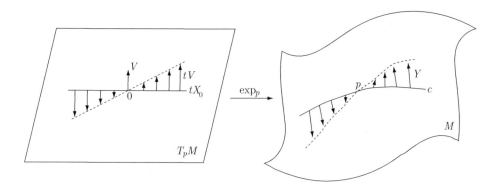

Abb. 5.7: Jacobifeld mit Nullstelle bei p

In Termen der Basis $(b_j)_j$ in einer Normalumgebung haben diese Jacobi-Felder die Gestalt $Y_t = t \cdot \sum v_j b_j$ zu $v_j \in \mathbf{R}, j = 1, \dots, n$.

Satz 5.3.6. *Lokal hat g die Taylorentwicklung*

$$(\exp^* g)_{|X} = g_p + \frac{1}{3} \overbrace{g_p(\Omega_p(X, \cdot)X, \cdot)}^{R(X, \cdot, \cdot, X)} + O(\|X\|^3)$$

$$= g_p + \frac{1}{3} \sum_{k, \ell=1}^n g_p(\Omega_p(e_k, \cdot)e_\ell, \cdot) x_k x_\ell + O(\|X\|^3)$$

für $X \in T_p M$.

Da $\|X\|$ in einer ballförmigen Umgebung von p der metrische Abstand zu p ist, kann man dies als eine Taylorentwicklung nach der Entfernung auffassen. Diese Formel ist tatsächlich Riemanns ursprüngliche Definition des Krümmungstensors.

Beweis. Beide Seiten sind symmetrische Bilinearformen; für den Term 2. Ordnung folgt dies aus $R(X, Y, X, Z) = R(X, Z, X, Y)$. Nach der Polarisationsformel genügt es also, die Gleichung für die zugehörige quadratische Form zu zeigen. Wir überprüfen dazu für ein Jacobi-Feld $Y_t = (\exp_p)_*(tV)$ längs einer Geodätischen $c(t) = \exp t X_0$, dass

$$t^2(\exp^* g)(V, V) = g_{c(t)}(Y, Y) = t^2 g_p(V, V) + \frac{t^4}{3} g_p(\Omega_p(X_0, V)X_0, V) + O(t^5).$$

Nach Gestalt der linken Seite ist $\|Y\|_{|p}^2 = 0$, $\frac{d}{dt}{}_{|t=0}\|Y\|^2 = 0$ und

$$\frac{d^2}{dt^2}{}_{|t=0}\|Y\|^2 = 2\|T_0 \exp V\|_{|p}^2 = 2\|V\|^2.$$

Wegen $Y_0 = 0$ ist auch $(\nabla_{\partial/\partial t})^2 Y_0 = 0$. Damit folgt

$$\frac{d^3}{dt^3}\bigg|_{t=0}\|Y\|^2 = 2g((\nabla_{\partial/\partial t})^3 Y, \underbrace{Y}_{=0\text{ bei }t=0}) + 6g(\underbrace{(\nabla_{\partial/\partial t})^2 Y}_{=0\text{ bei }t=0}, \nabla_{\partial/\partial t} Y) = 0,$$

$$\frac{d^4}{dt^4}\bigg|_{t=0}\|Y\|^2 = 8g((\nabla_{\partial/\partial t})^3 Y, \nabla_{\partial/\partial t} Y) = 8g(\nabla_{\partial/\partial t}(\Omega(\dot{c}, Y)\dot{c}), V)$$

$$\overset{Y_0=0}{=} 8g(\Omega(\dot{c}, \underbrace{\nabla_{\partial/\partial t} Y}_{=V\text{ bei }t=0})\dot{c}, V). \qquad \square$$

Korollar 5.3.7. *Die Riemannsche Volumenform hat in Normalkoordinaten die Taylorentwicklung*

$$(\exp_p^* d\mathrm{vol}_g)_{|X} = \left(1 - \frac{1}{6}\mathrm{Ric}(X, X) + O(\|X\|^3)\right) d\mathrm{vol}_{g_p}.$$

Beweis. Für $A \in \mathbf{R}^{n \times n}$ ist

$$\sqrt{\det(\mathrm{id} + \varepsilon A + O(\varepsilon^2))} = \sqrt{\mathrm{id} + \varepsilon \mathrm{Tr}\,A + O(\varepsilon^2)}$$
$$= \mathrm{id} + \frac{\varepsilon}{2}\mathrm{Tr}\,A + O(\varepsilon^2).$$

Also ist für eine Orthonormalbasis $(e_j)_j$ von g_p und $A_{jk} := -\frac{1}{3}R(e_j, X, e_k, X)$

$$\exp_p^* d\mathrm{vol}_{g|X} = \sqrt{\det((\exp_p^* g)(e_j, e_k))_{jk}} \cdot d\mathrm{vol}_{g_p}$$
$$= (1 - \frac{1}{6}\sum_k R(e_k, X, e_k, X) + O(\|X\|^3)) \cdot d\mathrm{vol}_{g_p}$$
$$= \left(1 - \frac{1}{6}\mathrm{Ric}(X, X) + O(\|X\|^3)\right) e^1 \wedge \cdots \wedge e^n. \qquad \square$$

Für eine symmetrische Bilinearform γ auf TM setze $\mathrm{Tr}_g\gamma := \mathrm{Tr}\,(g_{jk})^{-1}(\gamma_{k\ell})$ mit den Gramschen Matrizen zu einer beliebigen Basis. Für einen Basiswechsel A ist dann

$$\mathrm{Tr}\,(\tilde{g}_{jk})^{-1}(\tilde{\gamma}_{k\ell}) = \mathrm{Tr}\,(A^t)^{-1}(g_{jk})^{-1}A^{-1}A(\gamma_{k\ell})A^t = \mathrm{Tr}\,(g_{jk})^{-1}(\gamma_{k\ell}).$$

Für eine Orthonormalbasis (e_j) gilt insbesondere $\mathrm{Tr}_g\gamma = \sum_j \gamma(e_j, e_j)$.

Hilfssatz 5.3.8. *Sei $P(X) = \alpha + \beta(X) + \gamma(X, X) + \delta(X, X, X)$ ein beliebiges Polynom vom Grad ≤ 3 auf einem euklidischen Vektorraum (V, g), wobei β eine Linearform und γ, δ symmetrische Multilinearformen sind. Setze $\mathrm{Tr}_g\gamma := \sum_j \gamma(e_j, e_j)$ für eine Orthonormalbasis (e_j) (mit den Gramschen Matrizen zu einer beliebigen Basis ist dies $\mathrm{Tr}\,(g_{jk})^{-1}(\gamma_{k\ell})$). Dann ist für den Ball $B_r(0)$ vom Radius $r > 0$ um 0*

$$\int_{B_r} P(X)\, d\mathrm{vol}_g = \mathrm{vol}(B_r) \cdot (\alpha + \frac{r^2}{n+2}\mathrm{Tr}_g\gamma)$$

und für die Sphäre $S_r^{n-1} = \partial B_r(0)$

$$\int_{S_r^{n-1}} P(X)\,d\mathrm{vol}_g = \mathrm{vol}(S_r^{n-1}) \cdot \left(\alpha + \frac{r^2}{n}\mathrm{Tr}_g\gamma\right).$$

Beweis. Wegen der Punktsymmetrie der Sphären und Bälle um 0 verschwinden Integrale über die Terme ungerader Ordnung: Mit $\sigma : \mathbf{R}^n \to \mathbf{R}^n$, $X \mapsto -X$ ist

$$\int_{S^n} P(X)\,d\mathrm{vol}_g = \mathrm{sign}\,\det T\sigma \int_{S^n} P(-X)\sigma^*d\mathrm{vol}_g = \int_{S^n} P(-X)\,d\mathrm{vol}_g.$$

Für die Sphäre S_r^{n-1} vom Radius r ist mit Koordinaten $\sum_j x_j e_j$

$$r^2\mathrm{vol}(S_r^{n-1}) = \int_{S_r^{n-1}} \sum_j x_j^2\,dx_1\ldots dx_n = n\int_{S_r^{n-1}} x_j^2\,dx_1\ldots dx_n.$$

Für eine γ diagonalisierende g-Orthonormalbasis (e_j) folgt

$$\int_{S_r^{n-1}} \gamma(X,X)\,d\mathrm{vol} = \sum_j \int_{S_r^{n-1}} x_j^2\gamma(e_j,e_j)\,d\mathrm{vol} = \frac{r^2}{n}\mathrm{Tr}_g\gamma \cdot \mathrm{vol}\,S_r^{n-1},$$

also wegen $\mathrm{vol}\,B_{r_0} = \int_0^{r_0} r^{n-1}\mathrm{vol}\,S_1^{n-1}\,d\mathrm{vol} = \frac{r_0^n}{n}\mathrm{vol}\,S_1^{n-1}$

$$\int_{B_{r_0}} \gamma(X,X)\,d\mathrm{vol} = \int_0^{r_0} \frac{r^2\mathrm{Tr}_g\gamma}{n}\mathrm{vol}(S_r^{n-1})\,dr$$

$$= \int_0^{r_0} r^{n+1}\,dr \cdot \frac{\mathrm{Tr}_g\gamma}{r_0^n}\mathrm{vol}\,B_{r_0} = \frac{r_0^2}{n+2}\mathrm{Tr}_g\gamma \cdot \mathrm{vol}\,B_{r_0}. \qquad \square$$

Korollar 5.3.9. *Für* $p \in M, r > 0$ *und die* **geodätische Sphäre** $S_r(p) := \{q \in M \mid \mathrm{dist}(p,q) = r\}$ *sowie den* **geodätischen Ball** $B_r(p) := \{q \in M \mid \mathrm{dist}(p,q) < r\}$ *ist*

$$\mathrm{vol}\,S_r(p) = \mathrm{vol}\,S_{\mathrm{eukl}}^{n-1} \cdot r^{n-1}\left(1 - \frac{r^2 s_p}{6n} + O(r^4)\right),$$

$$\mathrm{vol}\,B_r(p) = \mathrm{vol}\,B_{\mathrm{eukl}}^{n} \cdot r^{n}\left(1 - \frac{r^2 s_p}{6(n+2)} + O(r^4)\right).$$

Bemerkung. Für große r ist $S_r(p)$ nicht unbedingt eine Untermannigfaltigkeit, vergleiche Abb. 5.8.

Beweis. Nach Satz 5.2.11 sind $S_r(p), B_r(p)$ für kleine r Bilder von Sphären und Bällen in T_pM unter exp. Mit $\mathrm{Tr}\,_g(-\frac{1}{6}\mathrm{Ric}) = -\frac{s_p}{6}$ folgt das Korollar aus Hilfssatz 5.3.8. Nach dem Hilfssatz liefert der Term 3. Ordnung der Taylorentwicklung von g keinen Beitrag, deswegen gilt die Gleichung mit $O(r^4)$ und nicht nur $O(r^3)$. $\square$

Korollar 5.3.10. *Seien* $X,Y \in T_pM, X \perp Y, \|X\| = \|Y\| = 1$ *und* D *sei* $\mathbf{R} \cdot X + \mathbf{R} \cdot Y$ *geschnitten mit einer ballförmigen Normalumgebung von* p. *Sei* c_r *der* **geodätische Kreis** *vom Radius* $r > 0$ *um* p *in die Richtungen* X, Y, *d.h.*

$$c_r([0, 2\pi[) = S_r(p) \cap \exp_p(D).$$

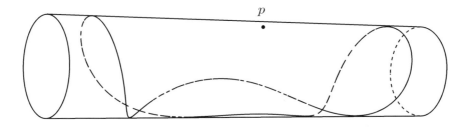

Abb. 5.8: $S_r(p)$ auf einem Zylinder

*Sei $D_r := B_r(p) \cap \exp_p(D)$ die **geodätische Scheibe**. Dann ist für $r \to 0$*

$$\text{Länge}(c_r) \;=\; 2\pi r - \frac{\pi r^3}{3} K_p(X \wedge Y) + O(r^5),$$

$$\text{Flächeninhalt}(D_r) \;=\; \pi r^2 - \frac{\pi r^4}{12} K_p(X \wedge Y) + O(r^6).$$

Beweis. Die Geodätischen $t \mapsto \exp_p(t \cdot (aX + bY))$ sind als Kürzeste auch Geodätische in der Untermannigfaltigkeit $N := \exp_p(D)$, also stimmen $\exp_p$ und $\exp_p^N$ auf D überein. Insbesondere ist $\exp_p^* g_{|D} = \exp_p^{N*} g^N$ und nach Satz 5.3.6 $s_p^N = 2K_p^N(X \wedge Y) = 2K_p(X \wedge Y)$. Also folgt die Formel aus der in Lemma 5.3.9 für den zweidimensionalen Fall. $\qquad\square$

Auf einer Sphäre etwa ist c_r kürzer als ein Kreis vom gleichen Radius im euklidischen Raum (Abb. 5.9). Die Taylorentwicklung der Metrik liefert natürlich auch eine Entwicklung des Levi-Civita-Zusammenhangs:

Korollar 5.3.11. *Für $X, Y, Z \in T_pM$ und Y, Z konstant auf TT_pM zurückgezogen ist*

$$\left(\nabla_Y^{\exp_p^* TM} Z \right)_{|X} = \Gamma_X(Y, Z) = \frac{1}{3}\Omega_p(X, Y)Z + \frac{1}{3}\Omega_p(X, Z)Y + O(\|X\|^2).$$

Beweis. Mit $W \in TT_pM$ konstant ist

$$
\begin{aligned}
W.((\exp_p^* g)_{|X}(Y, Z)) &= \frac{1}{3}W.(g_p(\Omega_p(Y, X)Z, X) + O(\|X\|^3)) \\
&= \frac{1}{3}g_p(\Omega_p(Y, W)Z, X) + \frac{1}{3}g_p(\Omega_p(Y, X)Z, W) + O(\|X\|^2) \\
&= \frac{1}{3}g_p(\Omega_p(Z, X)Y, W) + \frac{1}{3}g_p(\Omega_p(Y, X)Z, W) + O(\|X\|^2)
\end{aligned}
$$

und somit mit der Koszul-Formel

$$
\begin{aligned}
2(\exp^* g)_{|X}(\nabla_Y Z, W) \\
= Y.(\exp^* g(Z, W)) + Z.(\exp^* g(Y, W)) - W.(\exp^* g(Y, Z)) \\
= \frac{2}{3}g_p(\Omega(X, Y)Z, W) + \frac{2}{3}g_p(\Omega(X, Z)Y, W) + O(\|X\|^2). \qquad\square
\end{aligned}
$$

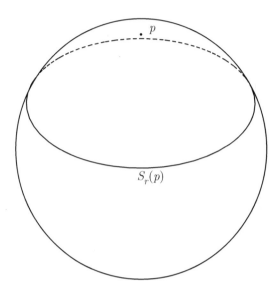

Abb. 5.9: $S_r(p)$ auf einer Sphäre

Im zweidimensionalen Fall wird die Gestalt der Metrik in Normalkoordinaten besonders übersichtlich:

Lemma 5.3.12. *(Jacobi-Gleichung) Sei M 2-dimensional. Dann ist in geodätischen Polarkoordinaten* $\exp^* g = dr^2 + G^2 d\vartheta^2$ *mit* $-\frac{1}{G}\frac{\partial^2 G}{\partial r^2}|_{(r,\vartheta)} = K_{|\exp(r,\vartheta)}$, $G = r + O(r^2)$ *für* $r \searrow 0$.

Beweis. Die radialen Geodätischen haben konstante Geschwindigkeit, und nach dem Gauß-Lemma ist $\frac{\partial}{\partial\vartheta} \perp \frac{\partial}{\partial r}$. Also hat $\exp^* g$ die Form $dr^2 + G^2 d\vartheta^2$ mit einer Abbildung $G : \,]0, r_{\max}[\times\mathbf{R}/2\pi\mathbf{Z} \to \mathbf{R}^+$. Dann ist $G^2 = \exp^* g(\frac{\partial}{\partial\vartheta}, \frac{\partial}{\partial\vartheta}) = g_p(\frac{\partial}{\partial\vartheta}, \frac{\partial}{\partial\vartheta}) + O(r^3) = r^2 + O(r^3)$, also $G = r + O(r^2)$. Sei nun Y das Jacobi-Feld $\exp_* \frac{\partial}{\partial\vartheta}$ längs einer nach Bogenlänge parametrisierten radialen Geodätischen c und $V := Y/G$. Dann ist $V \perp \dot{c}$ und $\|V\| \equiv 1$, also ist V parallel längs c. Somit folgt mit der Jacobi-DGL

$$\Omega(\dot{c}, Y)\dot{c} = (\nabla_{\partial/\partial t})^2 Y = (\nabla_{\partial/\partial t})^2(GV) = \frac{\partial^2 G}{\partial r^2} \cdot V,$$

also

$$K = -g(\Omega(\dot{c}, V)\dot{c}, V) = -\frac{1}{G}\frac{\partial^2 G}{\partial r^2}. \qquad \square$$

Bemerkung 5.3.13. Für Flächen $M \subset \mathbf{R}^3$ lässt sich damit die Parallelverschiebung von Tangentialvektoren anschaulich interpretieren. Man **rollt** die Fläche M längs der Kurve c auf einer Ebene $\mathbf{R}^2$ **ab**:

Für Intervalle I mit $II_{c(t)}$ nicht-degeneriert $\forall t \in I$ wähle glatt ein Vektorfeld W längs c mit $II(W_t, c'(t)) \neq 0$. Dann ist die Regelfläche (siehe Übung 3.1.27) $\tilde{M}$ mit $\tilde{f}(t,s) = c'(t) + s \cdot W_t$ die eindeutige Regelfläche mit $\forall t \in I : T_{c(t)}\tilde{M} = T_{c(t)}M$ und $K_{\tilde{M}} \equiv 0$, die **Schmiegtorse**. Denn nach Übung 5.1.19 ist $K_{\tilde{M}} = 0$ genau dann, wenn $\nabla^{c^*T\mathbf{R}^3}_{\partial_t}\tilde{W} = W'_t \in \mathrm{span}(c'(t), W) = T_{c(t)}\tilde{M}$, d.h. wenn $\tilde{II}(c', W_t) = 0$. Und wegen $T_{c(t)}\tilde{M} = T_{c(t)}M$ ist $\tilde{II}(c', W_t) = II(c', W_t)$.

In Übung 5.3.20 wird gezeigt, dass $\tilde{M}$ lokal isometrisch zu einer Ebene ist. Und umgekehrt kann man zeigen ([Kl1, Th. 3.7.9]), dass jede Fläche im $\mathbf{R}^3$ mit $K \equiv 0$ und II nicht-degeneriert eine Regelfläche ist. Also gibt es eine eindeutige Methode, M längs der Kurve c auf einer Ebene abzurollen, so dass $T_{c(t)}M$ stets mit der Ebene identifiziert wird.

Die Parallelverschiebung längs c ist in $\tilde{M}$ und M gleich, da die Tangentialräume übereinstimmen. Und die Parallelverschiebung in der Ebene ist trivial, was also die Parallelverschiebung auf M liefert.

Aufgaben

Übung 5.3.14. *Zeigen Sie, dass ein Killing-Vektorfeld X (s. Übung 3.3.10) auf einer Riemannschen Mannigfaltigkeit M ein Jacobi-Feld entlang jeder Geodätischen c ist.*

Übung 5.3.15. *Sei M zusammenhängend, $p \in M$ fest und X, Y Killing-Vektorfelder mit $X_p = Y_p$, $(\nabla X)_p = (\nabla Y)_p$. Folgern Sie $X = Y$ (z.B. mit Übung 5.3.14).*

Übung* 5.3.16. *Bestimmen Sie explizit einen dreidimensionalen Unterraum der Jacobi-Felder längs der nach Bogenlänge parametrisierten erzeugenden Kurve $c : I \to \mathbf{R}^3$ einer Drehfläche M.*

Übung* 5.3.17. *Zeigen Sie, dass auf dem Raum der Jacobi-Felder längs einer Geodätischen c*

$$\omega(Y, \tilde{Y}) := g(Y_t, \nabla^{c^*TM}_{\partial/\partial t}\tilde{Y}_t) - g(\nabla^{c^*TM}_{\partial/\partial t}Y_t, \tilde{Y}_t)$$

eine von t unabhängige symplektische Form liefert.

Übung* 5.3.18. *Rechnen Sie für die Felder in Korollar 5.3.5 die Differentialgleichung der Jacobi-Felder nach.*

Übung* 5.3.19. *Berechnen Sie den Term 3. Ordnung der Taylorentwicklung in Satz 5.3.6 als*

$$\frac{1}{6}g_p\left((\nabla_X\Omega_p)(X, \cdot)X, \cdot\right).$$

Übung 5.3.20. *(Satz von Minding) Sei M eine Fläche mit konstanter Krümmung $K \in \mathbf{R}$. Bestimmen Sie mit Lemma 5.3.12 explizit die Metrik in geodätischen Polarkoordinaten und folgern Sie, dass alle Flächen mit dieser konstanten Krümmung K lokal isometrisch sind.*

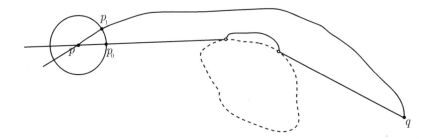

Abb. 5.10: p_0 bei einer nicht-vollständigen Mannigfaltigkeit

Übung* 5.3.21. *Zeigen Sie mit der Jacobi-Differentialgleichung noch einmal, dass S^n konstante Schnittkrümmung 1 hat, indem Sie die explizite Variation von Groß-kreisen*

$$c_s(t) = p \cdot \cos t + \sin t \cdot (X \cos s + V \sin s)$$

für $p \in S^n, X, V \in T_p S^n, \|X\| = \|V\| = 1, X \perp V$ benutzen.

5.4   Der Satz von Hopf-Rinow

geodätisch vollständig

| Satz von Hopf-Rinow
| vollständig

In diesem Abschnitt wird mit einem einfachen Kriterium für die Abstands-Metrik charakterisiert, wann die Exponentialabbildung global definiert ist.

Hilfssatz 5.4.1. *Für alle $p, q \in M$ gibt es eine Geodätische $c_0(t) = \exp_p t X_0$ und $p_0 = c_0(r_0) \neq p$ mit*

$$\mathrm{dist}(p, q) = \mathrm{dist}(p, p_0) + \mathrm{dist}(p_0, q),$$

so dass c_0 eindeutig bestimmte nach Bogenlänge parametrisierte Kürzeste von p nach p_0 ist.

Auch wenn es nicht unbedingt eine Kürzeste von p bis q geben muss, so gibt es doch nach diesem Hilfssatz bei p eine Richtung X_0, in der die Weglänge beliebig nahe am Infimum liegt (vgl. Abb. 5.10 für $M \setminus A$ mit einer abgeschlossenen Teilmenge A). Natürlich kann es mehrere Punkte p_0 dieser Art geben.

Beweis. Sei U eine ballförmige Normalumgebung um p. Für $q \in U$ setze $p_0 := q$. Anderenfalls sei $S_{r_0}(p) = \{p_1 \in M \mid \mathrm{dist}(p, p_1) = r_0\} \subset U$ eine geodätischen Sphäre. Da S_{r_0} kompakt ist, existiert $p_0 \in S_{r_0}$ mit $\mathrm{dist}(S_{r_0}, q) = \mathrm{dist}(p_0, q)$. Sei c eine Kurve von p nach q. Nach dem Zwischenwertsatz muss c die Sphäre an einer Stelle p_1 treffen, und

$$\text{Länge}(c) \geq \underbrace{\mathrm{dist}(p, p_1)}_{=r_0} + \mathrm{dist}(p_1, q) \geq \underbrace{\mathrm{dist}(p, p_0)}_{=r_0} + \mathrm{dist}(p_0, q).$$

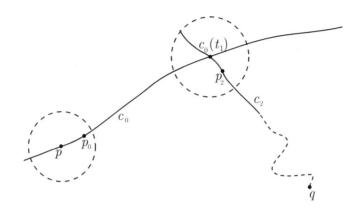

Abb. 5.11: Beweis des Satzes von Hopf-Rinow

Also ist $\mathrm{dist}(p,q) = \inf_c \mathrm{Länge}(c) \geq \mathrm{dist}(p,p_0) + \mathrm{dist}(p_0,q)$. Die Umkehrung ist die Dreiecksungleichung. $\square$

Satz 5.4.2. *(Hopf-Rinow) Für ein $p \in M$ sei $\exp_p$ mindestens auf einem Ball $B_r(0) \subset T_pM$ vom Radius r definiert. Dann kann jedes $q \in M$ mit $\mathrm{dist}(p,q) < r$ durch eine Kürzeste mit p verbunden werden.*

Beweis. Wähle $c_0, r_0 \in T_pM$ wie in Hilfssatz 5.4.1. Nach Voraussetzung ist $c_0(t)$ auf $|t| < r$ definiert. Setze $I := \{t \in \mathbf{R} \,|\, t + \mathrm{dist}(c_0(t),q) = \mathrm{dist}(p,q)\}$. I ist abgeschlossen und nicht leer, da $r_0 \in I$. Wegen der Abgeschlossenheit existiert $t_1 := \max I \leq \mathrm{dist}(p,q)$. Angenommen, $t_1 < \mathrm{dist}(p,q)$, dann existieren nach Hilfssatz 5.4.1 c_2, r_2 (Abb. 5.11) mit

$$\mathrm{dist}(p,p_2) \overset{\Delta-\mathrm{Ungl.}}{\geq} \mathrm{dist}(p,q) - \mathrm{dist}(p_2,q)$$
$$= \mathrm{dist}(p,q) - \mathrm{dist}(c_0(t_1),q) + \mathrm{dist}(c_0(t_1),p_2) = t_1 + r_2.$$

Andererseits gilt für die Vereinigung $\bar{c}$ von $c_{0|[0,t_1]}$ mit der minimalen Geodätischen c_2 von $c_0(t_1)$ nach p_2

$$\mathrm{dist}(p,p_2) \leq \mathrm{Länge}\,\bar{c} = t_1 + r_2.$$

Also ist $\mathrm{dist}(p,p_2) = t_1 + r_2$ und $\bar{c}$ Kürzeste, somit Geodätische. Also ist $\bar{c} = c_0$ und

$$\mathrm{dist}(q, \underbrace{p_2}_{=c_0(t_1+r_2)}) + t_1 + r_2 = \mathrm{dist}(p,q),$$

also $t_1 + r_2 \in I \,\lightning$. $\square$

Korollar 5.4.3. *Falls M **geodätisch vollständig** ist, d.h. $\exp$ ist auf ganz TM definiert, so können beliebige Punkte durch Kürzeste verbunden werden.*

Die Umkehrung gilt nicht. Z.B. lassen sich auf einem beschränkten Intervall in $\mathbf{R}$ beliebige Punkte durch minimale Geodätische verbinden, obwohl die Exponentialfunktion nicht global definiert ist.

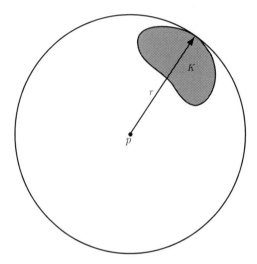

Abb. 5.12: Beweisschritt (4)⇒(1)

Satz von Hopf-Rinow 5.4.4. *([HoRi[β]) Folgende Aussagen sind für eine Rie-mannsche Mannigfaltigkeit M äquivalent:*

1) Jede beschränkte abgeschlossene Teilmenge $K \subset M$ ist kompakt,

2) M ist als metrischer Raum vollständig, d.h. jede Cauchy-Folge konvergiert,

3) M ist geodätisch vollständig,

4) $\exists p \in M : \exp_p$ ist auf ganz $T_p M$ definiert.

Entsprechend heißt eine Riemannsche Mannigfaltigkeit M unter diesen Bedingungen **vollständig**

Beweis. (1) ⇒ (2): Jede Cauchyfolge ist beschränkt, also nach (1) in einem Kompaktum enthalten, also hat sie eine konvergente Teilfolge, also konvergiert sie.
(2) ⇒ (3): Sei eine nach Bogenlänge parametrisierte Geodätische c maximal auf einem offenen Intervall $I \subset \mathbf{R}$ definiert. Sei $t_0 = \sup I < \infty$ Limes einer Folge (t_j) in I. Wegen $\mathrm{dist}(c(t_j), c(t_k)) \leq |t_k - t_j|$ existiert $\lim_{t \nearrow t_0} c(t) =: p$ nach (2). Also ist c in einer Normalumgebung von p fortsetzbar ↯. Genauso für $\inf I$.
(3) ⇒ (4): klar
(4) ⇒ (1): Sei $\exp_p$ auf $T_p M$ definiert. Wegen der Beschränktheit von K gibt es ein endliches $r > \sup\{\mathrm{dist}(p, q) \mid q \in K\}$. Nach Satz 5.4.2 ist $K \subset \exp_p \overline{B_r(0)}$, und $\exp_p \overline{B_r(0)}$ ist als Bild eines Kompaktums unter einer stetigen Abbildung kompakt, die abgeschlossene Teilmenge K somit auch (Abb. 5.12). □

---

[3]1931, Heinz Hopf, 1894–1971, Willi Rinow, 1907–1979

Bemerkung 5.4.5. Eine abgeschlossene Untermannigfaltigkeit $N \subset M$ einer (bzgl. ihrer Abstandsmetrik dist_M) vollständigen Mannigfaltigkeit M ist (bzgl. dist_N) vollständig. Dies folgt auch ohne den Satz von Hopf-Rinow: Für $p, q \in N$ ist $\mathrm{dist}_M(p, q) \leq \mathrm{dist}_N(p, q)$, also ist jede Cauchy-Folge in N auch eine in M. Wegen der Abgeschlossenheit liegt der Grenzwert p in N. Und weil die Topologie auf N die Teilraumtopologie zu der von M ist, konvergiert die Folge auch bzgl. der Topologie auf N gegen p. Z.B. ist jede abgeschlossene Lie-Gruppe $G \subset \mathbf{R}^{n \times n}$ vollständig.

Korollar 5.4.6. *(Beispiele)*

1) *Sei $G \subset \mathbf{SO}(n)$ eine (abgeschlossene, also kompakte) Lie-Untergruppe, dann ist $\exp_{\mathrm{id}} A = e^A$ auf ganz $\mathfrak{g} = T_{\mathrm{id}}G$ definiert. Nach Hopf-Rinow ist $\exp_{\mathrm{id}}$ surjektiv, d.h. jedes $h \in G$ lässt sich als $h = e^A$ für ein $A \in \mathfrak{g}$ schreiben.*

2) *Sei $G = \mathbf{SL}_2(\mathbf{R})$. Nach Übung 1.6.30 ist $A \mapsto e^A$ nicht surjektiv, da $\mathrm{Tr}\, e^A \geq -2$. Also muss nach Hopf-Rinow im Allgemeinen $\exp_{\mathrm{id}} A \neq e^A$ sein.*

Korollar 5.4.7. *Sei M kompakt. Dann ist $\exp$ auf ganz TM definiert, und je zwei Punkte lassen sich durch kürzeste Geodätische verbinden.*

Aufgaben

Übung 5.4.8. *Sei M eine vollständige Riemannsche Mannigfaltigkeit und c eine Geodätische. Es gebe keine kürzere Geodätische als c von $c(a)$ nach $c(b)$. Folgern Sie, dass c kürzester Weg von $c(a)$ nach $c(b)$ ist. Finden Sie ein Gegenbeispiel für diese Aussage bei nicht-vollständigem M.*

Kapitel 6

Homogene Räume

Die Lie-Gruppen ergaben bereits nicht-triviale und andererseits vergleichsweise leicht zu untersuchende Beispiele für Riemannsche Mannigfaltigkeiten. Trotzdem sind sie eine sehr spezielle Klasse von Mannigfaltigkeiten, an denen man viele allgemeinere Effekte nicht nachvollziehen kann, wie man z.B. an ihrem trivialen Tangentialbündel schon bemerkt. Deutlich interessantere und teilweise ähnlich gut zu verstehende Beispiele findet man, in dem man Lie-Gruppen durch Untergruppen dividiert. Diese homogenen Räume, die man auch als die Riemannschen Mannigfaltigkeiten mit transitiver Isometriegruppe verstehen kann, werden in diesem Kapitel untersucht. Zunächst wird umfangreicher der mit dem euklidischen Raum und den Sphären regulärste metrische Raum genauer besprochen, der hyperbolische Raum, und diese drei Räume werden als die Räume konstanter Krümmung charakterisiert. Dann werden, nachdem wir schon von Anfang an Unterräume von Mannigfaltigkeiten studiert haben, auch allgemein Submersionen und Quotienten von Riemannschen Mannigfaltigkeiten betrachtet und O'Neills Formeln für Krümmungen und Geodätische erarbeitet. Dies wird zur Untersuchung der homogenen Räume verwendet.

6.1 Der hyperbolische Raum

hyperbolischer Raum | Lorentz-Isometrie
Minkowski-Form | Oberer-Halbraum-Modell

In diesem Abschnitt werden in direkter Analogie zu entsprechenden Resultaten für die Sphäre einige grundlegende Eigenschaften des hyperbolischen Raums besprochen (vgl. Beispiel 3.1.3).

Lemma 6.1.1. *Als Menge lässt sich S^n kanonisch mit den Nebenklassen $\mathbf{SO}(n+1)/\mathbf{SO}(n)$ mit $\mathbf{SO}(n) \cong \begin{pmatrix} 1 & 0 \\ 0 & \mathbf{SO}(n) \end{pmatrix} \subset \mathbf{SO}(n+1)$ identifizieren.*

Beweis. $G := \mathbf{SO}(n+1)$ operiert transitiv auf S^n: Zu $\mathbf{x}, \mathbf{y} \in S^n$ wähle ein $\mathbf{z} \in S^n \setminus \{\mathbf{x}, \mathbf{y}\}$. Sei $A \in G$ die Verknüpfung der Spiegelung $\mathbf{w} \mapsto \mathbf{w} - 2\frac{\mathbf{x}-\mathbf{z}}{\|\mathbf{x}-\mathbf{z}\|^2}\langle \mathbf{x} - \mathbf{z}, \mathbf{w}\rangle$

© Springer-Verlag GmbH Deutschland, ein Teil von Springer Nature 2019
K. Köhler, *Differentialgeometrie und homogene Räume*,
https://doi.org/10.1007/978-3-662-60738-1_6

an $(\mathbf{x} - \mathbf{z})^{\perp}$ mit der an $(\mathbf{y} - \mathbf{z})^{\perp}$. Dann ist $A(\mathbf{y}) = \mathbf{x}$. Für $N := (1, 0, \cdots, 0)^t$ ist der Stabilisator $G_N = \{h \in \mathbf{SO}(n+1) \,|\, h(1, 0, \cdots, 0)^t = (1, 0, \cdots, 0)^t\} = \begin{pmatrix} 1 & 0 \\ 0 & \mathbf{SO}(n) \end{pmatrix}$, also ist $\mathbf{SO}(n+1)/\mathbf{SO}(n) \to S^n, [h] \mapsto hN$ wohldefiniert und bijektiv. $\qquad \square$

Bei der Sphäre liefert die stereographische Projektion $\varphi_{-} : S^n \to \mathbf{R}^n, (x_0, x) \mapsto \frac{x}{1+x_0}$ eine Karte mit zugehöriger Parametrisierung $\varphi_{-}^{-1} : u \mapsto \frac{1}{1+\|u\|^2} \begin{pmatrix} 1-\|u\|^2 \\ 2u \end{pmatrix}$. In dieser Karte ist die Riemannsche Metrik $\left((\varphi_{-}^{-1})^* g\right)_u = \frac{4}{(1+\|u\|^2)^2} \langle \cdot, \cdot \rangle_{\text{eukl}}$ nach Übung 2.2.14. Nun nehmen wir statt der euklidischen Metrik die **(kanonische) Minkowski-Form auf** $\mathbf{R}^{n+1}$, d.h. die symmetrische Bilinearform

$$\langle (x_0, \ldots, x_n), (y_0, \ldots, y_n) \rangle_L := x_0 y_0 - \sum_{j>0} x_j y_j.$$

In der Literatur findet man bei dieser Definition häufig auch entgegengesetzte Vorzeichen. $\langle v, v \rangle_L$ wird abkürzend als $\|v\|_L^2$ geschrieben, während $\| \cdot \|^2$ weiter auf euklidische Normen verweist. Eine **Lorentz-Isometrie** ist eine Isometrie von $(\mathbf{R}^{n+1}, \langle \cdot, \cdot \rangle_L)$. Setze

$$H^n := \{\mathbf{x} = \begin{pmatrix} x_0 \\ x \end{pmatrix} \in \mathbf{R}^+ \times \mathbf{R}^n \,|\, x_0^2 - \|x\|_{\text{eukl}}^2 = \|\mathbf{x}\|_L^2 = 1\}$$

in Analogie zu S^n (eine Hälfte eines zweischaligen Hyperboloids). Dieses Hyperboloid ist im Doppelkegel $\{\mathbf{x} \in \mathbf{R}^{n+1} \,|\, \|\mathbf{x}\|_L^2 > 0\}$ enthalten und nähert sich für große x_0 dessen Rand. Der Tangentialraum erweist sich durch Ableiten als $T_{\mathbf{x}} H^n = \{X \in \mathbf{R}^{n+1} \,|\, \langle \mathbf{x}, X \rangle_L = 0\}$ analog zur Sphäre. Genau wie bei S^n gibt es eine stereographische Projektion $\varphi : H^n \to B_1^n(0), \begin{pmatrix} x_0 \\ x \end{pmatrix} \mapsto \frac{x}{1+x_0}$ (Abb. 6.1). Dies ist eine Karte von H^n, denn die zugehörige Parametrisierung ist $\varphi^{-1} : B_1^n(0) \to H^n, u \mapsto \frac{1}{1-\|u\|^2} \begin{pmatrix} 1+\|u\|^2 \\ 2u \end{pmatrix}$. Denn $\|\varphi^{-1}(u)\|_L^2 = 1$ und

$$\varphi(\varphi^{-1}(u)) = \frac{\frac{2u}{1-\|u\|^2}}{\frac{1+\|u\|^2}{1-\|u\|^2} + 1} = \frac{2u}{2} = u.$$

Satz 6.1.2. $(B_1^n(0), -(\varphi^{-1})^* \langle \cdot, \cdot \rangle_L)$ *ist der hyperbolische Raum aus Beispiel 3.1.3.*

Beweis. Wir berechnen $-(\varphi^{-1})^* \langle \cdot, \cdot \rangle_L = -\langle T\varphi^{-1} \cdot, T\varphi^{-1} \cdot \rangle_L$ und zeigen, dass dies die hyperbolische Metrik auf $B_1^n(0)$ liefert. Sei

$$f : \mathbf{R}^{n+1} \setminus \{\|\mathbf{x} - S\|_L^2 = 0\} \quad \to \quad \mathbf{R}^{n+1} \setminus \{\|\mathbf{x} - S\|_L^2 = 0\}$$

$$\mathbf{x} \quad \mapsto \quad S + \frac{2(\mathbf{x} - S)}{\|\mathbf{x} - S\|_L^2}.$$

mit $S := (-1, 0, \cdots, 0)^t$. Dann ist

$$f\left(\begin{pmatrix} 0 \\ u \end{pmatrix}\right) = \begin{pmatrix} -1 \\ 0_{\mathbf{R}^n} \end{pmatrix} + \frac{2 \begin{pmatrix} 1 \\ u \end{pmatrix}}{1 - \|u\|^2} = \varphi^{-1}(u).$$

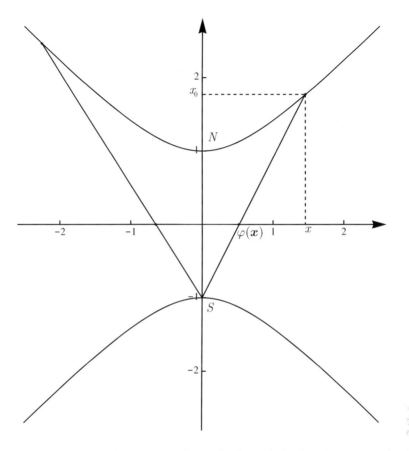

Abb. 6.1: Die stereographische Projektion des hyperbolischen Raums. In der Darstellung wird die Drehachse zu x_0 senkrecht gewählt.

Weiter ist

$$
\begin{aligned}
T_{\mathbf{x}}f(Y) &= \frac{2Y}{\|\mathbf{x} - S\|_L^2} - \frac{4(\mathbf{x} - S)\langle \mathbf{x} - S, Y\rangle_L}{\|\mathbf{x} - S\|_L^4} \\
&= \frac{2}{\|\mathbf{x} - S\|_L^2} \cdot \underbrace{\left[Y - 2\frac{\langle \mathbf{x} - S, Y\rangle}{\|\mathbf{x} - S\|_L^2}(\mathbf{x} - S)\right]}_{\substack{\text{Spiegelung von } Y \text{ an } (\mathbf{x} - S)^\perp, \\ \text{also Lorentz-Isometrie}}} .
\end{aligned}
$$

Somit ist $f^*\langle\cdot,\cdot\rangle_L = \frac{4}{\|\mathbf{x}-S\|_L^4}\langle\cdot,\cdot\rangle_L$, insbesondere auf $\{0\} \times B_1^n(0)$

$$
\begin{aligned}
-(\varphi^{-1})^* g_{|\binom{0}{u}} = -f^*\langle\cdot,\cdot\rangle_{L|(0,u)} &= \frac{-4}{(1 - \|u\|^2)^2}\langle\cdot,\cdot\rangle_{L|\{0\}\times\mathbf{R}^n} \\
&= \frac{4}{(1 - \|u\|^2)^2}\langle\cdot,\cdot\rangle_{\text{eukl}|\{0\}\times\mathbf{R}^n}. \qquad \square
\end{aligned}
$$

Tatsächlich ist sogar $f \circ f = \mathrm{id}$, also gilt auch $f_{|H^n} = \varphi$.

Bemerkung. In der speziellen Relativitätstheorie stellt das Hyperboloid H^3 sämtliche Möglichkeiten für den Energie-Impuls-Vektor eines Teilchens der Ruhemasse 1 dar. Insbesondere in der Quantenfeldtheorie muss über den Raum dieser Möglichkeiten mit dem von der Minkowski-Form induzierten Maß integriert werden, also mit der Volumenform des hyperbolischen Raums.

Analog zu Beispiel 5.1.8 folgt:

Lemma 6.1.3. *Die Schnittkrümmung von H^n ist $K \equiv -1$.*

Beweis. Mit der Gauß-Gleichung 5.1.3 zur 2. Fundamentalform für die Immersion $(H^n, g) \subset (\mathbf{R}^{n+1}, -\langle \cdot, \cdot \rangle_L)$. Diese Formel war für Riemannsche Metriken bewiesen worden, aber nicht für Lorentz-Metriken, bei denen jeder $T_p M$ eine Minkowski-Form trägt. Aber der Beweis und der von Satz 3.3.2 verwendeten keine Aussagen über die Signatur der nicht-degenerierten Bilinearformen auf dem Tangentialraum. Für das radiale Vektorfeld $\mathfrak{R} = \sum_{j=0}^n x_j \frac{\partial}{\partial x_j}$, Vektorfelder X, Y auf H^n und eine Fortsetzung $\tilde{Y}$ von Y auf $\mathbf{R}^{n+1}$ folgt mit $-\langle \cdot, \cdot \rangle_{L|H^n}$ als Riemannsche Metrik

$$
\begin{aligned}
II(X, Y) &= (\nabla_X^{\mathbf{R}^{n+1}} \tilde{Y})^{\perp TH^n} = -\langle X.\tilde{Y}, \mathfrak{R} \rangle_L \cdot \mathfrak{R} \\
&= (\langle Y, X.\mathfrak{R} \rangle_L - X.\langle \tilde{Y}, \mathfrak{R} \rangle_L) \mathfrak{R} = \langle X, Y \rangle_L \mathfrak{R}.
\end{aligned}
$$

Für X, Y orthonormal wird damit

$$
\begin{aligned}
K(X \wedge Y) &= K^{\mathbf{R}^{n+1}}(\tilde{X} \wedge \tilde{Y}) + (-\langle II(X,X), II(Y,Y) \rangle_L) - (-\|II(X,Y)\|_L^2) \\
&= -\|X\|_L^2 \|Y\|_L^2 \|\mathfrak{R}_{|H^n}\|_L^2 = -1. \qquad \square
\end{aligned}
$$

Hilfssatz 6.1.4. *Für $\mathbf{x}, \mathbf{y} \in H^n$, $\mathbf{x} \neq \mathbf{y}$, ist $\|\mathbf{x} - \mathbf{y}\|_L^2 < 0$ und $\langle \mathbf{x}, \mathbf{y} \rangle_L > 1$.*

Beweis. Mit $\mathbf{x} = \binom{x_0}{x}, \mathbf{y} = \binom{y_0}{y}$ ist $\|x\|^2 + 1 = x_0^2$, $\|y\|^2 + 1 = y_0^2$. Cauchy-Schwarz zeigt

$$
\begin{aligned}
x_0 y_0 &= \sqrt{1 + \|x\|^2} \sqrt{1 + \|y\|^2} = \left\| \binom{1}{x} \right\|_{\text{eukl}} \cdot \left\| \binom{1}{y} \right\|_{\text{eukl}} \\
&\overset{x \neq y}{>} \left\langle \binom{1}{x}, \binom{1}{y} \right\rangle_{\text{eukl}} = 1 + \langle x, y \rangle_{\text{eukl}}.
\end{aligned}
$$

Somit ist $\langle \mathbf{x}, \mathbf{y} \rangle_L = \sqrt{1 + \|x\|^2} \sqrt{1 + \|y\|^2} - \langle x, y \rangle > 1$ und $\|\mathbf{x} - \mathbf{y}\|_L^2 = 2 - 2\langle \mathbf{x}, \mathbf{y} \rangle_L < 0$. $\qquad \square$

Definition 6.1.5. *Setze* $\mathbf{O}(1, n) := \{A \in \mathbf{GL}_{n+1}(\mathbf{R}) \mid \|Ax\|_L^2 = \|x\|_L^2\}$ *sowie* $\mathbf{SO}(1, n) := \{A \in \mathbf{O}(1, n) \mid \det A = 1\}$ *(wie bei $\mathbf{O}(n)$ folgt aus*

$$
A^t \begin{pmatrix} -1 & & & \\ & 1 & & \\ & & \ddots & \\ & & & 1 \end{pmatrix} A = \begin{pmatrix} -1 & & & \\ & 1 & & \\ & & \ddots & \\ & & & 1 \end{pmatrix},
$$

dass $\det A = \pm 1$). *Offenbar bildet jedes $A \in \mathbf{O}(1,n)$ das zweischalige Hyperboloid $\{\mathbf{x} \mid \|\mathbf{x}\|_L^2 = 1\}$ auf sich ab, also wegen der Stetigkeit H^n entweder auf H^n oder $-H^n$. $\mathbf{SO}_0(1,n) \subset \mathbf{O}_0(1,n)$ seien die Untergruppen derjenigen A, die H^n auf sich abbilden.*

Satz 6.1.6. *$\mathbf{SO}_0(1,n)$ operiert transitiv und isometrisch auf H^n (und damit auch $\mathbf{O}_0(1,n)$).*

Beweis. Seien $\mathbf{x}, \mathbf{y} \neq \mathbf{z} \in H^n$. Die Spiegelung $A_1 \in \mathbf{O}(1,n)$ an $(\mathbf{x} - \mathbf{z})^{\perp}$

$$A_1 \mathbf{y} := \mathbf{y} - 2 \frac{\mathbf{x} - \mathbf{z}}{\|\mathbf{x} - \mathbf{z}\|_L^2} \langle \mathbf{x} - \mathbf{z}, \mathbf{y} \rangle_L$$

ist nach Hilfssatz 6.1.4 wohldefiniert, und wegen $\langle \mathbf{x} + \mathbf{z}, \mathbf{x} - \mathbf{z} \rangle_L = \|\mathbf{x}\|_L^2 - \|\mathbf{z}\|_L^2 = 0$ ist $A_1 \mathbf{x} = \mathbf{z}$. Insbesondere gilt $A_1 \in \mathbf{O}_0(1,n)$. Sei nun A_2 die Spiegelung an $(\mathbf{z} - \mathbf{y})^{\perp}$. Dann ist $(A_2 A_1) \mathbf{x} = \mathbf{y}$ und $A_2 A_1 \in \mathbf{SO}_0(1,n)$, also operiert $\mathbf{SO}_0(1,n)$ transitiv. Da $\mathbf{O}_0(1,n)$ aus Isometrien der Minkowski-Form besteht und die Metrik auf H^n von $\langle \cdot, \cdot \rangle_L$ induziert wird, operiert $\mathbf{O}_0(1,n)$ auch auf H^n isometrisch. $\qquad \square$

Im Unterschied zur S^n genügt hier also eine von 4 Komponenten von $\mathbf{O}(1,n)$.

Korollar 6.1.7. *Mit $N := (1,0,\cdots,0)^t$ ist $\mathbf{SO}_0(1,n)/\mathbf{SO}(n) \to H^n, [h] \mapsto hN$ mit $\mathbf{SO}(n) \cong \begin{pmatrix} 1 & 0 \\ 0 & \mathbf{SO}(n) \end{pmatrix}$ wohldefiniert und bijektiv.*

In Abschnitt 6.4 wird $\mathbf{SO}_0(1,n)/\mathbf{SO}(n)$ mit der Struktur einer Riemannschen Mannigfaltigkeit versehen und im Abschnitt 6.7 wird diese mit H^n identifiziert.

Beweis. Für $h \in \mathbf{SO}_0(1,n)$ gilt $hN = N \Leftrightarrow h \in \begin{pmatrix} 1 & 0 \\ 0 & \mathbf{SO}(n) \end{pmatrix}$. $\qquad \square$

Satz 6.1.8. *Die (Bahnen von) Geodätischen auf H^n sind die Schnitte von H^n mit 2-dimensionalen Ebenen E durch 0.*

Beweis. 1) Sei $E \subset \mathbf{R}^{n+1}$ ein 2-dimensionaler Unterraum, der H^n (in mehr als einem Punkt) längs einer Kurve schneidet. Für $\mathbf{x} \neq \mathbf{y}$ in $H^n \cap E$ ist nach Hilfssatz 6.1.4 $\det \begin{pmatrix} \langle \mathbf{x},\mathbf{x} \rangle_L & \langle \mathbf{x},\mathbf{y} \rangle_L \\ \langle \mathbf{y},\mathbf{x} \rangle_L & \langle \mathbf{y},\mathbf{y} \rangle_L \end{pmatrix} = 1 - \langle \mathbf{x},\mathbf{y} \rangle_L^2 < 0$. Also sind $\mathbf{x}, \mathbf{y}$ linear unabhängig, d.h. $E = \mathbf{R}\mathbf{x} + \mathbf{R}\mathbf{y}$, und $\langle \cdot, \cdot \rangle_{L|E}$ ist nicht-degeneriert. Somit ist die Spiegelung $A = \begin{Bmatrix} 1 \\ & -1 \end{Bmatrix}$ auf $\begin{smallmatrix} E \\ E^{\perp} \end{smallmatrix}$ an E wohldefiniert. Dann ist $H^n \cap E$ die Fixpunktmenge der Operation der Isometrie A auf H^n, also ist $H^n \cap E$ nach Übung 5.2.15 Bahn einer Geodätischen. 2) Umgekehrt gibt es zu beliebigen $\mathbf{x} \neq \mathbf{y} \in H^n$ genau eine Ebene $E = \mathbf{R}\mathbf{x} + \mathbf{R}\mathbf{y}$ durch $0, \mathbf{x}, \mathbf{y}$. In $H^n \cap E$ sind $\mathbf{x}, \mathbf{y}$ verbunden durch die zusammenhängende Kurve

$$c : [0,1] \to H^n, \quad t \mapsto \frac{t\mathbf{x} + (1-t)\mathbf{y}}{\|t\mathbf{x} + (1-t)\mathbf{y}\|_L}.$$

c ist wohldefiniert, da

$$\|t\mathbf{x} + (1-t)\mathbf{y}\|_L^2 = t^2 + (1-t)^2 + 2t(1-t) \overbrace{\langle \mathbf{x},\mathbf{y} \rangle_L}^{>1 \text{ nach } 6.1.4} > 0.$$

Für $\mathbf{y}$ in einer Normalumgebung von $\mathbf{x}$ erhalten wir so bis auf Reparametrisierung alle Geodätischen an $\mathbf{x}$ in alle Richtungen. $\qquad \square$

Explizit lässt sich z.B. die Geodätische durch N in Richtung $\begin{pmatrix} 0 \\ X \end{pmatrix}$ mit $\|X\|^2 = 1$ als $c(t) = \begin{pmatrix} \cosh t \\ X \sinh t \end{pmatrix}$ schreiben. Denn $\|c(t)\|_L^2 = 1$ und $-\|\dot{c}(t)\|_L^2 = 1$. Insbesondere sind diese Geodätischen auf ganz $\mathbf{R}$ definiert.

Korollar 6.1.9. *Nach Hopf-Rinow ist H^n vollständig. Zwischen zwei Punkten auf H^n gibt es genau eine Geodätische, also sind alle geodätischen Verbindungen minimal.*

Bemerkung. In Übung 6.6.9 wird eine links-invariante Metrik auf einer Lie-Gruppe konstruiert, die isometrisch zu H^n ist.

Aufgaben

Übung 6.1.10. *Zeigen Sie, dass die Geodätische durch $\mathbf{x} \in H^n$ in Richtung $X \in T_{\mathbf{x}} H^n$ mit $\|X\|_L^2 = -1$ die Gestalt*

$$c(t) := \mathbf{x} \cosh t + X \sinh t$$

hat.

Übung 6.1.11. *Sei $N := (1, 0, \ldots, 0)^t \in \mathbf{R}^n$ und*

$$\varphi : B_1^n(0) \to \mathbf{R}^+ \times \mathbf{R}^{n-1}, x \mapsto 2 \frac{x + N}{\|x + N\|_{\text{eukl}}^2} - N.$$

Zeigen Sie, dass φ eine Karte ist und dass für die hyperbolische Metrik g auf $B_1^n(0)$ gilt

$$(\varphi^{-1})^* g = \frac{g_{\text{eukl}}}{x_1^2}.$$

*Dies ist das **obere-Halbraum-Modell** von H^n (vgl. Übung 3.1.22).*

Übung* 6.1.12. *Die Teile (1)-(3) dieser Übung sind elementargeometrisch lösbar.*

1) *Zeigen Sie für eine beliebige Sphäre im euklidischen Raum und eine Gerade durch Null, die diese Sphäre in zwei Punkten p, q schneidet, dass $\|p\| \cdot \|q\|$ eine von der Geraden unabhängige Konstante ist.*

2) *Beweisen Sie mit (1), dass die Abbildung φ aus Übung 6.1.11 Kreise oder Geraden auf Kreise oder Geraden abbildet (bezüglich der euklidischen Metrik auf $B_1^n(0), \mathbf{R}^+ \times \mathbf{R}^n$). Dazu können Sie φ zunächst durch Translationen vereinfachen und zeigen, dass hinreichend allgemeine Sphären auf Sphären abgebildet werden.*

3) *Zeigen Sie, dass φ Winkel bezüglich der euklidischen Metrik auf $B_1^n(0), \mathbf{R}^+ \times \mathbf{R}^n$ erhält.*

4) *Zeigen Sie für das Ball-Modell sowie das obere-Halbraum-Modell von H^n, dass die Geodätischen Abschnitte derjenigen Kreise und Geraden sind, die den Rand senkrecht schneiden (Abb. 6.2).*

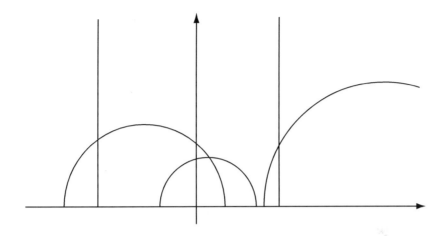

Abb. 6.2: Geodätische im hyperbolischen Raum

Übung* 6.1.13. *Berechnen Sie für das Ball-Modell des hyperbolischen Raumes die Entfernung zwischen 0 und einem Punkt $u \in H^n$ mit euklidischem Abstand $r < 1$ von 0.*

Übung* 6.1.14. *Bestimmen Sie die Schnittkrümmung von H^n unabhängig von Lemma 6.1.3, in dem Sie wie in Übung 5.3.21 eine Variation $c_s(t) = \begin{pmatrix} \cosh t \\ X_s \sinh t \end{pmatrix}$, $X_s \in S^n$ von Geodätischen betrachten.*

Übung 6.1.15. *Bestimmen Sie die Schnittkrümmung von H^n durch Taylorentwicklung von g_{hyp} am Punkt N.*

Übung 6.1.16. *Zeigen Sie, dass die Identifikation $\mathbf{SO}_0(1,n)/\mathbf{SO}(n) \to H^n$ ein Homöomorphismus ist, wenn $\mathbf{SO}_0(1,n)/\mathbf{SO}(n)$ mit der Quotiententopologie versehen wird.*

6.2 Der Satz von Cartan und Räume konstanter Krümmung

Satz von Cartan, É.

Der Satz von Cartan ist ein allgemeines Resultat, dass aus einer Form von „Gleichheit" des Krümmungstensors zweier Mannigfaltigkeiten $M, \tilde{M}$ die lokale Isometrie von $M, \tilde{M}$ folgt. Man sieht schnell mit Gegenbeispielen, dass für eine Abbildung $\varphi : M \to \tilde{M}$ die Forderung $\varphi^* \tilde{\Omega} = \Omega$ nicht ausreichen würde; die Identifikationen der Krümmungstensoren muss präziser erfolgen.

Satz von É. Cartan 6.2.1. [1] *Seien $(M, g), (\tilde{M}, \tilde{g})$ Riemannsche Mannigfaltigkeiten, $p \in M, \tilde{p} \in \tilde{M}$ mit Normalumgebungen $B_\varepsilon(p), \tilde{B}_\varepsilon(\tilde{p})$ und $A : T_p M \to T_{\tilde{p}} \tilde{M}$ eine*

---

[1]1920, Élie Joseph Cartan, 1869–1951

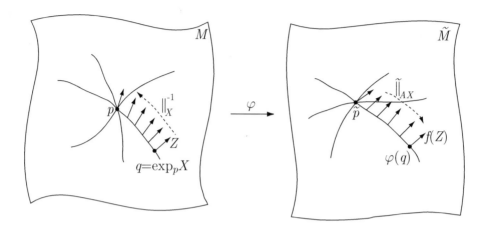

Abb. 6.3: Abbildungen im Satz von Cartan

Isometrie. Setze $\varphi := \exp_{\tilde{p}} \circ A \circ \exp_p^{-1} : B_\varepsilon(p) \to \tilde{B}_\varepsilon(\tilde{p})$, $\|_X : T_pM \to T_{\exp_p X}M$, *$\tilde{\|}_{AX} : T_{\tilde{p}}\tilde{M} \to T_{\exp_{\tilde{p}} AX}\tilde{M}$ seien die radialen Parallelverschiebungen und*

$$f := \tilde{\|}_{AX} \circ A \circ \|_X^{-1} : T_{\exp_p X}M \to T_{\exp_{\tilde{p}} AX}\tilde{M}$$

(d.h. mit den Basen $(e_j), (\tilde{e}_j)_p := (Ae_{j|p})$ *aus 5.2.9* $f(\sum z_j e_j) = \sum z_j \tilde{e}_j$*). Wenn lokal* $\forall X, Y, Z \in TM$

$$f(\Omega_q(X,Y)Z) = \tilde{\Omega}_{\varphi(q)}(f(X), f(Y))f(Z),$$

dann ist $\varphi : B_\varepsilon(p) \to \tilde{B}_\varepsilon(\tilde{p})$ *eine Isometrie (Abb. 6.3).*

Beweis. Zu $V \in T_pM$ sei $Y_t = T_{tX}\exp tV$ ein Jacobi-Feld längs $\exp_p tX$. Da φ radiale Geodätische auf radiale Geodätische abbildet, bildet φ_* das Jacobi-Feld $Y_t = \frac{\partial}{\partial s}c_s(t)$ auf ein Jacobi-Feld ab, nämlich auf

$$\varphi_* Y_t = \varphi_* T_{tX}\exp_p(tV) = T_{tAX}\exp_{\tilde{p}}(tAV).$$

Nach der Jacobi-DGL ist auch $f(Y)$ ein Jacobifeld längs $\varphi(\exp tX)$. Denn für jedes Vektorfeld $Z(t) = \sum z_j(t)e_j$ längs $\exp tX$ ist

$$\tilde{\nabla}_{\partial/\partial t}f(Z) = \sum \frac{\partial z_j}{\partial t}\tilde{e}_j = f(\sum \frac{\partial z_j}{\partial t}e_j) = f(\nabla_{\partial/\partial t}Z).$$

Also

$$\tilde{\nabla}_{\partial/\partial t}^2 f(Y) = f(\nabla_{\partial/\partial t}^2 Y) = f(\frac{1}{t^2}\Omega(\mathfrak{R},Y)\mathfrak{R}) \overset{\text{Vor.}}{=} \frac{1}{t^2}\Omega(\mathfrak{R}, f(Y))\mathfrak{R}.$$

Wegen $f(Y_0) = 0 = \varphi_* Y_0$ und

$$\tilde{\nabla}_{\partial/\partial t}f(Y_t)_{|t=0} = f(\nabla_{\partial/\partial t}Y_{t|t=0}) = f(V) = AV = \left(\tilde{\nabla}_{\partial/\partial t}\varphi_* Y_t\right)_{|t=0}$$

ist $f(Y_t) = \varphi_* Y_t$. Auf einer Normalumgebung von p lässt sich jeder Tangential-vektor als Y_t schreiben (außer in p), da mit $\exp_p$ auch $T\exp_p$ bijektiv ist. Also ist $T\varphi = f$ Isometrie euklidischer Vektorräume und φ lokale Isometrie. □

Bemerkung. Wenn $\tilde{M}$ vollständig ist, zeigt der Beweis, dass $\varphi_{|U}$ für jede ballför-mige Normalumgebung $U \subset M$ eine lokale Isometrie auf das Bild ist.

Als Korollar folgt die Klassifikation der Räume konstanter Krümmung. Das wird durch folgenden Hilfssatz vorbereitet:

Hilfssatz 6.2.2. *Sei M eine Riemannsche Mannigfaltigkeit mit $\dim M \geq 3$, deren Schnittkrümmung $K_p(X \wedge Y) \equiv K_p$ an jedem Punkt $p \in M$ unabhängig von der Ebene $X \wedge Y \in \Lambda^2 TM$ ist. Dann ist $K_p \equiv K$ unabhängig von p.*

Beweis. Für $X, Y, Z \in T_p M$ sei $\Omega_p^1(X, Y)Z := g(Y, Z)X - g(X, Z)Y$. Nach Defi-nition der Schnittkrümmung ist $R_p(X, Y, X, Y) = -g(\Omega_p^1(X, Y)X, Y)K_p(X \wedge Y)$, hier also $\Omega_p = \Omega_p^1 \cdot K_p$ nach der Polarisationsformel für symmetrische Formen auf $\Lambda^2 TM$. Wegen ∇ metrisch ist $\nabla\Omega^1 = 0$, also mit der 2. Bianchi-Gleichung

$$0 = \nabla\Omega = dK \wedge \Omega^1 \in \Lambda^3 T^* M \otimes \mathrm{End}(TM).$$

Somit folgt für X, Y, Z orthonormal (die es wegen $\dim M \geq 3$ gibt)

$$
\begin{aligned}
0 &= g((dK \wedge \Omega^1)(X, Y, Z)Y, Z) \\
&= dK(X) \cdot \underbrace{g(\Omega^1(Y, Z)Y, Z)}_{=-1} + dK(Y) \cdot \underbrace{g(\Omega^1(Z, X)Y, Z)}_{=0} \\
&\quad + dK(Z) \cdot \underbrace{g(\Omega^1(X, Y)Y, Z)}_{=0} = -X.K,
\end{aligned}
$$

also K konstant. □

Satz 6.2.3. *Eine Riemannsche Mannigfaltigkeit $\tilde{M}$ mit $\dim \tilde{M} \geq 3$ habe an jedem Punkt p von der Wahl der Ebene unabhängige Schnittkrümmung K_p. Dann ist $\tilde{M}$ lokal isometrisch zu $M = S_{1/\sqrt{K}}^n$, $\mathbf{R}^n$ oder $(H^n, \frac{g_{\mathrm{hyp}}}{-K})$.*

Satz 6.5.8 ist ein genaueres Resultat für den Fall vollständiger Mannigfaltigkeiten.

Beweis. Nach Hilfssatz 6.2.2 hat $(\tilde{M}, g)$ konstante Schnittkrümmung $K \in \mathbf{R}$ und $\Omega = K \cdot \Omega^1$. Weil $f : T_{\exp X}M \to T_{\exp AX}\tilde{M}$ im Satz von Cartan eine Isometrie von euklidischen Vektorräumen ist, folgt

$$
\begin{aligned}
f(\Omega(X, Y)Z) &= K \cdot f(\Omega^1(X, Y)Z) = K \cdot \tilde{\Omega}^1(f(X), f(Y))f(Z) \\
&= \tilde{\Omega}(f(X), f(Y))f(Z).
\end{aligned}
$$

Also sind $\tilde{M}$ und M lokal isometrisch. □

Für $\dim \tilde{M} = 2$ folgt ein entsprechender Satz unter der Annahme $K \equiv$const. (Satz von Minding, Übung 5.3.20).

6.3   Riemannsche Submersionen

vertikales Tangentialbündel	verzerrtes Produkt
horizontales Tangentialbündel	O'Neill-Tensor
horizontaler Anteil	Satz von O'Neill
vertikaler Anteil	eigentlich
horizontaler Lift	Faserungssatz von Ehresmann
Riemannsche Submersion	Faserungssatz von Hermann
Lift	O'Neill-Gleichungen

Dual zu den Betrachtungen über Immersionen und die zweite Fundamentalform werden in diesem Abschnitt allgemein Submersionen von Riemannschen Mannigfaltigkeiten betrachtet. Über die Einbettungen der Fasern wird hier wieder die zweite Fundamentalform eine wichtige Rolle spielen. Der Vergleich von Geodätischen zwischen Basis und Totalraum wird dabei besonders übersichtlich. Als eine schöne Anwendung folgt der Faserungssatz 6.3.10 von Hermann.

Nach Lemma 1.1.3 sind die Fasern $\pi^{-1}(p)$ einer Submersion $\pi : M \to \tilde{M}$ Untermannigfaltigkeiten.

Definition 6.3.1. *Für eine Submersion $\pi : M \to \tilde{M}$ heißt das Vektorbündel $T^V M := \ker T\pi \subset TM$* **vertikales Tangentialbündel**. *Für eine Faser $Z = \pi^{-1}(p)$, $p \in \tilde{M}$, ist also $TZ = T^V M_{|Z}$. Für eine Riemannsche Metrik $g = \langle \cdot, \cdot \rangle$ auf M heißt $T^H M := (T^V M)^{\perp}$ das* **horizontale Tangentialbündel** *auf M. Insbesondere ist $T_p\pi : T_p^H M \to T_{\pi(p)}\tilde{M}$ ein Vektorraum-Isomorphismus. Zu $X \in T_pM$ seien $X^H \in T_p^H M, X^V \in T^V M$ der* **horizontale** *und* **vertikale Anteil**.

Die Abbildung $T\pi_{|T^H M}$ identifiziert also das horizontalen Tangentialbündel mit $\pi^* T\tilde{M}$. Mit der Metrik wird hier zusätzlich eine Einbettung dieses Raums in TM gewählt. Der Pullback eines Vektors $\tilde{X} \in T\tilde{M}$, eingebettet in TM, ergibt einen horizontalen Tangentialvektor $\tilde{X}^*$.

Definition 6.3.2. *Zu $\tilde{X} \in T_{\tilde{p}}\tilde{M}$ und $p \in \pi^{-1}(\tilde{p})$ sei der* **horizontale Lift** *der eindeutig bestimmte Vektor $\tilde{X}^* \in T_p^H M$ mit $T\pi(\tilde{X}^*) = \tilde{X}$. Eine Submersion heißt* **Riemannsche Submersion** *$\pi : (M, g) \to (\tilde{M}, \tilde{g})$, falls $T\pi : T^H M \to T\tilde{M}$ überall eine Isometrie euklidischer Vektorräume ist (Abb. 6.4).*

Allgemein ist $X \in T_pM$ ein **Lift** von $\tilde{X} \in T_{\tilde{p}}\tilde{M}$, wenn $T\pi(X) = \tilde{X}$. Dies bestimmt natürlich X nicht eindeutig.

Ohne Verwendung Riemannscher Metriken lässt sich $T^H M$ auch als $TM/T^V M$ konstruieren. Bei diesen Definitionen zeigen sich bereits einige grundlegende Unterschiede zu Immersionen $\tilde{M} \hookrightarrow M$:

1) Der Tangentialraum TM hat an jedem Punkt eine durch π induzierte Zerlegung, bei einer Immersion gilt dies nur für $TM_{|\tilde{M}}$,

2) deswegen existiert ein kanonischer Lift $\Gamma(\tilde{M}, T\tilde{M}) \to \Gamma(M, TM)$ bei Immersionen nicht (allerdings nicht-kanonische Fortsetzungen).

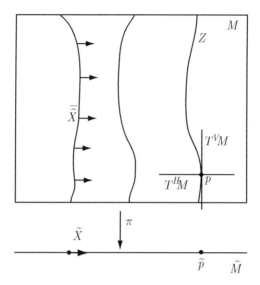

Abb. 6.4: Riemannsche Submersionen

3) Die Forderung, dass die Submersion Riemannsch ist, ist im Wesentlichen eine Forderung an die Geometrie von M: Für p, q in einer Faser muss $T_p^H M \to T_q^H M$, $X \mapsto (T_p\pi(X))^H$ eine Isometrie sein. Bei Immersionen dagegen lässt sich die Forderung „Riemannsch" durch entsprechende Wahl der Metrik auf $\tilde{M}$ immer erreichen. Bei Submersionen gilt dies für die Wahl einer Metrik auf den Fasern und auf $\tilde{M}$ sowie der Wahl einer Zerlegung $TM = T^V M \oplus \pi^* T\tilde{M}$. Diese Strukturen existieren immer, konstruierbar etwa durch Wahl von beliebigen Riemannschen Metriken $\tilde{g}$, g' auf $\tilde{M}$, M, $g^Z := g'_{|T^V M}$, $T^H M$ als orthogonales Komplement von $T^V M$ bezüglich g' und $g := g^Z \oplus \pi^* \tilde{g}$.

Beispiel. $\pi_1 : (\tilde{M}, g_{\tilde{M}}) \times (Z, g_Z) \overset{\text{can.}}{\to} (\tilde{M}, g_{\tilde{M}})$ und

$$\pi : (\tilde{M} \times Z, \pi_1^* g_{\tilde{M}} + \pi_1^* e^{2f} \cdot \pi_2^* g_Z) \to (\tilde{M}, g_{\tilde{M}})$$

für $f \in C^\infty(\tilde{M}, \mathbf{R})$ sind Riemannsche Submersionen. Letztere heißt **verzerrtes Produkt (warped product)** (Abb. 6.5).

Lemma 6.3.3. *Für Vektorfelder $\tilde{X}, \tilde{Y}$ auf $\tilde{M}$ und vertikale Vektorfelder U, V auf M ist $[\tilde{X}, \tilde{Y}]^* = [\tilde{X}^*, \tilde{Y}^*]^H$ und $[\tilde{X}^*, U], [U, V] \in \Gamma(M, T^V M)$.*

Beweis. Wegen $T\pi(\tilde{X}^*) = \tilde{X}$, $T\pi(U) = 0$ ist nach Lemma 1.4.7 $T\pi([\tilde{X}^*, \tilde{Y}^*]) = [\tilde{X}, \tilde{Y}]$ und $T\pi[\tilde{X}^*, U] = 0 = T\pi[U, V]$. □

Letzteres folgt auch, weil U, V Vektorfelder an den Fasern sind und ihre Lieklammer entsprechend auch. Nach Satz 2.2.9 sind die folgenden beiden Operatoren tensoriell:

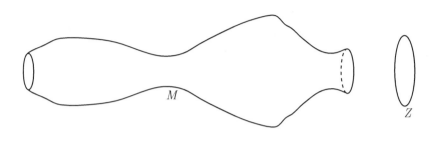

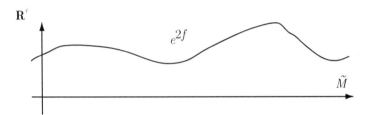

Abb. 6.5: Verzerrtes Produkt

Definition 6.3.4. *Für Vektorfelder E, F auf M seien $T, A \in \Gamma(M, T^*M^{\otimes 2} \otimes TM)$ definiert durch*

$$T_E F := (\nabla_{E^V} F^V)^H + (\nabla_{E^V} F^H)^V, \qquad A_E F := (\nabla_{E^H} F^V)^H + (\nabla_{E^H} F^H)^V.$$

*A heißt **O'Neill-Tensor**.*

Der Tensor T ist gerade der Tensor aus Definition 5.1.13 zur Einbettung der Fasern $Z_p \subset M$ mit Normalenbündel $T^H M_{|Z_p}$, der die 2. Fundamentalform schiefsymmetrisch fortsetzte. Analog zur Rolle von T bei Immersionen bestimmen A, T die Beziehungen zwischen Zusammenhängen und Krümmungen auf M und $\tilde{M}$. Im Unterschied zum Immersions-Fall spielt hier auch die Zerlegung der Tangentialvektoren eine Rolle, in deren Richtung differenziert wird.

Satz von O'Neill 6.3.5. *([ON1][2]) Für eine Riemannsche Submersion $\pi : M \rightarrow \tilde{M}$, X, Y horizontale und U, V vertikale Vektorfelder, W ein horizontaler Lift, die Levi-Civita-Zusammenhänge $\nabla, \nabla^Z, \nabla^{T\tilde{M}}$ auf $M, Z, \tilde{M}$ und die 2. Fundamentalform II^Z einer Faser $Z \subset M$ gilt*

1) $\nabla_X Y = \nabla_X^{\pi^*T\tilde{M}} Y + \frac{1}{2}[X, Y]^V,$

2) $\nabla_U W = A_W U + T_U W,$

3) $\nabla_W U = A_W U + (T_U W + [W, U]),$

4) $\nabla_U V = II^Z(U, V) + \nabla_U^Z V$ *auf jeder Faser Z.*

---

[2]1966, Barrett O'Neill, 1924 – 2011

Dabei ist jeweils der erste Summand horizontal und der zweite vertikal. Der horizontale Anteil von $\nabla_U X$ ist für allgemeine horizontale Vektorfelder X, die nicht unbedingt Lifts sind, nicht mehr tensoriell in X. Nach (1) ist insbesondere

$$\nabla^{T\tilde{M}}_{\tilde{X}}\tilde{Y} = T\pi(\nabla_X Y)$$

für horizontale Lifts X, Y von Vektorfeldern $\tilde{X}$, $\tilde{Y}$ auf $\tilde{M}$.

Beweis. 1) Seien X, Y, W horizontale Lifts von $\tilde{X}, \tilde{Y}, \tilde{W}$ auf $\tilde{M}$. Mit der Koszul-Formel folgt

$$
\begin{aligned}
2g(\nabla_X Y, W) &= X.g(Y,W) + \cdots + g([X,Y], W)\\
&= X.(\pi^*\tilde{g}(\tilde{Y},\tilde{W})) + \cdots + g([X,Y]^H, W)\\
&\overset{6.3.3}{=} \tilde{X}.\tilde{g}(\tilde{Y},\tilde{W}) + \cdots + \tilde{g}([\tilde{X},\tilde{Y}],\tilde{W}) = 2\tilde{g}(\tilde{\nabla}_{\tilde{X}}\tilde{Y},\tilde{W}).
\end{aligned}
$$

Für ein vertikales Vektorfeld U ist

$$2g(\nabla_X Y, U) = - \underbrace{U.g(X,Y)}_{=U.\pi^*\tilde{g}(\tilde{X},\tilde{Y})=0} + g([X,Y],U) - \underbrace{g([X,U],Y)}_{=0\ (6.3.3)} - \underbrace{g([Y,U],X)}_{=0}.$$

Also ist $(\nabla_X Y)^H = \left(\tilde{\nabla}_{\tilde{X}}\tilde{Y}\right)^*$, $(\nabla_X Y)^V = \frac{1}{2}[X,Y]^V$. Letzteres ist tensoriell in X, Y, also folgt die Formel für beliebige horizontal X, Y.
2),3) Wegen $\nabla_W U - \nabla_U W = [W,U] \in T^V M$ ist $(\nabla_U W)^H = (\nabla_W U)^H = A_W U$.
4) ist die Formel für die 2. Fundamentalform der Faser. $\qquad\square$

Man kann Satz 6.3.5 auch wie folgt interpretieren ([BGV, Prop. 10.6]): Die Levi-Civita-Zusammenhänge auf $\tilde{M}$ und Z induzieren einen Zusammenhang $\nabla^\oplus :=$ $\nabla^{\pi^*T\tilde{M}} \oplus \nabla^Z$ auf $TM = T^H M \oplus T^V M \overset{f}{\cong} \pi^*T\tilde{M} \oplus TZ$, wobei der durch die Immersion $Z \hookrightarrow M$ nicht definierte Term $\nabla^Z_X U := (\nabla_X U)^V$ sein soll. Dieser Zusammenhang ist metrisch, da f eine Isometrie ist. Die (in den letzten beiden Komponenten schiefsymmetrische) Differenz $S := \nabla^\oplus - \nabla$ ist nach Definition durch die vertikalen Terme in (1),(2) und die horizontalen Terme in (2),(3),(4) gegeben.

Lemma 6.3.6. *Die Tensoren $A, T \in T^1_2 M$ erfüllen folgende Symmetrien:*

1) $A_X Y$ ist schief in $X, Y \in T^H M$,

2) $T_U V = II^Z(U,V)$ ist symmetrisch in $U, V \in T^V M$,

3) $T_U, A_X \in \operatorname{End} TM$ sind schief bezüglich g für $X, U \in TM$.

Bemerkung 6.3.7. Mit den Symmetrien von T, A wird für $P, Q, R \in TM$ und die Form S aus Übung 3.3.14

$$
\begin{aligned}
-g(S_P Q, R) &= g\left((\nabla - \nabla^\oplus)_P Q, R\right)\\
&= g(A_P Q + T_P Q, R^V) + g(A_Q P + A_P Q + T_P Q, R^H)\\
&= g(A_P Q^H, R) + g(A_R P^H, Q) + g(A_R Q^H, P)\\
&\quad + g(II(P,Q),R) - g(II(P,R),Q).
\end{aligned}
$$

Der Zusammenhang $\nabla^\oplus$ ist also genau dann torsionsfrei, wenn $A = 0$ und $T = 0$.

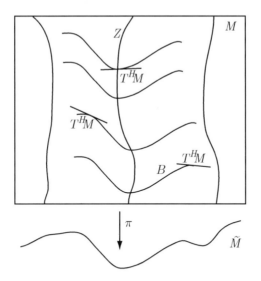

Abb. 6.6: Integrable horizontale Distribution

Beweis. 1) Nach 6.3.5(1) ist $A_X Y = \frac{1}{2}[X,Y]^V$, also schief.
2) Das ist Satz 5.1.2.
3) $0 = Y.\langle V,X\rangle = \langle \nabla_Y V, X\rangle + \langle V, \nabla_Y X\rangle = \langle A_Y V, X\rangle + \langle V, A_Y X\rangle$, genauso für T.
Dies wurde auch schon bei der Weingarten-Gleichung 5.1.14 gezeigt. □

Bemerkung. Nach dem Satz von Frobenius 2.3.10 ist $A \equiv 0 \Leftrightarrow$ die Distribution $T^H M$ ist integrabel, d.h. durch jedes $p \in M$ existiert eine Untermannigfaltigkeit B_p, deren Tangentialraum überall $T^H M$ ist. Nach Satz 6.3.5(1) ist B_p dann total-geodätisch eingebettet (Abb. 6.6).
$T \equiv 0$ bedeutet mit der Definition aus Übung 5.2.14, dass die Fasern Z total-geodätisch eingebettet sind.

Korollar 6.3.8. *([Her]) 1) Sei c eine Kurve auf M mit $\dot{c} \in T^H M$ und $\tilde{c} := \pi \circ c$. Dann ist c Geodätische genau dann, wenn $\tilde{c}$ Geodätische ist.*
2) Falls eine Geodätische c auf M an einem Punkt p horizontale Geschwindigkeit hat, so ist ihre Geschwindigkeit überall horizontal.

Beweis. 1) Nach Satz 6.3.5 ist für jede horizontale Kurve

$$\nabla_{d/dt}^{c^* TM} \dot{c} = \left(\nabla_{d/dt}^{\tilde{c}^* TM} \dot{\tilde{c}}\right)^* + \underbrace{A_{\dot{c}}\dot{c}}_{=0}.$$

2) Œ sei I so klein, dass $\tilde{c}(I) \subset \tilde{M}$ eine Untermannigfaltigkeit ist. Zu $\tilde{c}$ sei $\hat{c}$ die Integralkurve von $\dot{\tilde{c}}^*$ auf der Untermannigfaltigkeit $\pi^{-1}(c(I)) \subset M$ mit Startpunkt p. Nach (1) ist $\hat{c}$ Geodätische, also folgt das Ergebnis wegen der Eindeutigkeit der Geodätischen zu einer Startgeschwindigkeit (Abb. 6.7). □

Eine Abbildung heißt **eigentlich**, wenn Urbilder von Kompakta kompakt sind.

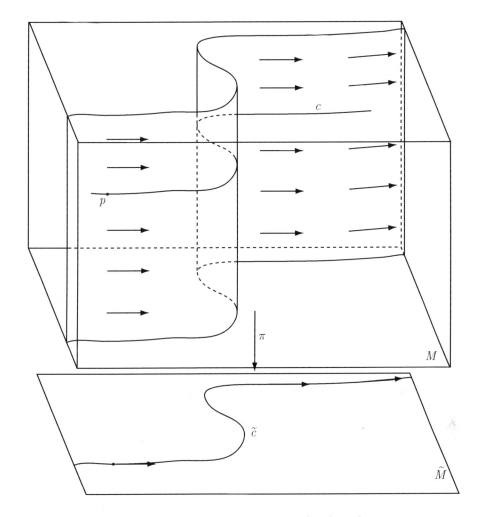

Abb. 6.7: Horizontaler Lift einer Geodätischen

Lemma 6.3.9. *Sei $\tilde{M}$ zusammenhängend.*

1. *([Her]) Falls M vollständig ist, ist auch $\tilde{M}$ vollständig und π surjektiv.*

2. *Jede Submersion ist offen.*

3. *Jede eigentliche Submersion $\pi : M \to \tilde{M}$ ist surjektiv.*

Bei Submersionen mit vollständigem Totalraum ist das Verhalten von Geodätischen also deutlich übersichtlicher als bei Immersionen: Es gibt eine Bijektion zwischen Geodätischen mit horizontalem Startvektor bei $p \in M$ und Geodätischen auf $\tilde{M}$ mit Startpunkt $\pi(p)$.

Beweis. 1) Für einen festen Punkt $p \in M$ und jedes $\tilde{X} \in T_{\pi(p)}\tilde{M}$ ist $\exp_p(t\tilde{X}^*)$ auf ganz $\mathbf{R}$ definiert und nach Korollar 6.3.8(2) horizontal. Also ist nach Korollar 6.3.8(1) auch $\exp_{\pi(p)}(t\tilde{X}) = \pi\left(\exp_p(t\tilde{X}^*)\right)$ auf ganz $\mathbf{R}$ definiert. Somit ist $\tilde{M}$ vollständig. Nach dem Satz von Hopf-Rinow hat jeder Punkt in $\tilde{M}$ die Form $\exp_{\pi(p)}\tilde{X}$, und $\exp_p(t\tilde{X}^*)$ liegt im Urbild unter π, also ist π surjektiv.

2) Sei $U \subset M$ offen. Wähle zu $p \in U$ eine ballförmige Normalumgebung in U. Dann ist das Bild der horizontalen Geodätischen ein geodätischer Ball in $\tilde{M}$ um $\pi(p)$ in $\pi(U)$.

3) Als eigentliche Abbildung ist π abgeschlossen (Übung 6.3.18), also ist $\pi(M)$ als offene (nach (2)) und abgeschlossene Menge gleich $\tilde{M}$.   □

Die Offenheit von Submersionen folgt auch elementarer mit dem Satz über implizite Funktionen. Analog zum Faserungssatz von Ehresmann für eigentliche Submersionen gilt folgender

Faserungssatz von Hermann 6.3.10. *([Her[3]) Sei M vollständig und $\tilde{M}$ zusammenhängend. Dann ist jede Riemannsche Submersion $\pi : M \to \tilde{M}$ ein Faserbündel.*

Dies macht also (modulo Vollständigkeit) aus dem infinitesimalen Kriterium „$T\pi$ surjektiv" das über der Basis lokale, in der Faser globale Kriterium „Faserbündel".

Beweis. Sei $\tilde{p} \in \tilde{M}$ und $\tilde{U} \subset \tilde{M}$ eine Normalumgebung. Für $\tilde{q} \in \tilde{U}$ sei $\tilde{X}^{\tilde{q}} := \exp_{\tilde{p}}^{-1}\tilde{q}$. Setze $\varphi : \tilde{U} \times Z_{\tilde{p}} \to \pi^{-1}(\tilde{U}), (\tilde{q}, p) \mapsto \exp_p(\tilde{X}^{\tilde{q}})^*$. Damit wird

$$\varphi^{-1}(q) = \left(\pi(q), \exp_q\left((T_{\tilde{X}^{\pi(q)}}\exp_{\tilde{p}})(-\tilde{X}^{\pi(q)})\right)^*\right),$$

denn $\left((T_{\tilde{X}^{\pi(q)}}\exp_{\tilde{p}})(\tilde{X}^{\pi(q)})\right)^*$ ist der Geschwindigkeitsvektor bei q der Geodätischen $\exp_p t(\tilde{X}^{\pi(q)})^*$. Die Geodätische $\exp_q(\dots)$ in der Formel für φ^{-1} läuft also auf derselben Bahn zurück, auf der $\exp_p t(\tilde{X}^{\tilde{q}})^*$ von p nach q läuft.   □

Der Vergleich der Krümmungen ergibt sich mit Bemerkung 6.3.7 durch $\nabla^2 + \nabla S + S \wedge S = (\nabla^{\oplus})^2$. Analog zur Rolle der 2. Fundamentalform bei Immersionen lassen sich die Krümmungen von M, Z und $\tilde{M}$ also mit Hilfe von A und T vergleichen. Drei der Krümmungsgleichungen zu Werten von $\Omega(U,V)$ mit U, V vertikal entsprechen den Gauß-, Codazzi-Mainardi- und Ricci-Gleichungen für Immersionen. Zusätzlich entstehen drei weitere zu Werten von $\Omega(X,Y)$ und $\Omega(X,U)$ mit X, Y horizontal. Wir fassen im folgenden Satz nur die zwei dieser Gleichungen zusammen, die später noch verwendet werden. Siehe Übung 6.3.19 für die dritte und Übung 6.3.20 für die Interpretation der Ricci-Gleichung in Termen von A.

Satz 6.3.11. *(O'Neill[4]-Gleichungen) Für eine Riemannsche Submersion $\pi : M \to \tilde{M}$, X, Y, Z, W horizontale und U, V, U', V' vertikale Vektoren gilt:*

1) Mit dem Krümmungstensor $\tilde{R}$ von $\tilde{M}$ ist

$$\begin{aligned}R_p(X,Y,Z,W) = {} & (\pi^*\tilde{R})_p(X,Y,Z,W) + \langle A_Y Z, A_X W\rangle - \langle A_X Z, A_Y W\rangle \\ & -2\langle A_X Y, A_Z W\rangle.\end{aligned}$$

---

[3] 1960, Robert Hermann, 28.4.1931–
[4] 1966, Barrett O'Neill

Insbesondere folgt für horizontale Vektorfelder X, Y

$$K_p(X \wedge Y) \quad = \quad \tilde{K}_{\pi(p)}(T\pi(X) \wedge T\pi(Y)) - \frac{3}{4} \frac{\|[X,Y]^V\|^2}{\|X \wedge Y\|^2}.$$

2) $R(X, U, Y, V) = \langle ((\nabla_X T)_U - (\nabla_U A)_X) V, Y \rangle - \langle T_U X, T_V Y \rangle + \langle A_X U, A_Y V \rangle.$

Beweis. 1) Für horizontale Lifts X, Y, Z, W von Vektorfeldern $\tilde{X}, \tilde{Y}, \tilde{Z}, \tilde{W}$ gilt

$$
\begin{aligned}
g(\nabla_X \nabla_Y Z, W) \quad &= \quad X.g(\nabla_Y Z, W) - g(\nabla_Y Z, \nabla_X W) \\
&\overset{6.3.5(1)}{=} \quad \tilde{X}.\tilde{g}(\tilde{\nabla}_{\tilde{Y}} \tilde{Z}, \tilde{W}) - \tilde{g}(\tilde{\nabla}_{\tilde{Y}} \tilde{Z}, \tilde{\nabla}_{\tilde{X}} \tilde{W}) - g(A_Y Z, A_X W) \\
&= \quad \tilde{g}(\tilde{\nabla}_{\tilde{X}} \tilde{\nabla}_{\tilde{Y}} \tilde{Z}, \tilde{W}) - g(A_Y Z, A_X W).
\end{aligned}
$$

Außerdem ist

$$
\begin{aligned}
g(\nabla_{[X,Y]} Z, W) \quad &\overset{6.3.5(1)}{=} \quad g(\nabla_{[X,Y]^H} Z, W) + g(\nabla_{2A_X Y} Z, W) \\
&\overset{6.3.3, 6.3.5(2)}{=} \quad \tilde{g}(\tilde{\nabla}_{[\tilde{X}, \tilde{Y}]} \tilde{Z}, \tilde{W}) + 2g(A_Z A_X Y, W) \\
&\overset{6.3.6}{=} \quad \tilde{g}(\tilde{\nabla}_{[\tilde{X}, \tilde{Y}]} \tilde{Z}, \tilde{W}) - 2g(A_Z W, A_X Y).
\end{aligned}
$$

Addieren in $R(X, Y, W, Z) = g(-\nabla_X \nabla_Y Z + \nabla_Y \nabla_X Z + \nabla_{[X,Y]} Z, W)$ liefert das gesuchte Ergebnis.
2) Es gilt

$$\langle (\nabla_X T)_U V, Y \rangle \quad = \quad \langle \nabla_X (T_U V) - T_{(\nabla_X U)^V} V - T_U (\nabla_X V)^V, Y \rangle$$

und somit

$$
\begin{aligned}
\langle -\nabla_U \nabla_X V &+ \nabla_X \nabla_U V + \nabla_{[U,X]} V, Y \rangle \\
&= \langle (\nabla_X T)_U V + \nabla_X (\nabla_U V)^V - \nabla_U (\nabla_X V)^H + \nabla_{\nabla_U X - (\nabla_X U)^H} V, Y \rangle \\
&= \langle (\nabla_X T)_U V + A_X (\nabla_U V) - \nabla_U (A_X V) + \nabla_{T_U X} V, Y \rangle \\
&= \langle (\nabla_X T)_U V - (\nabla_U A)_X V - A_{\nabla_U X} V, Y \rangle - \langle T_V Y, T_U X \rangle \\
&= \langle (\nabla_X T)_U V - (\nabla_U A)_X V, Y \rangle + \langle A_X U, A_Y V \rangle - \langle T_V Y, T_U X \rangle. \qquad \square
\end{aligned}
$$

Nach (1) hat also $\tilde{M}$ mindestens so große Schnittkrümmung wie M. Im Falle total-geodätischer Fasern, i.e. $T \equiv 0$, liefern diese Formeln weitere Abschätzungen der Krümmungen von $M, \tilde{M}$ und Z.

Korollar 6.3.12. *Für eine Riemannsche Submersion $\pi : M \to \tilde{M}$ folgt aus $K > 0$ (bzw. $K \geq 0$) für horizontale Ebenen, dass $\tilde{K} > 0$ (bzw. $\tilde{K} \geq 0$).*

Aufgaben

Übung* 6.3.13. *Sei π die Submersion $\pi : S^{2n+1} \to \mathbf{P}^n \mathbf{C}, (x_0, \ldots, x_n) \mapsto [(x_0 : \cdots : x_n)]$, J die komplexe Struktur auf $\mathbf{C}^{n+1} \supset S^{2n+1}$ (i.e. $J : T_p\mathbf{C}^{n+1} \to T_p\mathbf{C}^{n+1}$ ist die Multiplikation mit i) und $\mathfrak{n}$ das nach außen zeigende Normalenvektorfeld auf S^{2n+1}.*

1) Beweisen Sie, dass die Fasern Z Großkreise sind und bestimmen sie $T^V S^{2n+1}$ in Termen von $J, \mathfrak{n}$.

2) Zeigen Sie, dass für eine geeignete Metrik auf $\mathbf{P}^n \mathbf{C}$ diese Submersion Riemannsch ist.

3) Beschreiben Sie die Geodätischen auf $\mathbf{P}^n \mathbf{C}$.

4) Bestimmen Sie die Tensoren A, T.

5) Geben Sie die Schnittkrümmung $K(\tilde{X} \wedge \tilde{Y})$ an und bestimmen Sie ihren Wertebereich.

Übung 6.3.14. *Sei $\pi : M \to \tilde{M}$ eine Riemannsche Submersion und c irgendeine Kurve in M. Zeigen Sie, dass c mindestens so lang ist wie $\pi \circ c$. Folgern Sie damit direkt, dass c Geodätische ist, wenn $\pi \circ c$ Geodätische ist und $\dot{c} \in T^H M$.*

Übung 6.3.15. *Zeigen Sie direkt mit Übung 6.3.14 und Korollar 5.3.10, aber ohne Verwendung von A und T, dass für horizontale Lifts $X, Y \in T_pM$ von $\tilde{X}, \tilde{Y}$ und die Schnittkrümmungen $K, \tilde{K}$ von $M, \tilde{M}$ gilt*

$$\tilde{K}(\tilde{X} \wedge \tilde{Y}) \geq K(X \wedge Y).$$

Übung 6.3.16. *Sei $\pi : M \to \tilde{M}$ eine Riemannsche Submersion und c eine Geodätische auf M. Zeigen Sie, dass $\pi \circ c$ genau dann Geodätische ist, wenn*

$$T_{\dot{c}^V} \dot{c}^V + 2A_{\dot{c}^H} \dot{c}^V \equiv 0.$$

Übung 6.3.17. *Bestimmen Sie A und T für ein **verzerrtes Produkt***

$$(B \times Z, \pi_1^* g_B + \pi_1^* e^{2f} \cdot \pi_2^* g_Z)$$

mit Riemannschen Mannigfaltigkeiten $(B, g_B), (Z, g_Z)$, $\pi_1 : B \times Z \to B$, $\pi_2 : B \times Z \to Z$ und $f \in C^\infty(B, \mathbf{R})$.

Übung* 6.3.18. *Zeigen Sie, dass eigentliche Abbildungen $f : M \to \tilde{M}$ zwischen Mannigfaltigkeiten abgeschlossen sind.*

Übung 6.3.19. *Beweisen Sie die letzte der sechs Krümmungsgleichungen von O'Neill für Submersionen:*

$$R(X, Y, Z, U) = \langle (\nabla_Z A)_X Y, U \rangle + \langle A_X Y, T_U Z \rangle - \langle A_Y Z, T_U X \rangle - \langle A_Z X, T_U Y \rangle$$

für X, Y, Z horizontale Lifts, U vertikal.

Übung 6.3.20. *Für eine riemannsche Submersion $\pi : M \to \tilde{M}$ und eine Faser Z ist $N := T^H M_{|Z}$ das Normalenbündel zu $Z \hookrightarrow M$. Zeigen Sie für die Krümmung des Zusammenhangs $\nabla_U^N X := \nabla_U X - T_U X$ mit U, V vertikal, X, Y horizontale Lifts*

$$g(\Omega^N(U, V)X, Y)$$
$$= g((\nabla_V A)_X Y, U) - g((\nabla_U A)_X Y, V) - g(A_X U, A_Y V) - g(A_X V, A_Y U).$$

6.4 Quotienten

Hauptfaserbündel	äquivariante Trivialisierung
Prinzipalbündel	Hauptfaserbündel
eigentliche Operation	Strukturgruppe
Stabilisator	Cartan-1-Form
Isotropiegruppe	Cartan-Zusammenhang
freie Operation	Rahmen-Bündel
äquivariant	Kähler-Mannigfaltigkeit
zur G-Operation passende Karte	

In diesem Abschnitt muss die Lie-Gruppe G nicht zusammenhängend sein. Unter einigen Bedingungen hat eine Riemannsche Mannigfaltigkeit einen Quotienten unter der Operation durch G, und $M \to M/G$ ist wieder ein Faserbündel. In diesem Fall wird das Bündel **Hauptfaserbündel** oder **Prinzipalbündel** genannt. In diesem Abschnitt soll G von rechts operieren. Das ist natürlich nur eine Konvention, und alle Resultate gelten analog für Operationen von links; der Quotient wird dann als $G\backslash M$ geschrieben.

Entscheidend wird dabei der Scheibensatz 6.4.6, der die Existenz geeigneter Karten auf dem Quotienten sicherstellt. Da die Definition des Begriffs „Mannigfaltigkeit" aus vielen, teils topologischen Einzelforderungen besteht, benötigt man entsprechend etliche Bedingungen an die Operation. Die erste stellt sicher, dass der Quotient Hausdorff ist:

Satz 6.4.1. *Eine Lie-Gruppe G operiere stetig von rechts auf einer Mannigfaltigkeit M. Die Operation ist **eigentlich**, falls eine der folgenden drei äquivalenten Bedingungen erfüllt ist:*

1) *Die Abbildung $f : M \times G \to M \times M, (p, \gamma) \mapsto (p\gamma, p)$ ist eigentlich, d.h. das Urbild $f^{-1}(K')$ eines Kompaktums ist kompakt.*

2) *Für alle $K \subset\subset M$ ist $G_K := \{\gamma \in G \,|\, K\gamma \sqcap K \neq \emptyset\}$ kompakt.*

3) *Für alle $p, q \in M$ existieren Umgebungen U, V, so dass $\{\gamma \in G \,|\, U\gamma \cap V \neq \emptyset\}$ relativ kompakt in G ist.*

Diese Bedingung ist nach (2) insbesondere erfüllt, wenn G kompakt ist. Wegen der Abgeschlossenheit jeder Lie-Untergruppe $H \subset G$ operiert mit G auch H eigentlich. Für kompaktes M folgt ebenfalls aus (2) die Kompaktheit von G.

Beweis. $(1){\Rightarrow}(2)$: Mit $\pi_2 : M \times G \overset{\text{can.}}{\to} G$ ist

$$\pi_2(f^{-1}(K \times K)) = \pi_2(\{(p,\gamma) \in K \times G \,|\, p\gamma \in K\}) = G_K,$$

also kompakt.

$(2){\Rightarrow}(3)$: Seien U, V relativ kompakte Umgebungen von p, q und $K := \bar{U} \cup \bar{V}$, dann ist der Abschluss von

$$\{\gamma \in G \,|\, U\gamma \cap V \neq \emptyset\} \subset \{\gamma \in G \,|\, K\gamma \cap K \neq \emptyset\}$$

kompakt.

$(3){\Rightarrow}(1)$: Sei $(U_{p,q} \times V_{p,q})_{p,q \in M}$ eine Überdeckung von $M \times M$ durch Umgebungen wie in (3), die selbst ebenfalls relativ kompakt seien. Sei $(U_j \times V_j)_{j \in J}$ eine endliche Teilüberdeckung von K'. Dann ist

$$
\begin{aligned}
f^{-1}(K') &= \{(p,\gamma) \,|\, (p\gamma, p) \in K'\} \subset \bigcup_{j \in J} \{(p,\gamma) \,|\, (p\gamma, p) \in U_j \times V_j\} \\
&= \bigcup_{j \in J} \{(p,\gamma) \,|\, p \in U_j\gamma^{-1} \cap V_j\} \subset \bigcup_{j \in J} \{\gamma \,|\, U_j\gamma^{-1} \cap V_j \neq \emptyset\} \times V_j
\end{aligned}
$$

relativ kompakt und abgeschlossen, also kompakt. $\square$

Bemerkung. Die Projektion $\pi_2 : K \times G \to G$ ist für jedes Kompaktum K eine abgeschlossene Abbildung, also ist die Menge $G_K = \pi_2(f^{-1}(K \times K))$ stets abgeschlossen. Deswegen genügt in (2) auch relative Kompaktheit.

Unter der Annahme (2) ist für jeden Punkt $p \in M$ der **Stabilisator** (oder **Isotropiegruppe**) $G_p := \{\gamma \in G \,|\, p \cdot \gamma = p\}$ kompakt. Eine Gruppe G operiert **frei**, falls $\forall p \in M, \gamma \in G \setminus \{e\} : p\gamma \neq p$, d.h. falls kein $\gamma \neq e$ Fixpunkte hat bzw. $G_{\{p\}} = \{e\}$.

Beispiel. 1. Der Kreis S^1 operiert isometrisch auf der euklidischen Ebene $\mathbf{C}$, und über den Radius wird $\mathbf{C}/S^1$ als topologischer Raum mit $\mathbf{R}_0^+$ identifiziert. Offenbar ist dieser Quotient keine topologische Mannigfaltigkeit. Auf $\mathbf{C}^\times$ dagegen operiert S^1 frei mit Quotientem $\mathbf{C}^\times/S^1 \cong \mathbf{R}^+$.

2. Die Untergruppe $\mathbf{Q} \subset \mathbf{R}$ operiert frei, aber nicht eigentlich auf $\mathbf{R}$. Denn zwei Punkte $p, q \in \mathbf{R}$ haben niemals Umgebungen U, V wie in Satz 6.4.1(3).

3. Für $\alpha \in \mathbf{R} \setminus \pi\mathbf{Q}$ operiert $\mathbf{Z}$ auf S^1 durch $e^{i\beta} \cdot e^{i\beta} = e^{i(\alpha+\beta)}$ frei, aber nicht eigentlich, da S^1 kompakt ist und $\mathbf{Z}$ nicht.

Eine Abbildung $f : M \to N$ zwischen Mannigfaltigkeiten mit G-Operation heißt $(G\text{-})$**äquivariant**, falls $\forall a \in G, p \in M : f(p \cdot a) = f(p) \cdot a$.

Hilfssatz 6.4.2. *(Äquivarianter-Rang-Satz) Eine Lie-Gruppe G operiere auf N und transitiv auf M. Dann hat jede äquivariante Abbildung $f : M \to N$ konstanten Rang.*

Beweis. Für $q = p \cdot a$ ist $T_q f \circ T_p R_a = T_{f(p)} R_a \circ T_p f$, und R_a hat vollen Rang auf M und N. $\square$

Lemma 6.4.3. *Eine Liegruppe G operiere C^∞ auf einer Mannigfaltigkeit M. Sei $p \in M$ und $\mu : G \to M, \gamma \mapsto p\gamma$. Dann ist der Stabilisator G_p eine Lie-Untergruppe und Rang $T\mu \equiv \dim \mathfrak{g} - \dim \mathfrak{g}_p$.*

Beweis. Sei $\rho : \mathfrak{g} \to \Gamma(M, TM)$, $X \mapsto X_{M|q} := \frac{\partial}{\partial t}_{|t=0} q \cdot e^{tX}$. Damit hat X_M Fluss $\Phi_t^{X_M}(q) = q \cdot e^{tX}$, denn dies erfüllt die Bedingung aus Korollar 1.5.2. Sei $V \subset T_{e_G} G$ eine Umgebung der 0 und $U \subset G$, so dass $\exp_G : V \to U$ ein Diffeomorphismus ist. Dann ist $G_p \cap U = \exp_G(\ker T_e \mu \cap V)$: Es ist $X_{M|p} = T_{e_G}\mu(X)$. Aus $p \cdot e^{tX} = p$ folgt $X_{M|p} = 0$. Und für $X_{M|p} = 0$ ist $\Phi_t^{X_M}(p) \equiv p$, also $e^{tX} \in G_p$. Also ist $G_p \cap U$ eine Untermannigfaltigkeit und Rang $T_{e_G}\mu = \dim \mathfrak{g} - \dim T_{e_G} G_P$. Wegen der Äquivarianz hat $T\mu$ konstanten Rang und $G_p = \mu^{-1}(\{p\})$ ist Lie-Untergruppe. $\square$

Hilfssatz 6.4.4. *Eine Lie-Gruppe G operiere frei und C^∞ auf einer Mannigfaltigkeit M. Dann sind die Orbiten $pG \subset M$ injektive Immersionen von G. Wenn die Operation zusätzlich eigentlich ist, ist pG eine Einbettung von G.*

Beweis. Setze wieder $\mu : G \to M, \gamma \mapsto p\gamma$. Dann ist μ injektiv, denn $p\gamma = p\tilde\gamma \Leftrightarrow p\gamma\tilde\gamma^{-1} = p \overset{\text{Op. frei}}{\Leftrightarrow} \gamma = \tilde\gamma$.
Nach Lemma 6.4.3 ist Rang $T_e\mu \equiv \dim G$, da die Operation frei ist. Somit ist μ Immersion.
Als Einschränkung der Abbildung $f : M \times G \to M \times M$ aus Theorem 6.4.1 auf die abgeschlossene Teilmenge $\{p\} \times G$ ist μ eigentlich, also abgeschlossen. Als abgeschlossene injektive Immersion ist μ insbesondere eine Einbettung. $\square$

Definition 6.4.5. *Eine Karte (U, φ) heißt* **passend zur G-Operation**, *falls*

1) $\varphi(U) = \Omega_2 \times \Omega_1 \subset \mathbf{R}^m \times \mathbf{R}^k$ *mit* $k := \dim G, m := n - k$.

2) $\forall p \in M : pG \cap U = \emptyset$ *oder* $\exists \mathbf{y}_0 \in \mathbf{R}^m : \varphi(pG \cap U) = \{\mathbf{y}_0\} \times \mathbf{R}^k$.

Hilfssatz 6.4.6. *(Scheibensatz) Unter denselben Voraussetzungen wie im letzten Hilfssatz gibt es um jedes $p \in M$ eine passende Karte.*

Beweis. Sei (V, ψ) eine Karte wie in Lemma 1.1.3(3) zur Untermannigfaltigkeit pG, i.e. $\psi(pG \cap V) \subset \{0_{\mathbf{R}^m}\} \times \mathbf{R}^k$. Setze $N := \psi^{-1}(\mathbf{R}^m \times \{0_{\mathbf{R}^k}\})$ und $\omega : N \times G \to M, (q, \gamma) \mapsto q\gamma$ (Abb. 6.8). Behauptung: ω ist lokal um (p, e) ein Diffeomorphismus. Denn $\operatorname{im} T_e(\omega(p, \cdot)) = T(pG)$ ist nach 6.4.4 k-dimensional, $\operatorname{im} T_p(\omega(\cdot, e)) = \operatorname{im} T_p \operatorname{id}_N = \operatorname{im} \operatorname{id}_{T_p N}$ und $T_p M = T_p N \oplus T_p(gG)$. Also hat $T_{(p,e)}\omega$ vollen Rang und nach dem Satz über implizite Funktionen ist ω lokal Diffeomorphismus. Wähle Umgebungen A, B von e, p in G, N diffeomorph zu Bällen, $\overline{B}$ kompakt, so dass ω auf $B \times A$ bijektiv ist.
Zunächst wird gezeigt, dass B so klein gewählt werden kann, dass $\forall q \in B : qG \cap B = \{q\}$ (Abb. 6.9): Sei $B_j \subset B_{j-1}$ eine Folge von Umgebungen von p in B mit $\bigcap B_j = \{p\}$. Angenommen, in jedem B_j gäbe es q_j, r_j mit $r_j = q_j\gamma_j$ für ein $\gamma_j \neq e$. Dann ist $(\gamma_j)_j$ eine Folge in dem Kompaktum $G_{\overline{B}}$, hat also einen Häufungspunkt $\gamma \in G$. Wegen $q_j, r_j \to p$ folgt $p = p\gamma$, wegen der freien Operation also $\gamma = e$. Somit gibt es ein $\gamma_\ell \in A$, und $\omega(q_\ell, \gamma_\ell) = \omega(r_\ell, e)$. $\frac{1}{2}$ zur Bijektivität von ω.

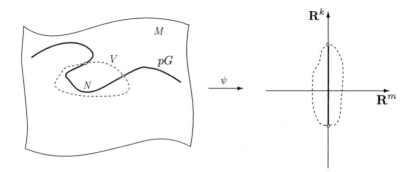

Abb. 6.8: Konstruktion von N im Beweis des Scheibensatzes.

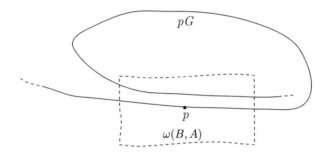

Abb. 6.9: Dies soll mit dem Scheibensatz vermieden werden.

Wähle also B entsprechend klein und wähle $\zeta_1 : A \to B_1(0_{\mathbf{R}^k}), \zeta_2 : B \to B_1(0_{\mathbf{R}^m})$. Dann ist $\varphi := (\zeta_2, \zeta_1) \circ \omega^{-1} : BA \to B_1(0_{\mathbf{R}^m}) \times B_1(0_{\mathbf{R}^k})$ eine passende Karte. Denn in jedem Orbit $\tilde{p}G$, der BA schneidet, gibt es genau ein $q \in B$, und $\varphi(qG \cap BA) \subset \{\zeta_2(q) \times \mathbf{R}^k\}$. $\qquad\square$

Hilfssatz 6.4.7. *Eine Lie-Gruppe G operiere stetig auf einer Mannigfaltigkeit M. Dann ist $\pi : M \twoheadrightarrow M/G$ eine offene Abbildung.*

Beweis. Sei $U \subset M$ offen, dann ist $\pi^{-1}(\pi(U)) = \bigcup_{\gamma \in G} U\gamma$ offen, also ist nach Definition der Quotiententopologie $\pi(U)$ offen. $\qquad\square$

Nach den kritischen technischen Sätzen können jetzt die einzelnen Axiome an Mannigfaltigkeiten eins nach dem anderen überprüft werden.

Satz 6.4.8. [5] *Eine Lie-Gruppe G operiere frei, eigentlich und C^∞ auf einer Mannigfaltigkeit M. Dann hat M/G eine kanonische C^∞-Mannigfaltigkeits-Struktur und $\pi : M \twoheadrightarrow M/G$ ist ein Faserbündel mit typischer Faser G.*

Beweis. M/G ist hausdorffsch: Das Bild $R := \{(p\gamma, p) \in M \times M \,|\, \gamma \in G, p \in M\} \subset M \times M$ der abgeschlossenen Menge $M \times G$ unter der eigentlichen Abbildung $M \times G \to M \times M, (p, \gamma) \mapsto (p\gamma, p)$ ist abgeschlossen. Seien nun $[p] \neq [q] \in M/G$,

---

[5] 1950, A. M. Gleason, 1921–2008 (G kompakt); 1953, J.-L. Koszul, 1921– (G nicht-kompakt)

d.h. $(p, q) \notin R$. Für eine Umgebung $U \times V$ von (p, q) in $M \times M \setminus R$ sind nach 6.4.7 $\pi(U), \pi(V)$ disjunkte Umgebungen von $[p], [q]$.

M/G ist Lindelöf: Sei $(U_j)_j$ eine offene Überdeckung von M/G, dann ist $(\pi^{-1}(U_j))_j$ eine offene Überdeckung von M. Reduziere diese auf eine abzählbare Überdeckung $(\pi^{-1}(U_{j_n}))_{n \in \mathbf{N}}$, dann ist $(U_{j_n})_{n \in \mathbf{N}}$ eine abzählbare Überdeckung von M/G.

M/G ist lokal homöomorph zu $\mathbf{R}^m$: Sei $\varphi : BA \to \Omega_2 \times \Omega_1$ eine passende Karte um einen beliebigen Punkt $p \in M$. Dann ist $\pi_{|B} : B \to \tilde{U} := \pi(BA)$ bijektiv, stetig und nach 6.4.7 offen: Für $B \cap U \overset{\text{offen}}{\subset} B$ ist $(B \cap U)A \overset{\text{offen}}{\subset} M$, denn $\omega^{-1}((B \cap U)A) = (B \cap U) \times A \overset{\text{offen}}{\subset} M \times G$. Also ist $\pi((B \cap U)A) = \pi(B \cap U)$ offen. Somit ist $\pi_{|B}$ ein Homöomorphismus. Mit $\pi_1 : \Omega_2 \times \Omega_1 \to \Omega_2$ ist weiter $\pi_1 \circ \varphi_{|B} = \zeta_2 : B \to \Omega_2$ Homöomorphismus, also auch $\tilde{\varphi} := \pi_1 \circ \varphi \circ (\pi_{|B})^{-1} : \tilde{U} \to \Omega_2$.

M/G hat eine kanonische C^∞-Struktur (gegeben durch $\{\tilde{\varphi}_j \mid j \in J\}$ zu einem Atlas $\{\varphi_j \mid j \in J\}$ aus passenden Karten von M): Sei $\tilde{p} \in M/G$ und φ_1 passende Karte um $p_1 \in \pi^{-1}(\tilde{p})$, $\varphi_2 : BA \to \Omega_2 \times \Omega_1$ passende Karte um $p_2 = p_1 \gamma \in \pi^{-1}(\tilde{p})$. Damit ist

$$\varphi_2' := \varphi_2 \circ R_\gamma : (B\gamma^{-1})(\gamma A \gamma^{-1}) \to \Omega_2 \times \Omega_1$$

eine weitere passende Karte um p_1 mit $\tilde{\varphi}_2' = \tilde{\varphi}_2$, denn

$$(\varphi_2 \circ R_\gamma) \circ (\pi_{|B\gamma^{-1}})^{-1} = \varphi_2 \circ (\pi_{|B})^{-1}.$$

Da die passenden Karten Orbiten auf konstante **y**-Koordinaten abbilden, ist $\left(\varphi_1 \circ \varphi_2'^{-1}\right) \binom{\mathbf{y}}{\mathbf{x}} = \binom{\beta(\mathbf{y})}{\alpha(\mathbf{x}, \mathbf{y})}$ mit C^∞-Abbildungen α, β. Also ist $\tilde{\varphi}_1 \circ \tilde{\varphi}_2^{-1} = \tilde{\varphi}_1 \circ \tilde{\varphi}_2'^{-1} = \beta$ glatt.

π ist Faserbündel: Sei $\tilde{p} \in M/G$. Wähle $p \in \pi^{-1}(\tilde{p})$ und eine passende Karte $\varphi : BA \to \Omega_2 \times \Omega_1$ mit ζ_1 wie im Beweis des Scheibensatzes. Dann liefern $\varphi \circ R_{\hat{\gamma}}$ passende Karten für alle $\hat{\gamma} \in G$, die $\pi^{-1}(\tilde{U})$ mit $\tilde{U} := \pi(B)$ überdecken. Gelesen durch die Karten $\varphi, \tilde{\varphi}$ ist $\tilde{\varphi} \circ \pi \circ \varphi^{-1} : \Omega_2 \times \Omega_1 \to \Omega_2$ gleich π_1, also ist π überall auf $\pi^{-1}(\tilde{U})$ glatt (und sogar Submersion). Es ist $\tilde{U}$ eine Umgebung von $\tilde{p}$, jeder Orbit in $\pi^{-1}(\tilde{U})$ schneidet B in genau einem Punkt q und

$$h : \pi^{-1}(\tilde{U}) \to \tilde{U} \times G,$$
$$q\gamma \mapsto (\pi(q), \gamma)$$

ist somit wohldefiniert und bijektiv. Und h ist glatt, denn ist um jedes $q' = q\gamma \in \pi^{-1}(\tilde{U})$ ist

$$(\tilde{\varphi}, \zeta_1 \circ R_{\gamma^{-1}}) \circ h \circ (\varphi \circ R_{\gamma^{-1}})^{-1} = \mathrm{id}_{\Omega_2 \times \Omega_1}. \qquad \square$$

Bemerkung. Die Trivialisierungen h im Beweis erfüllen

$$h^{-1}([q], \gamma'\gamma) = h^{-1}([q], \gamma') \cdot \gamma,$$

sind also äquivariant. Die Faserbündel $M \to M/G$ zusammen mit der Operation von G auf M werden auch (glatte) **Hauptfaserbündel** mit **Strukturgruppe** G genannt.

Beispiel. Für $K = \mathbf{R}, \mathbf{C}$ oder $\mathbf{H}$ operiert $K^\times$ frei, eigentlich und C^∞ durch Multiplikation auf $K^{n+1} \setminus \{0\}$. Dies liefert als Quotienten noch einmal den projektiven Raum $\mathbf{P}^n K$. $\mathbf{Z}^n$ operiert additiv frei, eigentlich und C^∞ auf $\mathbf{R}^n$, der Quotient ist der Torus.

Als letzte Struktur wird unter einer zusätzlichen Bedingung die Existenz einer kanonischen Riemannschen Metrik auf dem Quotienten überprüft.

Satz 6.4.9. *Eine Lie-Gruppe G operiere frei, eigentlich, C^∞ durch Isometrien auf einer Riemannschen Mannigfaltigkeit (M, g). Dann trägt M/G eine kanonische Metrik $\tilde{g}$, für die $\pi : M \twoheadrightarrow M/G$ eine Riemannsche Submersion ist.*

Beweis. Sei $\tilde{p} \in M/G$ und $X, Y \in T_{\tilde{p}}(M/G)$. Für $p \in \pi^{-1}(\tilde{p})$ setze $\tilde{g}_{\tilde{p}}(X,Y) := g_p(X_p{}^*, Y_p{}^*)$. Dies ist unabhängig von der Wahl von p: Für $q \in \pi^{-1}(\tilde{p}) \, \exists^1 \gamma \in G : q = p\gamma$, und $g_p = \gamma^* g_q$. Insbesondere ist $\gamma^* T_q^H M = T_p^H M$ und $T\gamma(X_p{}^*) = X_q{}^*, T\gamma(Y_p{}^*) = Y_q{}^*$. $\qquad\square$

Beispiel. Die Rotation um die Nord-Süd-Achse auf $S^2 \setminus \{N, S\}$ liefert als Orbiten die Breitenkreise und als Quotienten $] - 1, 1[$. Dieses Beispiel zeigt bereits, dass auch bei Quotienten ohne weitere Bedingungen der Tensor T nicht ganz einfach wird, auch wenn A und T natürlich G-invariant sind. Allerdings kann man den Elementen $X \in \mathfrak{g}$ wie in Übung 6.4.12 vertikale Vektorfelder X' zuweisen, was die Behandlung von A, T übersichtlicher macht. Die zugehörige **Cartan-1-Form** $\vartheta \in \Gamma(M, T^*M \otimes \mathfrak{g})$ ist die Abbildung $\vartheta(Y_p) = X$ mit $Y_p^V = (X')_p$. Dies führt zum Begriff des **Cartan-Zusammenhangs** [Car], [KoN, ch. II], auf den wir hier nicht eingehen.

Nach einem Resultat von Vilms [Vi] gibt es auf M stets eine Metrik, bezüglich derer T verschwindet.

Beispiel 6.4.10. Die runde Metrik auf S^{2n+1} induziert eine Metrik auf $\mathbf{P}^n \mathbf{C}$ via $\mathbf{P}^n \mathbf{C} = (\mathbf{C}^{n+1} \setminus \{0\})/\mathbf{C}^\times = (\mathbf{C}^{n+1} \setminus \{0\}/\mathbf{R}^+)/(\mathbf{C}^\times/\mathbf{R}^+) = S^{2n+1}/S^1$ (s. Übungen 6.3.13, 6.4.14). Die Gruppe $\mathbf{C}^\times$ selbst operiert nicht durch Isometrien auf dem euklidischen $\mathbf{C}^{n+1}$. Analog für $\mathbf{P}^n \mathbf{H} = \mathbf{H}^{n+1} \setminus \{0\}/\mathbf{H}^\times = S^{4n+3}/S^3$.

Beispiel 6.4.11. Das **orthogonale Rahmen-Bündel** $\mathbf{O}(M)$ einer Riemannschen Mannigfaltigkeit (M, g) sei die disjunkte Vereinigung der Mengen

$$\mathbf{O}(M)_p := \{\varphi : (\mathbf{R}^n, \langle \cdot, \cdot \rangle_{\text{eukl}}) \to (T_p M, g_p) \text{ Isometrie}\}$$

mit $\pi : \mathbf{O}(M) \overset{\text{can}}{\twoheadrightarrow} M$. Jedes φ entspricht kanonisch der Orthogonalbasis

$$(\varphi(e_1), \ldots, \varphi(e_n)) \in (T_p M)^n,$$

was eine Einbettung $\mathbf{O}(M) \subset TM^{\oplus n}$ als Untermannigfaltigkeit liefert. Nach Definition ist $\mathbf{O}(M)_p \cong \mathbf{O}(n)$ und es gibt eine kanonische Operation von $\mathbf{O}(n)$ von rechts auf $\mathbf{O}(M)$ via $\mathbf{O}(M) \times \mathbf{O}(n) \to \mathbf{O}(M), (\varphi, A) \mapsto \varphi \circ A$. Diese Operation ist frei und eigentlich, also ist $\mathbf{O}(M)/\mathbf{O}(n) = M$. Vorsicht: $\mathbf{O}(M)$ ist <u>nicht</u> das Bündel der Isometrien $T_p M \to T_p M$.

Aufgaben

Übung* 6.4.12. *Eine Lie-Gruppe G operiere C^∞ auf einer Mannigfaltigkeit M mit $\rho : \gamma \mapsto (p \mapsto p\gamma)$. Jedes $X \in \mathfrak{g}$ induziert also einen Diffeomorphismus $\rho(e^X)$ von M, und $X' := \frac{d}{dt}_{|t=0}\rho(e^{tX})$ ist ein Vektorfeld auf M. Zeigen Sie $[X', Y'] = [X, Y]'$. Wie lautet die entsprechende Gleichung für die Felder $X'' := \frac{d}{dt}_{|t=0}\rho(e^{-tX})$ (bzw. bei einer Operation von links)?*

Übung* 6.4.13. *Ersetzen Sie im Beweis von Satz 6.4.8 den Nachweis der Lindelöf-Eigenschaft durch Folgerung der Zweitabzählbarkeit von M/G aus der von M.*

Übung 6.4.14. *Sei $\pi : S^{2n+1} \to \mathbf{P}^n\mathbf{C}$ die kanonische Projektion aus dem Beispiel 6.4.10. Sei $J : T_p\mathbf{C}^{n+1} \to T_p\mathbf{C}^{n+1}$ die Multiplikation mit i. Zeigen Sie mit Übung 6.3.13*

*1) J induziert eine Isometrie $J : T_p\mathbf{P}^n\mathbf{C} \to T_p\mathbf{P}^n\mathbf{C}$ mit $\tilde\nabla J = 0$ (eine Riemannsche Mannigfaltigkeit M ist genau dann eine **Kähler-Mannigfaltigkeit**, wenn es einen solchen Automorphismus mit $J^2 = -1$ gibt).*

2) Bestimmen Sie die Längen aller Geodätischen auf $\mathbf{P}^n\mathbf{C}$.

3) Nach welcher Länge treffen sich zwei Geodätische auf $\mathbf{P}^n\mathbf{C}$ (mit verschiedenen Bahnen), die am selben Punkt p starten (Fallunterscheidung)?

4) Berechnen Sie die mit der Karte φ_0 aus Kapitel 1.2 zurückgezogene Metrik des $\mathbf{P}^n\mathbf{C}$.

Übung 6.4.15. *Sei G eine Lie-Gruppe und G_0 die Zusammenhangskomponente von e_G.*

1) Zeigen Sie, dass G_0 ein Normalteiler von G ist.

2) Folgern Sie, dass G/G_0 eine diskrete Lie-Gruppe ist und dass alle Zusammenhangskomponenten diffeomorph sind.

6.5 Diskrete Fasern

Riemannsche Überlagerung	einfach zusammenhängend
Grad	Homotopiegruppen
Blätter	Satz von Hadamard-Cartan
eigentlich diskontinuierliche Operation	Kleinsche Flasche
Decktransformationsgruppe	Möbiusband
universelle Überlagerung	Linsenraum
Fundamentalgruppe	

In diesem Abschnitt werden die Resultate der letzten beiden Kapitel auf den Fall diskreter Fasern und diskreter Gruppen spezialisiert. Dies führt insbesondere zur Klassifikation der Räume konstanter Krümmung.

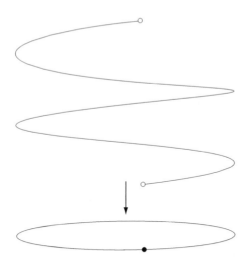

Abb. 6.10: Eine lokale Isometrie, die keine Überlagerung ist.

Definition 6.5.1. *Eine Abbildung* $\pi : M \to \tilde{M}$ *heißt* **Riemannsche Überlagerung**, *falls* $\forall p \in \tilde{M}$ *eine Umgebung* $U \subset \tilde{M}$ *existiert sowie eine diskrete Menge* Z *(d.h. eine 0-dimensionale Mannigfaltigkeit), für die* $\pi^{-1}(U) \cong U \times Z$ *als Riemannsche Mannigfaltigkeiten.*

Da $\#Z$ lokal konstant ist, kann man für jedes p dieselbe Menge Z wählen und π wird ein Faserbündel mit typischer Faser Z. $\#Z$ heißt **Grad** von π oder **Anzahl der Blätter**. Eine Riemannsche Überlagerung ist also ein Faserbündel mit diskreter Faser, das als Submersion Riemannsch ist.

Beispiel. $\mathbf{R} \to S^1$ ist eine ∞-fache Überlagerung.

Lemma 6.5.2. *Sei* $\pi : M \to \tilde{M}$ *eine Überlagerung und* $\tilde{g}$ *eine Riemannsche Metrik auf* $\tilde{M}$. *Dann hat* M *eine via* π *induzierte Metrik, für die* π *Riemannsche Überlagerung ist.*

Beweis. Wähle $g_p := \pi^* \tilde{g}_{\pi(p)}$. Da π lokaler Diffeomorphismus ist, hat $T\pi$ maximalen Rang und es ist $g > 0$. $\square$

Umgekehrt ist nicht jeder lokale Diffeomorphismus eine Überlagerung. Z.B. ist die Abbildung $]0, 4\pi[\to S^1, t \mapsto e^{it}$ eine lokale Isometrie mit kompakten Fasern, aber $0 \in S^1$ hat ein 1-elementiges Urbild $\{2\pi\}$, während jeder andere Punkt ein 2-elementiges Urbild hat (Abb. 6.10).

Lemma 6.5.3. *Sei* $\pi : M \to \tilde{M}$ *Riemannsche Überlagerung. Dann ist* M *genau dann vollständig, wenn* $\tilde{M}$ *vollständig ist.*

Beweis. „$\Rightarrow$" ist ein Spezialfall von Lemma 6.3.9.
„$\Leftarrow$": Sei $\tilde{M}$ vollständig und $c :]a, b[\to M$ eine Geodätische, die für $t > b$ nicht fortsetzbar ist. Dann ist $\tilde{c} := \pi(c)$ eine Geodätische, also auf $\mathbf{R}$ definiert. Auf

einer hinreichend kleinen Umgebung U von $\tilde{c}(b)$ ist das Faserbündel π trivial. Für $\tilde{c}([b - \varepsilon, b + \varepsilon]) \subset U$ ist U isometrisch zu einer Umgebung von $c(b - \varepsilon)$, also lässt sich c bis $b + \varepsilon$ fortsetzen. $\frac{1}{2}$ $\qquad\square$

Lemma 6.5.4. *Sei M vollständig und $\tilde{M}$ zusammenhängend. Dann ist jede Abbildung $\pi : M \to \tilde{M}$, deren Ableitung $T_p\pi$ an jedem Punkt eine Isometrie ist, eine Riemannsche Überlagerung.*

Beweis. Nach dem Faserungssatz von Hermann 6.3.10 ist M Faserbündel. Weil $T_p\pi$ als Isometrie invertierbar ist, sind die Fasern diskret. $\qquad\square$

Eine eigentliche Operation einer diskreten Gruppe heißt **eigentlich diskontinuierlich**. Die Kriterien (2),(3) aus Theorem 6.4.1 gelten dann mit „endlich" an Stelle von „(relativ) kompakt".

Beispiel. $\pi : S^n \to \mathbf{P}^n\mathbf{R}$ induziert eine Metrik auf $\mathbf{P}^n\mathbf{R}$.

Satz 6.5.5. *Sei $\pi : M \to \tilde{M}$ eine Riemannsche Überlagerung, M zusammenhängend. Dann operiert die **Decktransformationsgruppe** von π*

$$\Gamma := \{\varphi : M \to M \text{ Diffeomorphismus} \,|\, \pi \circ \varphi = \pi\}$$

frei auf jeder Faser, eigentlich diskontinuierlich, isometrisch und C^∞ von links auf M. Falls Γ auf einer Faser transitiv operiert, folgt $\tilde{M} \cong \Gamma \backslash M$.

Beweis. Weil $T\pi$ punktweise Isometrie ist, ist wegen $T_p\varphi = (T_{\varphi(p)}\pi)^{-1} \circ T_p\pi$ auch jedes $\varphi \in \Gamma$ Isometrie. Aus $\varphi(p) = p$ für ein $p \in M$ folgt $T_p\varphi =$ id, also $\varphi(\exp_p X) = \exp_p X$. Für die Fixpunktmenge M^φ von φ ist also zu jedem $q \in M^\varphi$ auch jede Normalumgebung in M^φ. Also ist M^φ offen, andererseits nicht-leer und abgeschlossen und somit folgt $M^\varphi = M$ und $\varphi = \text{id}_M$. Also operiert Γ frei.
Weil φ Normalumgebungen auf Normalumgebungen abbildet, operiert Γ eigentlich diskontinuierlich: Für $p, q \in M$ mit $\pi(p) \neq \pi(q)$ wähle Normalumgebungen U, V mit $\pi(U), \pi(V)$ disjunkt. Dann ist $\{\varphi \in \Gamma \,|\, U\varphi \cap V \neq \emptyset\} = \emptyset$. Im Fall $\pi(p) = \pi(q)$ wähle Normalumgebungen U, V mit $\pi(U) = \pi(V) = $ Normalumgebung von $\pi(p)$. Wegen der freien Operation gibt es höchstens ein $\varphi \in \Gamma$ mit $\varphi(p) = q$, also $\#\{\varphi \in \Gamma \,|\, U\varphi \cap V \neq \emptyset\} \leq 1$.
Also ist $\tilde{\pi} : \Gamma \backslash M \to \tilde{M}$ Überlagerung. Falls Γ auf $\pi^{-1}(p)$ transitiv operiert, ist $\tilde{\pi}$ 1-blättrig. $\qquad\square$

Die topologische Überlagerungstheorie (s. z.B. [LaSz]) zeigt diesen Sachverhalt allgemeiner und weiter folgende Aussagen über Überlagerungen, deren Beweis hier nicht geführt wird:

Theorem und Definition 6.5.6. *Jede Mannigfaltigkeit $\tilde{M}$ hat eine eindeutig bestimmte maximale Überlagerung M, die keine weiteren nicht-trivialen Überlagerungen mehr hat. M heißt **universelle Überlagerung** von $\tilde{M}$, die zugehörige Decktransformationsgruppe heißt **Fundamentalgruppe** $\pi_1(\tilde{M}) := \Gamma$ von $\tilde{M}$. Eine zusammenhängende Mannigfaltigkeit $\tilde{M}$ heißt **einfach zusammenhängend**, falls $\pi_1(\tilde{M}) = 0$.*

Insbesondere ist die universelle Überlagerung von $\tilde{M}$ einfach zusammenhängend.

Bemerkung. In der Algebraischen Topologie wird weiter gezeigt, dass jede Überlagerung $\overline{M}$ von $\tilde{M}$ einer Untergruppe $H \subset \pi_1(\tilde{M})$ entspricht, die Decktransformationsgruppe von $M \to \overline{M}$ wird. Die Decktransformationsgruppe von $\overline{M} \to \tilde{M}$ ist dann (Normalisator von H in $\pi_1(\tilde{M}))/H$. Falls H Normalteiler ist, operiert die Decktransformationsgruppe von $\overline{M} \to \tilde{M}$ transitiv auf den Fasern.

Für eine beliebige Überlagerung $\pi : M \to \tilde{G}$ einer Lie-Gruppe lässt sich M durch Liften der Multiplikation $\tilde{G} \times \tilde{G} \to \tilde{G}$ immer mit einer Lie-Gruppen-Struktur versehen, für die π ein Homomorphismus wird (s. [War, 3.24]). Insbesondere ist nach Übung 6.5.13 $\pi_1(\tilde{G})$ stets abelsch. Allgemein wird zu Faserbündeln in der Topologie eine lange exakte Sequenz der **Homotopiegruppen** π_j konstruiert ([Stee, §17]), die für einen Quotienten $M \to M/G$ die Gestalt

$$\cdots \longrightarrow \pi_2(G) \longrightarrow \pi_2(M) \longrightarrow \pi_2(M/G) \,\rangle$$
$$\longrightarrow \pi_1(G) \longrightarrow \pi_1(M) \longrightarrow \pi_1(M/G) \,\rangle$$
$$\longrightarrow \pi_0(G) \longrightarrow \pi_0(M) \longrightarrow \pi_0(M/G) \longrightarrow 0$$

hat (wobei alle Abbildungen bis auf die letzten drei Gruppen-Homomorphismen sind). Für G zusammenhängend verschwindet $\pi_0(G)$, außerdem kann man für kompakte Gruppen $\pi_2(G) = 0$ zeigen ([BtD, Lemma V.7.5]). Mit Hilfe der Iwasawa-Zerlegung (s. [Hel, ch. VI §5]) folgt dies für beliebige Lie-Gruppen G, und obige Sequenz impliziert für G zusammenhängend eine exakte Sequenz

$$0 \to \pi_2(M) \to \pi_2(M/G) \to \pi_1(G) \to \pi_1(M) \to \pi_1(M/G) \to 0 \qquad (6.1)$$

Insbesondere stimmen für einfach zusammenhängendes G die Homotopiegruppen π_0, π_1, π_2 von Totalraum und Basis überein. Umgekehrt folgt für M zusammenhängend und einfach zusammenhängend

$$0 \to \pi_1(M/G) \to \pi_0(G) \to 0, \qquad (6.2)$$

also ist dann $\pi_1(M/G)$ gleich der Gruppe der Zusammenhangskomponenten von G.

Lemma 6.5.7. *Seine $\varphi, \psi : M \to \tilde{M}$ zwei lokale Isometrien zwischen Riemannsche Mannigfaltigkeiten und M zusammenhängend. Es gebe ein $p \in M$ mit $T_p\varphi = T_p\psi$. Dann ist $\varphi = \psi$.*

Beweis. Sei $N := \{q \in M \,|\, T_q\varphi = T_q\psi\}$ ($\ni p$, also $\neq \emptyset$). Dann ist N abgeschlossen. Für $q \in N$ ist $\varphi(\exp_q X) = \exp_{\varphi(q)} T_q\varphi(X) = \exp_{\psi(q)} T_q\psi(X) = \psi(\exp_q X)$, weil φ, ψ Geodätische auf Geodätische abbilden und jede Geodätische durch ihren Startvektor eindeutig bestimmt ist. Also ist die Normalumgebung jedes $q \in N$ in N und N ist offen. Als nichtleere offene abgeschlossene Teilmenge ist $N = M$. $\square$

Satz 6.5.8. *Sei* $\tilde{M}$ *vollständig mit* $K = -1, 0$ *oder* 1. *Dann ist* $\tilde{M}$ *isometrisch zu*

$$\Gamma \backslash H^n, \quad \Gamma \backslash \mathbf{R}^n \quad oder \quad \Gamma \backslash S^n.$$

Beweis. Nach (der Bemerkung nach) dem Satz von Cartan 6.2.1 gibt es eine Abbildung $\varphi : H^n, \mathbf{R}^n, S^n \backslash \{p\} \to \tilde{M}$, die lokale Isometrie ist (mit $p \in S^n$ beliebig). Für $K = 1$ sei $q \in S^n \backslash \{p, -p\}$. Dann liefert der Satz von Cartan auch eine lokale Isometrie $\psi : S^n \backslash \{-q\} \to \tilde{M}$ zu $T_q\psi := T_q\varphi$. Nach Lemma 6.5.7 folgt $\psi = \varphi$ auf dem gemeinsamen Definitionsbereich, also lässt sich φ nach p durch $\psi(p)$ fortsetzen zu einer Abbildung $\varphi : S^n \to \tilde{M}$. Nach Lemma 6.5.4 ist φ Riemannsche Überlagerung. Insbesondere ist für jede Überlagerung $M \to H^n, \mathbf{R}^n$ bzw. S^n wieder $M = H^n, \mathbf{R}^n, S^n$. Nach Satz 6.5.6 ist die Überlagerung also universell, und nach Satz 6.5.5 ist $\tilde{M}$ von der angegebenen Form. □

Bemerkung. Eleganter lässt sich der Fall positiver konstanter Krümmung mit dem stärkeren Satz 7.3.2 von Cartan-Ambrose-Hicks lösen.

Satz von Hadamard-Cartan 6.5.9. [6] *M sei vollständig mit* $K \leq 0$, $p \in M$. *Dann ist* $\exp_p : T_pM \to M$ *eine Überlagerung. Insbesondere ist M für* $\pi_1(M) = 0$ *diffeomorph zu* $T_pM \cong \mathbf{R}^n$, *und durch zwei Punkte geht genau eine Geodätische.*

Dies verallgemeinert ein Axiom der euklidischen Geometrie: Durch 2 Punkte geht genau eine Gerade.

Beweis. Sei c Geodätische, $\|\dot{c}\| = 1$ und $Y = T_{tX} \exp_p tV$ mit $0 \neq V \perp \dot{c}$ ein Jacobi-Feld längs c. Dann ist

$$\frac{\partial^2}{\partial t^2} \|Y_t\|^2 = 2\|\nabla_{\partial/\partial t} Y\|^2 + 2g((\nabla_{\partial/\partial t})^2 Y, Y)$$

$$\overset{\text{Jacobi−DGL}}{=} \underbrace{2\|\nabla_{\partial/\partial t} Y\|^2}_{\geq 0} \underbrace{-2K(\dot{c} \wedge Y) \cdot \|Y\|^2}_{\geq 0}.$$

Also ist $\|Y\|^2$ konvex. Wegen $Y_0 = 0, Y_0' \neq 0$ folgt $\|Y_t\|^2 > 0$ für $t > 0$. Für das Geschwindigkeitsfeld der Geodätischen ist dort ebenfalls $\|t\dot{c}\|^2 \neq 0$. Somit ist $T_{tX} \exp_p tV \neq 0$ für alle $X, V \in T_pM$, und $\exp_p$ ist überall lokaler Diffeomorphismus. Mit der Metrik $\exp_p^* g$ auf T_pM ist $\exp_p$ lokale Isometrie, und die radialen Geraden sind Geodätische, also ist T_pM vollständig. Nach Lemma 6.5.4 ist $\exp_p$ Überlagerung. □

---

[6] 1928, Élie Joseph Cartan, 1869–1951; für Flächen 1881 von Hans Carl Friedrich von Mangoldt, 1854–1925. Jacques Salomon Hadamard, 1865–1963, hatte keinen neuen Beitrag dazu.

Aufgaben

Übung 6.5.10. *Sei* $(v_1, \ldots, v_n)$ *eine Basis des* $\mathbf{R}^n$ *und* $\Lambda := \mathbf{Z}v_1 + \cdots + \mathbf{Z}v_n$. *Zeigen Sie, dass* Λ *als Untergruppe von* $M = \mathbf{R}^n$ *frei und eigentlich diskontinuierlich auf* M *operiert.*

Übung 6.5.11. *Zeigen Sie, dass folgende Riemannsche Mannigfaltigkeiten wohldefiniert sind:*

1) *Kleinsche Flasche* $\{\pm 1\} \backslash (S^1)^2$, *wobei* -1 *als* $(e^{i\varphi}, e^{i\psi}) \mapsto (-e^{i\varphi}, e^{-i\psi})$ *operiert.*

2) **Möbiusband** $\{\pm 1\} \backslash S^1 \times \mathbf{R}$, *wobei* -1 *als* $(e^{i\varphi}, x) \mapsto (-e^{i\varphi}, -x)$ *operiert.*

3) **Linsenraum** $L(m; k_1, \ldots, k_n) := (\mathbf{Z}/m\mathbf{Z}) \backslash S^{2n-1}$ *mit der Operation*

$$(\ell, (z_1, \ldots, z_n)) \mapsto (\zeta^{\ell k_1} z_1, \ldots, \zeta^{\ell k_n} z_n)$$

für eine feste primitive m-*te-Einheitswurzel* ζ *und* $k_1, \ldots, k_n$ *teilerfremd zu* m.

Übung* 6.5.12. *Beweisen Sie, dass die folgenden Abbildungen wohldefiniert und Isometrien sind (bis auf eine evtl. Skalierung):*

1) $\varphi : \{\pm 1\} \backslash S^3 \overset{\cong}{\to} \mathbf{SO}(3)$, $q \mapsto (v \mapsto qvq^{-1})$ *(wobei letzteres als Endomorphismus von* $\mathbf{R}^\perp \subset \mathbf{H}$ *aufgefasst wird),*

2) $\psi : \{\pm 1\} \backslash (S^3 \times S^3) \overset{\cong}{\to} \mathbf{SO}(4) \subset \mathrm{End}(\mathbf{H})$, $(q, \tilde{q}) \mapsto (v \mapsto qv\tilde{q}^{-1})$.

Übung 6.5.13. *Sei* $\pi : G \to \tilde{G}$ *ein Lie-Gruppen-Homomorphismus und universelle Überlagerung mit Decktransformationsgruppe* $\Gamma = \pi_1(\tilde{G})$. *Sei* G *zusammenhängend. Zeigen Sie* $R_{\gamma(e_G)} e_G = L_{\gamma(e_G)} e_G = \gamma(e_G)$. *Folgern Sie, dass* Γ *im Zentrum von* G *liegt, also insbesondere abelsch ist.*
(Bemerkung. Für eine beliebige Überlagerung $M \to \tilde{G}$ *lässt sich* M *durch Liften der Multiplikation* $\tilde{G} \times \tilde{G} \to \tilde{G}$ *immer mit einer solchen Liegruppen-Struktur versehen. Insbesondere ist* $\pi_1(\tilde{G})$ *stets abelsch.)*

Übung 6.5.14. *Eine endliche Gruppe* Γ *operiere frei und* C^∞ *auf einer Mannigfaltigkeit* M. *Für eine* Γ-*Darstellung* V *sei* $V^\Gamma := \{v \in V \mid \forall \gamma \in \Gamma : \gamma v = v\}$. *Zeigen Sie, dass* $\pi^* : \mathfrak{A}^\bullet(M/\Gamma) \to \mathfrak{A}^\bullet(M)^\Gamma$ *ein Isomorphismus ist. (Tipp: Zeigen Sie die Surjektivität mit Hilfe der lokalen Trivialisierung).*

Übung 6.5.15. *Sei mit den Bezeichnungen von Übung 6.5.14* $\pi^\Gamma : V \to V^\Gamma$, $v \mapsto \frac{1}{\#\Gamma} \sum_\gamma \gamma v$ *die Projektion auf* V^Γ.

1. *Beweisen Sie, dass* $\pi^* : H^\bullet(M/\Gamma) \to H^\bullet(M)$ *injektiv ist.*

2. *Beweisen Sie* $\pi^*(H^\bullet(M/\Gamma)) = H^\bullet(M)^\Gamma$.

3. *Zeigen Sie* $H^\bullet(\mathbf{R}^n/\mathbf{Z}^n) \neq H^\bullet(\mathbf{R}^n)^{\mathbf{Z}^n}$ *für* $n > 0$.

Insbesondere ist $H^\bullet(M/\Gamma) \cong H^\bullet(M)^\Gamma$.

Übung 6.5.16. *Berechnen Sie* $H^n(\mathbf{P}^n \mathbf{R})$ *mit Hilfe von* $\mathbf{P}^n \mathbf{R} = S^n/(\mathbf{Z}/2\mathbf{Z})$ *unter der Annahme* $H^n(S^n) = \mathbf{R}$.

6.6 Linksinvariante Metriken auf Lie-Gruppen

biinvariante Metrik	Killing-Form
rechtsinvariante Metrik	einfache Lie-Algebra
linksinvariante Metrik	

Als Vorbereitung auf die Geometrie homogener Räume wird in diesem Abschnitt die Geometrie von Lie-Gruppen zusammen mit einer links-invarianten Metrik studiert. In den späteren Abschnitten werden noch mehr Resultate für diese Situation in allgemeinerem Zusammenhang folgen.

Definition 6.6.1. *Sei G eine Lie-Gruppe. Eine Metrik auf G heißt* **biinvariant,** *falls $L_h : a \mapsto ha, R_h : a \mapsto ah$ für alle $h \in G$ Isometrien sind (analog* **links-,** **rechtsinvariant***).*

Beispiel. Jede Metrik g_e auf $\mathfrak{g}$ induziert eine linksinvariante Metrik $g_h := L_{h^{-1}}^* g_e$ auf G, und umgekehrt. Nach Übung 3.1.23 hat $\mathbf{SO}(n)$ und damit jede Lie-Untergruppe $G \subset \mathbf{SO}(n)$ eine biinvariante Metrik.

Für ein Skalarprodukt g auf $\mathfrak{g}$, $X \in \mathfrak{g}$ sei $\mathrm{ad}_X^* : \mathfrak{g} \to \mathfrak{g}$ die adjungierte Abbildung zu ad_X, d.h. $g([X,Y],Z) = g(Y,\mathrm{ad}_X^* Z)$. Sei U die symmetrische Bilinearform

$$U : \mathfrak{g}^2 \to \mathfrak{g}, (X,Y) \mapsto (\mathrm{ad}_X^* Y + \mathrm{ad}_Y^* X)/2.$$

Lemma 6.6.2. *Sei g eine linksinvariante Metrik auf G und X, Y seien links-invariante Vektorfelder. Dann ist $\nabla_X Y = \frac{1}{2}[X,Y] - U(X,Y)$ (insbesondere linksinvariant).*

Beweis. Wegen der Linksinvarianz von g ist $g(X,Y) \equiv$ const. Die Koszul-Formel liefert also

$$2g(\nabla_X Y, Z) = g([X,Y],Z) - g(Y,[X,Z]) - g(X,[Y,Z])$$
$$= g([X,Y] - \mathrm{ad}_X^* Y - \mathrm{ad}_Y^* X, Z). \qquad \square$$

Satz 6.6.3. *Sei G eine Lie-Gruppe und X, Y linksinvariant. Die Krümmung einer linksinvarianter Metrik ist gegeben durch*

$$R(X,Y,X,Y) = -g(U(X,X),U(Y,Y)) + \|U(X,Y)\|^2 - \frac{3}{4}\|[X,Y]\|^2$$
$$- \frac{1}{2}g([[Y,X],X],Y) - \frac{1}{2}g([[X,Y],Y],X).$$

Beweis. Mit Lemma 6.6.2 folgt

$$
\begin{aligned}
R(X,Y,X,Y) &= g(\nabla_Y\nabla_X X - \nabla_X\nabla_Y X - \nabla_{[Y,X]}X, Y)\\
&= -g(\nabla_X X, \nabla_Y Y) + g(\nabla_Y X, \nabla_X Y) - g(\nabla_{[Y,X]}X, Y)\\
&= -g(U(X,X), U(Y,Y))\\
&\quad + g(\tfrac{1}{2}[Y,X] - U(X,Y), \tfrac{1}{2}[X,Y] - U(X,Y))\\
&\quad - \tfrac{1}{2}g([[Y,X],X] - \mathrm{ad}^*_{[Y,X]}X - \mathrm{ad}^*_X[Y,X], Y)\\
&= -g(U(X,X), U(Y,Y)) + \big(\|U(X,Y)\|^2 - \tfrac{1}{4}\|[X,Y]\|^2\big)\\
&\quad - \tfrac{1}{2}g([[Y,X],X],Y) - \tfrac{1}{2}g([[X,Y],Y],X) - \tfrac{1}{2}\|[X,Y]\|^2. \qquad\square
\end{aligned}
$$

Im nächsten Abschnitt wird es nützlich sein, den Levi-Civita-Zusammenhang auch mit Hilfe von rechts-invarianten Vektorfeldern zu beschreiben.

Satz 6.6.4. *Sei g eine linksinvariante Metrik auf G und $X_e, Y_e \in T_eG = \mathfrak{g}$ mit rechtsinvarianter Fortsetzung $\hat{X}, \hat{Y}$ auf G. Dann gilt*

$$
\begin{aligned}
(\nabla_{\hat{X}}\hat{Y})_{|\gamma} &= -\tfrac{1}{2}R_{\gamma*}[X_e, Y_e] - L_{\gamma*}(U(\mathrm{Ad}_{\gamma^{-1}}X_e, \mathrm{Ad}_{\gamma^{-1}}Y_e))\\
&= \tfrac{1}{2}[\hat{X}, \hat{Y}]_{|\gamma} - L_{\gamma*}(U(\mathrm{Ad}_{\gamma^{-1}}X_e, \mathrm{Ad}_{\gamma^{-1}}Y_e)).
\end{aligned}
$$

Bemerkung. Die erste Lie-Klammer auf T_eG ist hier wie immer als die von den links-invarianten Vektorfeldern induzierte Lie-Klammer gemeint. Der Wert von U wird als Element von T_eG aufgefasst. Die Formel verdeutlicht, dass für rechts-invariante Felder die Ableitung $\nabla_{\tilde{X}}\tilde{Y}$ nicht rechts-invariant sein muss, also außer bei einzelnen Punkten wie e auch nicht zu einem Element von $\mathfrak{g}$ korrespondiert.

Beweis. Sei $\tilde{Z}$ das links-invariante Vektorfeld zu $Z \in T_eG$. Dann ist

$$
\hat{X}_\gamma = TR_\gamma X_e = TL_\gamma \mathrm{Ad}_{\gamma^{-1}} X_e = (\widetilde{\mathrm{Ad}_{\gamma^{-1}}X_e})_{|\gamma}.
$$

Wegen $\forall a,b \in G : L_a R_b = R_b L_a$ kommutieren links- und rechts-invariante Vektorfelder $\tilde{X}, \hat{Y}$. Mit Lemma 6.6.2 wird somit

$$
\begin{aligned}
\nabla_{\hat{X}}\hat{Y}_{|\gamma} &= \nabla_{\widetilde{\mathrm{Ad}_{\gamma^{-1}}X_e}}\hat{Y}_{|\gamma} = \nabla_{\hat{Y}}(\widetilde{\mathrm{Ad}_{\gamma^{-1}}X})_{|\gamma}\\
&= \nabla_{\widetilde{\mathrm{Ad}_{\gamma^{-1}}Y}}(\widetilde{\mathrm{Ad}_{\gamma^{-1}}X})_{|\gamma}\\
&= \tfrac{1}{2}\underbrace{[\widetilde{\mathrm{Ad}_{\gamma^{-1}}Y}, \widetilde{\mathrm{Ad}_{\gamma^{-1}}X}]}_{=TL_\gamma \circ \mathrm{Ad}_{\gamma^{-1}}[Y_e, X_e]} - U(\widetilde{\mathrm{Ad}_{\gamma^{-1}}X}, \widetilde{\mathrm{Ad}_{\gamma^{-1}}Y})\\
&= \tfrac{1}{2}R_{\gamma*}[Y_e, X_e] - L_{\gamma*}(U(\widetilde{\mathrm{Ad}_{\gamma^{-1}}X}, \widetilde{\mathrm{Ad}_{\gamma^{-1}}Y})).
\end{aligned}
$$

Nach Übung 1.6.29 ist $[\hat{X}, \hat{Y}] = -[X_e, Y_e]$. $\qquad\square$

Man kann diesen Beweis alternativ nur bei $g = e$ durchführen und dann links-translatieren.

Aufgaben

Übung 6.6.5. *Sei G die Heisenberg-Gruppe (vgl. Übung 1.6.28), parametrisiert durch*

$$\begin{pmatrix} 1 & x & z \\ 0 & 1 & y \\ 0 & 0 & 1 \end{pmatrix}.$$

1) *Zeigen Sie, dass die Vektorfelder $A := \frac{\partial}{\partial x}, B := \frac{\partial}{\partial y} + x\frac{\partial}{\partial z}, C := \frac{\partial}{\partial z}$ links-invariant sind.*

2) *Sei g die Metrik, für die A, B, C eine Orthonormalbasis bilden. Ist g rechtsinvariant?*

3) *Berechnen Sie den Levi-Civita-Zusammenhang auf (G, g).*

4) *Zeigen Sie, dass fast alle Geodätischen auf G durch id (bis auf Reparametrisierung) durch*

$$\begin{aligned} x(t) &= \cot\varphi \cdot (\sin(t\sin\varphi + \vartheta) - \sin\vartheta) \\ y(t) &= -\cot\varphi \cdot (\cos(t\sin\varphi + \vartheta) - \cos\vartheta) \\ z(t) &= \frac{t}{2}(\sin\varphi + \frac{1}{\sin\varphi}) + \frac{1}{2}\cot^2\varphi \cdot \Big(2\cos(t\sin\varphi + \vartheta) \cdot \sin\vartheta \\ &\quad - \cos(t\sin\varphi) \cdot \sin(t\sin\varphi + 2\vartheta)\Big) \end{aligned}$$

gegeben sind.

5) *Bestimmen Sie die übrigen Geodätischen durch id.*

6) *Vergleichen Sie die Geodätischen in (4) mit der Lie-Gruppen-Exponentialabbildung $\exp_G$.*

Übung* 6.6.6. *Sei $\mathfrak{g}$ eine Lie-Algebra und*

$$\begin{aligned} B : \mathfrak{g} \times \mathfrak{g} &\to \mathbf{R} \\ (X, Y) &\mapsto \mathrm{Tr}\,(\mathrm{ad}_X \circ \mathrm{ad}_Y) \end{aligned}$$

*die **Killing-Form**.*

1) *Sei $\mathfrak{h} \subset \mathfrak{g}$ ein Ideal (vgl. Übung 1.6.35). Beweisen Sie, dass dann auch $\mathfrak{h}^\perp$ ein Ideal ist ($\perp$ bezüglich der Killing-Form).*

2) *Sei $B < 0$. Zeigen Sie mit (1), dass sich $\mathfrak{g}$ als Summe $\mathfrak{g}_1 \oplus \cdots \oplus \mathfrak{g}_k$ zerlegen lässt, wobei die $\mathfrak{g}_j$ **einfach** sind, d.h. sie sind nicht abelsch und haben keine nicht-trivialen Ideale.*

Übung 6.6.7. *Sei G eine zusammenhängende abelsche Lie-Gruppe mit links-invarianter Metrik. Zeigen Sie $K \equiv 0$ und folgern Sie, dass es eine diskrete Untergruppe $\Gamma \subset \mathbf{R}^n$ gibt, für die G isometrisch zu $\Gamma \backslash \mathbf{R}^n$ ist.*

Übung 6.6.8. *Versehen Sie* **SU**(3) *mit der durch die Einbettung* **SU**(3) ⊂ **SO**(6) *induzierte Metrik (mit* $a + ib \mapsto \begin{pmatrix} a & b \\ -b & a \end{pmatrix}$*). Bestimmen Sie mit Übung 6.6.7 ein Gitter* Γ*, für das der Torus der Diagonalmatrizen in* **SU**(3) *isometrisch zu* Γ**R**^{2} *ist.*

Übung 6.6.9. *(Vgl. Übung 1.6.26) ([Miln]) Sei* H^{n+1} *das obere Halbraum-Modell des hyperbolischen Raums und* G *gleich der Untergruppe* **R**$^+$ ⋉ **R**^{n} *der affinen Transformationen des euklidischen* **R**^{n} *mit der Operation*

$$G \times \mathbf{R}^n \;\to\; \mathbf{R}^n,$$
$$\begin{pmatrix} a_0 \\ a \end{pmatrix} \cdot x \;\mapsto\; a_0 x + a.$$

1. *Bestimmen Sie die Lie-Klammer von* G.

2. *Zeigen Sie, dass* $\rho_{\left(\begin{smallmatrix} a_0 \\ a \end{smallmatrix}\right)} : H^{n+1} \to H^{n+1}$, $\begin{pmatrix} x_0 \\ x \end{pmatrix} \mapsto \begin{pmatrix} a_0 x_0 \\ x+a \end{pmatrix}$ *eine Isometrie ist.*

3. *Sei* g_{e_G} *das Standardskalarprodukt auf* $T_{e_G} G = \mathbf{R}^{n+1}$. *Zeigen Sie, dass* G *mit der zugehörigen links-invarianten Metrik isometrisch zu* H^{n+1} *ist. Geben Sie explizit eine Isometrie an.*

6.7   Existenz homogener Metriken

homogener Raum	treue Operation
Kleinsche Geometrie	effektive Operation
homogene Metrik	fast treue Operation
Satz von Myers-Steenrod	Herz
Satz von Gleason	reduktiv

In diesem Abschnitt werden Existenzkriterien und Beschreibungen Riemannscher Metriken erarbeitet, die eine transitive isometrische Operation einer Lie-Gruppe zulassen.

Hier und in den folgenden Kapiteln werden zur Beschreibung von Quotienten G/H öfters Eigenschaften und Objekte herangezogen, die eigentlich zu G gehören. Das führt dazu, dass bei zwei diffeomorphen Räumen $G/H \cong G'/H'$ manche Formeln für G, H gelten, die für G', H' nicht stimmen. Man kann Missverständnisse vermeiden, indem man das Paar (G, H) an Stelle von G/H hervorhebt, aber das gestaltet die Notation umständlicher. Jedenfalls sollte man im Kopf behalten, das Eigenschaften wie „reduktiv" oder „normal" Eigenschaften von Paaren oder Tripeln und nicht des Raumes sind und die späteren Sätze über symmetrische Räume spezielle Wahlen von G, H voraussetzen.

Definition 6.7.1. *Ein (**Riemannscher**) **homogener Raum** (oder **Kleinsche Geometrie**) M ist eine Riemannsche Mannigfaltigkeit M, auf der eine Lie-Gruppe G transitiv, C^∞ und isometrisch operiert. Die Riemannsche Metrik heißt dann **homogene Metrik**.*

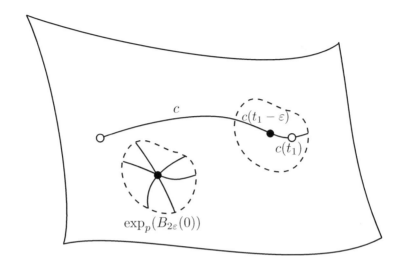

Abb. 6.11: Vollständigkeit homogener Räume.

Beispiel. $\mathbf{SO}(n) \rtimes \mathbf{R}^n$ operiert transitiv und isometrisch auf $\mathbf{R}^n$, $\mathbf{SO}(n+1)$ ebenso auf S^n, $\mathbf{SO}(n,1)$ auf H^n, $\mathbf{R}^n$ auf T^n. Jede Lie-Gruppe mit links-invarianter Metrik operiert transitiv isometrisch auf sich selbst.

Bemerkung. Nach dem **Satz von Myers-Steenrod** (1939) [MySt], [Hel, ch. IV, Th. 2.5] ist die Isometriegruppe G einer Mannigfaltigkeit M mit der kompakt-offen-Topologie eine (stetige) Lie-Gruppe. Die kompakt-offen-Topologie wird von den Mengen $\{f \in C(M,M) \mid f(K) \subset U\}$ für $K \subset\subset M$ und $U \subset M$ offen erzeugt. Sie wird insbesondere eindeutig von M induziert. Nach dem **Satz von Gleason-Montgomery-Zippin** (1952) [Gl], [MoZi] trägt eine stetige Lie-Gruppe eine eindeutig bestimmte C^∞-Struktur, mit der sie eine C^∞-Lie-Gruppe wird. Ein homogener Raum ist so betrachtet also eine Riemannsche Mannigfaltigkeit mit transitiv operierender Isometriegruppe. Die Gruppe G ist nicht notwendig abgeschlossen in der Isometriegruppe, also nicht unbedingt eine Lie-Untergruppe.

Satz 6.7.2. *Jeder homogene Raum M ist vollständig.*

Beweis. Angenommen, eine Geodätische c der Geschwindigkeit 1 sei maximal auf $]t_0, t_1[$ definiert, $t_0 \in \mathbf{R} \cup \{-\infty\}$, $t_1 \in \mathbf{R}$. Sei $p \in M$ beliebig und $\exp_p$ auf $B_{2\varepsilon}(0)$ definiert. Sei γ eine Isometrie mit $\gamma(p) = c(t_1 - \varepsilon)$, dann ist $\exp_{c(t_1-\varepsilon)} t\dot{c}(t_1 - \varepsilon)$ eine Fortsetzung von c bis $t_1 + \varepsilon \nleq$ (Abb. 6.11). $\qquad\square$

Insbesondere ist jede linksinvariante Metrik auf einer Lie-Gruppe G metrisch vollständig.

Lemma 6.7.3. *Sei H eine (nicht notwendigerweise zusammenhängende) Lie-Untergruppe einer Lie-Gruppe G. Dann ist $G/H := \{aH \mid a \in G\}$ eine Mannigfaltigkeit, $G \to G/H$ ein Faserbündel und G operiert durch Linksmultiplikation C^∞ und transitiv auf G/H.*

Beweis. H operiert frei auf G wegen $ah = a \Leftrightarrow h = e$. H operiert eigentlich, denn für $K \subset\subset G$ ist

$$
\begin{aligned}
H_K &= \{h \in H \mid Kh \cap K \neq \emptyset\} = \{h \in H \mid \exists k, k' \in K : kh = k'\} \\
&= H \cap K^{-1}K.
\end{aligned}
$$

Da H abgeschlossen und $K^{-1}K$ kompakt ist, ist H_K kompakt.

Nach Satz 6.4.8 ist G/H eine Mannigfaltigkeit und $G \to G/H$ ein Faserbündel. Mit $\pi_1 : G \to G/H, \pi_2 : G \times G \to G \times (G/H)$ hat insbesondere π_2 lokale Schnitte $\sigma : U \to G \times G$, $U \subset G \times G/H$. Damit ist die Operation von G auf G/H lokal gleich

$$
\begin{array}{ccccccc}
U & \overset{\sigma}{\to} & G \times G & \overset{\text{Gruppenoperation}}{\to} & G & \overset{\pi_1}{\to} & G/H, \\
(\gamma, aH) & \mapsto & (\gamma, a) & \mapsto & \gamma a & \mapsto & \gamma aH,
\end{array}
$$

also C^∞. Wegen $ba^{-1} \cdot aH = bH \; \forall a, b \in G$ operiert G transitiv auf G/H. $\qquad \square$

Lemma 6.7.4. *Eine Lie-Gruppe G operiere transitiv und C^∞ auf einer Mannigfaltigkeit M. Sei $p \in M$. Dann ist M äquivariant diffeomorph zu G/G_p.*

Beweis. Nach Lemma 6.4.3 ist G_p Lie-Untergruppe von G. Dann ist $\varphi : G/G_p \to M, aG_p \mapsto a \cdot p$ ein G-äquivarianter Diffeomorphismus:

Wohldefiniert: $\forall h \in G_p : \varphi(ahG_p) = ah \cdot p = a \cdot p = \varphi(aG_p)$.

Äquivariant: $\varphi(abG_p) = a \cdot \varphi(bG_p)$.

Surjektiv: Wegen der Transitivität gibt es zu jedem $q \in M$ ein $a \in G$ mit $\varphi(aG_p) = a \cdot p = q$.

Injektiv: $\varphi(aG_p) = \varphi(bG_p) \Leftrightarrow b^{-1}aG_p = G_p \Leftrightarrow b^{-1}a \in G_p$.

C^∞: Sei $\mu : G \to M, a \mapsto a \cdot p$. Wähle lokal auf G/G_p einen C^∞-Schnitt $\sigma : U \to G$ von π. Wegen $\varphi \circ \pi = \mu$ ist $\varphi = \mu \circ \sigma$, also C^∞. Für $T_{[e]}\varphi : \mathfrak{g}/\mathfrak{g}_p \to T_pM$, $X + \mathfrak{g}_p$ folgt Rang $T_{[e]}\varphi = $ Rang $T_e\mu = \dim \mathfrak{g}/\mathfrak{g}_p$ mit Lemma 6.4.3. Wegen der Äquivarianz hat φ konstanten Rang, also ist nach dem Satz über implizite Funktionen auch φ^{-1} C^∞. $\qquad \square$

Durch diesen Diffeomorphismus wird der gewählte Punkt p auf die Äquivalenzklasse $[e_G] = G_p$ von e_G abgebildet.

Definition 6.7.5. *Eine Gruppe G operiert **treu** (oder **effektiv**) auf einer Menge M, falls nur $e_G \in G$ als id_M operiert. Eine Lie-Gruppe G operiert **fast treu**, falls nur eine diskrete Teilmenge von G als id_M operiert.*

Anders ausgedrückt bedeutet dies, dass die durch die Operation induzierte Abbildung von G in die bijektiven Abbildungen von M nach M injektiv ist, denn ihr Kern verschwindet. Für einen homogenen Raum ist G dann also kanonisch eine (algebraische) Untergruppe der Isometriegruppe.

Beispiel. $\mathbf{SO}(2)$ operiert treu auf S^1. Aber die induzierte Operation auf $\mathbf{P}^1\mathbf{R}$ ist nicht treu, weil $\begin{pmatrix} -1 & 0 \\ 0 & -1 \end{pmatrix}$ trivial operiert.

Lemma 6.7.6. *Jeder Raum G/H ist diffeomorph zu einem Quotienten G'/H', auf dem G' treu operiert.*

Beweis. Sei $N := \bigcap_{a \in G} aHa^{-1} \overset{a=e}{\subset} H$ das **Herz** von H. Jeder Normalteiler von G in H ist auch in aHa^{-1} enthalten, andererseits ist offenbar $N \lhd G$, also ist N der größte Normalteiler von G, der in H enthalten ist. Ein $b \in G$ operiert genau dann trivial, wenn

$$\forall a \in G : b \cdot aH = aH \text{ bzw. } \forall a \in G : a^{-1}ba \in H \text{ bzw. } b \in N.$$

Also ist das Herz die Obstruktion gegen Treue. Mit $G' := G/N$, $H' := H/N$ operiert G' treu auf G'/H' und nach dem zweiten Isomorphiesatz der Gruppentheorie ist $r : G'/H' \to G/H$, $(\gamma \cdot N) \cdot H' \to \gamma H$ ein Gruppenisomorphismus. Dieser ist ein Diffeomorphismus: Mit den Abbildungen

$$
\begin{array}{ccc}
G/N & \overset{\pi_2}{\longleftarrow} & G \\
\pi_1 \downarrow & & \downarrow \pi_3 \\
G'/H' & \overset{r}{\longrightarrow} & G/H.
\end{array}
$$

und lokalen Schnitten σ_j von π_j ist $r = \pi_3 \circ \sigma_2 \circ \sigma_1$, $r^{-1} = \pi_1 \circ \pi_2 \circ \sigma_3$ glatt. $\square$

Die Operation ist fast treu genau dann, wenn das Herz diskret ist.

Satz 6.7.7. *Sei M^n eine Riemannsche Mannigfaltigkeit, $p \in M$ fest und eine Lie-Gruppe G operiere treu durch Isometrien auf M. Dann ist $\dim G \leq \frac{n(n+1)}{2}$. Die Isotropiegruppe G_p ist eine immersierte Untergruppe von $\mathbf{O}(T_pM)$, insbesondere $\dim G_p \leq \frac{n(n-1)}{2}$.*

Beweis. Nach Lemma 6.5.7 sind Isometrien durch ihre Ableitung an einem Punkt eindeutig bestimmt. Folglich operiert G frei auf dem Rahmen-Bündel $\mathbf{O}(M) \subset TM^n$ der Orthonormalbasen des Tangentialbündels (Beispiel 6.4.11). Der Orbit einer Orthonormalbasis $(e_j)_j$ von T_pM ist also eine injektive Immersion von G der Dimension $\leq \dim M + \dim \mathbf{O}(n) = n + \frac{n(n-1)}{2} = \frac{n(n+1)}{2}$. Wegen $T_p\gamma \in \mathbf{O}(T_pM)$ für $\gamma \in G_p$ ist G_p kanonisch Untergruppe von $\mathbf{O}(T_pM)$. $\square$

Hier ist $\mathbf{O}(T_pM)$ die Isometriegruppe von T_pM und nicht etwa die Faser $\mathbf{O}_p(M)$ des Rahmenbündels. Jede Wahl einer Orthonormalbasis $(e_j)_j$ von T_pM identifiziert diese Räume, aber G_p wird kanonisch nach $\mathbf{O}(T_pM)$ eingebettet.

Beispiel. Wegen $\mathbf{SO}(n+1)/\mathbf{SO}(n) \cong S^n$ sind die Grenzen in Satz 6.7.7 scharf.

Als immersierte Untergruppe von $\mathbf{O}(T_pM)$ trägt G_p eine biinvariante Metrik, also folgt:

Korollar 6.7.8. *Eine Lie-Gruppe G operiere treu durch Isometrien auf M. Dann kann die Isotropiegruppe G_p jedes Punktes $p \in M$ mit einer biinvarianten Metrik versehen werden.*

Falls G eine abgeschlossene Untergruppe der Isometriegruppe ist (z.B. die Isometriegruppe selbst), ist auch G_p nach Lemma 6.7.4 abgeschlossen in $\mathbf{O}(T_pM)$, also kompakt.

Bemerkung. Die Sätze von Myers-Steenrod, Gleason-Montgomery-Zippin implizieren somit: Jeder homogene Raum M ist diffeomorph zu einem Quotienten G/H für eine Lie-Gruppe G und eine kompakte Lie-Untergruppe $H \subset G$, so dass die kanonische Operation von G bezüglich der durch den Diffeomorphismus induzierten Metrik isometrisch ist. Genau dann ist M kompakt, wenn G kompakt ist. Denn falls M kompakt ist, ist auch das Urbild G unter der eigentlichen Abbildung $\pi : G \to G/H \cong M$ kompakt. Umgekehrt ist für kompaktes G auch $\pi(G)$ kompakt.

Nachdem sich so die homogenen Räume als diffeomorph zu Quotienten G/H bestimmter Lie-Gruppen erwiesen haben, stellt sich die Frage, ob es auf G eine Riemannsche Metrik gibt, so dass dieser Quotient als Riemannsche Metrik die Metrik von M liefert. Allgemeiner kann man fragen, ob es auf einem Quotienten G/H überhaupt G-invariante Metriken gibt und wenn ja, wie man sie beschreibt. Dies wird in den nächsten Sätzen geklärt.

Satz 6.7.9. *Sei H eine Lie-Untergruppe einer Lie-Gruppe G. Dann induzieren $\mathrm{Ad}_h, \mathrm{ad}_Z$ für $h \in H, Z \in \mathfrak{h}$ Operationen auf $\mathfrak{g}/\mathfrak{h} = T_{[e]}G/H$, und es gibt eine Bijektion zwischen*

1) G-invarianten Metriken g auf G/H (für die insbesondere G/H ein homogener Raum ist),

2) Skalarprodukten $g_{[e]}$ auf $T_{[e]}(G/H)$, die Ad_h-invariant sind für alle $h \in H$.

Letzteres impliziert

3) $\forall Z \in \mathfrak{h} : \mathrm{ad}_Z$ ist schief bezüglich $g_{[e]}$

und falls H zusammenhängend ist, gilt auch die Umkehrung.

Beweis. Für $X \in \mathfrak{h}$ sind $\mathrm{Ad}_h X, \mathrm{ad}_Z X \in \mathfrak{h}$, also operieren diese auf $\mathfrak{g}/\mathfrak{h}$.
(1) impliziert (2): Wegen $\forall X \in \mathfrak{g} : L_h e^{tX} H = C_h(e^{tX})H$ ist $T_{[e]}L_h = \mathrm{Ad}_h$, also ist $g_{[e]}$ für eine G-invariante Metrik Ad_h-invariant $\forall h \in H$.
Umkehrabbildung von (2) nach (1): Setze $g_{[a]} := L_{a^{-1}}^* g_{[e]}$. Dann ist

$$g_{[ah]} \;=\; L_{h^{-1}a^{-1}}^* g_{[e]} = L_{a^{-1}}^* L_{h^{-1}}^* g_{[e]} = L_{a^{-1}}^* g_{[e]}(\mathrm{Ad}_{h^{-1}}\cdot, \mathrm{Ad}_{h^{-1}}\cdot) = g_{[a]}.$$

(2)$\Rightarrow$(3): Ableiten von $g_{[e]}(\mathrm{Ad}_h X, \mathrm{Ad}_h Y) = g_{[e]}(X, Y)$ bei $h = e$ in Richtung $Z \in \mathfrak{h}$ liefert $g_{[e]}(\mathrm{ad}_Z X, Y) + g_{[e]}(X, \mathrm{ad}_Z Y) = 0$.
(3)$\Rightarrow$(2): Nach Korollar 1.6.25 ist

$$g_{[e]}(\mathrm{Ad}_{\exp Z} X, \mathrm{Ad}_{\exp Z} Y) \;=\; g_{[e]}(\underbrace{\exp(\mathrm{ad}_Z)}_{:=\sum \frac{(\mathrm{ad}_Z)^m}{m!}} X, \exp(\mathrm{ad}_Z)Y)$$

$$\overset{\text{Vorauss.}}{=} \; g_{[e]}(\exp(-\mathrm{ad}_Z)\exp(\mathrm{ad}_Z)X, Y) = g_{[e]}(X, Y).$$

Also gilt die Ad_h-Invarianz für alle h in einer Umgebung von e in H. Nach Satz 1.6.19 erzeugt diese Umgebung für zusammenhängendes H ganz H, also gilt die Ad-Invarianz allgemein. $\qquad\square$

Korollar 6.7.10. *Falls H zusammenhängend ist, hängt die Existenz einer G-invarianten Metrik auf G/H nur von der Operation von $\mathfrak{h}$ auf $\mathfrak{g}/\mathfrak{h}$ ab.*

Definition 6.7.11. *Der Quotient G/H heißt **reduktiv**, falls ein Untervektorraum $\mathfrak{m} \subset \mathfrak{g}$ mit $\mathfrak{g} = \mathfrak{m} \oplus \mathfrak{h}$, $\mathrm{Ad}_H \mathfrak{m} \subset \mathfrak{m}$ existiert. Ein $X \in \mathfrak{g}$ wird in die Summanden $X^{\mathfrak{h}}$, $X^{\mathfrak{m}}$ zerlegt.*

Dies impliziert durch Ableiten $[\mathfrak{h}, \mathfrak{m}] \subset \mathfrak{m}$. Für H zusammenhängend folgt andererseits $\mathrm{ad}_Z \mathfrak{m} \subset \mathfrak{m} \Rightarrow e^{\mathrm{ad} z} \mathfrak{m} \subset \mathfrak{m} \Rightarrow \mathrm{Ad}_{e^z} \mathfrak{m} \subset \mathfrak{m} \Rightarrow \mathrm{Ad}_H \mathfrak{m} \subset \mathfrak{m}$.

Beispiel 6.7.12. Folgende Beispiele werden im nächsten Abschnitt ausführlicher besprochen.
1) Wähle $H = \{e\}$, dann ist $G/H = G$ reduktiv mit $\mathfrak{h} = 0, \mathfrak{m} = \mathfrak{g}$ und die Operation von G auf dem homogenen Raum $G/\{e\}$ ist die Linksmultiplikation.
2) Sei G eine Lie-Gruppe, $G' := G \times G$ und $H := \{(a,a) \,|\, a \in G\} \subset G'$, dann ist $\varphi : G'/H \xrightarrow{\cong} G, [(a,b)] \mapsto ab^{-1}$ ein Diffeomorphismus. Via φ operiert $(a,b) \in G \times G$ auf $c \in G$ als

$$(a,b) \cdot \varphi^{-1}(c) = (a,b) \cdot [(c,e)] = [(ac,b)] = \varphi^{-1}(acb^{-1}),$$

also als Linksmultiplikation mit a und Rechtsmultiplikation mit b^{-1}. Dieser Raum ist reduktiv mit $\mathfrak{m} := \{(X,-X) \,|\, X \in \mathfrak{g}\}$. Denn

$$\mathrm{Ad}_{(a,a)}(X,-X) = (\mathrm{Ad}_a X, -\mathrm{Ad}_a X) \in \mathfrak{m}.$$

Dies ist ein Beispiel für eine natürliche Operation, die nicht treu zu sein braucht: Die Operation von $G \times G$ auf G'/H ist treu genau dann, wenn für alle $(a,b) \in G \times G \setminus \{(e,e)\}$ ein Punkt $[(\gamma,e)] = \varphi^{-1}(\gamma) \in G'/H$ existiert mit $[(a\gamma,b)] \neq [(\gamma,e)]$. Für $a \neq b$ gilt das stets, denn z.B. $[(e,e)]$ ist kein Fixpunkt. Aber für $a = b$ wird diese Bedingung zu $\exists \gamma \in G \forall c \in G : (a\gamma,a) \neq (\gamma c, c)$ bzw. $\exists \gamma \in G : \gamma^{-1} a \gamma \neq a$. Es operieren also genau die Paare (a,a) mit $a \in Z(G)$ trivial. Die Operation ist treu, wenn $Z(G) = \{e\}$.

Satz 6.7.13. *Sei $H \subset G$ eine Lie-Untergruppe, dann gelten die Implikationen*

(1) H ist kompakt

$\Rightarrow$ *(2) G trägt eine G-linksinvariante, H-biinvariante Metrik*

$\Rightarrow$ *(3) G/H ist reduktiv und $\mathfrak{m}$ trägt ein Ad_H-invariantes Skalarprodukt*

$\Rightarrow$ *(4) G/H trägt eine G-invariante Metrik.*

Falls G treu auf G/H operiert, sind (2)-(4) äquivalent.

Falls in (4) G abgeschlossenen Untergruppe der Isometriegruppe von G/H ist, folgt mit Myers-Steenrod $(4) \Rightarrow (1)$ und alle vier Bedingungen werden äquivalent. Mit Hilfe von Satz 7.4.13 angewendet auf die Folgerung $(1) \Rightarrow (2)$ (mit der Lie-Gruppe G dort in der Rolle von H hier) lässt sich diese Aussage noch verfeinern.

Beweis. (1)⇒(2): Sei $\langle \cdot, \cdot \rangle$ ein beliebiges Skalarprodukt auf $\mathfrak{g}$ mit Volumenform $d\mathrm{vol}_e$. Setze $d\mathrm{vol}_h := R_{h^{-1}}^* d\mathrm{vol}_e$ als rechtsinvariante Volumenform auf G. Mit

$$g_e(X,Y) \quad := \quad \int_H \langle \mathrm{Ad}_h X, \mathrm{Ad}_h Y \rangle \, d\mathrm{vol}_h$$

ist dann für $a \in H$

$$g_e(\mathrm{Ad}_a X, \mathrm{Ad}_a Y)$$

$$= \int_H \langle \underbrace{\mathrm{Ad}_{ha} X}_{=\mathrm{Ad}_h \mathrm{Ad}_a X}, \mathrm{Ad}_{ha} Y \rangle \, d\mathrm{vol}_h = \int_H (R_a^* \langle \mathrm{Ad}. X, \mathrm{Ad}. Y \rangle)_h \, d\mathrm{vol}_h$$

$$= \int_H R_a^* (\langle \mathrm{Ad}. X, \mathrm{Ad}. Y \rangle d\mathrm{vol})_h = \int_H \langle \mathrm{Ad}. X, \mathrm{Ad}. Y \rangle \, d\mathrm{vol} = g_e(X,Y).$$

Also ist g_e Ad_a-invariant. Damit ist die linksinvariante Metrik $h \mapsto L_{h^{-1}}^* g_e$ auf G H-biinvariant, denn $\forall h \in H, a \in G$:

$$R_h^*(L_{a^{-1}}^* g_e) = L_{a^{-1}}^* L_h^* \underbrace{L_{h^{-1}}^* R_h^* g_e}_{=g_e(\mathrm{Ad}_{h^{-1}} \cdot, \mathrm{Ad}_{h^{-1}} \cdot)=g_e} = L_{ha^{-1}}^* g_e.$$

(2)⇒(3): Setze $\mathfrak{m} := \mathfrak{h}^\perp$ mit dem Skalarprodukt $g_{e|\mathfrak{m}}$.

(3)⇒(4): Satz 6.7.9 mit der kanonischen Identifikation $\mathfrak{m} \cong \mathfrak{g}/\mathfrak{h}$.

(4)⇒(2): Sei $n := \dim G/H$, $p \in G/H$ und $(e_j)_j$ eine Orthonormalbasis von $T_p M$. Mit Satz 6.7.7 wird G als Orbit von $(e_j)_j$ in $O(TM)$ immersiert. Nun trägt $O(TM) \subset TM^{\oplus n}$ eine G-linksinvariante Metrik mit isometrischer Rechtsoperation von $O(n)$. Über die von $(e_j)_j$ induzierte Immersion von H in $O(n)$ ist die von der Immersion induzierte Metrik auf G also G-links-, H-rechtsinvariant. $\qquad \square$

6.8   Geometrie homogener Räume

Ricci-Krümmung	halbeinfach
Killing-Form	natürlich reduktiv
Zentrum	Polarzerlegung

Bei der Untersuchung von Zusammenhängen, Krümmung und Geodätischen auf homogenen Räumen wird in diesem Abschnitt überwiegend eine Metrik auf G wie in Satz 6.7.13(2) verwendet. Für eine solche Metrik wird entsprechend $\mathfrak{m} := \mathfrak{h}^\perp$ gesetzt. Am Ende des Abschnitts wird die speziellere Klasse der natürlich reduktiven Räume betrachtet.

Bemerkung 6.8.1. Wegen der Ad_H-Invarianz ist wie im Beweis von Satz 6.7.9 ad_X schief bezüglich g auf ganz $\mathfrak{g}$ für alle $X \in \mathfrak{h}$.

Lemma 6.8.2. *Sei G/H ein homogener Raum, $\pi : G \to G/H$ und G trage eine Metrik wie in Satz 6.7.13(2). Dann gilt:*

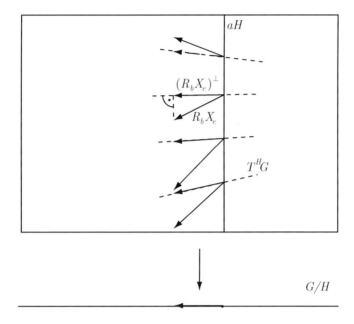

Abb. 6.12: Horizontaler Lift bei homogenen Räumen.

1) Die links-invarianten Vektorfelder $\mathfrak{h}$ sind vertikal.

2) Die links-invarianten Vektorfelder $\mathfrak{m}$ sind horizontal (aber im Allgemeinen keine Lifts).

3) Die rechts-invarianten Vektorfelder $\hat{X}$ zu $X_e \in T_e G$ sind Lifts (aber nicht unbedingt horizontal). Ihre Bilder unter $T\pi$ sind Killing-Felder auf G/H.

4) Horizontaler Lift des Killing-Felds $T\pi(\hat{X})$ auf G/H ist $\rho(X_e) := (\hat{X})^{\mathfrak{m}}$.

Beweis. 1) Folgt wegen $\pi^{-1}([a]) = aH = L_a H$.

2) Wegen der Linksinvarianz der Metrik ist überall $\mathfrak{m} \perp \mathfrak{h}$.

3) Wegen $\pi(ah) = \pi(a)$ ist $\pi \circ R_h = \pi$, also $T\pi \circ TR_h = T\pi$.

4) Die rechts-invarianten Vektorfelder sind nach Satz 1.6.13 Killing-Felder auf G, da ihr Fluss durch Links-Multiplikation operiert. Weil G durch Links-Multiplikation isometrisch auf G/H operiert, sind auch ihre Bilder unter $T\pi$ Killing. $\square$

Horizontaler Lift von $TR_a X_e + \mathfrak{h}$ ist somit $h \mapsto (TR_{ah}X_e)^{\mathfrak{m}}$ für $h \in H$ (Abb. 6.12). Wegen der Links-Invarianz von $\mathfrak{h}$ lässt sich der Lift auch als

$$(TR_a X_e)^{\mathfrak{m}} = L_{a*}(L_{a^{-1}*}R_{a*}X_e)^{\mathfrak{m}} = L_{a*}(\mathrm{Ad}_{a^{-1}}X_e)^{\mathfrak{m}}$$

schreiben. Die Elemente von $\mathfrak{h}$ werden auf Killing-Felder abgebildet, die bei $[e]$ verschwinden.

Bemerkung 6.8.3. Für einen horizontalen Lift X zu $\pi : G \to G/H$ und ein vertikales Vektorfeld V ist $[V, X]$ vertikal. Hier gilt aber $[\mathfrak{h}, \mathfrak{m}] \subset \mathfrak{m}$. Das passt, da die Vektorfelder $\mathfrak{m}$ im Allgemeinen keine horizontalen Lifts sind. Wegen $L_a R_b = R_b L_a$ kommutieren links- und rechts-invariante Vektorfelder $V, \hat{X}$, also folgt auch direkt $[V, (\hat{X})^{\mathfrak{m}}] = -[V, (\hat{X})^{\mathfrak{h}}] \in T^V G$.

Natürlich kann G/H weitere Killing-Felder tragen; bei einer biinvarianten Metrik auf G bilden z.B. die linksinvarianten Vektorfelder auf G/e Killing-Felder.

Lemma 6.8.4. *Die Lie-Klammer auf den Killing-Felder ist durch $\rho([X_e, Y_e]) = -[\rho(X_e), \rho(Y_e)]$ gegeben.*

Beweis. Die Lie-Klammer der rechts-invarianten Vektorfelder ist bei e_G gleich $-[\cdot, \cdot]$. Die Behauptung folgt mit Lemma 1.4.7. □

Beispiel. Die Gruppe $\mathbf{SO}(3)$ operiert transitiv auf S^2, und die Isotropiegruppe H am Nordpol ist isomorph zu S^1. Die Felder $T\pi(TR.X_e)$ zu $X_e \in \mathfrak{h}$ bilden Killing-Felder auf S^2, die wegen $(X_e)^{\mathfrak{m}} = 0$ an den Polen verschwinden. Sie sind also die Killing-Felder zu Drehungen um die Nord-Süd-Achse.

Korollar 6.8.5. *Für eine Metrik auf G wie in Satz 6.7.13(2) gilt $\forall A, B \in \mathfrak{g}$: $U(A, B) \in \mathfrak{m}$ und $\forall V, W \in \mathfrak{h} : U(V, W) = 0$.*

Beweis. Nach Bemerkung 6.8.1 ist $\forall V \in \mathfrak{h} : \mathrm{ad}_V^* = -\mathrm{ad}_V$. Also gilt

$$g(2U(A, B), V) = g(\mathrm{ad}_A^* B + \mathrm{ad}_B^* A, V)$$
$$= g(B, [A, V]) + g(A, [B, V]) \overset{\mathrm{ad}_V \text{ schief}}{=} 0$$

und $2U(V, W) = -[V, W] - [W, V] = 0$. □

Satz 6.8.6. *Sei G/H ein homogener Raum zu einer Metrik auf G wie in Satz 6.7.13(2). Mit $\mathfrak{g} = \mathfrak{m} \oplus \mathfrak{h}$ ist für $X \in \mathfrak{g}$, $Y \in \mathfrak{m}$, $V \in \mathfrak{h}$*

$$A_X Y = \frac{1}{2}[X, Y]^{\mathfrak{h}}, \qquad A_X V = -\frac{1}{2}(\mathrm{ad}_X^* V)^{\mathfrak{m}}, \qquad T \equiv 0.$$

Die Krümmung ist für X, Y orthonormal

$$K^{G/H}(X \wedge Y) = -g(U(X, X), U(Y, Y)) + \|U(X, Y)\|^2 - \frac{3}{4}\|[X, Y]^{\mathfrak{m}}\|^2$$
$$- \frac{1}{2}g([[Y, X], X], Y) - \frac{1}{2}g([[X, Y], Y], X).$$

Die Fasern aH sind wegen $T \equiv 0$ totalgeodätisch in G eingebettet.

Beweis. Für $X \in \mathfrak{m}$ folgt die erste Formel für A folgt aus Lemma 6.6.2, weil die linksinvarianten Vektorfelder $\mathfrak{h}$ vertikal sind und die Werte von U in $\mathfrak{m}$ liegen. Alternativ lässt sich der Satz von O'Neill verwenden. Wegen $[\mathfrak{h}, \mathfrak{m}] \subset \mathfrak{m}$ gilt die Formel auch für $X \in \mathfrak{h}$. Genauso ist $T_V W = -U(V, W) \overset{6.6.2}{=} 0$. Wegen der Schiefsymmetrie von T aus Lemma 6.3.6(3) verschwindet ganz T. Schiefsymmetrie von A aus

Lemma 6.3.6(3) impliziert die zweite Formel für A. Die Formel für die Krümmung folgt aus der O'Neill-Gleichung und Satz 6.6.3:

$$K^G(X \wedge Y) = -g(U(X,X), U(Y,Y)) + \|U(X,Y)\|^2 - \frac{3}{4}\|[X,Y]\|^2$$
$$- \frac{1}{2}g([[Y,X],X],Y) - \frac{1}{2}g([[X,Y],Y],X). \qquad \square$$

Bei Formeln für den Zusammenhang muss man im Gegensatz zur tensoriellen Krümmung eine Wahl treffen, in Termen welcher Vektorfelder man ihn ausdrückt. Im Gegensatz zu G hat G/H im Allgemeinen kein triviales Tangentialbündel. Im nächsten Satz werden für diesen Zweck die Projektionen rechts-invarianter Vektorfelder benutzt, die ja auch Killing-Felder sind.

Satz 6.8.7. *Seien $X_e, Y_e \in \mathfrak{g}$ mit rechtsinvarianter Fortsetzung $\hat{X}, \hat{Y}$ auf G. Für die zugehörigen Killing-Vektorfelder $\tilde{X} = T\pi(\hat{X}), \tilde{Y} = T\pi(\hat{Y})$ auf G/H mit einer Metrik wie in Satz 6.7.13(2) gilt*

$$(\nabla_{\tilde{X}}\tilde{Y})_{|[\gamma]} = T_\gamma \pi \Big(\frac{1}{2}[\hat{X}, \hat{Y}]$$
$$- \frac{1}{2}L_{\gamma *}\big(\mathrm{ad}^*_{\mathrm{Ad}_{\gamma^{-1}}X_e}(\mathrm{Ad}_{\gamma^{-1}}Y_e)^{\mathfrak{m}} + \mathrm{ad}^*_{\mathrm{Ad}_{\gamma^{-1}}Y_e}(\mathrm{Ad}_{\gamma^{-1}}X_e)^{\mathfrak{m}} \big) \Big)$$
$$= T_\gamma \pi \Big(- \frac{1}{2}L_{\gamma *}[(\mathrm{Ad}_{\gamma^{-1}}X_e)^{\mathfrak{m}}, (\mathrm{Ad}_{\gamma^{-1}}Y_e)^{\mathfrak{m}}]$$
$$- L_{\gamma *}[(\mathrm{Ad}_{\gamma^{-1}}X_e)^{\mathfrak{m}}, (\mathrm{Ad}_{\gamma^{-1}}Y_e)^{\mathfrak{h}}]$$
$$- L_{\gamma *}\big(U((\mathrm{Ad}_{\gamma^{-1}}X_e)^{\mathfrak{m}}, (\mathrm{Ad}_{\gamma^{-1}}Y_e)^{\mathfrak{m}}) \big) \Big).$$

Insbesondere folgt für $X_e, Y_e \in \mathfrak{m}$

$$(\nabla_{\tilde{X}}\tilde{Y})_{|[e]} = T_e\pi \Big(- \frac{1}{2}[X_e, Y_e] - U(X_e, Y_e) \Big).$$

Bemerkung. 1. $\nabla_{\tilde{X}}\tilde{Y}$ muss kein Killing-Feld sein, also außer bei einzelnen Punkten wie e auch nicht zu einem Element von $\mathfrak{g}$ korrespondieren. Die Lie-Klammer auf T_eG ist wie immer als die von den links-invarianten Vektorfeldern induzierte Lie-Klammer gemeint.

2. Der zweite Summand liegt nach Korollar 6.8.5 in beiden Formel in $\mathfrak{m}$.

3. Mit der Linksinvarianz lässt sich der Wert bei $[\gamma]$ auch aus dem Wert bei $[e]$ dank

$$(L_{\gamma *}\hat{X})_{|a} = L_{\gamma *}R_{\gamma^{-1}a *}X_e = R_{\gamma^{-1}a *}R_{\gamma *}\mathrm{Ad}_\gamma X_e = \widehat{\mathrm{Ad}_\gamma X}_{e|a}$$

berechnen.

Beweis. Nach dem Satz von O'Neill ist

$$\nabla_{\tilde{X}}^{G/H}\tilde{Y} = T\pi(\nabla_{\hat{X}^{\mathfrak{m}}}^G\hat{Y}^{\mathfrak{m}})$$
$$= T\pi(\nabla_{\hat{X}}^G\hat{Y} - \nabla_{\hat{X}^{\mathfrak{m}}}^G\hat{Y}^{\mathfrak{h}} - \nabla_{\hat{X}^{\mathfrak{h}}}^G\hat{Y}^{\mathfrak{m}} - \nabla_{\hat{X}^{\mathfrak{h}}}^G\hat{Y}^{\mathfrak{h}})$$
$$= T\pi(\nabla_{\hat{X}}^G\hat{Y} - A_{\hat{X}^{\mathfrak{m}}}\hat{Y}^{\mathfrak{h}} - A_{\hat{Y}^{\mathfrak{m}}}\hat{X}^{\mathfrak{h}} - II(\hat{X}^{\mathfrak{h}}, \hat{Y}^{\mathfrak{h}})).$$

Nach Satz 6.6.4 ist

$$
\begin{aligned}
\nabla^G_{\hat{X}} \hat{Y}_{|\gamma} &= \frac{1}{2}[\hat{X}, \hat{Y}] - L_{\gamma *}(U(\mathrm{Ad}_{\gamma^{-1}} X_e, \mathrm{Ad}_{\gamma^{-1}} Y_e)) \\
&= \frac{1}{2}[\hat{X}, \hat{Y}] - \frac{1}{2}L_{\gamma *}(\mathrm{ad}^*_{\mathrm{Ad}_{\gamma^{-1}} X_e} \mathrm{Ad}_{\gamma^{-1}} Y_e + \mathrm{ad}^*_{\mathrm{Ad}_{\gamma^{-1}} Y_e} \mathrm{Ad}_{\gamma^{-1}} X_e).
\end{aligned}
$$

Satz 6.8.6 gibt die Werte für A und $II = 0$: Mit $\hat{X}_\gamma = L_{\gamma *}\mathrm{Ad}_{\gamma^{-1}} X_e$ ist

$$
T\pi(A_{\hat{X}} \hat{Y}^{\mathfrak{h}}) = T\pi(-L_{\gamma *}\mathrm{ad}^*_{\mathrm{Ad}_{\gamma^{-1}} X_e}(\mathrm{Ad}_{\gamma^{-1}} Y_e)^{\mathfrak{h}}).
$$

Dies liefert die erste Gleichung. Nach Lemma 1.4.7 ist $[\tilde{X}, \tilde{Y}] = T\pi([\hat{X}, \hat{Y}])$ und bei e ist dies gleich $T\pi(-[X_e, Y_e])$. Für $Z \in \mathfrak{h}$ ist $\mathrm{ad}^*_Z = -\mathrm{ad}_Z$, also folgt

$$
\begin{aligned}
T_\gamma \pi \Big(&- \frac{1}{2} R_{\gamma *}[X_e, Y_e] \\
&- \frac{1}{2}L_{\gamma *}\big(\mathrm{ad}^*_{(\mathrm{Ad}_{\gamma^{-1}} X_e)^{\mathfrak{h}}}(\mathrm{Ad}_{\gamma^{-1}} Y_e)^{\mathfrak{m}} + \mathrm{ad}^*_{(\mathrm{Ad}_{\gamma^{-1}} Y_e)^{\mathfrak{h}}}(\mathrm{Ad}_{\gamma^{-1}} X_e)^{\mathfrak{m}}\big)\Big) \\
= \; &T_\gamma \pi \Big(- \frac{1}{2}L_{\gamma *}[\mathrm{Ad}_{\gamma^{-1}} X_e, \mathrm{Ad}_{\gamma^{-1}} Y_e] \\
&+ \frac{1}{2}L_{\gamma *}\big([(\mathrm{Ad}_{\gamma^{-1}} X_e)^{\mathfrak{h}}, (\mathrm{Ad}_{\gamma^{-1}} Y_e)^{\mathfrak{m}}] - [(\mathrm{Ad}_{\gamma^{-1}} X_e)^{\mathfrak{m}}, (\mathrm{Ad}_{\gamma^{-1}} Y_e)^{\mathfrak{h}}]\big)\Big).
\end{aligned}
$$

Unter Verwendung von $[\mathfrak{h}, \mathfrak{h}] \subset \mathfrak{h}$ folgt durch Aufteilen in die Komponenten die zweite Gleichung. $\qquad\square$

Lemma 6.8.8. *Jede Geodätische $c : \mathbf{R} \to M$ auf einem homogenen Raum M ist entweder injektiv oder einfach periodisch (d.h. auf $\mathbf{R}/\text{Periode}\cdot\mathbf{Z}$ injektiv).*

Beweis. Sei ohne Einschränkung $eH = c(0) = c(t_0)$ und $X_a := T\pi(T_e R_a \dot{c}(0))$ das Killing-Feld zu $\dot{c}(0)$. Nun gilt allgemein für Killing-Felder längs einer Geodätischen

$$
\frac{\partial}{\partial t}g(X_{c(t)}, \dot{c}(t)) \overset{c \text{ Geod.}}{=} g(\nabla^{c^* TM}_{\partial/\partial t} X_{c(t)}, \dot{c}(t)) = g(\nabla^{TM}_{\dot{c}(t)} X_{c(t)}, \dot{c}(t)) \overset{X \text{ Killing}}{=} 0.
$$

Also ist

$$
g(\dot{c}(0), \dot{c}(t_0)) = g(X_{c(0)}, \dot{c}(t_0)) = g(X_{c(t_0)}, \dot{c}(t_0)) = g(X_{c(0)}, \dot{c}(0)) = \|\dot{c}(0)\|^2
$$

und $\dot{c}(0) = \dot{c}(t_0)$ nach Cauchy-Schwarz. $\qquad\square$

Dieses Argument funktioniert allgemein für Geodätische, bei denen $\dot{c}(0)$ zu einem Killing-Feld gehört.

Satz 6.8.9. *Jeder homogene Raum M mit $K \leq 0, \mathrm{Ric} < 0$ ist einfach zusammenhängend, $\forall p \in M : \exp_p : T_p M \to M$ ist ein Diffeomorphismus und durch zwei Punkte geht genau eine Geodätische.*

Beweis. Angenommen, $\pi_1(M) \neq 0$, d.h. es gibt eine nicht-triviale Überlagerung $\pi : \tilde{M} \to M$. Seien $p \neq q \in \tilde{M}$ mit $\pi(p) = \pi(q) = [e]$. Nach Lemma 6.5.3 gibt es eine Geodätische $\tilde{c}$ von p nach q. Dann ist $c := \pi(\tilde{c})$ nach Lemma 6.8.8 periodische Geodätische auf M. Wegen Ric < 0 existiert ein $X_e \in \mathfrak{m}$ mit $R(X_e, \dot{c}(0), X_e, \dot{c}(0)) < 0$. Sei $X_a := T\pi(T_e R_a X_e)$ das zugehörige Killing-Feld. Nach Übung 5.3.14 ist $X_{|c}$ ein Jacobifeld, aber $t \mapsto \|X_{c(t)}\|^2$ ist periodisch. $\frac{1}{2}$ zur Konvexität im Beweis des Satzes von Hadamard-Cartan.

Wegen der Vollständigkeit ist $\exp_p$ nach dem Satz von Hadamard-Cartan 6.5.9 Diffeomorphismus. $\qquad\square$

Definition 6.8.10. *Sei $\mathfrak{g}$ eine Lie-Algebra. Die **Killing-Form** auf $\mathfrak{g}$ ist die symmetrische Bilinearform*

$$B : \mathfrak{g} \times \mathfrak{g} \ \to \ \mathbf{R}$$
$$(X, Y) \ \mapsto \ \mathrm{Tr}\,(\mathrm{ad}_X \circ \mathrm{ad}_Y).$$

*Das **Zentrum** $\mathfrak{z}$ von $\mathfrak{g}$ ist $\mathfrak{z} := \{X \in \mathfrak{g} \,|\, \mathrm{ad}_X = 0\}$. Die Lie-Algebra $\mathfrak{g}$ und jede zugehörige Lie-Gruppe G heißt **halbeinfach**, wenn B nicht-ausgeartet ist.*

Für eine Lie-Gruppe G mit Lie-Algebra $\mathfrak{g}$ ist nach Übung 1.6.33 $\mathfrak{z}$ die Lie-Algebra von $Z(G)$.

Beispiel. Für die kompakte Lie-Gruppe $G = \mathbf{R}^n/\mathbf{Z}^n$ ist die kanonische Metrik biinvariant, die Killing-Form verschwindet und $\mathfrak{z} = \mathfrak{g}$.

Hilfssatz 6.8.11. *Falls $\mathfrak{g}$ halbeinfach ist, ist $\mathfrak{z}$ trivial.*

Beweis. Angenommen, es existiert ein $X \in \mathfrak{z} \setminus \{0\}$, d.h. $\mathrm{ad}_X = 0$. Dann ist $B(X, \cdot) = 0$, also B ausgeartet. $\qquad\square$

Lemma 6.8.12. *Sei $H \subset G$ eine Lie-Untergruppe und G trage eine Metrik wie in Satz 6.7.13(2). Dann folgt $B^{\mathfrak{h}} \leq 0$ und $B_{|\mathfrak{h} \times \mathfrak{h}} \leq 0$ für die Killing-Formen $B^{\mathfrak{h}}, B$ von $\mathfrak{h}$ und $\mathfrak{g}$. Falls G fast treu auf G/H operiert oder $\mathfrak{h} \cap \mathfrak{z} = 0$ ist, folgt $B^{\mathfrak{h}} < 0$ und $B_{|\mathfrak{h} \times \mathfrak{h}} < 0$.*

Beweis. Weil ad_X schief bezüglich g ist für $X \in \mathfrak{h}$, liegen die Eigenwerte in $i\mathbf{R}$. Also hat $(\mathrm{ad}_X)^2$ Eigenwerte in $\mathbf{R}_0^-$. Falls G fast treu operiert, ist nach Lemma 6.7.6 der Schnitt des Zentrums von G mit H diskret (da dieser Schnitt in dem Normalteiler N liegt) und $\mathfrak{h} \cap \mathfrak{z} = 0$. Aus $\mathfrak{h} \cap \mathfrak{z} = 0$ folgt $\mathrm{ad}_X \neq 0$ in $\mathrm{End}(\mathfrak{g})$ für jedes $X \in \mathfrak{h} \setminus \{0\}$, also $\mathrm{Tr}_{\mathfrak{g}}(\mathrm{ad}_X)^2 \neq 0$. $\qquad\square$

Definition 6.8.13. *Ein reduktiver homogener Raum G/H mit der Wahl einer Ad_H-invarianten Spaltung $\mathfrak{g} = \mathfrak{m} \oplus \mathfrak{h}$ heißt **natürlich reduktiv**, wenn für die Metrik $g^{G/H}$ auf $T_{[e]}G/H \cong \mathfrak{m} \subset \mathfrak{g}$ gilt*

$$g^{G/H}([X, Y]^{\mathfrak{m}}, Z) = g^{G/H}(X, [Y, Z]^{\mathfrak{m}}) \qquad \forall X, Y, Z \in \mathfrak{m}.$$

Bemerkung. Diese Eigenschaft hängt also nicht nur von dem Raum G/H, sondern auch von der Wahl von G sowie zusätzlich der gewählten Spaltung $\mathfrak{g} = \mathfrak{m} \oplus \mathfrak{h}$ ab.

Lemma 6.8.14. *Sei g eine G-linksinvariante, H-biinvariante Metrik auf G. Dann ist G/H mit der induzierten Metrik genau dann natürlich reduktiv, wenn $U \equiv 0$.*

Beweis. Für g auf $\mathfrak{g} = \mathfrak{m} \oplus \mathfrak{h}$ bedeutet natürlich reduktiv

$$\forall X, Y, Z \in \mathfrak{m} : g([X,Y], Z) = g(X, [Y,Z])$$

bzw. $U(X,Z)^{\mathfrak{m}} = 0$. Nach Korollar 6.8.5 ist dies äquivalent zu $\forall X, Z \in \mathfrak{m}$: $U(X, Z) \equiv 0$. $\square$

Lemma 6.8.15. *Seien $X_e, Y_e \in \mathfrak{g}$ mit rechtsinvarianter Fortsetzung $\hat{X}, \hat{Y}$ auf G. Für einen natürlich reduktiven Raums G/H und $\tilde{X} = T\pi(\hat{X}), \tilde{Y} = T\pi(\hat{Y})$ ist*

$$(\nabla_{\tilde{X}} \tilde{Y})_{|[\gamma]} = T_\gamma \pi \Big(-\frac{1}{2} L_{\gamma *}[(\mathrm{Ad}_{\gamma^{-1}} X_e)^{\mathfrak{m}}, (\mathrm{Ad}_{\gamma^{-1}} Y_e)^{\mathfrak{m}}]$$
$$- L_{\gamma *}[(\mathrm{Ad}_{\gamma^{-1}} X_e)^{\mathfrak{m}}, (\mathrm{Ad}_{\gamma^{-1}} Y_e)^{\mathfrak{h}}] \Big).$$

Insbesondere folgt für $X_e, Y_e \in \mathfrak{m}$

$$(\nabla_{\tilde{X}} \tilde{Y})_{|[e]} = T_e \pi (\frac{1}{2}[\hat{X}, \hat{Y}]) = \frac{1}{2}[\tilde{X}, \tilde{Y}].$$

Die Geodätischen sind die Kurven $c : t \mapsto \pi(ae^{tX})$ für $X \in \mathfrak{m}, a \in G$.

Bemerkung. Insbesondere ist dann $\exp_{[e_G]} = \pi \circ \exp_G$.

Beweis. Die Formel für den Zusammenhang folgt aus Satz 6.8.7 mit $U \equiv 0$. Auf der Lie-Gruppe G gilt nach Lemma 6.6.2 $\forall X, Y \in \mathfrak{m}$: $\nabla_X^G Y = \frac{1}{2}[X,Y] - U(X_e, Y_e) = \frac{1}{2}[X,Y]$. Insbesondere ist $c(t) := e^{tX}$ Geodätische auf G, denn $\nabla_X X = 0$. Die Geodätische c ist horizontal, also ist die Projektion nach Korollar 6.3.8 geodätisch. Dasselbe gilt wegen der Linksinvarianz der Metrik auf G für jede Linkstranslation von c. $\square$

Korollar 6.8.16. *Sei G/H natürlich reduktiv und $H \subset K \subset G$ eine Lie-Untergruppe. Dann ist K/H eine totalgeodätische Untermannigfaltigkeit von G/H und mit der induzierten Metrik natürlich reduktiv.*

Bemerkung. Nach Kobayashi-Nomizu ([KoN, Ch. VII, Cor. 8.10]) ist umgekehrt jede vollständige totalgeodätische Untermannigfaltigkeit eines homogenen Raums homogen.

Beweis. Der Tangentialraum von K/H wird bei e mit $\mathfrak{k} \cap \mathfrak{m}$ identifiziert, und für $X_e, Y_e, Z_e \in \mathfrak{k} \cap \mathfrak{m}$ ist $[X_e, Y_e] \in \mathfrak{k}$. Also ist für eine G-linksinvariant, H-biinvariante Fortsetzung der Metrik auf G

$$g([X,Y]^{\mathfrak{k} \cap \mathfrak{m}}, Z) = g([X,Y]^{\mathfrak{m}}, Z) = g(X, [Y,Z]^{\mathfrak{m}}) = g(X, [Y,Z]^{\mathfrak{k} \cap \mathfrak{m}})$$

und K/H ist natürlich reduktiv. Also haben die Geodätischen nach Lemma 6.8.15 die Gestalt $\pi(ae^{tX})$ für $a \in K, X \in \mathfrak{k} \cap \mathfrak{m}$, und dies sind auch Geodätische in G/H. $\square$

Alternativ zeigt die Formel für den Zusammenhang in Lemma 6.8.15 bei $\gamma = e_G$, dass dort $II = 0$ für die Einbettung $K/H \subset G/H$ gilt.

Satz 6.8.17. *Für einen natürlich reduktiven homogenen Raum G/H und $X, Y \in \mathfrak{m}$ orthonormal ist*

$$K^{G/H}(X \wedge Y) \;=\; \frac{1}{4}\|[X,Y]^\mathfrak{m}\|^2 + g([[X,Y]^\flat, X], Y).$$

Beweis. Nach der allgemeinen Formel aus Satz 6.8.6 ist mit einer entsprechenden Fortsetzung der Metrik auf G für $U_{|\mathfrak{m} \times \mathfrak{m}} \equiv 0$

$$K(X \wedge Y) \;=\; -\frac{3}{4}\|[X,Y]^\mathfrak{m}\|^2$$
$$-\frac{1}{2}g([[Y,X],X],Y) - \frac{1}{2}g([[X,Y],Y],X).$$

Nun ist wegen der natürlichen Reduktivität

$$-\frac{1}{2}g([[Y,X],X],Y) \;=\; -\frac{1}{2}g([Y,X]^\mathfrak{m},[X,Y]) - \frac{1}{2}g([[Y,X]^\flat,X],Y),$$
$$-\frac{1}{2}g([[X,Y],Y],X) \;=\; -\frac{1}{2}g([X,Y]^\mathfrak{m},[Y,X]) - \frac{1}{2}g([[X,Y]^\flat,Y],X).$$

Wegen der Biinvarianz der Metrik bezüglich H ist weiter

$$g([[X,Y]^\flat,Y],X) = -g(Y,[[X,Y]^\flat,X]). \qquad \square$$

Als Anwendung findet man folgende schöne qualitative Aussage über die Topologie von nicht-kompakten Lie-Gruppen: Sie sind diffeomorph zu einem Produkt eines Vektorraums mit einer kompakten Gruppe, falls es z.B. wie in Lemma 6.8.9 einen zugehörigen homogenen Raum negativer Krümmung gibt.

Satz 6.8.18. *Für einen natürlich reduktiven homogenen Raum G/H sei $\exp_{[e_G]}:$ $\mathfrak{m} \to G/H$ injektiv. Dann ist $\varphi : \mathfrak{m} \times H \to G$, $(X, h) \mapsto e^X h$ ein Diffeomorphismus.*

Beweis. Da $\exp_{[e_G]}$ ein lokaler Diffeomorphismus ist und wegen der Vollständigkeit von G/H auch surjektiv ist, impliziert die Injektivität, dass $\exp_{[e_G]}$ ein Diffeomorphismus ist. Nach Lemma 6.8.15 ist $\exp_{[e_G]} X = \pi(e^X)$. Setze $f := e^{(\exp_{[e_G]})^{-1}} \circ \pi :$ $G \to G$. Für $a \in G$ gibt es ein $X \in \mathfrak{m}$ mit $\pi(a) = \exp_{[e_G]} X = \pi(e^X)$, also ist $\pi(f(a)) = \pi(a)$, d.h. $\exists h \in H : f(a) = ah$. Somit nimmt

$$\psi : G \;\to\; \mathfrak{m} \times G$$
$$a \;\mapsto\; (\exp_{[e]}^{-1} \pi(a), f(a)^{-1} \cdot a) = (\exp_{[e]}^{-1} \pi(a), e^{-\exp_{[e]}^{-1} \pi(a)} \cdot a)$$

tatsächlich Werte in $\mathfrak{m} \times H$ an. Wegen $\psi \circ \varphi(X, h) = (X, e^{-X} \cdot e^X h) = (X, h)$ sind φ, ψ Diffeomorphismen. $\qquad \square$

Insbesondere ist in diesem Fall für G zusammenhängend auch H zusammenhängend und H, G haben dieselbe Fundamentalgruppe.

Beispiel. Der hyperbolische Raum $\mathbf{SO}_0(1,n)/\mathbf{SO}(n) = H^n$. Mit der Gramschen

Matrix $A := \begin{pmatrix} 1 & 0 & 0 & 0 \\ 0 & -1 & 0 & 0 \\ 0 & 0 & \ddots & \vdots \\ 0 & 0 & \cdots & -1 \end{pmatrix}$ der Minkowski-Form ist

$$\mathfrak{so}(1,n) = \{X \in \mathbf{R}^{n \times n} \mid X^t A + AX = 0\}.$$

D.h., die Elemente sind schief in fast allen Einträgen, nur die erste Spalte und Zeile sind gleich und der oberste linke Eintrag ist 0. Für die L^2-Metrik auf den $n \times n$-Matrizen besteht $\mathfrak{m} := \mathfrak{h}^\perp$ aus den symmetrischen Matrizen in $\mathfrak{so}(1,n)$, also ist für $X, Y \in \mathfrak{m}$

$$[X,Y]^t = (XY - YX)^t = -[X,Y] \qquad \text{bzw.} \qquad [X,Y] \in \mathfrak{h}.$$

Insbesondere ist H^n natürlich reduktiv. Wegen $\exp_{[e_G]} : \mathbf{R}^n \overset{\text{diffeom.}}{\to} H^n$ ist

$$\mathbf{SO}_0(1,n) \overset{\text{diffeom.}}{\cong} \mathbf{R}^n \times \mathbf{SO}(n).$$

Aufgaben

Übung 6.8.19. *Sei M ein homogener Raum, $p \in M, X \in T_p M$. Zeigen Sie, dass es auf M ein Killing-Vektorfeld Y mit $Y_p = X$ gibt.*

Übung* 6.8.20. *Eine m-dimensionale Lie-Gruppe G operiere treu und isometrisch auf G/H. Folgern Sie aus Satz 6.7.7 eine obere Schranke für $\dim H$ als Funktion in m, die für unendlich viele Werte von m scharf ist. Was erhalten Sie für $m = 2, 3, 4, 5$?*

Übung 6.8.21. *Seien $p, q \in \mathbf{Z}^+, n := p + q$ und $G_\mathbf{R}(p,q)$ die Menge der p-dimensionalen $\mathbf{R}$-Untervektorräume in $\mathbf{R}^n$.*

1) Zeigen Sie, dass $G := \mathbf{SO}(n)$ transitiv auf $G_\mathbf{R}(p,q)$ operiert.

2) Bestimmen Sie eine Isotropiegruppe H und verwenden Sie sie, um $G_\mathbf{R}(p,q)$ mit der Struktur eines Riemannschen homogenen Raumes zu versehen.

3) Folgern Sie $G_\mathbf{R}(p,q) \cong G_\mathbf{R}(q,p)$ und bestimmen Sie $\dim G_\mathbf{R}(p,q)$.

4) Operiert G effektiv?

Übung 6.8.22. *1) Zeigen Sie, dass $G' := \mathbf{U}(n+1)$ transitiv auf $\mathbf{P}^n\mathbf{C}$ durch*

$$A \cdot (z_0 : \cdots : z_n) := \left[A \begin{pmatrix} z_0 \\ \vdots \\ z_n \end{pmatrix} \right]$$

operiert.

2) Berechnen Sie die Isotropiegruppe H' von $(1 : 0 : \cdots : 0)$.

3) *Finden Sie den maximalen zusammenhängenden Normalteiler N von G' in H' und identifizieren Sie $G := G'/N, H := H'/N$ mit Untergruppen von G'.*

4) *Bestimmen Sie das orthogonale Komplement $\mathfrak{m} := \mathfrak{h}^{\perp}$ in $\mathfrak{g}$ bezüglich der Standard-L^2-Metrik auf $\mathbf{C}^{n \times n}$.*

5) *Zeigen Sie $[\mathfrak{h}, \mathfrak{m}] \subset \mathfrak{m}$.*

6) *Bestimmen Sie explizit für zwei Vektoren $X, Y \in \mathfrak{m}$ die Lie-Klammer $[X, Y]$. Liegt sie in einem speziellen Unterraum von $\mathfrak{g}$?*

7) *Berechnen Sie für $X, Y \in \mathfrak{m}$ mit $\|X\| = \|Y\| = 1, X \perp Y$ die Norm $\|[X, Y]\|^2$.*

Übung* 6.8.23. *Sei $\mathfrak{m} \subset \mathfrak{g}$ ein Ideal. Zeigen Sie für die Killing-Formen von $\mathfrak{m}$ und $\mathfrak{g}$, dass*

$$B^{\mathfrak{m}} = B^{\mathfrak{g}}_{|\mathfrak{m} \times \mathfrak{m}}.$$

Übung 6.8.24. *Sei M eine Riemannsche Mannigfaltigkeit und X, Y, Z Killing-Felder (vgl. Übung 3.3.10).*

1) *Beweisen Sie*

$$2g(\nabla_X Y, Z) = g([X, Y], Z) + g([X, Z], Y) + g(X, [Y, Z]).$$

2) *Finden Sie damit einen anderen Beweis der Formel bei $[e_G]$ in Satz 6.8.7.*

3) *Zeigen Sie, dass $[X, Y]$ wieder ein Killing-Feld ist.*

Übung 6.8.25. *Sei $M := \mathbf{GL}(n)/\mathbf{SO}(n)$ (mit der kanonischen Einbettung von $\mathbf{SO}(n)$ in $\mathbf{GL}(n)$ und der Standard-L^2-Metrik auf $\mathfrak{gl}(n)$).*

1) *Identifizieren Sie ein $\mathrm{Ad}_{\mathbf{SO}(n)}$-invariantes $\mathfrak{m}$ und zeigen Sie, dass M ein natürlich reduktiver Raum ist.*

2) *Beweisen Sie, dass $\exp_{[e_G]}$ auf $\mathfrak{m}$ injektiv ist. Tipp: Eigenraumzerlegung und die Abbildung $[A] \mapsto AA^t$.*

3) *Folgern Sie, dass $\mathbf{GL}(n)$ diffeomorph zu $\mathbf{O}(n) \times \mathbf{R}^m$ ist (inklusive Berechnung von m). Dies ist die **Polarzerlegung**.*

4) *Beweisen Sie analog $\mathbf{SL}(n, \mathbf{R}) \cong \mathbf{SO}(n) \times \mathbf{R}^{m'}$.*

Übung 6.8.26. *Sei G/H ein homogener Raum mit G kompakt. Beweisen Sie, dass jede geschlossene Form $\alpha \in \mathfrak{A}(G/H)$ bis auf eine exakte Form gleich einer geschlossene G-invarianten Form ist (i.e. die Kohomologie wird von G-invarianten Formen repräsentiert).*

Kapitel 7

Symmetrische Räume

Zwischen der Forderung konstanter Krümmung und der transitiven Isometriegruppe des letzten Kapitels gibt es eine Eigenschaft der Isometriegruppe, die eine durchaus umfangreiche Klasse von Räumen liefert, welche aber ähnlich gut zu verstehen sind wie die Räume konstanter Krümmung. Bei diesen symmetrischen Räumen soll die Isometriegruppe zu jedem Punkt $p \in M$ eine geodätische Punktspiegelung enthalten. Im Gegensatz zur unüberschaubaren Vielfalt der Untergruppen, die die homogenen Räume bestimmen, gibt es bis auf Produkte genau 22 Familien und 34 sporadische Fälle symmetrischer Räume (was in diesem Buch nicht gezeigt wird, s. dazu [Hel, ch. 10], [Wolf1, Sect. 8.11]). Viele dieser Räume spielen in anderen Gebieten der Mathematik eine zentrale Rolle, weil sie Lösungen von Problemen aus diesen Gebieten parametrisieren; etwa in der algebraischen Geometrie und der Zahlentheorie.

Im ersten Abschnitt werden noch einmal speziellere Metriken mit besonders großer Isometriegruppe auf Lie-Gruppen konstruiert, die eine Klasse symmetrischer Räume liefert. Nach den Definitionen im zweiten Abschnitt werden im dritten Abschnitt die symmetrischen Räume durch eine infinitesimale Eigenschaft charakterisiert. Im fünften Abschnitt folgt eine genaue Charakterisierung in Termen der Lie-Algebren. Im vorletzten Abschnitt wird gezeigt, dass sich symmetrische Räume in Paare zueinander dualer Räume einteilen lassen, je einen kompakten und einen nicht-kompakten. Zum Abschluss folgen einige Resultate über die Irreduzibilität der Isotropiegruppen-Operation auf dem Tangentialraum.

Selbst über die fundamentalen Grundlagen symmetrischer Räume lässt sich erheblich mehr sagen, als in diesem als zweisemestrige Vorlesung konzipiertem Buch untergebracht werden kann. Als weiterführende Literatur über symmetrische Räume eignen sich die Bücher von Helgason [Hel], Wolf [Wolf1] und Loos [Loos]. Eine Untersuchung mit differentialgeometrischeren Methoden findet man in [KoN, ch. XI], [Kl2, ch. 2.2], [ChEb], [ON2, ch. 11].

© Springer-Verlag GmbH Deutschland, ein Teil von Springer Nature 2019
K. Köhler, *Differentialgeometrie und homogene Räume*,
https://doi.org/10.1007/978-3-662-60738-1_7

7.1 Biinvariante Metriken auf Lie-Gruppen

normaler homogener Raum
Weyl-Gruppe

In diesem Abschnitt betrachten wir wie in Beispiel 6.7.12 den Fall G'/H mit
$G' := G \times G$, G zusammenhängend und $H := G$ diagonal eingebettet. Diese Untersuchung wird am Ende von Abschnitt 7.4 fortgeführt. Für nicht-abelsches G
ist $H \subset G \times G$ kein Normalteiler und $G \times G/H$ hat keine induzierte Gruppen
Struktur. Der Diffeomorphismus $\varphi : G \times G/H \cong G, [(a, b)] \mapsto ab^{-1}$ ist dann kein
Gruppenisomorphismus.

Nach Beispiel 6.7.12 operiert $G \times G$ von links und rechts auf $G'/H \cong G$. Homogene Metriken auf $(G \times G)/G$ induzieren also biinvarianten Metriken auf G,
und umgekehrt operiert $G \times G$ isometrisch auf G, wenn dieses eine biinvariante
Metrik trägt. Diese Operation ist wie in Beispiel 6.7.12 gesagt nicht treu, wenn
G ein nicht-triviales Zentrum hat. Es ist $\mathfrak{h} = \{(X, X) \mid X \in \mathfrak{g}\} \cong \mathfrak{g}$ als Lie-
Algebra, und $\mathfrak{m} := \{(X, -X) \mid X \in \mathfrak{g}\}$. Die Ableitung von φ liefert den Vektorraum-
Isomorphismus $T_{[e]}\varphi : \mathfrak{g} \times \mathfrak{g}/\mathfrak{g} \to \mathfrak{g}, [(X, Y)] \mapsto X - Y$, insbesondere $\alpha : \mathfrak{m} \cong$
$T_{[e]}(G'/H) \cong \mathfrak{g}, (X, -X) \mapsto 2X$. Die Lie-Klammer wird von α nicht erhalten, denn
$[\mathfrak{m}, \mathfrak{m}] \subset \mathfrak{h}$. Satz 6.7.9 impliziert mit den Identifikationen $\varphi, T_{[e]}\varphi$:

Korollar 7.1.1. *Es gibt eine Bijektion zwischen biinvarianten Metriken g auf G
und Ad_G-invarianten Skalarprodukten g_e auf $\mathfrak{g}$ via*

$$g \mapsto g_e, \qquad g_e \mapsto g_h := L_{h^{-1}}^* g_e.$$

*Ein Skalarprodukt g_e auf $\mathfrak{g}$ ist Ad_h-invariant für alle $h \in G \Leftrightarrow \mathrm{ad}_X$ ist schiefsymmetrisch bezüglich g_e für alle $X \in \mathfrak{g}$. Die Existenz einer biinvarianten Metrik auf
G hängt also nur von $\mathfrak{g}$ ab.*

Satz 6.7.13 zeigt in diesem Fall:

Korollar 7.1.2. *Jede kompakte Lie-Gruppe G trägt eine biinvariante Metrik.*

Wegen $[\mathfrak{m}, \mathfrak{m}] \subset \mathfrak{h}$ ist G'/H natürlich reduktiv. Ab hier ist es übersichtlicher, die
Lie-Gruppe $G = G/e_G$ mit den Sätzen aus Kapitel 6.6 zu untersuchen, um direkt
die Resultate in Termen der Lie-Klammer auf G auszudrücken. Deswegen die

Änderung: Für den Rest des Kapitels wird der homogene Raum G in der Regel
als der Quotient G/e_G betrachtet.

Nach Korollar 7.1.1 ist für die biinvariante Metrik $\forall X \in \mathfrak{g} : \mathrm{ad}_X^* = -\mathrm{ad}_X$ bzw.
$U \equiv 0$. Also ist G/e_G auch für die Wahl $H = e_G, \mathfrak{h} = 0, \mathfrak{m} = \mathfrak{g}$ natürlich reduktiv.
Mit Lemma 6.6.2 folgt:

Korollar 7.1.3. *Sei g eine biinvariante Metrik auf G und X, Y seien links-invariante Vektorfelder. Dann ist $\nabla_X Y = \frac{1}{2}[X, Y]$ und $\exp_e A = e^A \ \forall A \in \mathfrak{g}$.*

Korollar 7.1.4. *G trägt eine biinvariante Metrik $\Rightarrow A \mapsto e^A$ ist surjektiv und
$B \leq 0$.*

Beweis. Der erste Teil folgt nach Korollar 7.1.2 aus der Vollständigkeit des homogenen Raums G/e. Lemma 6.8.12 angewendet auf den Raum $(G \times G)/G$ liefert $B^{\mathfrak{g}} \leq 0$ für die Isotropiegruppe G. $\qquad\square$

Beispiel. $\mathbf{SL}_2(\mathbf{R})$ kann nach Korollar 5.4.6 keine biinvariante Metrik tragen. Folglich kann auch keine Gruppe, die $\mathbf{SL}_2(\mathbf{R})$ enthält, eine biinvariante Metrik tragen; z.B. $\mathbf{SL}_n(\mathbf{R})$ oder $\mathbf{GL}_n(\mathbf{R})$.

Korollar 7.1.5. *Jede Lie-Untergruppe H einer Lie-Gruppe G mit biinvarianter Metrik ist totalgeodätisch eingebettet, d.h. $II = 0$.*

Beweis. Für $X, Y \in \mathfrak{h}$ ist $\nabla_X^G Y = \frac{1}{2}[X, Y] \in \mathfrak{h}$. $\qquad\square$

Lemma 7.1.6. *Sei G eine Lie-Gruppe, X, Y, Z, W linksinvariant und (e_j) eine Orthonormalbasis von $\mathfrak{g}$. Für die Krümmung einer biinvarianten Metrik gilt*

1) $\Omega(X, Y)Z = \frac{1}{4}[Z, [X, Y]]$,

2) $R(X, Y, Z, W) = \frac{1}{4}g([X, Y], [Z, W])$,

3) $K(X, Y) = \frac{1}{4}\frac{\|[X,Y]\|^2}{\|X \wedge Y\|^2} \geq 0$ *für X, Y linear unabhängig,*

4) $\mathrm{Ric}(X, X) = \frac{1}{4}\sum_j \|[X, e_j]\|^2 \geq 0$ *bzw.* $\mathrm{Ric} = -\frac{1}{4}B$,

5) $s = \frac{1}{4}\sum_{j,k} \|[e_j, e_k]\|^2 \geq 0$.

Beweis. Aus Satz 6.8.17 mit $\mathfrak{h} = 0$ folgt sofort (3) und damit (4),(5) (stattdessen könnte man auch Satz 6.6.3 verwenden). Wegen $\forall X \in \mathfrak{g} : \mathrm{ad}_X^* = -\mathrm{ad}_X$ ist $\mathrm{Ric}(X, X) = -\sum_j g(\mathrm{ad}_X \mathrm{ad}_X e_j, e_j) = -B(X, X)$, also folgt dank der Polarisationsformel die Behauptung. Die Eindeutigkeit von R zu gegebenem K unter allen symmetrischen Bilinearformen auf $\Lambda^2 TM$, die die 1. Bianchi-Gleichung erfüllen, liefert (1) und (2). $\qquad\square$

Bemerkung 7.1.7. Genau wie in Übung 3.4.10 kann man dies auch direkt mit der Formel für ∇ ausrechnen. Die Skalarkrümmung verschwindet genau dann, wenn $\forall j, k : [e_j, e_k] = 0$, d.h. wenn G abelsch ist. Somit verschwindet für eine biinvariante Metrik jede der fünf Arten Krümmung in Lemma 7.1.6 genau dann, wenn G abelsch ist.

Lemma 7.1.8. *Sei G eine Lie-Gruppe mit biinvarianter Metrik. Dann ist für den Krümmungstensor $R \in \Gamma(G, T^*G^{\otimes 4})$*

$$\nabla^{T^*G^{\otimes 4}} R = 0.$$

Bemerkung. Wie im nächsten Kapitel ersichtlich werden wird, ist dies deutlich stärker als die 2. Bianchi-Identität, bei der $\nabla^{\mathrm{End}\,TG}\Omega = 0$ gilt. Der Operator $\nabla^{\mathrm{End}\,TG} : \mathfrak{A}^2(G, \mathrm{End}\,TG) \to \mathfrak{A}^3(G, \mathrm{End}\,TG)$ beinhaltet nach Korollar 3.3.6 eine Mittelung von $\nabla^{T^*G^{\otimes 4}}$ über die symmetrische Gruppe $\mathfrak{S}_3$ mit 6 Elementen.

Beweis. Seien X, Y, Z linksinvariante Vektorfelder. Dann ist mit $\mathrm{ad}_{|h} \in T_h^* G^{\otimes 2} \otimes T_h G$

$$
\begin{aligned}
(\nabla_X \mathrm{ad})(Y, Z) &= \nabla_X(\mathrm{ad}_Y Z) - \mathrm{ad}_{\nabla_X Y} Z - \mathrm{ad}_Y \nabla_X Z \\
&= \frac{1}{2}\left([X, [Y, Z]] - [[X, Y], Z] - [Y, [X, Z]]\right) \overset{\text{Jacobi}}{=} 0.
\end{aligned}
$$

Also ist mit $R_h = \frac{1}{4} g(\mathrm{ad}. \cdot, \mathrm{ad}. \cdot)$ auch $\nabla R = 0$ und $\nabla^{\Lambda^2 T^* G \otimes \mathrm{End} TG} \Omega = 0$.

$\square$

Folgender Satz ist eigentlich eine Aussage über Lie-Algebren, und der Beweis wird nur mit diesen geführt. In der Formulierung werden der Übersichtlichkeit halber trotzdem Lie-Gruppen verwendet.

Satz 7.1.9. *Für eine Lie-Gruppe G sind äquivalent*

1) B ist negativ definit,

2) $\mathfrak{z} = 0$ und auf G existiert eine biinvariante Metrik,

3) auf G existiert eine biinvariante Metrik mit $\mathrm{Ric} > 0$.

In Satz 7.4.13 wird diese Aussage noch vervollständigt.

Beweis. (1)⇒(2): Setze $g := -B$. Für $X, Y, Z \in \mathfrak{g}$ ist wegen der Jacobi-Gleichung

$$
\mathrm{ad}_{[X,Z]} Y = [X, [Z, Y]] - [Z, [X, Y]] = (\mathrm{ad}_X \mathrm{ad}_Z - \mathrm{ad}_Z \mathrm{ad}_X) Y.
$$

Damit folgt wegen $\mathrm{Tr}\, AB = \mathrm{Tr}\, BA$, dass $B(\mathrm{ad}_X Y, Z) = -B(Y, \mathrm{ad}_X Z)$. Somit induziert g nach Korollar 7.1.1 eine biinvariante Metrik auf G. Die Aussage über $\mathfrak{z}$ folgt aus Hilfssatz 6.8.11.
(2)⇒(3): Für den Raum $(G \times G)/G$ folgt mit Lemma 6.8.12 wegen $\mathfrak{z} = 0$, dass $B^{\mathfrak{g}} < 0$ ist, also $\mathrm{Ric} = -B^{\mathfrak{g}}/4 > 0$.
(3)⇒(1): Nach Lemma 7.1.6 ist $\mathrm{Ric} = -\frac{1}{4} B$.

$\square$

Bemerkung. Alternativ kann man (2)⇒(3) auch direkter sehen: Sei $X \in \mathfrak{g} \setminus \{0\}$. Falls $\mathfrak{z} = 0$, so ist $\mathrm{ad}_X \neq 0$, also existiert ein $Y \in \mathfrak{g} : [X, Y] \neq 0$. Setze $e_1 := \frac{Y}{\|Y\|}$ und ergänze dies zu einer Orthonormalbasis (e_j), dann ist

$$
\mathrm{Ric}(X, X) = \frac{1}{4} \sum_j \|[X, e_j]\|^2 > 0.
$$

Hilfssatz 7.1.10. *Sei $\mathfrak{g}$ einfach (vgl. Übung 6.6.6). Dann ist jede biinvariante Metrik g auf $\mathfrak{g}$ proportional zur Killing-Form B.*

Beweis. Sei $g^{-1} B \in \mathrm{End}(\mathfrak{g})$ definiert als derjenige Vektorraum-Endomorphismus mit $g(X, (g^{-1} B) Y) = B(X, Y)$; $g^{-1} B$ hat mindestens einen Eigenwert λ. Dann ist für jeden Eigenvektor $Y \in \mathrm{Eig}_{g^{-1} B}(\lambda)$ und $X, Z \in \mathfrak{g}$

$$
\begin{aligned}
g(X, (g^{-1} B)[Y, Z]) &= B(X, [Y, Z]) = B([Z, X], Y) \\
&= g([Z, X], (g^{-1} B) Y) = \lambda g([Z, X], Y) = \lambda g(X, [Y, Z]),
\end{aligned}
$$

also $[Y, Z] \in \mathrm{Eig}_{g^{-1}B}(\lambda)$. Somit ist $\mathrm{Eig}_{g^{-1}B}(\lambda)$ ein nicht-triviales Ideal, also gleich ganz $\mathfrak{g}$ und $B = \lambda g$. $\qquad\square$

Bemerkung. Dies ist im Wesentlichen Schur's Lemma[1]: Jeder Homomorphismus zwischen zwei irreduziblen Gruppendarstellungen ist 0 oder invertierbar.

Korollar 7.1.11. *Für* $\mathfrak{z} = 0$ *kann jede biinvariante Metrik als direkte Summe von Vielfachen von Killing-Formen zerlegt werden.*

Beweis. Mit der Zerlegung aus Übung 6.6.6. $\qquad\square$

Definition 7.1.12. *Ein homogener Raum* G/H *heißt* **normal**, *falls sich die Metrik zu einer biinvarianten Metrik auf* G *ergänzen lässt.*

Korollar 7.1.13. *Jeder normale homogene Raum ist natürlich reduktiv.*

Beweis. Dies folgt aus $U \equiv 0$. $\qquad\square$

Bemerkung 7.1.14. Berestovskii und Nikonorov zeigen in [BereNi, Th. 25], dass für jeden kompakten natürlich reduktiven Raum (M, g) mit positiver Euler-Charakteristik Lie-Gruppen $H \subset G$ existieren, so dass $M = G/H$ normal homogen ist.

Korollar 7.1.15. *Sei* $H \subset G$ *eine Lie-Untergruppe einer Lie-Gruppe mit biinvarianter Metrik* g. *Für den normalen Raum* G/H *gilt* $K^{G/H}(X \wedge Y) = \frac{1}{4}\|[X,Y]\|^2 + \frac{3}{4}\|[X,Y]^{\flat}\|^2 \geq 0$ *für* $X, Y \in T_e(G/H) \cong \mathfrak{h}^{\perp} \subset \mathfrak{g}$.

Beweis. Mit Satz 6.8.17 folgt

$$K^{G/H}(X \wedge Y) = \frac{1}{4}\|[X,Y]^{\mathfrak{m}}\|^2 + g([X,Y]^{\flat}, X], Y)$$
$$\stackrel{\mathrm{ad\,schief}}{=} \frac{1}{4}\|[X,Y]\|^2 + \frac{3}{4}\|[X,Y]^{\flat}\|^2. \qquad\square$$

Aufgaben

Übung 7.1.16. *Beweisen Sie, dass es auf* $\mathbf{SL}(n+1, \mathbf{R})/\left(\begin{smallmatrix} 1 & 0 \\ 0 & \mathbf{SL}(n,\mathbf{R}) \end{smallmatrix}\right)$ *für* $n > 1$ *keine Metrik gibt, für die* $\mathbf{SL}(n+1, \mathbf{R})$ *durch Isometrien operiert. Ist dieser Raum reduktiv?*

Übung 7.1.17. $\mathbf{SL}(2, \mathbf{R})$ *operiere wie in Übung 3.1.22 auf der hyperbolischen Ebene* $\mathbf{H}^2$. *Sei* $\mathbf{PSL}(2, \mathbf{Z})$ *der Quotient von* $\mathbf{SL}(2, \mathbf{Z})$ *durch den Normalteiler* $\pm\mathrm{id}_{\mathbf{R}^2}$. *Operiert* $\mathbf{PSL}(2, \mathbf{Z})$ *frei? Operiert* $\mathbf{PSL}(2, \mathbf{Z})$ *treu?*

Übung* 7.1.18. *Sei* $\mathfrak{g}$ *eine Lie-Algebra mit* $B < 0$. *Zeigen Sie direkt, dass* Ad_h *für jedes* $h \in G$ *eine Isometrie von* $-B$ *ist.*

---

[1]Issai Schur, 1875–1941

Übung 7.1.19. *Zeigen Sie mit Hilfe der Jordan-Normalform, dass*

$$\mathfrak{gl}(n) \to \mathbf{GL}(n, \mathbf{C}), \quad A \mapsto e^A$$

surjektiv ist (obwohl $\mathbf{GL}(n, \mathbf{C})$ *keine biinvariante Metrik tragen kann).*

Übung 7.1.20. *Sei*

$$G := \left\{ \begin{pmatrix} 1/a & 0 & 0 \\ 0 & a & b \\ 0 & 0 & 1 \end{pmatrix} \,\middle|\, a > 0, b \in \mathbf{R} \right\} \subset \mathbf{SL}_3(\mathbf{R}).$$

1) Beweisen Sie, dass G *isomorph zu einer Zusammenhangskomponente der Gruppe der affinen Transformationen der reellen Geraden aus Übung 1.6.26 ist.*

2) Zeigen Sie, dass $\mathfrak{g} \to G, A \mapsto e^A$ *surjektiv ist.*

3) Berechnen Sie die Killing-Form zu G. *Kann* G *eine biinvariante Metrik tragen?*

4) Bestimmen Sie die Schnittkrümmung der von der euklidischen Metrik des $\mathbf{R}^{3 \times 3}$ *auf* $T_e G$ *induzierten linksinvarianten Metrik auf* G *und finden Sie eine Isometrie zu einem Ihnen schon bekannten Raum.*

Übung 7.1.21. *Berechnen Sie die Killing-Form* B *auf* $\mathbf{SO}(n)$ *und vergleichen Sie sie mit der von der euklidischen Metrik des* $\mathbf{R}^{n \times n}$ *induzierten Metrik.*

Übung 7.1.22. *Bestimmen Sie die Schnittkrümmung von* $\mathbf{SU}(2)$ *bezüglich* $-B$.

Übung 7.1.23. *Sei* G *eine kompakte Lie-Gruppe mit einer biinvarianten Metrik,* $T \subset G$ *ein maximaler Torus (d.h. es gibt keinen Torus in* G, *der* T *echt enthält) und* $M := G/T$.

1) Sei $N := \{\gamma \in G | \gamma T \gamma^{-1} = T\}$ *der Normalisator von* T *in* G *und* $W_G := N/T$ *die* **Weyl-Gruppe** *von* G. *Zeigen Sie* $W_G \subset M^\gamma$ *für* $\gamma \in T$. *Folgern Sie mit Übung 5.2.16, dass* W_G *endlich ist.*

2) Beweisen Sie, dass für fast alle $\gamma \in T$ *die Fixpunktmenge* $M^\gamma = W_G$ *ist.*

7.2 Definition symmetrischer Räume

symmetrischer Raum | lokal symmetrisch
                                            | Lorentz-Metrik

In diesem Abschnitt werden symmetrische Räume als homogene Räume mit bestimmten Punktspiegelungen beschrieben. Diese Eigenschaft wird mit der Parallelität der Krümmung in Verbindung gebracht.

Definition 7.2.1. *Eine Riemannsche Mannigfaltigkeit* M *heißt* **symmetrischer Raum** $:\Leftrightarrow$ *Für jedes* $p \in M$ *existiert eine Isometrie* $\sigma_p : M \to M$ *mit* $\sigma_p(p) = p, T_p \sigma_p = -\mathrm{id}_{T_p M}$. M *heißt* **lokal symmetrisch**, *wenn ein solches* σ_p *auf einer Umgebung um jedes* $p \in M$ *existiert.*

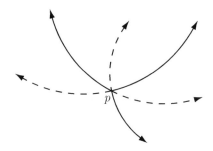

Abb. 7.1: Geodätische Punktspiegelung

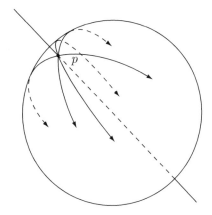

Abb. 7.2: Spiegelung der Sphäre an einer Drehachse

Nach Satz 6.7.7 ist die Punktspiegelung σ_p eindeutig bestimmt und auf jeder ballförmigen Normalumgebung durch $\exp_p X \mapsto \exp_p(-X)$ gegeben (Abb. 7.1). Via der Exponentialfunktion wird die Bedingung an σ_p äquivalent zu: Lokal ist $\sigma_p^2 = \mathrm{id}$ und p ist isolierter Fixpunkt von σ_p.

Bemerkung. Wegen der transitiven Gruppe von Isometrien ist ein homogener Raum symmetrisch, wenn ein Punkt p existiert, an dem es eine solche Punktspiegelung σ_p gibt.

Beispiel. $\mathbf{R}^n$ über die Multiplikation mit -1, S^n via der Spiegelung um eine Drehachse durch p (Abb. 7.2), analog H^n mit dem Hyperboloid-Modell, $\mathbf{P}^n\mathbf{C}$ mit jeweils den Standard-Metriken sind symmetrisch. Die Punktspiegelung von $\mathbf{P}^n\mathbf{C}$ um $(1:0:\cdots:0)$ ist gegeben durch

$$\sigma_{(1:0:\cdots:0)} : (z_0 : z_1 : \cdots : z_n) \mapsto (-z_0 : z_1 : \cdots : z_n).$$

Lie-Gruppen G mit biinvarianter Metrik sind symmetrisch mit $\sigma_p(a) := pa^{-1}p$. Insbesondere sind die flachen Tori $\mathbf{R}^n/\Gamma$ symmetrisch.
Jede offene Teilmenge dieser Räume ist lokal symmetrisch.

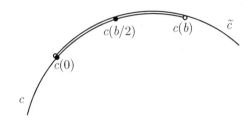

Abb. 7.3: Punktspiegelung einer Geodätischen

Lemma 7.2.2. *Jeder symmetrische Raum ist vollständig.*

Beweis. Sei c eine Geodätische und $b > 0$ maximal so, dass c auf $]a, b[$ definiert ist für ein $a < 0$. Dann ist $c(\frac{b}{2} - t) = \exp_{c(\frac{b}{2})}(-t\dot{c}(\frac{b}{2}))$ also auf $] - \frac{b}{2}, \frac{b}{2} - a[$ definiert, also auch

$$\tilde{c}(t) := \sigma_{c(\frac{b}{2})}(c(\frac{b}{2} - t)) = \exp_{c(\frac{b}{2})} T\sigma(-t\dot{c}(\frac{b}{2})) = \exp_{c(\frac{b}{2})}(t\dot{c}(\frac{b}{2}))$$

(Abb. 7.3). Da $\tilde{c}$ bei 0 denselben Geschwindigkeitsvektor wie $c(\frac{b}{2} + t)$ hat, ist es gleich $c(\frac{b}{2} + t)$. Somit ist c auf $]a, b - a[$ definiert $\nleq$. $\qquad\square$

Lemma 7.2.3. *M ist symmetrisch $\Rightarrow \forall p \in M : \sigma_p^2 = \mathrm{id}$, d.h. σ_p ist Involution.*

Beweis. Mit 6.7.7, da $T_p\sigma_p^2 = \mathrm{id} = T_p\mathrm{id}$. $\qquad\square$

Lemma 7.2.4. *Jeder symmetrische Raum M ist homogen.*

Für den Beweis dieses Lemmas benötigen wir die Sätze von Myers-Steenrod, Gleason-Montgomery-Zippin: Die Isometriegruppe G von M ist eine Lie-Gruppe. Einen relativ kurzen Beweis für den Fall symmetrischer Räume findet man z.B. in [Hel, ch. IV, Th. 2.5] und [Hel, ch. IV, Lemma 3.2]. Alternativ kann man die Homogenität in der Definition eines symmetrischen Raumes voraussetzen, was für die weiteren Beweise in diesem Buch keinen Unterschied machen würde.

Beweis. Für beliebige Punkte $p, q \in M$ lässt sich q wegen der Vollständigkeit als $q = \exp_p X$ schreiben. Nach Lemma 7.2.2 werden p, q durch $\sigma_{\exp_p(X/2)}$ aufeinander abgebildet, also operiert die Isometriegruppe G transitiv. $\qquad\square$

Lemma 7.2.5. *M ist lokal symmetrisch $\Leftrightarrow \nabla^{T^*M^{\otimes 4}} R \equiv 0$.*

Für Lie-Gruppen mit biinvarianter Metrik war „$\Rightarrow$" Lemma 7.1.8. Wie dort schon angemerkt, ist diese Gleichung stärker als die 2. Bianchi-Gleichung.

Beweis. „$\Rightarrow$" σ_p ist Isometrie, also ist $\sigma_p^*(\nabla^{T^*M^{\otimes 4}} R) = \nabla^{T^*M^{\otimes 4}} R$. Also folgt für $A, X, Y, Z, W \in T_pM$

$$
\begin{aligned}
(\nabla_A^{T^*M^{\otimes 4}} R)(X, Y, Z, W) &= \sigma_p^*((\nabla_A^{T^*M^{\otimes 4}} R)(X, Y, Z, W)) \\
&= (\nabla_{-A}^{T^*M^{\otimes 4}} R)(-X, -Y, -Z, -W) \\
&= -(\nabla_A^{T^*M^{\otimes 4}} R)(X, Y, Z, W).
\end{aligned}
$$

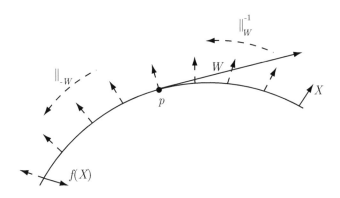

Abb. 7.4: Satz von Cartan bei lokal symmetrischen Räumen

„⇐" Zu zeigen ist, dass auf einer ballförmigen Normalumgebung $\sigma_p : \exp_p(W) \mapsto \exp_p(-W)$ eine Isometrie ist. Wegen $\nabla^{T^*M^{\otimes 4}} R = 0$ ist Ω parallel längs jeder Kurve, d.h. für X, Y, Z parallel ist $\Omega(X, Y)Z$ parallel. Mit

$$f : T_{\exp_p W} M \quad \to \quad T_{\exp_p(-W)} M,$$
$$X \quad \mapsto \quad ||_{T_p \sigma_p W} \circ T_p \sigma_p \circ ||_W^{-1} X = -||_{-W} \circ ||_W^{-1} X$$

(Abb. 7.4) und X, Y, Z parallel längs $\exp_p tW$ sind die beiden Seiten im Satz von Cartan 6.2.1

$$f(\Omega_{\exp W}(X, Y)Z) = -\Omega_{\exp(-W)}(X, Y)Z$$

und

$$\Omega_{\exp(-W)}(f(X), f(Y))f(Z) = \Omega_{\exp(-W)}(-X, -Y)(-Z)$$

gleich. Also ist σ_p eine lokale Isometrie. □

Genauso verschwindet jeder andere Tensor ungeraden Grades, der kanonisch durch g bestimmt ist (oder allgemeiner σ_p-invariant ist).

Bemerkung. Der Satz von Ambrose-Singer [AmSi] verallgemeinert dieses Resultat mit einer komplizierteren Differentialgleichung auf (lokal) homogene Räume.

Aufgaben

Übung 7.2.6. *Sei $G := \{(a, b) \mid a \in \mathbf{R}^+, b \in \mathbf{R}\}$ die Lie-Gruppe aus Übung 1.6.26 und $M := \left\{ \begin{pmatrix} x \\ y \end{pmatrix} \in \mathbf{R}^2 \,\middle|\, x + y > 0 \right\}$ mit der Lorentz-Metrik $g = dx \otimes dx - dy \otimes dy$ (analog zu einer Riemannschen Metrik, nur eben nicht positiv definit). Zusammenhänge, Krümmung, Geodätische, Isometrien werden für g ganz genauso wie für eine Riemannsche Metrik definiert.*

1) Zeigen Sie, dass G auf M transitiv, effektiv und isometrisch operiert via

$$(a, b) \cdot \begin{pmatrix} x \\ y \end{pmatrix} = \begin{pmatrix} \frac{a+1/a}{2}x + \frac{1/a-a}{2}y + b \\ \frac{1/a-a}{2}x + \frac{a+1/a}{2}y - b \end{pmatrix}.$$

2) Bestimmen Sie die Isotropiegruppe von $\begin{pmatrix} 1 \\ 1 \end{pmatrix}$ und finden Sie einen Diffeomorphismus $G \to M$.

3) Beweisen Sie, dass die Krümmung von M verschwindet (erst Recht also $\nabla R \equiv 0$), und finden Sie eine lokale Spiegelung um jeden Punkt $\begin{pmatrix} x \\ y \end{pmatrix}$.

4) Zeigen Sie, dass M nicht geodätisch vollständig ist.

7.3   Der Satz von Cartan-Ambrose-Hicks

Satz von Cartan-Ambrose-Hicks	Satz von Whitehead
	gebrochene Geodätische

Der Satz von Cartan-Ambrose-Hicks ist eine globale Version des Satzes 6.2.1 von Cartan. Er wird hier insbesondere beweisen, dass vollständige lokal symmetrische Räume Quotienten von symmetrischen Räumen durch diskrete Gruppen sind. Zunächst werden wir eine schwache Form von Konvexität von Normalumgebungen benötigen.

Hilfssatz 7.3.1. Zu jedem Punkt $p \in M$ gibt es für hinreichend kleines $\delta > 0$ ein $\varepsilon > 0$, so dass für alle $q \in B_\varepsilon(p)$ gilt: $B_\varepsilon(p) \subset B_\delta(q)$ und $B_\delta(q)$ ist eine Normalumgebung. Insbesondere enthält jede Normalumgebung U von p eine Umgebung $\tilde{U}$ von p, so dass alle Kürzesten zwischen Punkten aus $\tilde{U}$ in U liegen.

Beweis. Wähle wie in Definition 5.2.5 eine offene Umgebung $\Omega \subset TM$ von $0 \in T_pM$, auf der $\exp : \Omega \to M$ definiert ist. Die Abbildung $f : \Omega \to M \times M, X \in T_qM \mapsto (q, \exp_q X)$ hat nach Lemma 5.2.6 eine Ableitung der Gestalt $\begin{pmatrix} \mathrm{id} & * \\ 0 & \mathrm{id} \end{pmatrix}$, also ist f auf einer Umgebung $V \subset \Omega$ von 0 ein Diffeomorphismus. Wähle $\delta > 0$ mit $B_{2\delta}(0) \subset T_pM \cap V$, dann gibt es eine offene Umgebung $W \subset M$ von p mit $\forall q \in W : B_\delta(0) \subset T_qM \cap V$. Wähle $\varepsilon > 0$ mit $B_\varepsilon(p) \times B_\varepsilon(p) \subset f(W)$.

Zu jeder Normalumgebung U von p gibt es also ein $\delta > 0$ und eine Teilmenge $\tilde{U} := B_\varepsilon(p)$, so dass $\bigcup_{q \in B_\varepsilon(p)} B_\delta(q) \subset U$. Weil $B_\delta(q)$ nach Satz 5.2.11 alle Kürzesten von q zu Punkten in $B_\varepsilon(p)$ enthält, liegen diese insbesondere in U. $\square$

Bemerkung. Der **Satz von Whitehead** [Whi], [ChEb, p. 103] besagt, dass es sogar Normalumgebungen U gibt, in denen alle Kürzesten zwischen Punkten aus U enthalten sind.

Im Beweis des folgenden Satzes werden gebrochene Geodätische verwendet, da im letzten Beweisschritt Kurven benötigt werden, die als Geodätische nicht immer existieren. Eine **gebrochene Geodätische** sei eine Kurve $\gamma :]t_0, t_m[\to M$ mit $t_1 < \cdots < t_m$ und $\gamma_{||t_j, t_{j+1}[}$ geodätisch. Für eine Isometrie $A : T_p M \to T_{\tilde p}\tilde M$ und $p = \gamma(t_0)$ sei $\tilde\gamma_{||t_0, t_1[}(t) := \exp_{\tilde p} t A \dot\gamma(t_0)$. Setze $\gamma_j := \gamma_{||t_0, t_j[}$. Sukzessiv werde mit der Parallelverschiebung $||_{\gamma_j}$ längs γ_j dann

$$\tilde\gamma_{||t_j, t_{j+1}[}(t) := \exp_{\lim_{t \nearrow t_j} \tilde\gamma(t)} ||_{\tilde\gamma_j} \circ A \circ ||_{-\gamma_j}\left(\lim_{t \searrow t_j} \dot\gamma(t)\right)$$

fortgesetzt (wobei an einer Bruchstelle die Parallelverschiebung die entsprechende Drehung beinhaltet).

Satz von Cartan-Ambrose-Hicks 7.3.2. *([Am][2]) Seien $(M, g), (\tilde M, \tilde g)$ vollständige Riemannsche Mannigfaltigkeiten, M sei einfach zusammenhängend, $p \in M$, $\tilde p \in \tilde M$ und $A : T_p M \to T_{\tilde p}\tilde M$ eine Isometrie. Für alle gebrochenen Geodätischen γ, $X, Y, Z \in T_{\gamma(t_m)}M$ gelte mit*

$$f_\gamma := ||_{\tilde\gamma} \circ A \circ ||_{-\gamma} : T_{\gamma(t_m)}M \to T_{\tilde\gamma(t_m)}\tilde M,$$

dass

$$f_\gamma(\Omega(X, Y)Z) = \tilde\Omega(f_\gamma(X), f_\gamma(Y))f_\gamma(Z).$$

Dann ist für alle gebrochenen Geodätischen γ, γ' mit $\gamma(t_m) = \gamma'(t'_m)$ auch $\tilde\gamma(t_m) = \tilde\gamma'(t'_m)$, also gibt es eine C^∞-Abbildung $\varphi : M \to \tilde M, \gamma(t_m) \mapsto \tilde\gamma(t_m)$. φ ist eine Riemannsche Überlagerung.

Beweis. γ, γ' werden reskaliert und mit zusätzlichen Bruchstellen an glatten Stellen versehen, so dass beide als Bruchstellen $t_1, \ldots, t_m$ haben.
1) Zunächst nehmen wir an, dass für alle j gilt: $\gamma(t_{j+1}), \gamma'(t_{j+1}), \gamma'(t_{j+2}) \in \tilde U$ für eine ballförmige Normalumgebung U von $\gamma(t_j)$ und $\tilde U$ wie in Hilfssatz 7.3.1. Der Beweis von $\tilde\gamma(t_m) = \tilde\gamma'(t_m), f_\gamma = f_{\gamma'}$ erfolgt mit Induktion über m:
Induktionsanfang: Für γ, γ' nach Voraussetzung in einer Normalumgebung von p folgt die Aussage mit der lokalen Isometrie φ aus dem Satz von Cartan.
Induktionsschritt: Sei τ die Kürzeste von $\gamma(t_{m-2})$ nach $\gamma'(t_{m-1})$ (Abb 7.5). Nach Induktionsvoraussetzung ist $\widetilde{\gamma_{m-2} \cup \tau}(t_{m-1}) = \tilde\gamma'(t_{m-1})$ und $f_{\gamma_{m-2}\cup\tau} = f_{\gamma'_{m-1}}$. Sei für gebrochene Geodätische c, die in $\gamma(t_{m-2})$ starten, $\bar c$ die in $\tilde\gamma(t_{m-2})$ startende Geodätische mit Startvektor $f_{\gamma_{m-2}}(\dot c)$. Mit $c := \gamma_{||t_{m-2}, t_m[}$, $c' := \gamma'_{||t_{m-1}, t_m[}$ ist nach dem Satz von Cartan, da die beteiligten Kurven in einer Normalumgebung von $\gamma(t_{m-2})$ liegen,

$$\tilde\gamma(t_m) = \bar c(t_m) \overset{\text{Cartan}}{=} \widetilde{\tau \cup c'}(t_m) = \widetilde{\gamma_{m-2} \cup \tau \cup c'}(t_m)$$

und

$$f_\gamma = f_c = f_{\tau\cup c'} = f_{\gamma_{m-2}\cup\tau\cup c'}.$$

---

[2]Élie Joseph Cartan, 1869–1951; 1956, Warren Ambrose, 1914–1995; 1966, N. Hicks für allgemeinere Zusammenhänge

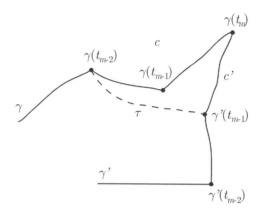

Abb. 7.5: Geodätische im Beweis des Satzes von Cartan-Ambrose-Hicks

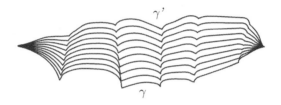

Abb. 7.6: Schritt 2 im Beweis des Satzes von Cartan-Ambrose-Hicks

Also folgt

$$f_\gamma \;=\; ||\tilde{c}' \circ f_{\gamma_{m-2} \cup \tau} \circ ||_{-c'} \overset{\text{Ind.}-\text{Vor.}}{=} ||\tilde{c}' \circ f_{\gamma_{m-1}} \circ ||_{-c'} = f_{\gamma'}$$

und $\tilde{\gamma}(t_m) = \tilde{\gamma}'(t_m)$.

2) Seien nun γ, γ' beliebige Geodätische mit gleichem Start-/Endpunkt. Weil M einfach zusammenhängt, existiert eine Homotopie γ^s von γ nach γ' durch gebrochene Geodätische mit Bruchstellen bei $t_1 < \cdots < t_m$ $\forall s$ (Abb. 7.6). Seien $0 < s_1 < \cdots < s_\ell < 1$ und $t_1 < \cdots < t_m$ so fein, dass $\gamma^{s_k}(t_{j+1}), \gamma^{s_{k+1}}(t_{j+1}), \gamma^{s_{k+1}}(t_{j+2})$ in $\tilde{U}$ für eine Normalumgebung U von $\gamma^{s_k}(t_j)$ liegen für alle j, k. Dann ist nach (1)

$$\tilde{\gamma}(t_m) = \tilde{\gamma}^{s_1}(t_m) = \cdots = \tilde{\gamma}^{s_\ell}(t_m) = \tilde{\gamma}'(t_m).$$

Auf einer Normalumgebung jedes Punktes ist φ die Abbildung aus dem Satz von Cartan, also lokale Isometrie, also nach Lemma 6.5.4 eine Riemannsche Überlagerung. □

Korollar 7.3.3. *M ist lokal symmetrisch, vollständig und einfach zusammenhängend ⇒ M ist symmetrisch.*

Beweis. Wie in Lemma 7.2.5 impliziert $\nabla R = 0$ und einfach zusammenhängend, dass σ global fortsetzbar ist . □

Vergleiche [Hel, ch. IV §5] für einen lie-algebrentheoretischeren Beweis.

7.4 Symmetrische Räume und Gruppeninvolutionen

Satz von Ado	Durchmesser
Scherung	reelle Struktur
Transvektion	Graßmann-Mannigfaltigkeiten

In diesem Abschnitt werden symmetrische Räume mit Hilfe von Involutionen auf Lie-Gruppen und Lie-Algebren charakterisiert, die Krümmung in Termen der Lie-Algebra bestimmt und einige geometrische Konsequenzen gezogen. Am Schluss werden die Gruppen genauer bestimmt, die eine biinvariante Metrik tragen. Nach wie vor gilt die Bemerkung aus Abschnitt 6.7, dass etliche Eigenschaften, die in diesem Kapitel G/H zugeordnet werden, als Eigenschaften des Paares (G, H) und in einigen Fällen inklusive einer Zerlegung $\mathfrak{g} = \mathfrak{h} \oplus \mathfrak{m}$ zu verstehen sind.

Lemma 7.4.1. *Sei G eine Lie-Gruppe und $\mathfrak{h} \subset \mathfrak{g}$ eine Lie-Unteralgebra. Dann gibt es eine Immersion $H \subset G$ einer Lie-Gruppe mit Lie-Algebra $\mathfrak{h}$ als algebraische Untergruppe.*

Allerdings ist H nicht notwendig abgeschlossen, also nicht unbedingt Lie-Untergruppe von G.

Beweis. Nach dem Satz von Frobenius 2.3.10 gibt es eine Untermannigfaltigkeit $\hat{H}_a$ um jedes $a \in G$, die tangential an das linksinvariante Unterbündel $\mathfrak{h} \subset TM$ ist. Wähle auf $\bigcup_{a \in G} \hat{H}_a$ die Topologie, bei der U offen ist, wenn $U \cap H_a$ offen in H_a ist $\forall a \in G$. Sei H die Zusammenhangskomponente von e in $\bigcup_{a \in G} \hat{H}_a$. Mit den Karten der H_a wird H eine in G immersierte Mannigfaltigkeit. Für $h' \in H$ und einen Weg h_t in H von e nach $h \in H$ ist $\gamma(t) := h' h_t^{-1}$ ein Weg von h' zu $h' h^{-1}$ mit $\dot{\gamma} \in (L_{h'})^* \mathfrak{h} = \mathfrak{h}$, also in H. Somit ist H Untergruppe, insbesondere ist die Multiplikation in H als die von G induzierte glatt. $\qquad\square$

Die Bedingung der Version 1.5.9 des Satzes von Frobenius ist mit linksinvarianten $(X_1, \ldots, X_k)$ in der Regel nicht zu erfüllen: Wenn die Vektorfelder kommutieren, ist H abelsch.

Bemerkung. Der **Satz von Ado**[3]) besagt, dass es zu jeder endlich-dimensionale Lie-Algebra $\mathfrak{g}$ ein $n \in \mathbf{N}$ und eine Einbettung $\mathfrak{g} \hookrightarrow \mathfrak{gl}(\mathbf{R}^n)$ gibt ([Varad] oder [Bour]). Lemma 7.4.1 zeigt dann, dass es zu jeder endlich-dimensionalen Lie-Algebra $\mathfrak{g}$ eine Lie-Gruppe $G \subset \mathbf{GL}_n(\mathbf{R})$ gibt. Es gibt allerdings auch endlich-dimensionale Lie-Gruppen, die keine Untergruppen einer $\mathbf{GL}_n(\mathbf{R})$ sind (z.B. nach Übung 7.4.16 die universelle Überlagerung von $\mathbf{SL}_2(\mathbf{R})$).

Satz 7.4.2. *Zu jedem Lie-Algebren-Homomorphismus $A : \mathfrak{g} \to \mathfrak{h}$ gibt es auf einer Umgebung $U \subset G$ von e (eindeutig) einen lokalen Lie-Gruppen-Homomorphismus $\varphi : U \to H$. Wenn G einfach zusammenhängend ist, existiert $\varphi : G \to H$ global eindeutig.*

---

[3]1935, Igor Dmitrievich Ado, 1910–1983

Beweis. Sei $\mathfrak{k} := \{(X, AX) \mid X \in \mathfrak{g}\} \subset \mathfrak{g} \times \mathfrak{h}$ der Graph von A. $\mathfrak{k}$ ist eine Lie-Unteralgebra, denn

$$[(X, AX), (Y, AY)] = ([X, Y], [AX, AY]) = ([X, Y], A[X, Y]) \in \mathfrak{k}.$$

Also existiert nach Lemma 7.4.1 eine Immersion als Untergruppe einer Lie-Gruppe $K \subset G \times H$. Mit $\pi_1, \pi_2 : G \times H \to G, H$ sei $\pi := \pi_{1|K} : K \to G$. Dann ist $T_e\pi : \mathfrak{k} \to \mathfrak{g}$ die Projektion auf den ersten Faktor, also bijektiv. Auf einer hinreichend kleinen Umgebung U von e ist somit $\pi_{|U}$ ein Diffeomorphismus. Setze $\varphi := \pi_{2|K} \circ \pi_{|U}^{-1}$. Wegen $T_e\varphi \circ T_e\pi_1 = T_e\pi_2$ folgt $T_e\varphi(X) = AX$.

Statte G, K mit linksinvarianten Metriken aus, so dass $T_e\pi$ eine Isometrie ist. Wegen der Äquivarianz ist $T\pi$ überall eine Isometrie und π nach Lemma 6.5.4 eine Überlagerung. Wenn G einfach zusammenhängend ist, muss π ein Isomorphismus sein, also ist φ global definiert. Nach Lemma 1.6.19 ist φ eindeutig bestimmt. $\quad\square$

In dem folgenden Theorem gibt Kriterium (2) eine Beschreibung von symmetrischen Räumen, und die Sätze von Myers-Steenrod, Gleason-Montgomery-Zippin vorausgesetzt, hat nach (0) jeder symmetrische Raum diese Gestalt. (5) gibt eine besonders elegante Charakterisierung in Termen von Lie-Algebren, wobei die ersten beiden Relationen schon im Kapitel über homogene Räume auftraten: $[\mathfrak{h}, \mathfrak{h}] \subset \mathfrak{h}$ bedeutet, dass $\mathfrak{h}$ Unteralgebra ist, und $[\mathfrak{h}, \mathfrak{m}] \subset \mathfrak{m}$ war eine Konsequenz der Reduktivität. Entscheidend neu ist $[\mathfrak{m}, \mathfrak{m}] \subset \mathfrak{h}$. Zwangsläufig kann dies symmetrische Räume nur bis auf Überlagerung beschreiben, deswegen die Zusatzbedingungen für die Umkehrung.

Satz 7.4.3. *(Élie Cartan) Für Lie-Gruppen G, H, G zusammenhängend, und $M = G/H$ mit treuer G-Operation gilt (wobei, falls die Killing-Form von G negativ definit ist und $M = G/H$ normal ist, die Eigenschaften in Klammern automatisch aus den Aussagen direkt davor folgen):*

(0) M ist symmetrisch und G ist die Zusammenhangskomponente von e der Isometriegruppe,

$\Rightarrow$ *(1) M ist symmetrisch mit isometrischer G-Operation und ein σ_p wird von einer Involution $\sigma \in \mathrm{Aut}(G)$ induziert,*

$\Rightarrow$ *(2) es existiert eine Involution $\sigma \in \mathrm{Aut}(G)$, für deren Fixpunktmenge G^σ und deren Zusammenhangskomponenten G_0^σ von e_G gilt: $G_0^\sigma \subset H \subset G^\sigma$ (und $\sigma : G/H \to G/H$ eine Isometrie induziert),*

$\Rightarrow$ *(3) $M = G/H$ homogen ist symmetrisch und jedes σ_p wird von einer Involution $\sigma \in \mathrm{Aut}(G)$ induziert,*

$\Rightarrow$ *(4) $\mathfrak{g}$ hat einen Lie-Algebren-Homomorphismus A, der eine Involution ist mit $\mathfrak{g}^A = \mathfrak{h}$ (und einem A-invarianten Skalarprodukt, für das ad_X schief ist $\forall X \in \mathfrak{h}$),*

$\Leftrightarrow$ *(5) $\mathfrak{g}$ hat eine Vektorraum-Zerlegung $\mathfrak{g} = \mathfrak{h} \oplus \mathfrak{m}$ mit*

$$[\mathfrak{h}, \mathfrak{h}] \subset \mathfrak{h}, [\mathfrak{h}, \mathfrak{m}] \subset \mathfrak{m}, [\mathfrak{m}, \mathfrak{m}] \subset \mathfrak{h} \tag{7.1}$$

(und einem Skalarprodukt mit $\mathfrak{h} \perp \mathfrak{m}$, für das ad_X schief ist $\forall X \in \mathfrak{h}$).

Für G einfach zusammenhängend und H zusammenhängend sind (2)-(5) äquivalent.

Beweis. (0) $\Rightarrow$ (1) Mit der Isometriegruppe $\mathrm{Isom}(M)$ setze $\sigma : \mathrm{Isom}(M) \rightarrow \mathrm{Isom}(M), k \mapsto \sigma_p k \sigma_p$. Dann lässt σ die Zusammenhangskomponente G von e invariant und es ist $\sigma^2 = \mathrm{id}$. Für die Isotropiegruppe H von p in G folgt $\sigma_p(aH) = \sigma(a)H$ wegen $\sigma_p H = H$.

(1) $\Rightarrow$ (2): Es ist $H \subset G^\sigma$, da wegen der Effektivität $h \in H$ durch $T_p L_h$ eindeutig bestimmt ist und $T_p(\sigma_p \circ L_h \circ \sigma_p) = -(-T_p L_h) = T_p L_h$.

Für $k \in G^\sigma$ ist umgekehrt $k \cdot p = \sigma_p(k \cdot p)$. In einer ballförmigen Normalumgebung V von p ist aber p der einzige Fixpunkt von σ_p, also gilt $k \cdot p \in V \Rightarrow k \in H$. Somit existiert eine Umgebung U von e_G in G mit $G^\sigma \cap U = H \cap U$. Da nach Satz 1.6.19 G_0^σ, H_0 von Elementen dieser Umgebung erzeugt werden, folgt $G_0^\sigma = H_0$.

Zusatz in Klammern: Für $B < 0$ ist nach Korollar 7.1.11 σ automatisch eine Isometrie, denn $T_e\sigma$ ist ein Lie-Algebren-Isomorphismus, also eine Isometrie der Killing-Form auf den einfachen Komponenten von $\mathfrak{g}$ (da B eindeutig durch die Lie-Algebren-Struktur bestimmt ist).

(2) $\Rightarrow$ (3): Setze $\sigma_{aH} := L_a \circ \sigma \circ L_{a^{-1}}$.

(3) $\Rightarrow$ (4): folgt durch Ableiten mit $A := T_e\sigma$. Die Fortsetzung der Metrik nach G ist nach Satz 6.7.13 H-biinvariant mit $\mathfrak{h}^\perp = \mathfrak{m}$. Also ist $\mathrm{ad}_{|\mathfrak{h}}$ schief und wegen $A_{|\mathfrak{h}} = \mathrm{id}, A_{|\mathfrak{m}} = -\mathrm{id}$ ist A eine Isometrie.

Zusatz in Klammern: Falls die Metrik auf G/H normal homogen ist, gilt für die Metrik auf $\mathfrak{g}$, dass ad_X schief ist $\forall X \in \mathfrak{g}$. Wegen $\mathfrak{g}^A = \mathfrak{h}$ ist $A_{|\mathfrak{h}} = \mathrm{id}, A_{|\mathfrak{m}} = -\mathrm{id}$ und A ist Isometrie.

(4) $\Rightarrow$ (5): Setze $\mathfrak{m} = \mathrm{Eig}_A(-1)$. Für $X, Y \in \mathfrak{m}, V \in \mathfrak{h}$ folgt

$$A([X,V]) = [AX, AV] = -[X,V], \qquad \text{also} \quad [\mathfrak{m}, \mathfrak{h}] \subset \mathfrak{m},$$
$$A([X,Y]) = [AX, AY] = [X,Y], \qquad \text{also} \quad [\mathfrak{m}, \mathfrak{m}] \subset \mathfrak{h}.$$

Aus der A-Invarianz des Skalarprodukts folgt $\mathfrak{m} = \mathfrak{h}^\perp$.

Zusatz in Klammern: Für die Killing-Form folgt bereits aus der ersten Hälfte wegen $[X, [V, \cdot]] : \begin{smallmatrix} \mathfrak{h} \to \mathfrak{m} \\ \mathfrak{m} \to \mathfrak{h} \end{smallmatrix}$, dass

$$B(X, V) = \mathrm{Tr}\,[X, [V, \cdot]] = 0.$$

(5) $\Rightarrow$ (4): Setze $A_{|\mathfrak{h}} = \mathrm{id}_\mathfrak{h}, A_{|\mathfrak{m}} = -\mathrm{id}_\mathfrak{m}$. Wegen der Kommutator-Relationen in (5) ist A Lie-Algebren-Homomorphismus.

(5) $\Rightarrow$ (2) für G einfach zusammenhängend: Nach Satz 7.4.2 gibt es eine Involution $\sigma : G \rightarrow G$ mit $T_e\sigma = A$. Wegen $A_{|\mathfrak{h}} = \mathrm{id}_\mathfrak{h}$ ist für H zusammenhängend $\sigma_{|H} = \mathrm{id}_H$ nach Satz 1.6.19. $\qquad\square$

Bemerkung. Der letzte Schritt folgt (lokal) auch aus der Baker-Campbell-Hausdorff-Formel: Für $\sigma(e^X) := e^{AX}$ ist

$$\sigma(e^X e^Y) = \sigma(e^{X+Y+[X,Y]/2+\cdots}) = e^{AX+AY+A[X,Y]/2+\cdots}$$
$$= e^{AX+AY+[AX,AY]/2+\cdots} = \sigma(e^X)\sigma(e^Y).$$

Satz 7.4.4. *Sei $M = G/H$ ein symmetrischer Raum, $\mathfrak{g} = \mathfrak{m} \oplus \mathfrak{h}$ wie in Satz 7.4.3(5). Dann ist M natürlich reduktiv, insbesondere ist $U \equiv 0$. Für die O'Neill-Tensoren gilt $T \equiv 0$, $\forall X, Y, Z \in \mathfrak{m} : A_X Y = \frac{1}{2}[X, Y]$,*

$$\Omega^{G/H}(X, Y)Z = -[[X, Y], Z] \quad und \quad \mathrm{Ric}(X, Y) = -\frac{1}{2}B(X, Y).$$

Die Formel für die Ricci-Krümmung ist etwas subtiler, als sie auf den ersten Blick aussieht, weil die entsprechende Spur über $\mathfrak{m}$, bei B hingegen über $\mathfrak{g}$ genommen wird.

Beweis. Wegen $[X, Y]^{\mathfrak{m}} = 0$ ist M natürlich reduktiv, also $U \equiv 0$. Mit Satz 6.8.6 folgt $A_X Y = \frac{1}{2}[X, Y]^{\mathfrak{h}} = \frac{1}{2}[X, Y]$ und mit Satz 6.8.17 folgt für $X, Y \in \mathfrak{m}$ orthonormal

$$\begin{aligned}
K^{G/H}(X \wedge Y) &= \frac{1}{4}\|[X, Y]^{\mathfrak{m}}\|^2 + g([[X, Y]^{\mathfrak{h}}, X], Y) \\
&= g([[X, Y], X], Y).
\end{aligned}$$

Wie in Lemma 7.1.6 folgt die Formel für Ω wegen der Eindeutigkeit von Ω zu gegebenem K. Damit folgt weiter

$$\begin{aligned}
\mathrm{Ric}(X, X) &= -\mathrm{Tr}\,\mathrm{ad}_X \mathrm{ad}_{X|\mathfrak{m}} \overset{(7.1)}{=} -\mathrm{Tr}\,\mathrm{ad}_{X|\mathfrak{h}} \mathrm{ad}_{X|\mathfrak{m}} \\
&= -\mathrm{Tr}\,\mathrm{ad}_{X|\mathfrak{m}} \mathrm{ad}_{X|\mathfrak{h}} \overset{(7.1)}{=} -\mathrm{Tr}\,\mathrm{ad}_X \mathrm{ad}_{X|\mathfrak{h}},
\end{aligned}$$

also $\mathrm{Ric} = -\frac{1}{2}B_{|\mathfrak{m} \times \mathfrak{m}}$ nach der Polarisationsformel. $\square$

Bemerkung. Diese Formel scheint auf den ersten Blick der aus Lemma 7.1.6 für den symmetrischen Raum G mit bijektiver Metrik zu widersprechen (um einen Faktor $\frac{1}{4}$). Aber dort ist die Punktspiegelung um e gleich $\sigma_e : G \mapsto G, a \mapsto a^{-1}$ und für G nicht-abelsch kein Gruppen-Homomorphismus. Da G von links und rechts durch Isometrien operiert, enthält die Isometriegruppe von G tatsächlich $G \times G$. Die Bedingung (5) aus Satz 7.4.3 ist für $\mathfrak{m} := \mathfrak{g}, \mathfrak{h} := \mathfrak{e} = 0$ nicht erfüllt, wohl aber für $\mathfrak{h}' := \{[(X, X)] \mid X \in \mathfrak{g}\}, \mathfrak{m}' := \{[(-X, X)] \mid X \in \mathfrak{g}\}$. Die Darstellung aus Satz 7.4.3 für diesen Fall ist die Isometrie $\varphi : G \times G/G \cong G, [(a, b)] \mapsto ab^{-1}$ mit G diagonal eingebettet. Dann ist $\sigma : G \times G \to G \times G, (a, b) \mapsto (b, a)$ ein Automorphismus. Dies führt zu dem Faktor, denn wegen $T_e\varphi[(X, -X)] = 2X$ folgt

$$-[[T_e\varphi^{-1}X, T_e\varphi^{-1}Y], T_e\varphi^{-1}Z] = T_e\varphi^{-1}(-\frac{1}{4}[[X, Y], Z]).$$

Definition 7.4.5. *Eine Isometrie φ einer Riemannschen Mannigfaltigkeit M heißt **Scherung** (oder **Transvektion**) längs einer Geodätischen c, falls*

1) $\exists t_0 : \varphi(c(t)) = c(t + t_0)$,

2) $T\varphi_{|c}$ ist die Parallelverschiebung längs c, geschrieben als $T_{c(t)}\varphi = \|_{c(t)}^{c(t+t_0)}$.

Lemma 7.4.6. *M ist symmetrisch, c Geodätische $\Rightarrow \varphi_{t_0} := \sigma_{c(t_0/2)}\sigma_{c(0)}$ ist eine Scherung, die c um t_0 verschiebt. Für $c(0) = bH$, $c(t_0) = aH$ ist $\varphi_{t_0} = L_{ab^{-1}}$.*

Beweis. $\sigma_{c(s)}(c(t)) = c(2s-t)$, also $\sigma_{c(t_0/2)}\sigma_{c(0)}(c(t)) = c(t+t_0)$, also operiert φ_{t_0} auf c als Verschiebung um t_0.

Da $\sigma_{c(s)}$ eine Isometrie ist, bildet $T\sigma_{c(s)}$ jedes parallele Vektorfeld X längs c auf ein paralleles Vektorfeld längs $\sigma_{c(s)}(c) = c$ ab. Wegen $T_{c(s)}\sigma_{c(s)}(X) = -X$ ist somit überall $T\sigma_{c(s)}(X) = -X$ und $T\varphi_{t_0}(X) = X$.

Sei nun (nach einer Linkstranslation um b) $c(t) = e^{tX}H$ mit $X \in \mathfrak{m}$ und σ wie in Satz 7.4.3. Dann ist

$$\varphi_{t_0} = \sigma_{e^{t_0 X/2}H}\sigma_{eH} = L_{e^{t_0 X/2}} \circ \sigma \circ L_{e^{-t_0 X/2}} \circ \sigma = L_{e^{t_0 X}} \circ \sigma \circ \sigma = L_{e^{t_0 X}}.$$

$\square$

Korollar 7.4.7. *Die Parallelverschiebung längs Geodätischer auf einem symmetrischen Raum wird von den Punktspiegelungen induziert. Der Levi-Civita-Zusammenhang (und damit Ω) hängt nur von den Punktspiegelungen σ_p ab, von der Wahl einer passenden symmetrischen Metrik auf G/H ist er unabhängig.*

Beweis. Die Parallelverschiebung längs Geodätischer bestimmt ∇ eindeutig: Für $X \in T_pM$ sei c die Geodätische mit $\dot{c}(0) = X$ und $(e_j)_j$ eine Basis paralleler Vektorfelder längs c. Dann ist jedes Vektorfeld Y um p auf c eine Linearkombination $Y_{|c(t)} = \sum_j f_j(t)e_j(t)$ und $\nabla_X Y = X.f_j \cdot e_j$. $\square$

Dies impliziert noch einmal anders, dass sich selbst schneidende Geodätische periodisch sind (Lemma 6.8.8).

Lemma 7.4.8. *Eine homogene Mannigfaltigkeit $M = G/H$ ist genau dann lokal symmetrisch, wenn jeder G-invariante Tensor ω parallel ist (d.h. $\nabla\omega = 0$).*

Insbesondere ist dann jede G-invariante Differentialform geschlossen, da sich $d\omega$ in Termen von $\nabla\omega$ ausdrücken lässt. Nach Übung 6.8.26 repräsentieren also für G kompakt die G-invarianten Formen die Kohomologieklassen.

Beweis. „$\Leftarrow$" folgt aus Satz 7.2.5 mit $\omega = R$.

„$\Rightarrow$" Sei $c(t) = e^{tX}H$. Wegen $(L_{c(t)})^*\omega = \omega$ ist ω nach Lemma 7.4.6 parallel längs c, also $\nabla_{\dot{c}(0)}\omega = 0$. $\square$

Lemma 7.4.9. *Sei c eine nach Bogenlänge parametrisierte Geodätische durch $eH \in M$, seien $-\lambda_j \in \mathbf{R}$ die Eigenwerte des symmetrischen Endomorphismus $\Omega_{eH}(\dot{c}, \cdot)\dot{c} = \mathrm{ad}_{\dot{c}}\mathrm{ad}_{\dot{c}} \in \mathrm{End}(\mathfrak{m})$ und (V_j) eine Orthonormalbasis aus Eigenvektoren (parallel längs c fortgesetzt), also $K(\dot{c} \wedge V_j) = \lambda_j$. Dann sind die Jacobi-Felder Y längs c Linearkombinationen von Jacobifeldern der Form*

$$Y_t = V_j \cdot \begin{cases} \cos\sqrt{\lambda_j}t, \ \sin\sqrt{\lambda_j}t & \lambda_j > 0 \\ 1, \ t & falls \quad \lambda_j = 0 \\ \cosh\sqrt{-\lambda_j}t, \ \sinh\sqrt{-\lambda_j}t & \lambda_j < 0 \end{cases}. \qquad (7.2)$$

Beweis. Weil Ω parallel ist, ist V_j längs ganz c Eigenvektor. Also besagt die Jacobi-DGL für $f \in C^\infty(\mathbf{R})$, $Y = fV_j$

$$(\nabla_{\partial/\partial t})^2(f(t)V_j) = \Omega_{c(t)}(\dot{c}, Y_t)\dot{c} = -\lambda_j f(t)V_j$$

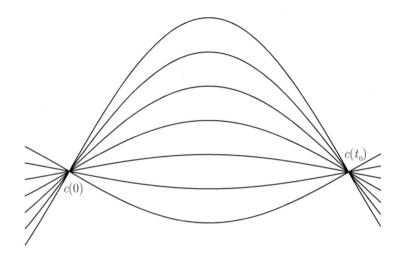

Abb. 7.7: Geodätische Variation auf einem symmetrischen Raum.

bzw. $f''(t) = -\lambda_j f(t)$. Da die Vektorfelder dieser Form einen $2n$-dimensionalen Raum aufspannen, hat jedes Jacobi-Feld diese Gestalt. $\qquad\square$

Lemma 7.4.10. *Sei c nach Bogenlänge parametrisierte Geodätische auf einem symmetrischen Raum und Y ein Jacobifeld wie in Gleichung (7.2) mit Nullstellen bei $0, t_0$. Dann gibt es eine Variation c^s von nach Bogenlänge parametrisierten Geodätischen mit $c^s(0) = c(0), c^s(t_0) = c(t_0)$ (Abb. 7.7).*

Auf allgemeinen Räumen gibt es nur Variationen, bei denen $c^s(t_0)$ und die Schnittpunkte mit c dem Punkt $c(t_0)$ beliebig nahe kommen.

Beweis. CEsei t_0 die erste Nullstelle nach 0 und $c(t_0/2) = eH$, dann ist $Y = \sin\frac{\pi t}{t_0} \cdot V$ mit V parallel. Also gilt $\nabla Y_{t_0/2} = 0$. Seien $\tilde{X}, \tilde{Y}$ die Killing-Felder zu $X, Y_{t_0/2} \in \mathfrak{m}$. Dann ist $(\nabla_{\tilde{X}}\tilde{Y})_{|eH} = T\pi(-\frac{1}{2}[X, Y_{t_0/2}]) = 0$, also $\nabla\tilde{Y}_{|eH} = 0$. Nach Übung 5.3.14 ist $\tilde{Y}_{|c}$ Jacobifeld, und da Jacobifelder durch Wert und erste Ableitung an einem Punkt eindeutig bestimmt sind, folgt $Y_t = \tilde{Y}_{c(t)}$. Also verschwindet $\tilde{Y}$ bei $c(0), c(t_0)$, und entsprechend haben die Isometrien $L_{e^{sY_{t_0/2}}}$ dort Fixpunkte. Somit ist $c^s := L_{e^{sY_{t_0/2}}}c$ die gesuchte Variation. $\qquad\square$

Der **Durchmesser** einer Riemannschen Mannigfaltigkeit M ist

$$\operatorname{diam} M := \sup_{p,q\in M} \operatorname{dist}(p,q) \in \mathbf{R}^+ \cup \{\infty\}.$$

Satz 7.4.11. *Sei $M = G/H$ symmetrisch mit $\operatorname{Ric} > 0$ (z.B. falls $B < 0$). Dann* *gilt für den Durchmesser*

$$\text{diam}\, M \quad \le \quad \frac{\pi}{\min_{\substack{X \in \mathfrak{m} \\ \|X\|=1}} \max_{\substack{Y \in X^\perp \subset \mathfrak{m} \\ \|Y\|=1}} \sqrt{K(X \wedge Y)}}$$

$$\overset{B<0,\, \text{normal}}{=} \quad \frac{\pi}{\min_{\substack{X \in \mathfrak{m} \\ \|X\|=1}} \max_{\substack{Y \in X^\perp \subset \mathfrak{m} \\ \|Y\|=1}} \|[X,Y]\|},$$

M ist kompakt und $\pi_1(M)$ ist endlich.

Beweis. Sei $X \in \mathfrak{m}$ mit $\|X\| = 1$. Nach Lemma 3.4.7 ist $\text{Ric}(X,X) = \sum_j K(X \wedge e_j) \cdot \|X \wedge e_j\|^2$. Also folgt $\lambda := \sup_Y K(X \wedge Y) > 0$. Nach den Lemmata 7.4.9, 7.4.10 wird die Geodätische $\pi(e^{tX})$ spätestens bei $\frac{\pi}{\sqrt{\lambda}}$ von einer anderen derselben Länge mit Startpunkt eH geschnitten, ist also nach Korollar 5.2.12 danach nicht mehr Kürzeste. Wegen der Vollständigkeit folgt diam $M \le \max_X \frac{\pi}{\sqrt{\lambda}}$. Dasselbe gilt für die Lifts der geodätischen Variation auf die universelle Überlagerung $\tilde{M}$, die somit ebenfalls kompakt ist und $\#\pi_1(M) = \frac{\text{vol}\,\tilde{M}}{\text{vol}\,M} < \infty$. $\qquad\square$

Bemerkung. Analog gilt für jeden Ball B_r, auf dem $\exp_p$ injektiv ist, dass $r \le \frac{\pi}{\max\sqrt{K}}$. Andererseits kann man zeigen, dass $\exp_p$ auf $\overline{B_{\frac{\pi}{2\max\sqrt{K}}}}$ injektiv ist ([Kl2], Th. 2.2.26]).

Bemerkung. Für allgemeine vollständige Riemannsche Mannigfaltigkeiten liefert der Satz von Meyrs ähnliche Resultate aus $\exists a \in \mathbf{R}^+ : \text{Ric} - ag \ge 0$ mit ähnlichem Beweis.

Beispiel. 1) Sphäre S^n für die Standard-Metrik: $K \equiv 1, \text{diam}\, S^n = \pi = \frac{\pi}{\sqrt{1}}$, also $\pi_1(S^n) = 0$,
2) Reell-projektiver Raum $\mathbf{P}^n\mathbf{R}$ mit der von S^n induzierten Metrik: diam $\mathbf{P}^n\mathbf{R} = \pi/2 < \frac{\pi}{\sqrt{1}}$ und mit Beispiel (1) $\pi_1(\mathbf{P}^n\mathbf{R}) = \mathbf{Z}/2\mathbf{Z}$,
3) Komplex-projektiver Raum $\mathbf{P}^n\mathbf{C}$ mit der von S^n induzierten Metrik: Für jedes $X \ne 0$ gilt $K(X \wedge T_pM) = [1,4]$, und nach Übung 6.3.13 ist diam $\mathbf{P}^n\mathbf{C} = \pi/2 = \frac{\pi}{\sqrt{4}}$, also $\pi_1(\mathbf{P}^n\mathbf{C}) = 0$.

Als eine Anwendung können die Lie-Gruppen mit biinvarianter Metrik genauer beschrieben werden.

Korollar 7.4.12. *(Weyl) Eine Lie-Gruppe G ist genau dann kompakt und halbeinfach, wenn $B < 0$.*

Beweis. „$\Rightarrow$": Wenn G kompakt ist, trägt es nach Korollar 7.1.2 eine biinvariante Metrik. Also ist wegen $\mathfrak{z} = 0$ nach Satz 7.1.9 $B < 0$.
„$\Leftarrow$": Nach Satz 7.4.4 ist $\text{Ric} > 0$ für die biinvariante Metrik $-B$ auf G. Also folgt die Behauptung mit Satz 7.4.11. $\qquad\square$

Satz 7.4.13. *Für eine Lie-Gruppe G mit $n := \dim G$ sind äquivalent*

1) $\mathfrak{g}$ hat eine Lie-Unteralgebra $\mathfrak{h}$ mit $\mathfrak{g} = \mathfrak{z} \oplus \mathfrak{h}$ und $B_{|\mathfrak{h}\times\mathfrak{h}} = B^{\mathfrak{h}} < 0$,

2) auf G existiert eine biinvariante Metrik,

3) es gibt eine kurze exakte Sequenz $0 \to Z(G) \overset{can.}{\to} G \overset{Ad}{\to} H \to 0$ mit dem Zentrum $Z(G)$ und einer kompakten Untergruppe $H \subset \mathbf{SO}(n)$ mit $\mathrm{Ric}^H > 0$.

Beweis. (1)⇒(2): Wähle ein beliebiges euklidisches Skalarprodukt $\langle \cdot, \cdot \rangle$ auf $\mathfrak{z}$. Dann ist für $X, Y \in \mathfrak{z}, W \in \mathfrak{g}$

$$\langle \underbrace{\mathrm{ad}_W X}_{=0}, Y \rangle = -\langle X, \mathrm{ad}_W Y \rangle.$$

Also ist $g := \langle \cdot, \cdot \rangle \oplus (-B)$ ein ad-invariantes Skalarprodukt und induziert eine biinvariante Metrik auf G.

(2)⇒(3): Setze $H := \mathrm{im}\,\mathrm{Ad} \subset \mathrm{Aut}(\mathfrak{g})$. Wenn g biinvariant ist, so ist $H \subset O(\mathfrak{g})$. Als Bild einer zusammenhängenden Menge G unter einer stetigen Abbildung ist H zusammenhängend, also $H \subset \mathbf{SO}(\mathfrak{g}) \cong \mathbf{SO}(n)$. Als Bild eines Lie-Gruppen-Homomorphismus ist H Untergruppe von $\mathbf{SO}(n)$. Sei $h \in \ker \mathrm{Ad}$. und $a \in G$. Nach Korollar 7.1.4 existiert $A \in \mathfrak{g}$ mit $a = e^A$, also

$$hah^{-1} = C_h e^A \overset{\text{Satz }1.6.17}{=} e^{\mathrm{Ad}_h A} = e^A = a.$$

Also ist $h \in Z(G)$ und somit $\ker \mathrm{Ad} \subset Z(G)$. Andererseits folgt für $h \in Z(G)$ aus $C_h a = a$ durch Differenzieren $\mathrm{Ad}_h = \mathrm{id}$, also insgesamt $\ker \mathrm{Ad} = Z(G)$ und $0 \to Z(G) \to G \to H \to 0$ ist exakt.

Folglich ist das Zentrum von H trivial. Da H eine biinvariante Metrik trägt, ist es nach Satz 7.1.9 und Korollar 7.4.12 kompakt, also eine Lie-Untergruppe.

Setze $\tilde{\mathfrak{h}} \subset \mathfrak{g}$ als den Unterraum, auf dem $B < 0$ ist. Wegen $B(X, X) < 0 \Leftrightarrow \mathrm{ad}_X \neq 0$ (Beweis von Lemma 6.8.11) ist $\tilde{\mathfrak{h}} \cong \mathrm{im}\,\mathrm{ad} = \mathfrak{h}$, also $\mathfrak{g} = \mathfrak{z} \oplus \mathfrak{h}$ und $\mathfrak{h}$ hat negativ definite Killing-Form. Also hat H nach 7.1.9 positive Ricci-Krümmung.

(3)⇒(1): Durch Ableiten folgt $0 \to \mathfrak{z} \to \mathfrak{g} \overset{\mathrm{ad}}{\to} \mathfrak{h} \to 0$. Setze $\tilde{\mathfrak{h}} := B_{<0} = \{X \in \mathfrak{g} \mid B(X, X) < 0\} \cup \{0\}$. Dann ist $\tilde{\mathfrak{h}} \cap \mathfrak{z} = \{0\}$, also $\dim \tilde{\mathfrak{h}} \leq \dim \mathfrak{h}$. Andererseits folgt aus $\mathrm{ad}_X \in \mathfrak{h} \setminus \{0\}$ wegen $\mathfrak{h} \subset \mathfrak{so}(n)$, dass die Eigenwerte von ad_X in $i\mathbf{R}$ liegen und mindestens einer $\neq 0$ ist, also wie vorher $B(X, X) < 0$. Somit ist $\mathrm{ad}_{|\tilde{\mathfrak{h}}}$ surjektiv und insgesamt $\tilde{\mathfrak{h}} \cong \mathfrak{h}$, da ad ein Lie-Algebren-Homomorphismus ist.   □

Bemerkung. Die Bedingung $B \leq 0$ ist nicht äquivalent zu obigen Aussagen, denn die Heisenberg-Gruppe ist ein Gegenbeispiel (s. Übung 7.4.22). Aber (1) im obigen Satz zeigt, dass eine Lie-Gruppe genau dann eine biinvariante Metrik tragen kann, wenn $B \leq 0$ und $\mathfrak{g}$ reduktiv ist (im Sinne von Lie-Algebren).

Korollar 7.4.14. *Die Aussagen in Satz 7.1.9 sind äquivalent zur Existenz einer kurzen exakten Sequenz $0 \to Z(G) \overset{can.}{\to} G \overset{Ad}{\to} H \to 0$ mit $H \subset \mathbf{SO}(n)$, $\mathrm{Ric}^H > 0$ und endlichem (abelschen) Zentrum $Z(G)$.*

Beweis. $T_e Z(G) = \mathfrak{z}$, also ist hier $\dim Z(G) = \dim \mathfrak{z} = 0$. Nach Korollar 7.4.12 ist G kompakt, also $Z(G)$ endlich.   □

Aufgaben

Übung 7.4.15. *M, N seien Riemannsche Mannigfaltigkeiten. Beweisen Sie, dass $M \times N$ genau dann symmetrisch ist, wenn sowohl M als auch N symmetrisch sind.*

Übung 7.4.16. *Sei $\pi : \widetilde{\mathbf{SL}}(2, \mathbf{R}) \to \mathbf{SL}(2, \mathbf{R})$ die universelle Überlagerung von $\mathbf{SL}(2, \mathbf{R})$ und $\rho : \widetilde{\mathbf{SL}}(2, \mathbf{R}) \to \mathbf{GL}(n, \mathbf{R})$ eine Einbettung als Matrixgruppe.*

1) Zeigen Sie mit Übung 6.8.25(4), dass $\mathbf{SL}(2, \mathbf{R})$ Fundamentalgruppe $\mathbf{Z}$ hat.

2) Beweisen Sie analog, dass $\mathbf{SL}(2, \mathbf{C})$ einfach zusammenhängend ist (dabei dürfen Sie voraussetzen, dass S^3 einfach zusammenhängend ist).

3) Zeigen Sie, dass $T_e\rho : \mathfrak{sl}(2, \mathbf{R}) \to \mathfrak{gl}(n, \mathbf{R})$ via $T_e\rho_{\mathbf{C}}(X + iY) := T_e\rho(X) + iT_e\rho(Y)$ einen Lie-Algebren-Homomorphismus $T_e\rho_{\mathbf{C}} : \mathfrak{sl}(2, \mathbf{C}) \to \mathfrak{gl}(n, \mathbf{C})$ induziert.

4) Folgern Sie die Existenz eines Lie-Gruppen-Homomorphismus $\varphi : \mathbf{SL}(2, \mathbf{C}) \to \mathbf{GL}(n, \mathbf{C})$, für den folgendes Diagramm kommutiert:

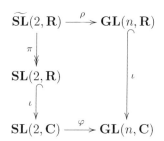

5) Folgern Sie aus (4) einen Widerspruch.

Übung 7.4.17. *1) Finden Sie eine transitive Operation von $\mathbf{GL}^+(n, \mathbf{R})$ auf den euklidischen Skalarprodukten eines n-dimensionalen Vektorraums V. Identifizieren Sie den Raum dieser Skalarprodukte mit einem symmetrischen Raum $M = \mathbf{GL}^+(n, \mathbf{R})/H$.*

*2) Eine **reelle Struktur** eines komplex-n-dimensionalen komplexen Vektorraumes V ist eine Involution $J \in \mathrm{End}_{\mathbf{R}}(V)$ mit $J(\lambda v) = \bar{\lambda}J(v) \, \forall \lambda \in \mathbf{C}, v \in V$. Zeigen Sie, dass $\mathbf{U}(n)$ auf der Menge N dieser reellen Strukturen via $J \mapsto A \circ J \circ \bar{A}^t$ transitiv operiert. Identifizieren Sie N mit einem symmetrischen Raum.*

3) Vergleichen Sie die Krümmungen von M und N (für die Standard-L^2-Metriken auf den Matrizen) über die orthogonalen Komplemente der Lie-Algebren $\mathfrak{h}$ der Isotropiegruppen.

Übung 7.4.18. *Finden Sie eine Metrik auf $\mathfrak{m} \subset \mathfrak{so}(n, 1)$, für die der homogene Raum $M := \mathbf{SO}_0(1, n)/\mathbf{SO}(n)$ isometrisch zum hyperbolischen Raum wird. Bestimmen Sie die Geodätischen durch $[e]$ für $n = 2$.*

Übung 7.4.19. *Sei G/H ein symmetrischer Raum mit Involution $\sigma : G \to G$, $G' \subset G$ eine σ-invariante abgeschlossene Untergruppe und $H' := G' \cap H$. Zeigen Sie, dass $G'/H' \subset G/H$ ein symmetrischer Raum ist und eine totalgeodätische Untermannigfaltigkeit. Bemerkung: Tatsächlich ist jede vollständige totalgeodätische Untermannigfaltigkeit von G/H von dieser Art [KoN, XI Th. 4.2].*

Übung* 7.4.20. *Zeigen Sie, dass die **Graßmann-Mannigfaltigkeiten***

$$\mathbf{SO}(p+q)/\mathbf{SO}(p) \times \mathbf{SO}(q)$$

für $p, q \in \mathbf{N}^+$ mit der von der kanonischen Metrik auf $\mathbf{SO}(p+q)$ induzierten Metrik symmetrisch sind (vgl. Übung 6.8.21).

Übung 7.4.21. *Zeigen Sie analog zu Übung 7.4.20, dass $\mathbf{SU}(p + q)/\mathbf{SU}(p) \times \mathbf{SU}(q), \mathbf{Sp}(p+q)/\mathbf{Sp}(p) \times \mathbf{Sp}(q)$ mit der kanonischen Metrik symmetrische Räume sind.*

Übung 7.4.22. *Beweisen Sie, dass die Killing-Form der Heisenberg-Gruppe H (Übung 1.6.28) verschwindet, und zeigen Sie, dass H keine biinvariante Metrik tragen kann.*

7.5 Kompakter und nicht-kompakter Typ

kompakter Typ	duale symmetrische Räume
nicht-kompakter Typ	Komplexifizierung
kompakte Lie-Algebra	

Nach Lemma 6.8.12 ist $B_{|\mathfrak{h}\times\mathfrak{h}} < 0$ für eine fast treue Operation von G auf G/H. Unter der zusätzlichen Annahme, dass Ric (also $-B_{|\mathfrak{m}}/2$) positiv oder negativ definit ist, entstehen zwei Typen symmetrischer Räume, die sich als zueinander dual erweisen werden.

Definition 7.5.1. *Ein symmetrischer Raum $M = G/H$ wie in Satz 7.4.3 mit G kompakt halbeinfach (also $B < 0$) heißt **vom kompakten Typ**. Ein symmetrischer Raum mit $B_{|\mathfrak{h}} < 0, B_{|\mathfrak{m}} > 0$ heißt **vom nicht-kompakten Typ**.*

Solche Räume existieren zu gegebenen Lie-Algebren mit den entsprechenden Eigenschaften:

Satz 7.5.2. *Sei $\mathfrak{g}$ eine halbeinfache Lie-Algebra mit einer Zerlegung $\mathfrak{g} = \mathfrak{h} \oplus \mathfrak{m}$ wie in Satz 7.4.3 mit $B < 0$. Dann gibt es eine Lie-Gruppe G zu der Lie-Algebra $\mathfrak{g}$ mit einer kompakten Lie-Untergruppe H mit Lie-Algebra $\mathfrak{h}$. Damit ist G/H mit der von $-B$ induzierten Metrik symmetrisch und kompakt.*

Beweis. Für $\mathrm{ad} : \mathfrak{g} \to \mathrm{End}(\mathfrak{g}) = \mathfrak{gl}(\mathfrak{g})$ ist $\ker \mathrm{ad} = \mathfrak{z}$ und damit gleich 0, da $\mathfrak{g}$ halbeinfach ist. Lemma 7.4.1 angewendet auf ad liefert eine Untergruppe $\tilde{G} \subset \mathbf{GL}(\mathfrak{g})$. Sei G die universelle Überlagerung von $\tilde{G}$. Nach Korollar 7.4.12 ist G kompakt, also auch die Zusammenhangskomponente $H := G_0^\sigma$ der Fixpunktmenge. Somit ist der kompakte Raum G/H nach Satz 7.4.3 symmetrisch. $\qquad\square$

Bemerkung. Die Untergruppe H ist nicht unbedingt halbeinfach und kann auch nicht-kompakte Überlagerungen mit derselben Lie-Algebra $\mathfrak{h}$ haben, etwa im Fall $\mathbf{SO}(3)/\mathbf{SO}(2) \cong S^2$.

Satz 7.5.3. *Sei $\mathfrak{g}^*$ eine halbeinfache Lie-Algebra mit einer Zerlegung $\mathfrak{g}^* = \mathfrak{h} \oplus \mathfrak{m}$ wie in Satz 7.4.3 mit $B^*_{|\mathfrak{h}\times\mathfrak{h}} < 0, B^*_{|\mathfrak{m}\times\mathfrak{m}} > 0$ für die Killing-Form B^* von $\mathfrak{g}^*$. Dann gibt es eine Lie-Gruppe G^* zu der Lie-Algebra $\mathfrak{g}^*$ mit einer Lie-Untergruppe H^* mit Lie-Algebra $\mathfrak{h}$. Damit ist G^*/H^* mit der von B^* induzierten Metrik symmetrisch und nicht-kompakt.*

Beweis. Konstruiere G^* einfach zusammenhängend, H^* zusammenhängend wie in Satz 7.5.2. Wie im Beweisschritt (1)$\Rightarrow$(2) von Satz 7.1.9 ist ad_X schief bezüglich der Killing-Form für jedes $X \in \mathfrak{g}$, und wie im Beweis von Satz 7.4.3 ist $B^*(\mathfrak{h}, \mathfrak{m}) = 0$. Nach Satz 7.4.3 ist G^*/H^* symmetrisch. $\square$

Lemma 7.5.4. *Sei G/H symmetrisch vom kompakten Typ. Setze auf $\mathfrak{g} = \mathfrak{h} \oplus \mathfrak{m}$ für $V, W \in \mathfrak{h}, X, Y \in \mathfrak{m}$*

$$[\![X, Y]\!] := -[X, Y], \quad [\![X, V]\!] := [X, V], \quad [\![V, W]\!] := [V, W].$$

Dann ist $\mathfrak{g}^* := (\mathfrak{g}, [\![\cdot, \cdot]\!])$ eine Lie-Algebra mit $B^*_{|\mathfrak{h}\times\mathfrak{h}} < 0, B^*_{|\mathfrak{m}\times\mathfrak{m}} > 0$. Umgekehrt wird aus einer Lie-Algebra vom nicht-kompaktem Typ durch diese Transformation eine mit $B < 0$.

Bemerkung. Alternativ kann man $\mathfrak{g}^* := \mathfrak{h} \oplus i\mathfrak{m} \subset \mathfrak{g} \otimes \mathbf{C}$ setzten.

Beweis. Für die Lie-Algebra-Struktur ist die Jacobi-Identität zu überprüfen. Für $X, Y \in \mathfrak{m}, V \in \mathfrak{h}$ ist

$$[\![[\![X, Y]\!], V]\!] + [\![[\![Y, V]\!], X]\!] + [\![[\![V, X]\!], Y]\!]$$
$$= [-[X, Y], V] - [[Y, V], X] - [[V, X], Y] = 0.$$

Falls mindestens zwei der drei Vektoren in $\mathfrak{h}$ liegen, treten keine Vorzeichenunterschiede auf. Falls alle drei Vektoren in $\mathfrak{m}$ liegen, erhält jeder Summand einen Vorzeichenwechsel. Weiter wird $[\![X, [\![X, Y]\!]]\!] = -[X, [X, Y]]$ und $[\![X, [\![X, V]\!]]\!] = -[X, [X, V]]$, also $B^*_{|\mathfrak{m}} > 0$, während sich bei $B^*_{|\mathfrak{h}}$ nichts ändert. $\square$

Bemerkung. Somit gibt es zu der Lie-Algebra $\mathfrak{h}$ von H^* bei einem symmetrischen Raum G^*/H^* vom nicht-kompakten Typ stets eine kompakte Lie-Gruppe H. Solche Lie-Algebren heißen **kompakt**.

Definition 7.5.5. *Räume G/H, G^*/H^* vom kompakten bzw. nicht-kompakten Typ, deren Lie-Algebren-Zerlegungen durch die Umformung in Lemma 7.5.4 auseinander hervorgehen, heißen **dual zueinander**.*

Beispiel. Für $M = (G \times G)/G$ mit G kompakt halbeinfach entspricht die duale Lie-Algebra $\mathfrak{g} \oplus i\mathfrak{g} = \mathfrak{g} \otimes \mathbf{C}$ mit der komplexen Konjugation als Involution. Die zugehörige einfach zusammenhängende Lie-Gruppe $G_{\mathbf{C}}$ heißt **Komplexifizierung** von G, und der symmetrische Raum dual zu G ist $G_{\mathbf{C}}/G$.

Lemma 7.5.6. *Für duale symmetrischen Räume $M = G/H, M^* = G^*/H^*$ mit Metrik auf $\mathfrak{m}$ proportional zu $B_{|\mathfrak{m} \times \mathfrak{m}} = -B^*_{|\mathfrak{m} \times \mathfrak{m}}$ und $X, Y \in \mathfrak{m}$ orthonormal ist*

$$K(X \wedge Y) = \|[X,Y]\|^2 \quad und \quad K^*(X \wedge Y) = -\|[X,Y]\|^2.$$

Beispiel. Damit ist S^n dual zu H^n.

Bemerkung. Ein symmetrischer Raum muss nicht normal homogen sein, obige Metrik ist nur besonders angenehm zu handhaben. Allgemein gibt es allerdings eine mit der Lie-Algebren-Struktur verträgliche Zerlegung des Skalarprodukts auf $\mathfrak{m}$ in zu B proportionale Komponenten, s. [KoN, ch. XI p. 257], [Kl2, Lemma 2.2.23, 2.2.24]. Damit lässt sich zeigen, dass für den kompakten bzw. nicht-kompakten Typ stets $K \geq 0$ bzw. $K \leq 0$ gilt.

Beweis. Nach Satz 7.4.4 ist

$$K(X \wedge Y) \quad = \quad g([[X,Y],X],Y) \overset{\mathrm{ad}_X \text{ schief}}{=} g([X,Y],[X,Y]).$$

Genauso folgt

$$K^*(X \wedge Y) = g([[[X,Y],X]],Y) = g([-[X,Y],X],Y) = -g([X,Y],[X,Y]). \quad \square$$

Ein symmetrischer Raum vom kompakten Typ muss nicht einfach zusammenhängend sein, etwa $\mathbf{P}^n\mathbf{R} = \mathbf{SO}(n)/\mathbf{S}(\mathbf{O}(1) \times \mathbf{O}(n-1))$. Nach Satz 7.4.11 ist die Fundamentalgruppe aber stets endlich. Falls G mit $B < 0$ einfach zusammenhängend ist, so kann man zeigen, dass H zusammenhängend sein muss ([ChEb, Th. 5.13]) und damit M einfach zusammenhängend ist. Für den nicht-kompakten Typ ist die Situation einfacher:

Lemma 7.5.7. *Jeder symmetrische Raum G/H vom nicht-kompakten Typ ist diffeomorph zu einem $\mathbf{R}^n$, und durch zwei Punkte geht genau eine Geodätische. Außerdem ist G diffeomorph zu $H \times \mathbf{R}^n$ und somit H zusammenhängend.*

Beweis. Dies folgt mit Satz 6.8.9 aus dem Satz von Hadamard-Cartan. Der letzte Teil folgt mit Satz 6.8.18. $\square$

Aufgaben

Übung* 7.5.8. *(vgl. Übung 6.6.6) Sei $\mathfrak{g}$ halbeinfach und $\mathfrak{h} \subset \mathfrak{g}$ ein Ideal. Beweisen Sie Cartan's Kriterium für Halbeinfachheit:*

1) *Dann ist $\mathfrak{h}^\perp$ (bezüglich der Killing-Form) ebenfalls ein Ideal, $\mathfrak{h}, \mathfrak{h}^\perp$ sind halbeinfach und $\mathfrak{g} = \mathfrak{h} \oplus \mathfrak{h}^\perp$.*

2) *Jede halbeinfache Lie-Algebra ist direkte Summe von einfachen Lie-Algebren.*

3) *Folgern Sie umgekehrt, dass die Killing-Form einer direkten Summe von einfachen Lie-Algebren nicht ausgeartet ist.*

Übung* 7.5.9. *Beweisen Sie, dass $G := \mathbf{SL}(n)$ mit der Involution $\sigma : G \to G, A \mapsto (A^{-1})^t$ einen symmetrischen Raum $\mathbf{SL}(n)/\mathbf{SO}(n)$ vom nicht-kompakten Typ liefert. Finden Sie einen dazu dualen symmetrischen Raum vom kompakten Typ.*

Übung 7.5.10. *Bestimmen Sie ein nicht-kompaktes Dual zu den Graßmann-Mannigfaltigkeiten aus Übung 7.4.20.*

Übung 7.5.11. *Sei $\mathfrak{g}$ eine Lie-Gruppe mit negativ definiter Killing-Form und $G_{\mathbf{C}}$ eine Lie-Gruppe mit Lie-Algebra $\mathfrak{g} \otimes \mathbf{C}$. Zeigen Sie, dass $G_{\mathbf{C}}$ diffeomorph zu $G \times \mathbf{R}^{\dim G}$ ist.*

7.6 Isotropie-irreduzible Räume

isotropie-irreduzibel
Einstein-Mannigfaltigkeit

In diesem Abschnitt werden homogene und symmetrische Räume mit einem weiteren Begriff weiter analysiert. Siehe für umfangreichere Untersuchungen [Wolf1], [Wolf2], [Besse, Ch. 7], [WZ].

Lemma 7.6.1. *Sei G eine Lie-Gruppe, M eine Riemannsche Mannigfaltigkeit mit Isometriegruppe G und $H_p \subset G$ die Isotropiegruppe von $p \in M$. Falls die Operation von H_p auf T_pM für jedes p irreduzibel ist, so ist M ein homogener Raum.*

Beweis. Wähle $p \in M$ mit einem Orbit maximaler Dimension. Mit dem Orbit $G \cdot p \cong G/H_p$ operiert H_p auf $T_p(G \cdot p)$, also $T_p(G \cdot p) = T_pM$ oder $T_p(G \cdot p) = 0$. Im ersteren Fall ist G/H_p eine abgeschlossene Untermannigfaltigkeit von M derselben Dimension, also $M = G/H_p$. Im zweiten Fall ist G diskret, da $G \cdot p$ maximale Dimension hatte, also existiert $q \in M$ mit $H_q = e$, und T_qM ist reduzibel für $\dim M > 1$. Für $\dim M = 1$ ist M Lie-Gruppe. $\square$

Definition 7.6.2. *Ein reduktiver Raum G/H heißt **isotropie-irreduzibel**, falls $0, \mathfrak{m}$ die einzigen H-invarianten Unterräume von $\mathfrak{m}$ sind. Eine Riemannsche Mannigfaltigkeit heißt **Einstein-Mannigfaltigkeit**, falls $\exists \lambda \in \mathbf{R} : \mathrm{Ric} = \lambda g$.*

Letzteres entspricht einer Vakuum-Lösung mit kosmologischer Konstante λ (bzw. dunkler Energie) der Feldgleichung des Gravitationsfeldes (Satz 8.4.4, Gleichung (8.4.4)) in der allgemeinen Relativitätstheorie, allerdings verwendet man dort Lorentz-Metriken.

Satz 7.6.3. *Die Metrik eines isotropie-irreduziblen Raumes G/H ist eindeutig bestimmt (bis auf Vielfaches) und Einstein.*

Beweis. Sei g eine homogene Metrik auf G/H. Für jedes $h \in H$ ist die Ricci-Krümmung Ad_h-invariant, da $h \cdot eH = eH$ und somit $\mathrm{Ric}_{eH}(T_eL_hX, T_eL_hY) = \mathrm{Ric}_{eH}(X, Y)$. Und nach Satz 6.7.9 ist $T_eL_hX = \mathrm{Ad}_hX$. Insbesondere ist ad_X schief bezüglich Ric für alle $X \in \mathfrak{h}$.

Sei nun g' eine Bilinearform auf $\mathfrak{m}$, bezüglich derer ad_X schief ist $\forall X \in \mathfrak{h}$. Wie im Beweis von Hilfssatz 7.1.10 folgt aus der Irreduzibilität $g' = \lambda' g$. Also sind alle homogenen Metriken auf G/H proportional, und G/H ist Einstein.					□

Insbesondere folgt $B_{|\mathfrak{m} \times \mathfrak{m}} = \lambda g_{\mathfrak{m}}$ für ein $\lambda \in \mathbf{R}$.

Lemma 7.6.4. *Jeder symmetrische Raum G/H (wie in Satz 7.4.3) mit $\mathfrak{g}$ einfach ist isotropie-irreduzibel, und es gilt $\mathfrak{h} = [\mathfrak{m}, \mathfrak{m}]$.*

Beweis. Sei $\mathfrak{m}' \subset \mathfrak{m}$ $\mathrm{ad}_\mathfrak{h}$-invariant und $\mathfrak{m}'' := \mathfrak{m}'^{\perp_B}$. Dann ist

$$B([\mathfrak{m}', \mathfrak{m}''], [\mathfrak{m}', \mathfrak{m}'']) \quad \subset \quad B([\mathfrak{m}', \mathfrak{m}''], \mathfrak{h}) \subset B(\mathfrak{m}'', [\mathfrak{m}', \mathfrak{h}]) \subset B(\mathfrak{m}'', \mathfrak{m}') = 0.$$

Wegen $\mathfrak{g}$ einfach ist B nicht-degeneriert, also $[\mathfrak{m}', \mathfrak{m}''] = 0$. Setze $\mathfrak{a} := \mathfrak{m}' + [\mathfrak{m}', \mathfrak{m}']$. Dann ist nach der Jacobi-Identität $[\mathfrak{a}, \mathfrak{m}''] = 0$ und wegen der $\mathrm{ad}_\mathfrak{h}$-Invarianz $[\mathfrak{a}, \mathfrak{h}] \subset \mathfrak{a}$ und $[\mathfrak{a}, \mathfrak{m}'] = [\mathfrak{m}', \mathfrak{m}'] \subset \mathfrak{a}$. Also ist $\mathfrak{a}$ ein Ideal. Mit $\mathfrak{g}$ einfach folgt $\mathfrak{m}' = \mathfrak{m}$ wegen $[\mathfrak{m}', \mathfrak{m}'] \subset \mathfrak{h}$.					□

Allerdings lässt sich nicht jeder symmetrische Raum durch Räume diese Gestalt darstellen, etwa $(\mathbf{SO}(3) \times \mathbf{SO}(3))/\mathbf{SO}(3)$. Für das folgende Lemma wird Cartan's Kriterium für auflösbare Lie-Algebren (s. [FH, Prop. C.4]) benötigt: Genau dann, wenn für eine Lie-Algebra $\mathfrak{m}$ die Killing-Form $B^\mathfrak{m}([\mathfrak{m}, \mathfrak{m}], \mathfrak{m}) = 0$ erfüllt, ist $\mathfrak{m}$ auflösbar, d.h. die Folge $\mathfrak{m} \supset [\mathfrak{m}, \mathfrak{m}] \supset [[\mathfrak{m}, \mathfrak{m}], [\mathfrak{m}, \mathfrak{m}]] \supset \ldots$ wird 0.

Lemma 7.6.5. *Jeder isotropie-irreduzible Raum G/H mit nicht-halbeinfacher Lie-Gruppe G ist flach.*

Beweis. Ohne Einschränkung operiere G treu (nach Lemma 6.7.6). Nach Lemma 6.8.12 ist $B_{|\mathfrak{h}} < 0$. Wegen G nicht-halbeinfach folgt aus $B_{|\mathfrak{m}} = \lambda g_\mathfrak{m}$, dass $\lambda = 0$. Also ist insbesondere $B([\mathfrak{m}, \mathfrak{m}], \mathfrak{m}) = 0$. Andererseits ist $[\mathfrak{m}, \mathfrak{h}] \subset \mathfrak{m}$ und

$$B([\mathfrak{m}, \mathfrak{m}], \mathfrak{h}) = B(\mathfrak{m}, [\mathfrak{m}, \mathfrak{h}]) = 0,$$

also ist $\mathfrak{m} \subset \mathfrak{g}$ ein Ideal und somit $B^\mathfrak{m} = B_{|\mathfrak{m} \times \mathfrak{m}}$. Nach Cartan's Kriterium ist damit $\mathfrak{m}$ auflösbar. Insbesondere ist $\mathfrak{m}' := [\mathfrak{m}, \mathfrak{m}]$ eine echte Teilmenge von $\mathfrak{m}$. Wegen der Irreduzibilität der $\mathfrak{h}$-Operation folgt $\mathfrak{m}' = 0$. Also ist $\mathfrak{m}$ abelsch, somit verschwindet die Krümmung von G/H und G/H ist $\mathbf{R}^n \times T^m$.					□

Bemerkung. Für Lie-Algebren $\mathfrak{m}$ folgt halbeinfach nicht aus $[\mathfrak{m}, \mathfrak{m}] = \mathfrak{m}$ (Übung 7.6.7), deswegen lässt sich damit hier nicht argumentieren.

Man kann zeigen (im Wesentlichen mit dem Zerlegungssatz von de Rham [KoN, Ch. IV, Th. 6.2]), dass sich einfach zusammenhängende symmetrische Räume als Produkt von isotropie-irreduziblen Räumen zerlegen lassen ([Wolf1, Th. 8.2.4, Th. 8.3.8]). Wegen $B_{|\mathfrak{m}} = \lambda g_\mathfrak{m}$ auf den Faktoren sind diese also flach oder vom kompakten bzw. nicht-kompakten Typ (vgl. auch [Hel, Prop. V.4.2, p. 244]).

Bemerkung. Die Isotropiegruppe von $\mathbf{R}^n \times T^m$ ist Produkt der einzelnen Isotropiegruppen, also haben die Räume in Lemma 7.6.5 die Gestalt $M = \mathbf{R}^n$ oder $M = T^n$.

Satz 7.6.6. *Sei G halbeinfach und G/H symmetrisch isotropie-irreduzibel mit treuer G-Operation. Dann ist entweder $\mathfrak{g}$ einfach oder G/H ist eine einfache kompakte Lie-Gruppe.*

Beweis. Nach Übung 7.5.8 zerfällt $\mathfrak{g}$ in einfache Ideale. Nach dem Beweis von Lemma 6.7.6 haben $\mathfrak{h}$ und $\mathfrak{g}$ wegen der treuen Operation keine gemeinsamen Ideale. Seien $\mathfrak{g}_1, \mathfrak{g}_2 \subset \mathfrak{g}$ nicht-triviale Ideale mit $\mathfrak{g} = \mathfrak{g}_1 \oplus \mathfrak{g}_2$ und $\mathfrak{g}_1$ einfach. Als Lie-Algebren-Automorphismus permutiert die Spiegelungssymmetrie A die einfachen Ideale. Angenommen, $A(\mathfrak{g}_1) = \mathfrak{g}_1$. Dann ist $\mathfrak{m}_1 := \mathfrak{g}_1 \cap \mathfrak{m} \neq 0$ und $\mathrm{Ad}_{\mathfrak{h}}$-invariant, also folgt aus der Isotropie-Irreduzibilität $\mathfrak{m} = \mathfrak{m}_1$ und somit $\mathfrak{g} = \mathfrak{g}_1$, also $\mathfrak{g}$ einfach. Sei andererseits $\sigma(\mathfrak{g}_1) \subset \mathfrak{g}_2$. Dann ist $\{X - AX \mid X \in \mathfrak{g}_1\} \subset \mathfrak{m}$ nicht-trivial und $\mathrm{Ad}_{\mathfrak{h}}$-invariant, also wie vorher $\mathfrak{g} = \mathfrak{g}_1 \oplus \sigma(\mathfrak{g}_1)$. Damit ist

$$\mathfrak{m} = \mathrm{Eig}_A(-1) = \{X - AX \mid X \in \mathfrak{g}\} = \{X - AX \mid X \in \mathfrak{g}_1\} \cong \mathfrak{g}_1.$$

Genauso wird $\mathfrak{h} \cong \mathfrak{g}_1$ diagonal eingebettet. $\qquad\square$

Aufgaben

Übung 7.6.7. *Zeigen Sie, dass $\mathfrak{m} := \mathfrak{sl}(2) \times \mathbf{R}^2$ mit*

$$[(A, v), (B, w)] := ([A, B], Aw - Bv)$$

eine Lie-Algebra wird, die $[\mathfrak{m}, \mathfrak{m}] = \mathfrak{m}$ erfüllt, aber nicht halbeinfach ist.

Kapitel 8

Allgemeine Relativitätstheorie

Eine der interessantesten Anwendungen der Riemannschen Geometrie außerhalb der Mathematik ist die allgemeine Relativitätstheorie, in der unser Universum durch eine Mannigfaltigkeit modelliert wird und das Gravitationsfeld g als eine nicht-positiv-definite quadratische Form interpretiert wird. In diesem Kapitel sollen weniger die kosmologischen und astronomischen Konsequenzen der Theorie untersucht werden, als vielmehr die Grundlagen wie etwa die Feldgleichung der Gravitation plausibel gemacht werden, indem sie, Hilbert folgend, aus einigen einfachen Annahmen hergeleitet werden.

Im ersten Abschnitt wird die Verwendung von Lorentz-Metriken motiviert, in dem ihre Notwendigkeit aus einer einzigen physikalischen Beobachtung gefolgert wird. Dies wird nicht für allgemeine Mannigfaltigkeiten, sondern nur für den Minkowski-Raum $(\mathbf{R}^4, \langle \cdot, \cdot \rangle_L)$ durchgeführt, da es ja nur um eine Begründung des Modells geht. Es gibt analoge Resultate für Mannigfaltigkeiten, die hier aber zu weit führen würden. Der Minkowski-Raum entspricht dem Vakuum-Fall im Allgemeinen Modell. Nach der Herleitung der Feldgleichung aus einfacheren Annahmen werden für verschiedene typische physikalische Modellsituationen die Nicht-Krümmungsterme der Gleichung bestimmt: Für freie Teilchen, Staub, isentropische Flüssigkeiten und elektromagnetische Felder.

Große Teile des algebraischen Kalküls für Riemannsche Mannigfaltigkeiten gelten genauso oder bis auf Vorzeichen-Änderungen auch im Lorentz-Fall, insbesondere der Zusammenhangs- und Krümmungs-Kalkül (hingegen nicht der Satz von Hopf-Rinow). Diese analogen Formeln werden nicht speziell hervorgehoben werden. Der Begriff „Orthonormalbasis" ist in einer Erweiterung für Minkowski-Formen zu verstehen.

Als weiterführende Literatur zum Thema eignen sich die Lehrbücher von O'Neill [ON2] und das darauf aufbauende [ON3], sowie Besse [Besse, ch. 3,4], Sachs und Wu [SWu] und für eine physikalischere Sichtweise Misner, Thorne und Wheeler [MTW],

© Springer-Verlag GmbH Deutschland, ein Teil von Springer Nature 2019
K. Köhler, *Differentialgeometrie und homogene Räume*,
https://doi.org/10.1007/978-3-662-60738-1_8

Hawking und Ellis [HE]. Die Physik der speziellen Relativitätstheorie vermittelt z.B. das Lehrbuch von Taylor und Wheeler [TaWh].

8.1   Konstante Lichtgeschwindigkeit

Quadrik	Lichtkegel
Fläche, die zwei verschiedene Scharen	Minkowski-Raum
von Geraden trägt	Lorentz-Isometrie
Doppelkegel	Poincaré-Isometrie
Minkowski-Form	Lorentz-Gruppe
lichtartig	Poincaré-Gruppe
zeitartig	Satz von Alexandrov-Ovchinnikova
raumartig	

Folgende experimentelle physikalische Beobachtung ist einer der Gründe für die Verwendung der Lorentz-Gruppe in der Relativitätstheorie: Zwei verschiedene Beobachter messen beide die Geschwindigkeit des Lichts als dieselbe Geschwindigkeit. Diese Beobachtung wurde bereits 1728 von James Bradley mit einer Messgenauigkeit von 1% gemacht, als er die Geschwindigkeit des Lichts der Sterne γ Draconis and η Ursae Maioris maß. Seitdem ist sie in zahlreichen Experimenten mit immer grösserer Genauigkeit und Allgemeinheit bestätigt worden. In diesem Abschnitt wird erklärt, wieso dieses Ergebnis allein in einer vereinfacht als flach angenommenen Raumzeit bereits die Verwendung der Lorentz-Transformationen erzwingt. Besonders bemerkenswert ist, dass dabei keine Stetigkeit der Koordinatentransformation zwischen den Beobachtern vorausgesetzt werden muss (oder gar Linearität).

Eine **Quadrik** $Q \subset \mathbf{R}^n$ sei eine Lösungmenge einer quadratischen Gleichung $q \equiv 0$, $q : \mathbf{R}^n \to \mathbf{R}$. Ein Lichtkegel im $\mathbf{R}^4$ wird durch eine Quadrik beschrieben werden, und allgemein werden verschiedene spezielle Quadriken in der folgenden Herleitung eine wichtige Rolle spielen.

Hilfssatz 8.1.1. *Sei ℓ eine affine Gerade, die drei Punkte mit einer Quadrik Q gemein hat. Dann ist $\ell \subset Q$.*

Beweis. Die Gleichung der Quadrik, eingeschränkt auf die Gerade, gibt dort ein quadratisches Polynom. Wenn dieses auf der Geraden drei Nullstellen hat, muss es überall Null sein.   □

Das einschaliges Hyperboloid hat die Normalform $\{x^2 + y^2 - z^2 = 1\}$. D.h. durch eine affine bijektive Abbildung lässt sich jedes hyperbolische Paraboloid auf diese Form bringen. Das hyperbolische Paraboloid hat die Normalform $\{xy = z\}$ (Abb. 8.1).

Hilfssatz 8.1.2. *Seien ℓ_1, ℓ_2, ℓ_3 drei affine paarweise windschiefe Geraden im $\mathbf{R}^3$. Dann gibt es eine Quadrik Q, die diese drei Geraden enthält, und Q ist entweder ein hyperbolisches Paraboloid oder ein einschaliges Hyperboloid.*

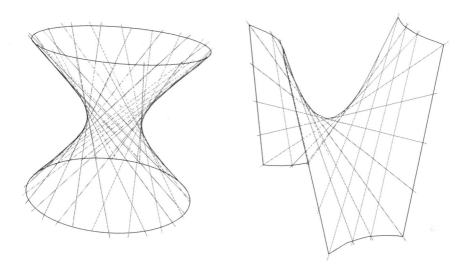

Abb. 8.1: Einschaliges Hyperboloid und hyperbolisches Paraboloid

Beweis. Eine Quadrik im $\mathbf{R}^3$ wird als Nullstellenmenge einer Linearkombination von $1, x, y, z, xy, xz, yz, x^2, y^2, z^2$ beschrieben. Drei Punkte auf jeder der drei Geraden geben insgesamt neun Gleichungen für die zehn Koeffizienten. Also gibt es eine nicht-triviale Lösung für die Koeffizienten, und nach Hilfssatz 8.1.1 enthält das zugehörige Q die Geraden.
Von den (bis auf affine Transformationen) 15 Quadriken im $\mathbf{R}^3$ enthalten nur die beiden genannten drei windschiefe Geraden. □

„Fast alle" soll im Folgenden für „alle bis auf höchstens endlich viele Ausnahmen" stehen.

Definition 8.1.3. *Eine **Fläche Q, die zwei verschiedene Scharen von Geraden trägt**, sei eine Teilmenge des $\mathbf{R}^n$, die Vereinigung von jeder von zwei Geradenscharen ist. Jede Gerade der 1. Schar soll fast alle Geraden der 2. Schar schneiden, aber es sollen sich niemals zwei Geraden derselben Schar schneiden.*

Jeder Punkt $p \in Q$ soll also auf einer Geraden der 1. und einer der 2. Schar liegen. Aus der Bedingung folgt, dass auch nur genau eine solche Gerade jeder Schar durch p geht und Geraden der 1. und 2. Schar nicht aufeinander liegen können.
Das hyperbolische Paraboloid und das einschalige Hyperboloid tragen zwei verschiedene Scharen von Geraden. Für die Normalform des hyperbolischen Paraboloids führt der Ansatz $(x_0 + tx_1)(y_0 + ty_1) = z_0 + tz_1$ auf die (bis auf Parametrisierung der Geraden) eindeutigen Lösungen $t \mapsto (t, \alpha, \alpha t)$ bzw. $t \mapsto (\alpha, t, \alpha t)$. Für die Normalform des einschaligen Hyperboloids erhält man analog eindeutig $t \mapsto (\sin \alpha + t \cos \alpha, \cos \alpha - t \sin \alpha, \pm t)$. Für $n \geq 3$ soll ein hyperbolisches Paraboloid oder ein einschaliges Hyperboloid im $\mathbf{R}^n$ eine entsprechende Quadrik in einem dreidimensionalen Unterraum sein.

Satz 8.1.4. *(Hilbert, Cohn-Vossen 1932 [HCV, p. 13]) Eine Fläche Q im $\mathbf{R}^n$, die zwei verschiedene Scharen von Geraden trägt, ist entweder eine Ebene, ein hyperbolisches Paraboloid oder ein einschaliges Hyperboloid.*

Beweis. Seien ℓ_1, ℓ_2, ℓ_3 drei Geraden aus der 1. Schar, $\ell_j(t_j) =: a_j + b_j t_j$.

1. Fall: Zwei der Geraden sind parallel: Dann liegt jede Gerade, die beide schneidet, in einer Ebene, und Q ist diese Ebene.

2. Fall: Alle drei Geraden sind windschief zueinander: Durch fast alle Punkte p von ℓ_1 geht dann genau eine Gerade, die ℓ_2 und ℓ_3 schneidet. Denn die zugehörige Gleichung ist $\ell_2(t_2) - p = s \cdot (\ell_3(t_3) - p)$ bzw. das lineare Gleichungssystem $b_2 t_2 + (p - a_3)s - b_3 s t_3 = p - a_2$ in den Variablen t_2, s, st_3. Wegen der Windschiefe der Geraden hat dieses Gleichungssystem für fast alle p Rang 3 und es gilt $s \neq 0$. Andererseits hat es für fast alle p eine Lösung, da p auf einer Geraden der 2. Schar liegt. Folglich sind fast alle Geraden der 2. Schar durch ℓ_1, ℓ_2, ℓ_3 eindeutig bestimmt und haben die Gestalt

$$ s \;\mapsto\; \ell_1(t_1) + s(\ell_3(t_3) - \ell_1(t_1)) = a_1 + t_1 b_1 + s(a_3 - a_1) + b_3 s t_3 - b_1 s t_1, $$

liegen also in dem von $a_3 - a_1, b_1, b_3$ aufgespannten 3-dimensionalen affinen Unterraum. Damit folgt dasselbe für sämtliche Geraden der 1. Schar, denn jede schneidet drei dieser Geraden der 2. Schar, und damit für Q, das also durch ℓ_1, ℓ_2, ℓ_3 eindeutig bestimmt ist. Andererseits gibt es nach Hilfssatz 8.1.2 zu ℓ_1, ℓ_2, ℓ_3 ein hyperbolisches Paraboloid oder ein einschaliges Hyperboloid Q' in diesem 3-dimensionalen Unterraum. Somit ist $Q = Q'$. $\qquad\square$

Elementarer kann man im 2. Fall auch argumentieren: Die Geraden durch p und ℓ_2 bilden eine Ebene P abzüglich einer Geraden parallel zu ℓ_2. Wegen der Windschiefe liegt ℓ_3 nicht in der Ebene und hat generisch einen Schnittpunkt mit P.

Die Quadrik C_0 in einem n-dimensionalen $\mathbf{R}$-Vektorraum V sei ein **Doppelkegel**, d.h. bis auf eine lineare Transformation bestimmt durch die Normalform $x_0^2 - x_1^2 - \cdots - x_{n-1}^2 = 0$. Sie wird die Punkte modellieren, die durch einen Lichtstrahl (oder andere sich mit Lichtgeschwindigkeit bewegende Objekte) vom Nullpunkt aus erreicht werden können sowie die Punkte, von denen aus ein Lichtstrahl den Nullpunkt treffen kann. Denn in einem Zeitraum $|x_0|$ wird von dem Lichtstrahl nach Definition des physikalischen Begriffs „Geschwindigkeit" ein Weg der Länge $c|x_0| = \sqrt{x_1^2 + \cdots + x_{n-1}^2}$ zurückgelegt. Der folgende Hilfssatz besagt, dass ein experimentell beobachteter Lichtkegel diese quadratische Gleichung im Wesentlichen festlegt und dadurch eine Minkowski-Form eindeutig bestimmt (bis auf einen Faktor).

Hilfssatz 8.1.5. *Der Doppelkegel C_0 legt seine quadratische Gleichung $q = 0$ bis auf eine Konstante eindeutig fest, also bis auf einen positiven reellen Faktor die zugehörige **Minkowski-Form** $g(v, w) = \frac{1}{4}(q(v + w) - q(v - w))$.*

Diese Aussage gilt analog auch für andere Quadriken. Wir setzen $\|v\|^2 := q(v)$. Ein Vektor v heißt **lichtartig**, wenn $\|v\|^2 = 0$ (d.h. $v \in C_0$), **zeitartig**, falls $\|v\|^2 > 0$ (d.h. v liegt im Inneren des Kegels), und ansonsten **raumartig**. Der **Lichtkegel** zu einem Punkt $x \in V$ sei $C_x := x + C_0$; dies modelliert also die Punkte der Raumzeit, die durch einen Lichtstrahl mit x verbunden werden können.

Beweis. Sei $e_0 \in V$ ein fest gewählter beliebiger zeitartiger Vektor und g eine Minkowski-Form mit $C_0 = \{v \in V \mid g(v,v) = 0\}$. Sei $v \in V \setminus \mathbf{R} \cdot e_0$. Die Gerade $\ell : \mathbf{R} \to V$, $t \mapsto tv + e_0$ schneidet C_0 mindestens einmal, da der Schnitt von C_0 mit der von v, e_0 aufgespannten Ebene aus zwei Geraden besteht und mindestens eine davon andere Steigung als ℓ hat.

Falls ℓ nur eine dieser Lichtgeraden schneidet, ist v parallel zur anderen und $\|v\|^2 = 0$. Anderenfalls hat die Gleichung

$$0 = \|tv + e_0\|^2 = t^2 \|v\|^2 + 2tg(v, e_0) + \|e_0\|^2$$

zwei (verschiedene) reelle Lösungen t_1, t_2, die die Schnittmenge von ℓ mit C_0 beschreiben. Wegen $e_0 \notin C_0$ ist $t_1, t_2 \neq 0$. Für das Produkt der Lösungen folgt

$$\|v\|^2 = \frac{\|e_0\|^2}{t_1 t_2}$$

und somit legen t_1, t_2 und $\|e_0\|^2$ den Wert $\|v\|^2$ eindeutig fest. $\square$

Das Paar (V, g) heißt **Minkowski-Raum**. Eine **Lorentz-Isometrie** ist eine Isometrie von (V, g), eine **Poincaré-Isometrie** sei eine affine Lorentz-Isometrie, i.e. eine Lorentz-Isometrie verknüpft mit einer Translation. Die von diesen Isometrien gebildeten Gruppen sind entsprechend die **Lorentz-Gruppe** $\cong \mathbf{SO}(1, n-1)$ und die **Poincaré-Gruppe**.

Die Signatur der Minkowski-Form (im Sinne der Diagonalelemente der Gramschen Matrix in Normalform) ist $(1, -1, -1, \ldots, -1)$. Sei e_0 ein zeitartiger Vektor. Dann ist nach dem Trägheitssatz von Sylvester g negativ definit auf $e_0^{\perp}$. Insbesondere ist $\langle e_0, v \rangle \neq 0$ für jeden lichtartigen Vektor $v \neq 0$, und $v^{\perp}$ besteht aus einem von v und raumartigen Vektoren aufgespannten Raum.

Hilfssatz 8.1.6. *Für $y \in C_0 \setminus \{0\}$ ist $C_0 \cap C_y = \mathbf{R} \cdot y$.*

Beweis. Sei $z \in C_0 \cap C_y$. Dann ist $\|z\|^2 = 0 = \|z - y\|^2$ und damit auch $g(z, y) = 0$. Somit verschwindet g auf dem von y, z aufgespannten Unterraum, der also 1-dimensional sein muss. $\square$

Satz von Alexandrov-Ovchinnikova 8.1.7. *(1953 [AO],[A]) Sei $(\mathbf{R}^n, g)$ ein Minkowski-Raum mit $n \geq 3$ und $\varphi : \mathbf{R}^n \to \mathbf{R}^n$ eine bijektive Abbildung, die genau lichtartige Vektoren auf lichtartige abbildet; genauer $y \in C_x \Leftrightarrow \varphi(y) \in C_{\varphi(x)}$. Dann ist φ Vielfaches einer Poincaré-Isometrie.*

Die physikalische Interpretation ist folgende: Zwei Beobachter A, B versehen die 4-dimensionale Raumzeit um sich herum mit Koordinaten. Da für beide die Raumzeit dieselben Punkte hat, ist die Umrechnung der Koordinaten von A in die von B eine bijektive Abbildung φ. Eine Bewegung eines dritten Objekts wird nun von jedem Beobachter als lichtartig gemessen, wenn die Fortbewegung in einem Lichtkegel stattfindet. Unter der Bedingung also, dass A genau dann eine Bewegung

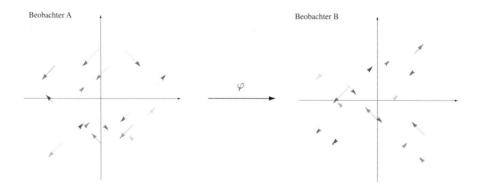

Abb. 8.2: Voraussetzung im Satz von Alexandrov-Ovchinnikova

als lichtartig misst, wenn dies auch B tut, müssen sich ihre Koordinaten um ein Vielfaches einer Poincaré-Transformation unterscheiden. Dabei muss nichts über Stetigkeit oder gar Linearität von φ künstlich vorausgesetzt werden. Für $n = 2$ (Abb. 8.2) ist diese Aussage übrigens falsch:

Beispiel. Im zweidimensionalen Fall hat ein Doppelkegel eine Normalform $xy = 0$, mit der man leicht Gegenbeispiele findet. Sie werden hier durch Drehung um $45°$ für den Doppelkegel $\{x^2 - y^2 = 0\}$ formuliert. Mit einer nichtlinearen bijektiven Abbildung $f : \mathbf{R} \to \mathbf{R}$ wird mit

$$\varphi : \mathbf{R}^2 \to \mathbf{R}^2, \begin{pmatrix} a \\ b \end{pmatrix} \mapsto \begin{pmatrix} f(a+b) + f(a-b) \\ f(a+b) - f(a-b) \end{pmatrix}$$

$$\varphi \begin{pmatrix} t+a \\ t+b \end{pmatrix} - \varphi \begin{pmatrix} a \\ b \end{pmatrix} = \begin{pmatrix} f(2t+a+b) + f(a-b) - f(a+b) - f(a-b) \\ f(2t+a+b) - f(a-b) - f(a+b) + f(a-b) \end{pmatrix}$$

mit konstanter Differenz der Komponenten, analog für $\varphi \begin{pmatrix} t+a \\ -t+b \end{pmatrix} - \varphi \begin{pmatrix} a \\ b \end{pmatrix}$. Also bildet φ Lichtkegel auf Lichtkegel ab, ist aber nicht linear. Insbesondere für $f(x) = x^3$ erhält man etwa das Gegenbeispiel

$$\varphi : \mathbf{R}^2 \to \mathbf{R}^2, \begin{pmatrix} a \\ b \end{pmatrix} \mapsto 2 \begin{pmatrix} a(a^2 + 3b^2) \\ b(3a^2 + b^2) \end{pmatrix}.$$

Es ist bemerkenswert, dass gerade auf diesen in der speziellen Relativitätstheorie häufig für Motivationen und Herleitungen verwendeten Fall $n = 2$ die Aussage des Satzes in einem solchen Ausmaß nicht fortsetzbar ist.

Beweis. 1) Für $x \neq y$, $y \in C_x$ ist $\varphi(y) \in C_{\varphi(x)}$, also wegen der Bijektivität $\varphi(C_x) = C_{\varphi(x)}$. Sei nun $\ell_x \subset C_x$ eine Gerade durch $y \in C_x$, dann ist auch $\ell_x \subset C_y$ und nach Hilfssatz 8.1.6 $\ell_x = C_x \cap C_y$. Also ist $\varphi(\ell_x) = C_{\varphi(x)} \cap C_{\varphi(y)}$ nach Hilfssatz 8.1.6 ebenfalls eine lichtartige Gerade (Abb. 8.3).

2) Sei P eine 2-dimensionale affine Ebene, die C_x in zwei verschiedenen Geraden ℓ_x, ℓ'_x schneidet (Abb. 8.4). Behauptung: $\varphi(P)$ ist entweder Ebene, einschaliges

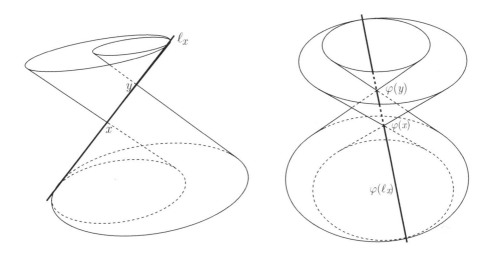

Abb. 8.3: Schritt (1) im Beweis des Satzes von Alexandrov-Ovchinnikova

Hyperboloid oder hyperbolisches Paraboloid mit zwei Scharen von lichtartigen Geraden.

P trägt zwei Scharen von lichtartigen Geraden, nämlich die Parallelen zu ℓ_x, ℓ'_x. Also ist auch $\varphi(P)$ eine Fläche mit zwei Scharen von lichtartigen Geraden, denn durch jeden Punkt einer gewählten Gerade aus der 1. Schar geht genau eine Gerade der 2. Schar. Die Behauptung folgt mit Satz 8.1.4.

3) Behauptung: $\varphi(P)$ ist Ebene. Im einschaligen Hyperboloid gibt es eine Gerade aus der 1. Schar und eine aus der 2. Schar, die sich nicht schneiden (nämlich die parallel gegenüberliegenden). Das ist in P nicht der Fall, also kann $\varphi(P)$ kein Hyperboloid sein.

Im hyperbolischen Paraboloid sind alle Geraden aus der 1. Schar parallel zu einer Ebene Q. Aber lichtartige Geraden, die zu einer 2-dimensionalen Ebene Q parallel sind, die einen lichtartigen Vektor v enthält, sind alle parallel zu einer oder zu einer von zwei Geraden $Q \cap C_0$. Denn entweder Q enthält einen zeitartigen Vektor, also wird die Signatur von $g_{|Q}$ zu $(1, -1)$ und der Lichtkegel besteht aus zwei Geraden. Oder Q enthält keinen zeitartigen Vektor, und $g_{|Q}$ hat die Signatur $(0, 1)$. Der Lichtkegel in Q wird dann $\mathbf{R} \cdot v$.

Also sind unendlich viele Geraden der 1. Schar parallel zueinander, was aber im hyperbolischen Paraboloid nicht der Fall ist.

4) Sei $\ell \subset \mathbf{R}^n$ eine beliebige Gerade, $x \in \ell$ und ℓ_1, ℓ_2 zwei weitere Geraden im offenen inneren Kegel zu C_x, so dass die Steigungen von ℓ, ℓ_1, ℓ_2 linear unabhängig sind (hier brauchen wir $n \geq 3$). P_j sei die von ℓ und ℓ_j aufgespannte Ebene. Wie in Schritt (3) hat $g_{|P_j}$ Signatur $(1, -1)$. Somit schneidet P_j den Kegel C_x in zwei Geraden, also ist $\varphi(P_j)$ wieder Ebene und $\varphi(\ell) = \varphi(P_1) \cap \varphi(P_2)$ ist eine Gerade. Als Abbildung auf einem mindestens zweidimensionalen Vektorraum, die Geraden auf

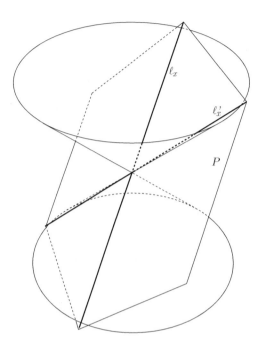

Abb. 8.4: Schritt (2) im Beweis des Satzes von Alexandrov-Ovchinnikova

Geraden abbildet, ist φ nach dem Hauptsatz der affinen Geometrie affin (Darboux 1880 [Dar],[Fi]), d.h. $\exists A \in \mathbf{R}^{n \times n}, v_0 \in \mathbf{R}^n : \varphi(v) = v_0 + Av$.

5) Die lineare Abbildung A bildet nach der Voraussetzung im Satz C_0 auf sich ab. Nach Hilfssatz 8.1.5 legt C_0 eine Minkowski-Form g bis auf eine Konstante eindeutig fest, also erhält φ diese Minkowski-Form bis auf eine Konstante.   □

Alternativ kann man statt (2),(3) auch argumentieren, dass für die Ebene P_{ℓ_x} tangential an C_x bei ℓ_x gilt, dass die Vereinigung aller Lichtkegel auf ℓ_x durch $\bigcup_{y \in \ell_x} C_y = (\mathbf{R}^n \setminus P_{\ell_x}) \cup \ell_x$ gegeben ist. Also wird P_{ℓ_x} auf eine ebensolche Ebene abgebildet.

Durch Wahl eines festen g lässt sich (5) auch wie folgt zeigen: Für e_0 zeitartig fest gewählt mit $\|e_0\|^2 = 1$ und $v \perp e_0$ ist $\|v + \sqrt{-\|v\|^2} e_0\|^2 = 0 = \|v - \sqrt{-\|v\|^2} e_0\|^2$, also

$$\|Av\|^2 + 2\sqrt{-\|v\|^2}\langle Av, Ae_0 \rangle - \|v\|^2 \|Ae_0\|^2 = 0$$
$$= \|Av\|^2 - 2\sqrt{-\|v\|^2}\langle Av, Ae_0 \rangle - \|v\|^2 \|Ae_0\|^2.$$

Somit ist $Av \perp Ae_0$ und $\|Av\|^2 = -\|v\|^2 \cdot \|Ae_0\|^2$.

Es gibt zahlreiche Verallgemeinerungen des Satzes von Alexandrov-Ovchinnikova für abgeschwächte Bedingungen (keine Bijektivität, keine Äquivalenz, für Geodätische auf Mannigfaltigkeiten, allgemeinere Bilinearformen, lokale Versionen), auf die wir hier nicht eingehen (vgl. [Giu]). Im euklidischen Fall gibt es unter anderem den analogen Satz von Beckman und Quarles ([BQ], 1953), der auch für $n = 2$ gilt. Ein vergleichbarer Satz ist der für die Quantenmechanik fundamentale Satz von Wigner [Wi, S. 251–254].

Übung* 8.1.8. *Verifizieren Sie die Gestalt der Geraden auf dem einschaligen Hyperboloid für dessen Normalform.*

Übung 8.1.9. *Finden Sie explizit die Schnittpunkte zweier Geraden* $t \mapsto (t, \alpha, \alpha t)$, $s \mapsto (\beta, s, \beta s)$ *auf dem hyperbolischen Paraboloid und analog diejenigen zweier Geraden im einschaligen Hyperboloid.*

Übung 8.1.10. *1) Zeigen Sie für* $e_0 \in \mathbf{R}^n$ *zeitartig (z.B. mit Hilfssatz 6.1.4)*

$$\forall v \in \mathbf{R}^n \setminus \mathbf{R} \cdot e_0 : g(e_0, v)^2 > \|e_0\|^2 \|v\|^2.$$

2) Folgern Sie für v, w *zeitartig* $\|v + w\| \geq \|v\| + \|w\|$.

8.2 Die Lorentz-Gruppe

Pauli-Matrizen   │ symmetrische Potenz
                                       │ irreduzible Darstellung

In diesem Abschnitt wird die Lorentz-Gruppe $\mathbf{SO}(1,3)$ des $\mathbf{R}^4$ und ihre Lie-Algebra untersucht, um ihre Darstellungstheorie zugänglicher zu machen. Mit der quadratischen Form ist der Raum $(\mathbf{C}_{\mathrm{herm}}^{2\times 2}, \det)$ det isometrisch zum 4-dimensionalen kartesischen Minkowski-Raum, denn die **Pauli-Matrizen**

$$\begin{pmatrix} 1 & 0 \\ 0 & 1 \end{pmatrix}, \quad \begin{pmatrix} 0 & 1 \\ 1 & 0 \end{pmatrix}, \quad \begin{pmatrix} 0 & -i \\ i & 0 \end{pmatrix}, \quad \begin{pmatrix} 1 & 0 \\ 0 & -1 \end{pmatrix}$$

bilden eine Orthonormalbasis bezüglich der via der Polarisationsformel induzierten Bilinearform $\langle A, B \rangle = \frac{1}{4}\big(\det(A + B) - \det(A - B) \big)$.

Lemma 8.2.1. *Die Abbildung* $\varphi : \mathbf{SL}(2, \mathbf{C}) \to \mathbf{SO}_0(1,3), A \mapsto (X \mapsto AX\bar{A}^t)$ *für* $X \in \mathbf{C}_{\mathrm{herm}}^{2\times 2}$ *ist eine zweifache Überlagerung.*

Beweis. Der Kern von φ ist $\{A \in \mathbf{SL}(2, \mathbf{C}) \mid AX\bar{A}^t = X \,\forall X \in \mathbf{C}_{\mathrm{herm}}^{2\times 2}\}$. Für $X =$ id folgt $\bar{A}^t = A^{-1}$, also wird die Bedingung für $X \in \mathbf{C}_{\mathrm{herm}}^{2\times 2}$ zu $AX = XA$. Also gilt auch für die schiefhermiteschen Matrizen iX, dass $A(iX) = (iX)A$. Somit folgt $AX = XA$ für beliebige $X \in \mathbf{C}^{2\times 2}$, also $A = \lambda$id. Wegen $1 = \det A = \lambda^2$ gilt $A = \pm$id. $\qquad\square$

Analog zur äußeren Potenz ist die q-te **symmetrische Potenz** eines Vektorraums V^* der Vektorraum

$\mathrm{Sym}^q V^*$
$\quad := \{\omega \in V^{*\otimes q} \mid \forall \sigma \in \mathfrak{S}_q, v_1, \ldots, v_q \in V : \omega(v_1, \ldots, v_q) = \omega(v_{\sigma(1)}, \ldots, v_{\sigma(q)})\}.$

Dieser Raum ist nichts anderes als der vertraute Vektorraum der homogenen Polynome vom Grad q auf V. Ein $\omega \in \mathrm{Sym}^q V^*$ wird dabei zu dem Polynom $V \to \mathbf{R}, X \mapsto \omega(\underbrace{X, \dots, X}_{q-\mathrm{mal}})$. Entsprechend ist $\bigoplus_{q \geq 0} \mathrm{Sym}^q V^*$ mit dem Produkt von Polynomen eine Algebra, eben die Polynomalgebra der Polynome in $\dim V$-vielen Variablen, und $\dim \mathrm{Sym}^q V^* = \begin{pmatrix} \dim V^* + q - 1 \\ q \end{pmatrix}$.

Die irreduziblen $\mathbf{C}$-Darstellungen von $\mathfrak{sl}(2, \mathbf{C})$ sind bis auf Isomorphie die symmetrischen Potenzen der Standarddarstellung, also die Räume homogener Polynome in zwei Variablen (Übung 1.6.32). In diesem Kontext ist die komplexe Lie-Algebra $\mathfrak{so}(1,3) \otimes \mathbf{C} \cong \mathfrak{so}(4) \otimes \mathbf{C}$ als Komplexifizierung der Lie-Algebra der zusammenhängenden kompakten Gruppe $\mathbf{SO}(4)$ aus mehreren Gründen etwas leichter zu handhaben als die reelle, nicht zuletzt wegen des folgenden Lemmas.

Lemma 8.2.2. *Es ist* $\mathfrak{so}(1,3) \otimes_{\mathbf{R}} \mathbf{C} \overset{\mathrm{can.}}{\cong} \mathfrak{sl}(2, \mathbf{C}) \times \mathfrak{sl}(2, \mathbf{C})$. *Unter dieser Identifikation wird die komplexifizierte Standard-Darstellung* ρ *auf* $\mathbf{R}^4 \otimes_{\mathbf{R}} \mathbf{C}$ *zu* $\rho_1 \otimes_{\mathbf{C}} \rho_2$ *mit*

$$(\rho_1 \otimes_{\mathbf{C}} \rho_2)(X, Y) v \otimes w := \rho_1(X) v \otimes w + v \otimes \rho_2(Y) w.$$

für $v, w \in \mathbf{C}^2, X, Y \in \mathfrak{sl}(2, \mathbf{C})$.

Beweis. Mit $J :=$ Multiplikation mit i in $\mathfrak{sl}(2, \mathbf{C})$ definiere die Projektionen

$$\pi_{1,2} : \mathfrak{sl}(2, \mathbf{C}) \quad \to \quad \mathfrak{sl}(2, \mathbf{C}) \otimes_{\mathbf{R}} \mathbf{C}$$
$$A \quad \mapsto \quad \frac{1}{2}(A \mp iJA).$$

Wegen $[JA, B] = [A, JB] = J[A, B]$ gilt $[\pi_1 A, \pi_2 B] = 0$ und $[\pi_1 A, \pi_1 B] = \pi_1[A, B]$, also sind π_1, π_2 (reelle) Lie-Algebra-Isomorphismen auf ihr Bild. Mit Lemma 8.2.1 folgt

$$\mathfrak{so}(1,3) \otimes \mathbf{C} \cong \mathfrak{sl}(2, \mathbf{C}) \otimes_{\mathbf{R}} \mathbf{C} \cong \mathfrak{sl}(2, \mathbf{C}) \times \mathfrak{sl}(2, \mathbf{C}).$$

Mit der analogen Zerlegung $(\pi_1, \pi_2) : \mathbf{C}^2 \otimes_{\mathbf{R}} \mathbf{C} \overset{\mathrm{can.}}{\cong} \mathbf{C}^2 \times \mathbf{C}^2, v \mapsto (\frac{1}{2}(1 - iJ)v, \frac{1}{2}(1 + iJ)v)$ wird $\rho(\pi_1 A + \pi_2 B)(\pi_1 v \otimes \pi_2 w) = \pi_1(\rho_1(A)v) \otimes \pi_2 w + \pi_1 v \otimes \pi_2(\rho_2(B)w)$. $\square$

Das funktioniert allgemein für beliebiges $\mathfrak{g}_{\mathbf{C}}$ mit $\rho_1 \otimes \bar{\rho}_2$ (vgl. [FH, p. 439 Ex. 26.14]), aber hier ist zusätzlich $\bar{\rho} \cong \rho$ reell.

Bemerkung. Entsprechend gibt es eine zweifache Überlagerung $\varphi : \mathbf{SL}(2, \mathbf{C}) \times \mathbf{SL}(2, \mathbf{C}) \to \mathbf{SO}(1, 3, \mathbf{C})$. Konjugation mit $\begin{pmatrix} & & & i \\ & 1 & & \\ & & 1 & \\ & & & 1 \end{pmatrix} \in \mathbf{GL}(4, \mathbf{C})$ ist ein Gruppenisomorphismus von $\mathbf{SO}(4, \mathbf{C})$ nach $\mathbf{SO}(1, 3, \mathbf{C})$.

Aufgaben

Übung* 8.2.3. *Vergleichen Sie für die Quaternionen* $\mathbf{H} = \left\{ \begin{pmatrix} z & w \\ -\bar{w} & \bar{z} \end{pmatrix} \,\middle|\, z, w \in \mathbf{C} \right\}$ *das quaternionische Skalarprodukt und die Bilinearform* det *und finden Sie eine Orthonormalbasis auf* $\mathbf{H}$ *als vierdimensionalen euklidischer Vektorraum.*

8.3 Adjungierte von Zusammenhängen

Hodge-*(Stern)-Operator	musikalische Isomorphismen
L^2-Skalarprodukt	formale Adjungierte
Divergenz	Eichinvarianz

Im nächsten Abschnitt benötigen wir einige allgemeine Sachverhalte über die formale Adjungierte des Levi-Civita-Zusammenhangs, um die Hilbert-Wirkung zu differenzieren. Anstelle von Riemannschen Metriken werden dabei Lorentz-Metriken betrachtet. In diesem Abschnitt sei g nicht-degeneriert mit beliebiger Signatur $(1, \ldots, 1, -1, \ldots, -1)$. Sei (e_k) eine orientierte lokale Orthonormalbasis von TM und $e_k^\vee := \pm e_k$ mit $(e_k^\vee)^\flat = g(\cdot, e_k^\vee) = e^k$. Auf $T_q^p M$, $\Lambda^\bullet T^* M$ und $\mathrm{Sym}^\bullet T^* M$ induziert g Metriken, in dem jeweils Tensoren der Form $e^{j_1} \otimes \cdots \otimes e^{j_q} \otimes e_{\ell_1} \otimes \cdots \otimes e_{\ell_m}$, $e^{j_1} \wedge \cdots \wedge e^{j_q}$, $e^{j_1} \cdots e^{j_q}$ als Elemente einer Orthonormalbasis aufgefasst werden. Diese Metriken sind von der Wahl der Orthonormalbasis unabhängig.

Definition 8.3.1. *Der **Hodge-*(Stern)-Operator** $* \in \Gamma(M, \mathrm{End}(\Lambda T^* M))$ sei der lineare Operator mit $\eta \wedge *\omega = g(\eta, \omega)_\Lambda \, \mathrm{dvol}$ mit $\mathrm{dvol} = e^1 \wedge \cdots \wedge e^n$.*

Dies impliziert für eine beliebige orientierte Orthonormalbasis $*e^1 \wedge \cdots \wedge e^q = \prod_{j=1}^q \|e^j\|^2 \cdot e^{q+1} \wedge \cdots \wedge e^n$ (vgl. Übung 3.1.30). Durch Wechsel der Reihenfolge der Basisvektoren zu einer anderen orientierten Basis folgt daraus allgemein

$$*e^{k_1} \wedge \cdots \wedge e^{k_q} = \prod_{j=1}^q \|e^{k_j}\|^2 \cdot e^{k_{q+1}} \wedge \cdots \wedge e^{k_n} \cdot \mathrm{sign} \begin{pmatrix} 1 & \cdots & n \\ k_1 & \cdots & k_n \end{pmatrix}.$$

Lemma 8.3.2. *Die Signatur von g enthalte m-mal (-1). Dann gilt*

1. $*^2 = (-1)^{q(n-q)+m} = (-1)^{q(n+1)+m}$ *auf* $\Lambda^q T^* M$,

2. $\forall \eta, \omega \in \Lambda^q T^* M : g(*\eta, *\omega) \, \mathrm{dvol} = (-1)^m g(\eta, \omega) \, \mathrm{dvol}$,

3. $\forall \omega \in \Lambda^q T^* M, \vartheta \in\in \Lambda^{n-q} T^* M : g(\vartheta, *\omega) \mathrm{dvol} = (-1)^{q(n-q)} g(*\vartheta, \omega) \mathrm{dvol}$.

4. $\forall X \in TM, \omega \in \Lambda^q T^* M : *\iota_X \omega = (-1)^{q-1} X^\flat \wedge *\omega$

Im 4-dimensionalen Lorentz-Fall ist also $*^2 = (-1)^{q+1}$. Für m gerade ist $*$ nach (2) eine Isometrie. Für n ungerade oder auf der Unteralgebra $\bigoplus_q \Lambda^{2q} T^* M$ ist $*$ nach (3) symmetrisch.

Beweis. 1) Mit Wechsel zu einer Basis mit anders angeordneten Basiselementen bleibt der einzige zu testende Fall

$$*^2(e^1 \wedge \cdots \wedge e^q) = * \prod_{j=1}^{q} \|e^j\|^2 \cdot e^{q+1} \wedge \cdots \wedge e^n$$

$$= \prod_{j=1}^{n} \|e^j\|^2 \cdot e^1 \wedge \cdots \wedge e^q \cdot \mathrm{sign} \begin{pmatrix} 1 & \cdots & n-q & n-q+1 & \cdots & n \\ q+1 & \cdots & n & 1 & \cdots & q \end{pmatrix}.$$

2) Mit (1) folgt

$$g(*\eta, *\omega)\, d\mathrm{vol} \;=\; *\eta \wedge *^2\omega = (-1)^{q(n-q)+m} * \eta \wedge \omega$$
$$= (-1)^m \omega \wedge *\eta = (-1)^m g(\eta, \omega)\, d\mathrm{vol}.$$

3) $g(\vartheta, *\omega)d\mathrm{vol} = *\omega \wedge *\vartheta = (-1)^{q(n-q)} * \vartheta \wedge *\omega = (-1)^{q(n-q)} g(*\vartheta, \omega)d\mathrm{vol}.$

4) 1. Fall: $\|X\|^2 \neq 0$. Ergänze $e_1 = \frac{X}{\|X\|^2}$ zu einer Orthonormalbasis. Œ sei ω ein Produkt dieser Basisvektoren. Falls e^1 in der Produktdarstellung von ω nicht vorkommt, verschwinden beide Seiten. Sei also bis auf Vielfache und Vertauschen der Basisvektoren $\omega = e^1 \wedge \cdots \wedge e^q$. Dann ist

$$*(\iota_{e_1}\omega) \;=\; *e^2 \wedge \cdots \wedge e^q = \prod_{k=2}^{q} \|e^k\|^2 \cdot e^1 \wedge e^{q+1} \wedge \cdots \wedge e^n$$

$$\cdot \mathrm{sign} \begin{pmatrix} 1 & \cdots & q-1 & q & q+1 & \cdots & n \\ 2 & \cdots & q & 1 & q+1 & \cdots & n \end{pmatrix}$$

$$= (-1)^{q-1} \|e^1\|^2 e^1 \wedge *\omega.$$

Multiplikation mit $\|X\|^2$ liefert die Behauptung.

2. Fall: $\|X\|^2 = 0$. Die Gleichung ist linear in X. Zerlege $X = X_1 + X_2$ mit $\|X_1\|^2, \|X_2\|^2 \neq 0$. $\qquad\qquad\square$

Damit ist $*\vartheta \wedge *\omega = (-1)^m \vartheta \wedge \omega$, $*\eta \wedge \omega = (-1)^{q(n-q)+m} \eta \wedge *\omega$.

Bemerkung 8.3.3. In diesem Kapitel wird es praktischer sein, eine Kontraktion $\widetilde{\mathrm{Tr}}_{jk}$ des j-ten und k-ten Faktors ohne Unterscheidung in ko- und kontravariante Faktoren zu definieren, also für $j, k \in \{1, \ldots, n\}$

$$\widetilde{\mathrm{Tr}}_{jk}\Big(\sum X_1 \otimes \cdots \otimes X_p \otimes \alpha_{p+1} \otimes \cdots \otimes \alpha_{p+q}\Big)$$
$$:= \sum \alpha_k(X_j) X_1 \otimes \cdots \otimes \widehat{X_j} \otimes \cdots \otimes X_p \otimes \alpha_{p+1} \otimes \cdots \otimes \widehat{\alpha_k} \otimes \cdots \otimes \alpha_{p+q}.$$

Kontraktionen $\widetilde{\mathrm{Tr}}_{g,jk}$ mit einem Index g sind so gemeint, dass zunächst auf eine Komponente ein musikalischer Isomorphismus angewendet wird, bevor mit ihr kontrahiert wird, und der j-te, k-te Faktor bei fortlaufender Nummerierung ko- und kontravarianter Anteile kontrahiert werden.

Definition 8.3.4. *Für Tensoren* $\alpha, \beta \in T_q^p M$, $\gamma \in T_p^q M$ *seien die* L^2*-Skalarprodukte* $\langle \alpha, \gamma \rangle_{L^2} := \int_M \alpha(\gamma) \, \mathrm{dvol}_g$, $(\alpha, \beta)_{L^2} := \int_M g(\alpha, \beta) \mathrm{dvol}_g$. *Die* **Divergenz** div $: \Gamma(M, T_q^p M) \to \Gamma(M, T_q^{p-1} M)$ *ist definiert als*

$$\mathrm{div}\,\alpha := -\widetilde{\mathrm{Tr}}_{12} \nabla^{T_q^p M} \alpha.$$

Mit dem **musikalischen Isomorphismus** $T_q^p M \to T_p^q M, \alpha \mapsto \alpha^\natural$ *ist die formale Adjungierte* $\nabla^* : \Gamma(M, T_q^p M) \to \Gamma(M, T_{q-1}^p M)$ *zu* $\nabla^{T_q^p M}$ *gegeben als* $\nabla^* \alpha := (\mathrm{div}\,\alpha^\natural)^\natural$,

$$\nabla^* \alpha = -\widetilde{\mathrm{Tr}}_{g,12} \nabla^{T_q^p M} \alpha = -\sum_{j=1}^n \iota_{e_j^\vee} \nabla_{e_j}^{T_q^p M} \alpha.$$

Für ein Vektorfeld X ist also

$$\mathrm{div}\,X = -\mathrm{Tr}\,\nabla X = -\sum_{j=1}^n g(e_j^\vee, \nabla_{e_j} X) \in C^\infty(M, \mathbf{R})$$

für beliebige lokale Orthonormalbasen $(e_j)_j$. Für andere Tensoren ist diese Definition kein einheitlicher Standard in der Literatur. Häufig wird auch das dazu duale ∇^* als Divergenz bezeichnet, besonders bei der Operation auf symmetrischen Formen. Offensichtlich kann das zu Missverständnissen führen, weswegen hier darauf verzichtet wird.

Hilfssatz 8.3.5. *Die Signatur von* g *enthalte* m*-mal* (-1). *Für* $\omega \in \mathfrak{A}^q(M)$ *gilt* $d * \omega = (-1)^q * \nabla^* \omega$, *also* $*d * \omega = (-1)^{(q+1)n+1+m} \nabla^* \omega$. *Für jedes Vektorfeld* X *folgt* $d * X^\flat = -* \mathrm{div}\,X$.

Beweis. Es ist

$$d * \omega \overset{\text{Satz 3.3.4}}{=} \sum_{k=1}^n e^k \wedge \nabla_{e_k}(*\omega) = \sum_k e^k \wedge *\nabla_{e_k} \omega$$

$$= (-1)^{q-1} \sum_k *\|e^k\|^2 \iota_{e_k} \nabla_{e_k} \omega = (-1)^q * \nabla^* \omega. \qquad \square$$

Mit dem Satz von Stokes folgt

Korollar 8.3.6. *Für* $X \in \Gamma_c(M, TM)$ *ist* $\int_M \mathrm{div}\,X \cdot \mathrm{dvol} = 0$.

Eine **formale Adjungierte** zu $\nabla^{T_q^p M}$ ist ∇^* im Sinne folgenden Lemmas.

Lemma 8.3.7. *Für* $\alpha \in \Gamma(M, T_{q+1}^p M), \beta \in \Gamma_c(M, T_q^p M)$ *ist*

$$(\alpha, \nabla^{T_q^p M} \beta)_{L^2} = (\nabla^* \alpha, \beta)_{L^2} = \langle \mathrm{div}\,\alpha^\natural, \beta \rangle_{L^2}.$$

Beweis. Mit $\gamma \in \Gamma_c(M, T^*M), \gamma(X) := g(\iota_X \alpha, \beta)$ ist

$$\mathrm{div}\,\gamma^\# = -\sum (\nabla_{e_j} \gamma)(e_j^\vee) = -\sum e_j. \Big(g(\iota_{e_j^\vee} \alpha, \beta) \Big) + g(\iota_{\nabla_{e_j} e_j^\vee} \alpha, \beta).$$

Also folgt

$$
\begin{aligned}
g(\alpha, \nabla\beta) &= \sum_j g(\alpha, e^j \otimes \nabla_{e_j}\beta) = \sum_j \left(e_j \cdot \left(g(\iota_{e_j^\vee}\alpha, \beta) \right) - g(\nabla_{e_j}(\iota_{e_j^\vee}\alpha), \beta) \right) \\
&= \sum_j \left(e_j \cdot \left(g(\iota_{e_j^\vee}\alpha, \beta) \right) - g(\iota_{\nabla_{e_j}e_j^\vee}\alpha, \beta) - g(\iota_{e_j^\vee}\nabla_{e_j}\alpha, \beta) \right) \\
&= -\operatorname{div}\gamma^{\#} + g(\nabla^*\alpha, \beta).
\end{aligned}
$$

Nach Korollar 8.3.6 verschwindet das Integral über den Divergenz-Term.   □

Dies gilt genauso mit wortwörtlich demselben Beweis auch in den Algebren $\Lambda^\bullet T^*M$ und $\operatorname{Sym}^\bullet T^*M$ mit derselben Formel für ∇^*. Zwar unterscheiden sich in diesen Fällen die Metriken um einen Faktor $q!$ von der auf $T_q^0 M$, aber in der Projektion von $e_j \otimes \nabla\beta$ entsteht ein Faktor $1/q$, der diesen Effekt aufhebt.

Sei nun $\mathbf{F}$ ein Funktional vom Raum L der Lorentz- oder Riemannschen Metriken auf einer Mannigfaltigkeit nach $\mathbf{R}$. Für jeden Diffeomorphismus $\varphi : M \to N$ ist $\mathbf{F}(\varphi^* g) = \mathbf{F}(g)$. Falls $\mathbf{F}$ auf der Teilmenge L des Vektorraums aller Bilinearformen auf M hinreichend differenzierbar ist, so folgt $0 = \frac{\partial}{\partial t}\big|_{t=0} \mathbf{F}(\Phi_t^{X*} g) = T_g \mathbf{F}(L_X g)$ für jedes Vektorfeld als infinitesimaler Diffeomorphismus (s. [MeMi], [FrKr] für einen entsprechenden Kalkül; hier setzen wir die Differenzierbarkeit von $\mathbf{F}$ und die Kettenregel als Bedingung an die betrachteten Funktionale $\mathbf{F}$ voraus). $T_g \mathbf{F}$ ist eine Linearform auf $\Gamma(M, \operatorname{Sym}^2 T^*M)$; falls diese stetig auf $\Gamma_{L^2}(M, \operatorname{Sym}^2 T^*M)$ wäre, hätte sie also nach dem Darstellungssatz von Riesz-Fréchet die Gestalt $(\cdot, \omega)_{L^2}$ für eine L^2-Form ω. Die Voraussetzung im nächsten Lemma fordert dies mit ω differenzierbar.

Lemma 8.3.8. *Sei g eine fest gewählte Lorentz- oder Riemannsche Metrik. Falls $T_g \mathbf{F}(h) = \langle h, \omega \rangle_{L^2}$ für ein $\omega \in \Gamma(M, \operatorname{Sym}^2 TM)$, so gilt* $\operatorname{div}\omega = 0$.

Beweis. Für beliebige 1-Formen α folgt nach Lemma 3.3.5

$$
0 = \frac{1}{2}\langle L_{\alpha^\#} g, \omega \rangle_{L^2} = \langle \nabla\alpha, \omega \rangle_{L^2} = \langle \alpha, \operatorname{div}\omega \rangle_{L^2}.
$$ □

Insbesondere ist die Divergenzfreiheit von ω äquivalent zu der „Eichinvarianz" $\langle L_X g, \omega \rangle_{L^2} = 0 \ \forall X$.

Aufgaben

Übung* 8.3.9. *Beweisen Sie für ein Vektorfeld X und $f \in C_0^\infty(M, \mathbf{R})$, dass*

$$
\int_M X.f \, d\mathrm{vol} = \int_M f \operatorname{div} X \cdot d\mathrm{vol}.
$$

Übung* 8.3.10. *Sei E ein Vektorbündel, ∇^E ein Zusammenhang auf E und ∇^{E^*} der induzierte Zusammenhang auf E^*. Zeigen Sie mit Übung 8.3.9, dass bezüglich* *des L^2-Produktes zu der kanonischen Paarung $(T^*M \otimes E) \times (TM \otimes E^*) \to \mathbf{R}$ der Operator*

$$\text{div} : \Gamma(M, TM \otimes E^*) \quad \to \quad \Gamma(M, E^*)$$
$$X \otimes \mu \quad \mapsto \quad -\nabla_X^{E^*} \mu + \mu \cdot \text{div}\, X$$

die Gleichung

$$(\text{div}\,(X \otimes \mu), s)_{L^2} = (X \otimes \mu, \nabla^E s)_{L^2} = (\mu, \nabla_X^E s)_{L^2}$$

für $X \in \Gamma(M, TM), \mu \in \Gamma(M, E^*), s \in \Gamma_c(M, E)$ erfüllt.

Übung 8.3.11. *Folgern Sie aus Übung 8.3.10 für ein Vektorbündel E mit einer Metrik h und einem metrischen Zusammenhang ∇^E, dass für $s \in \Gamma(M, E)$ die formalen Adjungierten der Operatoren ∇^E, ∇_X^E bezüglich der Metrik gegeben sind durch*

$$\nabla^*(X^\flat \otimes s) = (\nabla_X^E)^* s = -\nabla_X^E s + (\text{div}\, X) \cdot s.$$

Beschreiben Sie ∇^* analog zu Definition 8.3.4.

Übung 8.3.12. *Beweisen Sie, dass die Divergenz von Killing-Feldern verschwindet, in dem Sie allgemein $\text{div}\, X = -\frac{1}{2} \text{Tr}\,_g L_X g$ zeigen.*

Übung 8.3.13. *Verifizieren Sie Lemma 8.3.7 kürzer für den Fall $\beta \in \mathfrak{A}^q(M)$, $\alpha \in \mathfrak{A}^{q+1}(M)$, in dem Sie mit Hilfssatz 8.3.5 $d(\beta \wedge *\alpha)$ berechnen.*

8.4 Herleitung der Hilbert-Wirkung

Gravitationsfeld	Gravitationswellen
Lagrange-Maß	Hilbert-Wirkung
Lagrange-Funktion	Ricci-Krümmung
Wirkung	kosmologische Konstante
Lagrange-Funktional	Feldgleichung der Gravitation
Bianchi-Abbildung	Spannungs-Energie-Tensor

In Hilberts ursprünglichem Artikel [H], eingereicht am 20. November 1915, entsteht die Feldgleichung als Lösung eines Variationsproblems für ein Lagrange-Funktional. Er stellt als Modellannahme drei Axiome auf, die in moderner Sprechweise (mit anderer Nummerierung) mehr oder weniger folgende Gestalt haben:

I. Die Raumzeit ist eine 4-dimensionale Mannigfaltigkeit M, die Lorentz-Metriken tragen kann.

II. Auf M gibt es ein (signiertes) Maß $\mathcal{L}$ mit Dichtefunktion L, die punktweise von den 0., 1. und 2. Ableitungen einer Lorentz-Metrik g abhängt sowie den 0. und 1. Ableitungen anderer Felder q_j (Hilbert nennt das elektromagnetische Feld). Physikalisch realisierte g, q_j entsprechen Stellen verschwindender Variation von $\int_M \mathcal{L}$.

III. $\mathcal{L} = \mathcal{L}_1 + \mathcal{L}_2$, wobei $\mathcal{L}_1$ nicht von den q_j abhängt, linear in den 2. Ableitungen von g ist und $\mathcal{L}_2$ nicht von den 1. und 2. Ableitungen von g abhängt.

Die Lorentz-Metrik g ist das **Gravitationsfeld**. Die Maße $\mathcal{L}$ heißen **Lagrange-Maße**. Für $\mathcal{L} = L \, d\mathrm{vol}_g$ (im Sinne von Bemerkung 2.5.9) heißt L **Lagrange-Funktion**, $\int_M \mathcal{L}$ heißt **Wirkung** oder **Lagrange-Funktional**. $\mathcal{L}_2$ enthält Informationen über andere Bestandteile des Universums wie Teilchen, elektromagnetisches Feld etc., typischerweise modelliert als Schnitte q_j in Bündeln über M.

Da obige Axiome keinen Bezug zur Quantenmechanik beinhalten, versteht es sich von selbst, dass sie nur einen Teil der Physik annähernd beschreiben können. Selbst im Rahmen der allgemeinen Relativitätstheorie kombiniert mit dem Elektromagnetismus würde man sie in einer komplizierteren Gestalt verwenden, vgl. [MTW, §21.2] und das Ende von Abschnitt 8.7. Andererseits hatten diese Axiome in [H] damals zu der Lagrange-Funktion der Gravitation geführt (und damit durch schlichte Differentiation zu der Feldgleichung), für die es bislang keinen praktikablen Verbesserungsvorschlag gibt. Insbesondere liefern sie also eine sehr elegante Motivation für diese Gleichung sowie eine Basis für Weiterentwicklungen.

Die Ableitung von $-\mathcal{L}_2$ wird in späteren Abschnitten für verschiedene Modellsituationen mit dem Energie-Impuls-Tensor identifiziert. In diesem Abschnitt werden wir sehen, dass diese Axiome erzwingen, dass $\mathcal{L}_1$ ein konstantes Vielfaches der Skalarkrümmung s ist. Nach Korollar 4.2.16 ist schon die Forderung nach der Existenz einer Lorentz-Metrik eine nicht-triviale topologische Bedingung an M.

Axiom II wird mit Analogien zur klassischen Feldtheorie der Mechanik und zur Elektrodynamik begründet, in der in den Lagrange-Funktionen 0. und 1. Ableitungen der Felder nach den Raum-Zeit-Koordinaten auftreten. Aber Invarianten der Metrik, die punktweise nur von 1. Ableitungen der Metrik abhängen, gibt es nicht. Das wurde im Abschnitt über Geodätische mit Satz 5.3.6 gezeigt: Die Metrik hat in einer kanonischen Karte $\exp_p^{-1}$ um jedes $p \in M$ die Taylorentwicklung

$$(\exp_p^* g)_X = g_p + \frac{1}{3} \sum_{k,\ell=1}^{n} g_p(\Omega_p(\cdot, e_k)\cdot, e_\ell) \cdot x_k x_\ell + O(\|X\|^3).$$

Folglich ist jede Invariante, die von höchstens den 2. Ableitungen von g abhängt, eine Funktion von g_p und R_p. Die Identifikation dieser Karte mit einer Teilmenge des $\mathbf{R}^4$ hing aber nicht nur von dem Punkt p ab, sondern zusätzlich von der Wahl einer Isometrie $T_p M \to \mathbf{R}^4$, d.h. der Wahl einer Orthonormalbasis in $T_p M$. Die gesuchten Invarianten sind also nach Axiom II reell-wertige Funktionen von g_p und R_p, die insbesondere unter der Operation der orientierten Isometriegruppe $\cong$ $\mathbf{SO}(1,3)$ auf g_p und R_p invariant sind. Diese Gruppe operiert auf g_p trivial. Es bleibt also, $\mathbf{SO}(1,3)$-invariante Abbildungen von dem Raum der möglichen Werte von Krümmungstensoren nach $\mathbf{R}$ zu finden, die dann nach Axiom III spezieller linear sein sollen. Axiom III wird durch den Ansatz motiviert, eine Taylorentwicklung von $\mathcal{L}$ nach g nach dem linearen Term abzubrechen: Ein konstanter Term im Lagrange-Maß kann als Teil von $\mathcal{L}_2$ aufgefasst werden, und der nächste mögliche Term ist der lineare. Hilbert fordert es in seinem Artikel getrennt von Axiom I und II (die er in anderer Reihenfolge nummeriert) und nennt es nicht „Axiom".

Die Krümmungstensoren bei $p \in M$ für beliebige Lorentz- oder Riemannsche Metriken liegen nach Satz 3.4.1 in dem Unterraum A derjenigen Elemente von $\mathrm{Sym}^2\Lambda^2 T_p^* M$, die der 1. Bianchi-Gleichung genügen. Die linearen $\mathbf{C}$-wertigen Invarianten findet man also als die trivialen $\mathbf{SO}(1,3,\mathbf{C})$-Unterdarstellungen.

Lemma 8.4.1. *In der* $\mathbf{SO}(1,3)$*-Darstellung A besteht die einzige eindimensionale Unterdarstellung aus Vielfachen der Skalarkrümmung. Insbesondere wird* $\mathcal{L}_1 \in \mathbf{R} \cdot s \cdot d\mathrm{vol}$.

Beweis. Als $\mathfrak{so}(4,\mathbf{C}) \cong \mathfrak{sl}(2,\mathbf{C}) \times \mathfrak{sl}(2,\mathbf{C})$ Darstellung ist mit den jeweiligen zugehörigen komplexen Standard-Darstellungen $E = V_1 \otimes V_2$

$$\Lambda^2 E = \mathrm{Sym}^2 V_1 \otimes_{\mathbf{C}} \underbrace{\Lambda^2 V_2}_{\cong \mathbf{C}} \oplus \underbrace{\Lambda^2 V_1}_{\cong \mathbf{C}} \otimes_{\mathbf{C}} \mathrm{Sym}^2 V_2,$$

also

$$\mathrm{Sym}^2\Lambda^2 E \cong \mathrm{Sym}^2(\mathrm{Sym}^2 V_1) \otimes \mathbf{C} \oplus \mathbf{C} \otimes \mathrm{Sym}^2(\mathrm{Sym}^2 V_2) \oplus \mathrm{Sym}^2 V_1 \otimes \mathrm{Sym}^2 V_2.$$

Es gibt eine kanonische Einbettung $\mathrm{Sym}^4 V_\ell \hookrightarrow \mathrm{Sym}^2(\mathrm{Sym}^2 V_\ell), \alpha_1 \cdot \alpha_2 \cdot \alpha_3 \cdot \alpha_4 \mapsto (\alpha_1 \cdot \alpha_2) \cdot (\alpha_3 \cdot \alpha_4) + (\alpha_1 \cdot \alpha_3) \cdot (\alpha_2 \cdot \alpha_4)$. Wegen $\dim \mathrm{Sym}^4 V_\ell = 5 = \dim \mathrm{Sym}^2(\mathrm{Sym}^2 V_\ell) - 1$ folgt $\mathrm{Sym}^2(\mathrm{Sym}^2 V_\ell) \cong \mathrm{Sym}^4 V_\ell \oplus \mathrm{Sym}^0 V_\ell$ und

$$\mathrm{Sym}^2\Lambda^2 E$$
$$= \mathrm{Sym}^4 V_1 \otimes \mathbf{C} \oplus \mathbf{C} \otimes \mathbf{C} \oplus \mathbf{C} \otimes \mathrm{Sym}^4 V_2 \oplus \mathbf{C} \otimes \mathbf{C} \oplus \mathrm{Sym}^2 V_1 \otimes \mathrm{Sym}^2 V_2.$$

Mit der **Bianchi-Abbildung** $b: \mathrm{Sym}^2\Lambda^2 E \to \Lambda^4 E$,

$$b(R)(X,Y,Z,W) := R(X,Y,Z,W) + R(Y,Z,X,W) + R(Z,X,Y,W)$$

entspricht eine der trivialen Komponenten im $b = \Lambda^4 E$. Die andere liefert zwangsläufig die Skalarkrümmung. $\qquad\square$

Bemerkung. Es ist $A \otimes_{\mathbf{R}} \mathbf{C} = \ker b = \mathbf{C} \oplus \mathrm{Sym}_0^2 E \oplus W$ und $\mathrm{Sym}^2 E = \mathrm{Sym}^2 V_1 \otimes \mathrm{Sym}^2 V_2 \oplus \mathbf{C}$, also wird $W = \mathrm{Sym}^4 V_1 \oplus \mathrm{Sym}^4 V_2$ der Raum der Weyl-Krümmungs-Tensoren in der obigen Zerlegung (vgl. [Besse, ch. 1.G]). Da der Ricci-Krümmung-Anteil von R via T durch punktweise vorhandene Felder bzw. Materie festgelegt wird, bestimmt der Anteil in W Gravitationswellen im Vakuum.

Definition 8.4.2. *Die **Hilbert-Wirkung** ist das Lagrange-Funktional* $\mathbf{F}_1(g) := \int_M s \, d\mathrm{vol}$.

Als Nächstes wird die Hilbert-Wirkung nach g differenziert, um die Feldgleichung der Gravitation zu erhalten. In der Formulierung der folgende Sätze nehmen wir eine feste Variation g_t der Metrik $g = g_0$ und $'$ bedeute $\frac{\partial}{\partial t}|_{t=0}$.

Hilfssatz 8.4.3. *Es gibt ein Vektorfeld X mit* $\mathrm{Tr}\,_g\mathrm{Ric}' = \mathrm{div}\,X$.

Beweis. Für $\nabla : \mathfrak{A}^1(M, \mathrm{End}(TM)) \to \mathfrak{A}^2(M, \mathrm{End}(TM))$ und

$$\nabla^{T_2^1 M} : \Gamma(M, T_2^1 M) \to \Gamma(M, T_3^1 M)$$

gilt (vgl. Korollar 3.3.6)

$$(\nabla s)(X, Y, Z) = (\nabla_X^{T_2^1 M} s)(Y, Z) - (\nabla_Y^{T_2^1 M} s)(X, Z).$$

Nun ist $\mathrm{Ric}' = \widetilde{\mathrm{Tr}}_{14}(\nabla^2)' = \widetilde{\mathrm{Tr}}_{14}(\nabla' \circ \nabla + \nabla \circ \nabla') = \widetilde{\mathrm{Tr}}_{14}(\nabla(\nabla'))$, also

$$
\begin{aligned}
\mathrm{Tr}_g \mathrm{Ric}' \quad &= \quad \mathrm{Tr}_g \widetilde{\mathrm{Tr}}_{14}(\nabla^{T_2^1 M}(\nabla')) - \mathrm{Tr}_g \widetilde{\mathrm{Tr}}_{24}(\nabla^{T_2^1 M}(\nabla')) \\
&\overset{\text{Vertauschen der Tr}}{=} \quad \mathrm{Tr}\,\widetilde{\mathrm{Tr}}_{g,23}(\nabla^{T_2^1 M}(\nabla')) - \mathrm{Tr}_g \widetilde{\mathrm{Tr}}_{24}(\nabla^{T_2^1 M}(\nabla')) \\
&= \quad \mathrm{Tr}\,\nabla\big(\widetilde{\mathrm{Tr}}_{g,12}\nabla' - (\widetilde{\mathrm{Tr}}_{13}\nabla')^{\#}\big) \\
&= \quad -\mathrm{div}\big(\widetilde{\mathrm{Tr}}_{g,12}\nabla' - (\widetilde{\mathrm{Tr}}_{13}\nabla')^{\#}\big).
\end{aligned}
$$

Die Idee dabei ist, die zweite Spur von dem zusätzlichem kovarianten Anteil in ∇ unabhängig zu machen, um ∇ und Tr zu vertauschen. $\qquad\square$

Satz 8.4.4. *Für* $\mathbf{F}_1(g) := \int_M s\,d\mathrm{vol}$ *und eine Variation von* $g = g_0$ *mit kompaktem Träger von* $\frac{\partial}{\partial t} g_t$ *ist*

$$T_g \mathbf{F}_1(h) = (h, \tfrac{1}{2} sg - \mathrm{Ric})_{L^2}.$$

Selbst wenn das Integral $\mathbf{F}_1(g)$ nicht konvergiert, erhält man für Variationen mit kompaktem Träger so einen endlichen Wert für $T_g \mathbf{F}_1$.

Beweis. Für ω 2-fach kovariant und von g unabhängig ist (mit entsprechenden Gram-Matrizen) $(\mathrm{Tr}_g \omega)' = (\mathrm{Tr}\,g^{-1}\omega)' = -\langle h, \omega \rangle_g$. Außerdem ist

$$
\begin{aligned}
\sqrt{-\det g_{jk}}' \quad &= \quad \frac{-(\det g_{jk})'}{2\sqrt{-\det g_{jk}}} = \frac{-\det g_{jk}}{2\sqrt{-\det g_{jk}}} \cdot \mathrm{Tr}\,g^{-1}h \\
&= \quad \frac{1}{2}\sqrt{-\det g_{jk}}\langle g, h \rangle_g.
\end{aligned}
$$

Also ist mit dem Vektorfeld X aus Hilfssatz 8.4.3

$$(s\,d\mathrm{vol})' = (\mathrm{Tr}_g \mathrm{Ric} \cdot d\mathrm{vol})' = (-\langle h, \mathrm{Ric} \rangle_g + \mathrm{div}\,X + \langle h, \tfrac{1}{2} sg \rangle_g) d\mathrm{vol}. \qquad\square$$

Bemerkung. Allgemeiner wird für $\mathbf{F}(g) := \int_M (s + \Lambda)\,d\mathrm{vol}$ mit einer Konstanten $\Lambda \in \mathbf{R}$ (der **kosmologischen Konstanten** oder „dunklen Energie") $T_g \mathbf{F}(h) = (h, \tfrac{1}{2}(s + \Lambda)g - \mathrm{Ric})_{L^2}$.

Mit Lemma 8.3.8 folgt insbesondere:

Korollar 8.4.5. *Es ist* $\nabla^*(\mathrm{Ric} - \tfrac{1}{2} sg) = 0$, *d.h.* $(\mathrm{Ric} - \tfrac{1}{2} sg)^{\natural}$ *ist divergenzfrei.*

Allgemeiner ist $\mathbf{F}(g) = \int_M (s + L_2)\, d\text{vol}$, wobei L_2 punktweise von g, anderen Feldern und deren 1. Ableitungen abhängen soll, aber nicht von Ableitungen von g. Nach Satz 8.4.4 wird dann

$$T_g\mathbf{F}(h) = \int_M \left(\langle h, \frac{1}{2}sg - \text{Ric}\rangle_g + \frac{\partial L_2}{\partial g}(h) + \frac{1}{2}L_2 \cdot \langle g, h\rangle_g \right) d\text{vol},$$

was mit einer Konstanten κ und $\kappa T := -\frac{\partial L_2}{\partial g}^{\#} - \frac{1}{2}L_2 \cdot g \in \Gamma(M, \text{Sym}^2 T^*M)$ zu der **Feldgleichung der Gravitation** (für die Extremalstellen von $\mathbf{F}$)

$$\frac{1}{2}sg - \text{Ric} = \kappa T \tag{8.1}$$

führt. Der symmetrische Tensor T heißt **Spannungs-Energie-Tensor**.

Aufgaben

Übung* 8.4.6. *Zeigen Sie Korollar 8.4.5 mit der 2. Bianchi-Gleichung an Stelle von Lemma 8.3.8.*

8.5   Freie Teilchen

Teilchen	Energie-Impuls-Vektor
Ruhemasse	Geschwindigkeit
Energie	Kraft
Impuls	

In den restlichen Abschnitten wird untersucht und motiviert, wie der Term $T_g\mathbf{F}_2$ zum Lagrange-Maß $\mathcal{L}_2$ aussehen kann und welche physikalische Interpretation er hat. Dazu arbeiten wir uns langsam zu komplizierteren Materiemodellen hoch, in dem jeweils ein Modell das nächste motiviert. In diesem Abschnitt wird zunächst die Gestalt von $T_g\mathbf{F}_2$ für ein Teilchen erarbeitet, dann folgt Staub (ein Fluss aus Teilchen) und Flüssigkeit (Staub mit einer Dichtefunktion).

Ein **Teilchen** ist eine Kurve $\gamma : I \to M$, $I =]a, b[$. Sei $\gamma : I \to \mathbf{R}^4$, $t \mapsto (t, vt, 0, 0)^t$ eine Kurve mit Geschwindigkeit v in der Raumzeit. Die Erhaltung der Lichtgeschwindigkeit c im 1. Abschnitt fordert, dass $\|\dot\gamma\|^2 = 0$ genau für $v = c$, und $\|\cdot\|^2$ soll invariant unter der Operation von $\mathbf{SO}(3)$ auf dem räumlichen Teil sein. Also muss $\|(x_0, x_1, x_2, x_3)^t\|^2$ proportional zu $c^2x_0^2 - x_1^2 - x_2^2 - x_3^2$ sein. Letzteres wählen wir als Minkowski-Form.

Sei γ ein Teilchen, dass relativ zu einem Beobachter A in Ruhe ist, d.h. $\gamma(t) = (m_0 t, 0, 0, 0)^t$. Dabei sei m_0 die **Ruhemasse** des Teilchens. Ein zweiter Beobachter B sieht nach Abschnitt 1 das Teilchen als $\gamma(t) = mt \cdot (1, v_1, v_2, v_3)^t$ für $m, v_1, v_2, v_3 \in \mathbf{R}$ mit $\|\dot\gamma\|^2 = \|\dot\gamma\|^2 = c^2 m_0^2$, d.h. die Ruhemasse ist invariant unter Lorentz-Transformationen.

Für eine (Beobachter)-Orthonormalbasis (e_0, e_1, e_2, e_3) mit e_0 zeitartig an einem Punkt $p \in M$ sei $e^R := (e^1, e^2, e^3) : TM \to \mathbf{R}^3$. Dann ist für einen Beobachter, der sich auf einer Weltkurve mit Ableitung e_0 bewegt, $E := c \cdot e^0(\gamma')$ die **Energie** und $p := e^R(\gamma')$ der **Impuls** des Teilchens. Deswegen heißt γ' der **Energie-Impuls-Vektor**.

Allgemein ist die **Geschwindigkeit** von γ nach der Kettenregel mit einer (Beobachter-)Karte $\varphi = (\varphi_Z, \varphi_R) : U \to \mathbf{R} \times \mathbf{R}^3$

$$\frac{\partial \varphi_R(\gamma)}{\partial \varphi_Z(\gamma)} = \frac{d\varphi_R(\gamma)/ds}{d\varphi_Z(\gamma)/ds} = \frac{ce^R(\gamma')}{e^0(\gamma')}.$$

Die auf das Teilchen wirkende **Kraft** wird definiert als die Ableitung des Impulses nach der Eigenzeit, genauer

$$F = \frac{e^R(\nabla_{\partial/\partial t}\gamma')}{e^0(\nabla_{\partial/\partial t}\gamma')}.$$

Das Lagrange-Maß des restlichen Universums (Teilchen, Felder etc.) soll Träger in $M \setminus U$ für eine offene Teilmenge U mit $\gamma(I) \subset U$ haben, $\partial\gamma(I) \not\subset U$. Das Teilchen ist also frei von äußeren Einwirkungen außer evtl. an seinem Start- und Endpunkt, falls γ nicht geschlossen ist. Also ist $\mathbf{F}(g) = \int_M s\,d\mathrm{vol} + \int_M \mathcal{H} + \sum_j \int_{I_j} \ell_j\,dt$+etc. für diverse Teilchen, indiziert durch j, und ein globales Lagrange-Maß $s\,d\mathrm{vol} + \mathcal{H}$.

Lemma 8.5.1. $\forall X \in \Gamma_c(U, TM) : T_g\mathbf{F}_2(L_X g) = 0$

Beweis. Mit der Hilbert-Wirkung $\mathbf{F}_1(g) = \int_M s\,d\mathrm{vol}$ folgt mit der Bemerkung vor 8.3.5

$$0 = T_g\mathbf{F}_2(L_X g) + \underbrace{T_g\mathbf{F}_1(L_X g)}_{=0}. \qquad \square$$

Satz 8.5.2. *Sei $\gamma : I =\,]a,b[\to M$ eine Einbettung als Untermannigfaltigkeit und $\mathbf{F}_2$ habe bei einer Metrik g eine Ableitung der Form*

$$T_g\mathbf{F}_2(h) = \int_I h(\hat{T}(t))\,dt$$

mit $\hat{T} \in \Gamma(I, \gamma^*\mathrm{Sym}^2 TM \setminus \{0\})$. Dann ist die Bahn von γ die einer Geodätischen bezüglich g und $\hat{T} = \mathrm{const.} \cdot \frac{\dot\gamma \otimes \dot\gamma}{\|\dot\gamma\|_g}$.

Die Wahl $\mathbf{F}_2(g) := 2\int_I \|\dot\gamma\|\,dt$ hat diese Ableitung.

Beweis. Schreibe $\hat{T} = \sum_{k=1}^n f_k n_k \otimes n_k$ für eine orthogonale Basis $(n_k)_{k=1}^4$ längs γ mit $n_1 = \dot\gamma$, $f_k \in C^\infty(I)$. Für ein $j \in \{2,\ldots,n\}$ sei $N_j \in \Gamma(M, TM)$ mit $N_j|_{\gamma(I)} = n_j$ und $X = r \cdot N_j$ für eine Funktion $r \in C_c^\infty(U)$, $r|_{\gamma(I)} = 0$. Dann gilt

$$(\tfrac{1}{2}L_X g)(Y,Y) = \tfrac{1}{2}X.\|Y\|^2 - g([X,Y],Y) = g(\nabla_Y X, Y) \qquad (8.2)$$

$$= Y.(g(X,Y)) - g(X, \nabla_Y Y) \qquad (8.3)$$

und somit

$$\int_I (\frac{1}{2}L_X g)(\hat{T})\, dt \overset{(8.2)}{=} \sum_k \int_I f_k g(\nabla_{n_k} X, n_k)\, dt$$

$$= \sum_k \int_I f_k g(n_k.r \cdot N_j, n_k)\, dt = \int_I f_j n_j.r \cdot \|n_j\|^2\, dt.$$

Bei geeigneter Wahl von r verschwindet $n_j.r$ nicht, also folgt $f_j \equiv 0$ und $\hat{T} = f_1 \dot{\gamma} \otimes \dot{\gamma}$.

Via Umparametrisierung $\tilde{\gamma}(u) := \gamma(t(u))$ mit $u(t) := \int_a^t \frac{ds}{f_1(s)}$, also $f_1(t(u)) = t'(u)$ und $t(J) = I$, wird damit

$$\int_I h(\hat{T})\, dt = \int_J h(\tilde{\gamma}', \tilde{\gamma}')\, du.$$

Für X beliebig wird wegen $X_{\gamma(a)} = 0$, $X_{\gamma(b)} = 0$

$$\int_J (\frac{1}{2}L_X g)(\tilde{\gamma}', \tilde{\gamma}')\, du \overset{(8.3)}{=} \int_J (\frac{d}{du}(g(X, \tilde{\gamma}')) - g(X, \nabla^{\gamma^* TM}_{\partial/\partial u} \tilde{\gamma}'))\, du$$

$$= \underbrace{g(X, \tilde{\gamma})\big|_{t^{-1}(a)}^{t^{-1}(b)}}_{=0 \text{ nach Vor.}} - \int_J g(X, \nabla^{\gamma^* TM}_{\partial/\partial u} \tilde{\gamma}')\, du.$$

Also ist $\tilde{\gamma}$ Geodätische und const.$\equiv \|\tilde{\gamma}'(u)\|_g^2 = \|\dot{\gamma}(t(u))\|_g^2 (t'(u))^2 = (\|\dot{\gamma}\|_g^2 f_1^2)_{|t(u)}$. $\qquad\square$

Insbesondere hängt dieses $\mathbf{F}_2$ nur von den 0. und 1. Ableitungen von γ ab. Wegen $\|\tilde{\gamma}'\|^2 \equiv$ const. ist die Geschwindigkeit von γ überall licht- bzw. zeitartig, falls sie es an einem Punkt ist.

Aufgaben

Übung 8.5.3. *Zeigen Sie, dass jedes diffeomorphie-invariante Funktional* $\mathbf{F}$ *mit punktförmigem Träger verschwindet. Genauer, dass aus* $p \in M, \hat{T} \in \mathrm{Sym}^2 T_p M$ *mit* $\forall X : (L_X g)(\hat{T}) = 0$ *folgt, dass* $\hat{T} = 0$.

8.6 Der Spannungs-Energie-Tensor

Staub

Energie-Dichte

Druck

Energiestromdichte

isentrope perfekte Flüssigkeit

elastisches Potential

innere Energie

Energiedichte

räumlich isotrop

Euler-Gleichungen

Navier-Stokes

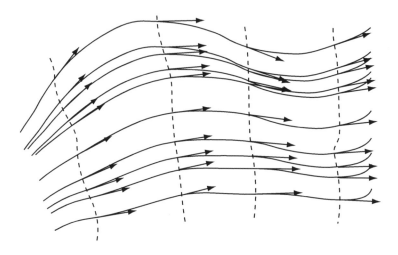

Abb. 8.5: Staubfluss mit variabler Dichte durch raumartige Hyperebenen.

Physikalische Beobachtung (genauer die spezielle Relativitätstheorie) legt nahe, dass Gravitation von E/c^2 erzeugt wird (der sogenannten „schweren Masse") bzw. besser ihrer räumlichen Dichte. Das passt nicht ganz genau; zwar legt die Definition von Kraft im letzten Abschnitt eine „träge Masse" zumindest von Partikeln fest. Aber das Gravitationsfeld g wird von dem ganzen 4×4-Tensor T erzeugt und hängt über die nicht-lineare Feldgleichung auf sehr komplizierte Weise von den Werten von T weiter entfernt von dem Partikel ab, also gibt es so etwas wie „schwere Masse" in dieser Allgemeinheit gar nicht. Der Term E trägt nur wegen der Größe von c^2 den Löwenanteil zur Gravitation bei.

Nun sagt die spezielle Relativitätstheorie weiter, dass zwar Energie kein koordinaten-unabhängiger Begriff ist, wohl aber der Energie-Impuls-Tensor in TM. Genauso ist „räumliche Dichte" nur bezüglich einer gewählten Zeitrichtung in TM wohldefiniert. Also sollte T zu einem Vektor v_0 die Dichte des Energie-Impuls-Vektors bezüglich der Hyperebene $v_0^\perp$ ergeben. Präziser: Zu einem Fluss mit Energie-Impuls-Vektorfeld X wird einem Vektor v_0 die Dichte des Flusses durch die 3-dimensionale Hyperebene $v_0^\perp$ auf einem Stück vom Volumen $\|v_0\|$, multipliziert mit dem Vektor X_p, zugewiesen. Mit der Metrik dualisiert wird dann $T \in T^*M \otimes T^*M$. Exemplarisch wird nun anhand eines übersichtlichen Materiemodells, dem Staub, überprüft, welchen Tensor T man durch diese Motivation erhält, und das Ergebnis mit $T_g\mathbf{F}_2$ bzw. $\hat{T}$ für freie Teilchen verglichen. Zum Abschluss des Abschnitts wird dieses Modell zu dem einer Flüssigkeit verallgemeinert.

Staub wird hier als Bezeichnung für eine dichte Ansammlung von Teilchen genommen, die gegenseitig aufeinander außer der Gravitation keinen Einfluss ausüben sollen. Als Modell für den Staub wählen wir einen Fluss Φ, dessen Integralkurven die Teilchen sein sollen, sowie ein Maß $\omega = \rho\,d\mathrm{vol} \in \Gamma(M, \Lambda^4 T^*M)$ mit einer Dichtefunktion ρ (Abb. 8.5). Die Teilchenanzahl bleibt während des Flusses konstant, d.h. die Dichte soll sich von einer 3-dimensionalen raumartigen Anfangs-Hyperebene mit

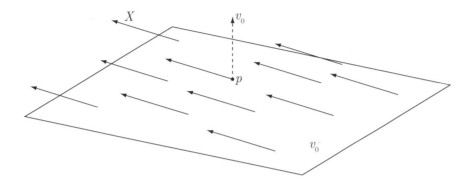

Abb. 8.6: Fluss durch Hyperebene $v_0^\perp$ (letztere hier zweidimensional gezeichnet).

der Zeit mit Φ verteilen. Es soll somit $\Phi^*\omega = \omega$ gelten oder $L_X\omega = 0$ mit dem Vektorfeld X zu Φ. Nach 8.3.5 ist diese Bedingung

$$0 = L_X\omega = d(\iota_X\rho\,d\mathrm{vol}) = d(\iota_{\rho X}d\mathrm{vol}) = \pm\mathrm{div}\,(\rho X)\cdot d\mathrm{vol},$$

also äquivalent zu $\mathrm{div}\,\rho X = 0$. In der Literatur wird im Gegensatz zum Ansatz hier zusätzlich $\|X\| \equiv m_0 c =$const. verlangt. Außerdem nehmen manche Bücher an, dass ρ unabhängig von g sein soll und nicht ω.

1. Ansatz (Interpretation über die Axiome via Satz 8.5.2): Eine Abbildung $\tilde{T}$: $T_pM \to T_pM$ messe zu einer Zeitrichtung v_0 den Energie-Impuls-Vektor X eines Teilchenflusses gewichtet mit der räumlichem Dichte des Flusses. Dem Fluss und einer zeitartigen Richtung v_0 wird die Dichte des Flusses durch die Hyperebene $v_0^\perp$ auf einem Stück vom Volumen $\|v_0\|$, multipliziert mit dem Vektor X_p, zugewiesen (Abb. 8.6). Die Dichte (=Anzahl der Teilchen, die $v_0^\perp$ durchqueren), ist das Volumen des 4-Spats aus einem entsprechend großen 3-Spat in $v_0^\perp$ und einem Einheitsvektor in Richtung X mal der Dichte des Flusses, also

$$\left(\left(\frac{X}{\|X\|}\right)^\flat \wedge \iota_{v_0}\omega\right)(d\mathrm{vol}^\natural) = \rho\cdot\left(g\left(\frac{X}{\|X\|}, v_0\right) - \iota_{v_0}\left(\frac{X}{\|X\|}\right)^\flat\wedge\right)d\mathrm{vol}(d\mathrm{vol}^\natural)$$

$$= \rho g\left(\frac{X}{\|X\|}, v_0\right).$$

Physikalisch messen lässt sich das vereinfacht, indem man einen Kasten wählt, dessen eine Seite senkrecht zu v_0 ist, und misst, wieviel auf dieser Seite hinein- und auf der anderen herausgeht. Die Flussdichte durch $v_0^\perp$ ist also $\tilde{T}(v_0) = \rho g(\frac{X}{\|X\|}, v_0)\cdot X$.

Damit ist $\tilde{T} = \rho\frac{g(X,\cdot)X}{\|X\|}$, also ein symmetrischer Endomorphismus. Die analoge Form des Spannungs-Energie-Tensors für einzelne Teilchen in Satz 8.5.2 motiviert, dass $\tilde{T}^\# = \rho\frac{X\otimes X}{\|X\|}$ mit dem (dualisierten) Spannungs-Energie-Tensor $T^\natural \in$ Sym^2TM des Staubs identifiziert wird.

Damit lassen sich die Komponenten der Matrix zu T bezüglich $(e_j)_j$ interpretieren: $\iota_{e_0}T \in T_p^*M$ ist die Energie-Impuls-Dichte im Raum bezüglich eines Beobachters mit zeitartigem Vektor e_0, insbesondere ist $T(e_0, e_0)$ die **Energie-Dichte** im Raum. Für einen raumartigen Vektor v_0 wird der raumartige Anteil von $\iota_{v_0} T$ also Impuls pro Zeit und Fläche. Mit Kraft=Impuls pro Zeit wird dies eine Zugspannung, ausgeübt auf die Materie in oder hinter der Fläche $e^R(v_0^\perp)$; der Anteil senkrecht auf $e^R(v_0^\perp)$ wird genauer **Druck** (oder je nach Vorzeichen „Zug") genannt. Der zeitartige Anteil von $\iota_{v_0} T$ stellt Energie pro Zeit und Fläche dar und wird **Energiestromdichte** genannt; wegen der Symmetrie von T ist diese Form dual zur Impulsdichte. Die symmetrische Gram-Matrix von T hat also die Form

$$
T = \left(
\begin{array}{c|ccc}
\text{Energie-} & \multicolumn{3}{c}{\text{Energiestromdichte}} \\
\text{Dichte} & & & \\
\hline
\text{Impuls-} & \text{Druck} & & \text{Zugspan}- \\
\text{Dichte} & \text{Zug}- & \text{Druck} & \text{nung} \\
& \text{spannung} & & \text{Druck}
\end{array}
\right)
$$

Der 3x3-Spannungstensor der raumartigen Anteile unten rechts wurde bereits von Cauchy als symmetrischer Tensor eingeführt. Der heutige Name ist etwas unglücklich, weil „Tensor" von lat. tensio=Spannung stammt.

2. Ansatz (sehr heuristisch): Der Spannungs-Energie-Tensor soll ein Element von $\mathrm{Sym}^2 T^* M$ sein, das proportional mit der Masse der Materie wächst. Wenn also nur X als Richtung vorgegeben ist, gibt es für den 2. Vektor ebenfalls nur X zur Auswahl, also $T^\natural \sim X \otimes X$. Da T linear mit der Masse und Dichte wachsen sollte, wird daraus $T^\natural = \frac{\rho}{\|X\|} X \otimes X$.

Lemma 8.6.1. *Die Bedingung $\nabla^* T = 0$ ist äquivalent dazu, dass die Flusslinien von X Geodätische sind.*

Beweis. Mit $0 = \mathrm{div}\,(\rho X)$ folgt

$$
\begin{aligned}
\mathrm{div}\, T^\natural &= \mathrm{div}\,(\rho X)\frac{X}{\|X\|} - X.(\frac{1}{\|X\|})\rho X - \frac{\rho}{\|X\|}\nabla_X X \\
&= \frac{\rho g(\nabla_X X, X)}{\|X\|^3} X - \frac{\rho}{\|X\|}\nabla_X X = -\frac{\rho}{\|X\|}(\nabla_X X)^{\perp X}.
\end{aligned}
$$

Dies verschwindet genau dann, wenn $\nabla_X X = aX$ für ein $a \in C^\infty(M)$ ist. Für eine Lösung $r \in C^\infty(M)$ der linearen Differentialgleichung 1. Ordnung $-X.r = ra$ folgt $\nabla_{rX}(rX) \equiv 0$, die Integralkurven zu X sind dann also die Bahnen von Geodätischen. □

Für das Lagrange-Maß $\mathcal{L}(g) := 2\omega\|X\|$, wobei X und ω als metrikunabhängig betrachtet werden, gilt

$$
T_g(\mathcal{L}(g))(h) = \frac{\rho h(X,X)}{\|X\|}d\mathrm{vol} = g(h,T)d\mathrm{vol}.
$$

Dieses Maß liefert somit den angenommenen Spannungs-Energie-Tensor. Es hängt nicht nur von g, sondern auch von X ab, deswegen verschwindet $\nabla^* T$ nicht automatisch.

Eine für kosmologische Modelle wichtige Verallgemeinerung des Staub-Modells ist das der **isentropen perfekten Flüssigkeit**. Gemeint ist eine Flüssigkeit im thermodynamischen Gleichgewicht (nach Hawking-Ellis [HE, p. 69f]). Wie vorher sei $L_X \omega = 0$ und $\omega = \rho \, d\text{vol}$. Das Lagrange-Maß sei $\mathcal{L}(g) := 2\omega \|X\|(1 + \varepsilon(\rho))$ mit dem **elastischen Potential** (oder **innerer Energie**) $\varepsilon : \mathbf{R} \to \mathbf{R}$.

Lemma 8.6.2. *Der Spannung-Energie-Tensor zu dem Lagrange-Maß* $2\omega \|X\|(1 + \varepsilon(\rho))$ *ist* $T = (\mu + p)\frac{X^\flat \otimes X^\flat}{\|X\|^2} - pg$ *mit dem* **Druck** $p := \rho^2 \varepsilon'(\rho)\|X\|$ *und der* **Energiedichte** $\mu := ((1 + \varepsilon(\rho))\rho)\|X\| - p = (1 + \varepsilon(\rho) - \rho\varepsilon'(\rho))\rho\|X\|$.

Beweis. Es ist

$$0 = (T_g\omega)(h) = (T_g\rho + T_g d\text{vol})(h) = (T_g\rho(h) + \langle h, \frac{g}{2}\rangle_g \rho) \, d\text{vol},$$

also $T_g\rho(h) = -\langle h, \frac{g}{2}\rangle_g \rho$ und

$$T_g(\mathcal{L}(g))(h) = \frac{\rho h(X, X)}{\|X\|}(1 + \varepsilon(\rho)) \, d\text{vol} - \rho^2\|X\|\varepsilon'(\rho)\langle h, g\rangle_g \, d\text{vol}.$$

Einsetzen der Definitionen von p und μ liefert das Lemma. $\square$

Bemerkung. Hawking-Ellis [HE, p. 69f] setzen im Unterschied zu hier $\|X\|\omega := \rho \, d\text{vol}$ und ebenfalls $L_X\omega = 0$ (also div $\rho\frac{X}{\|X\|}) = 0$) und $\mathcal{L}(g) := 2\omega\|X\|(1 + \varepsilon(\rho))$. Dann ist also

$$T_g\rho = T_g\frac{\|X\|\omega}{d\text{vol}} = T_g\frac{\|X\|}{\sqrt{-\det g_{jk}}}\frac{\omega}{dx_1 \wedge \cdots \wedge dx_n}$$

$$= \left(\frac{h(X, X)}{2\|X\|} - \langle h, \frac{g}{2}\rangle_g\|X\|\right) \cdot \underbrace{\frac{\omega}{d\text{vol}}}_{\rho/\|X\|}.$$

Damit wird

$$T_g(\mathcal{L}(g))(h) = \frac{h(X, X)}{\|X\|^2}\rho(1 + \varepsilon(\rho)) \, d\text{vol} + \rho^2\varepsilon'(\rho)\langle h, \frac{X^\flat \otimes X^\flat}{\|X\|^2} - g\rangle_g \, d\text{vol}.$$

Somit wird $T = (\mu + p)\frac{X^\flat \otimes X^\flat}{\|X\|^2} - pg$ mit $p := \rho^2\varepsilon'(\rho)$ und $\mu := (1 + \varepsilon(\rho))\rho$.

Bezüglich der Zeitrichtung $V := X/\|X\|$ ist die Gram-Matrix von T

$$T = \begin{pmatrix} \mu & 0 & 0 & 0 \\ 0 & p & 0 & 0 \\ 0 & 0 & p & 0 \\ 0 & 0 & 0 & p \end{pmatrix}.$$

Somit ist p der Druck und μ die Energie-Dichte. Insbesondere ist T **räumlich isotrop**, d.h. es existiert ein zeitartiger Vektor e_0, bezüglich dessen $T_{|e_0^\perp}$ punktweise ein Vielfaches von $g_{|e_0^\perp}$ ist. Aus der Divergenzgleichung folgt

$$0 = \text{div}\left(V \otimes V(\mu + p) - p \cdot g^\flat\right)$$

$$= V.(\mu + p) \cdot V + (\mu + p)\text{div}(V) \cdot V + (\mu + p)\nabla_V V - dp^\#.$$

Wegen $\nabla_V V \perp V$ spaltet dies in zeitliche und räumliche Anteile bezüglich des zeitartigen Vektors V

$$V.\mu + (\mu + p)\mathrm{div}\, V = 0, \qquad (\mu + p)\nabla_V V - (\mathrm{grad}\, p)^{\perp V} = 0.$$

Aus diesen Gleichungen kann man durch Bildung passender Grenzwerte die klassischen **Euler-Gleichungen** (bzw. **Navier-Stokes** ohne Reibung und Wärmeverluste) erhalten. Für Staub ($p = 0$) ist also wieder $\nabla_V V = 0$. Eine interessante Interpretation von Druck mit Hilfe thermischer Bewegung wird in [SWu, Ex. 3.15.6] beschrieben.

8.7   Elektromagnetismus

elektromagnetischer Feldstärke-Tensor	inhomogene Maxwellgleichung
Faraday-Tensor	magnetische Leitfähigkeit des Vakuums
elektrische Feldstärke	Viererstromdichte
magnetische Feldstärke	Ladungsdichte
Viererpotential	Stromdichte
homogene Maxwellgleichung	Ladung
elektrisches Potential	Lorentz-Kraft
Vektorpotential	Cartan-1-Form

Der **elektromagnetische Feldstärke-Tensor** (oder **Faraday-Tensor**) ist eine 2-Form $F \in \Gamma(M, \Lambda^2 T^*M)$. Für ein Beobachter-Vektorfeld e_0 (also zeitartig) lässt sich F in einen Summanden F_1 zerlegen, der Vielfache von e^0 enthält, und einen Summanden F_2, der nicht e^0 enthält. Dann hat F_1 also die Gestalt $e^0 \wedge \iota_{e_0} F$ mit der raumartigen 1-Form $\iota_{e_0} F =: E/c$. Weil $*F_2$ den Faktor e^0 enthält, folgt genauso $*F_2 = e^0 \wedge B$, also

$$\begin{aligned} F_{|\ker e^0} &= *(B_1 e^1 \wedge e^0 + B_2 e^2 \wedge e^0 + B_3 e^3 \wedge e^0) \\ &= B_1 e^2 \wedge e^3 - B_2 e^1 \wedge e^3 + B_3 e^1 \wedge e^2. \end{aligned}$$

Somit ist $F = e^0 \wedge E/c + *(B \wedge e^0)$ bzw. als Gram-Matrix für eine Orthonormalbasis, die e_0 fortsetzt

$$F = \begin{pmatrix} 0 & -E_1/c & -E_2/c & -E_3/c \\ E_1/c & 0 & -B_3 & B_2 \\ E_2/c & B_3 & 0 & -B_1 \\ E_3/c & -B_2 & B_1 & 0 \end{pmatrix}.$$

Die 1-Formen E, B heißen **elektrische** bzw. **magnetische Feldstärke**. Wegen $*F = e^0 \wedge B + *(-E/c \wedge e^0)$ vertauscht $*$ die Rollen von E/c und B und

$$*F = \begin{pmatrix} 0 & -B_1 & -B_2 & -B_3 \\ B_1 & 0 & E_3/c & -E_2/c \\ B_2 & -E_3/c & 0 & E_1/c \\ B_3 & E_2/c & -E_1/c & 0 \end{pmatrix}.$$

Die Pfaffsche Determinante $\mathrm{Pf}(F)$ (Definition 4.2.1) ist beobachterunabhängig gegeben durch $\mathrm{Pf}(F)\mathrm{dvol} = \frac{1}{2!}F \wedge F = \frac{1}{2!}(2\langle e^0 \wedge E, B \wedge e^0\rangle_L \mathrm{dvol}) = -\langle E/c, B\rangle_L \mathrm{dvol}$. Somit ist die Determinante der Gram-Matrix $(\mathrm{Pf}(F))^2 = \frac{g(E,B)_L^2}{c^2}$.

Für exaktes F heißt $\alpha \in \Gamma(M, T^*M)$ mit $F = d\alpha$ **Viererpotential**. Insbesondere gilt in diesem Fall $dF = 0$ (**homogene Maxwellgleichung**). Dann ist $\varphi := \alpha(e_0) \in C^\infty(M)$ das **elektrische Potential** und $\alpha^{\perp e_0} \in \Gamma(M, T^*M^{\perp e_0})$ das **Vektorpotential**. Die **inhomogene Maxwellgleichung** ist $\nabla^* F = \mu_0 \mathbf{j}$ mit der **magnetischen Leitfähigkeit des Vakuums** $\mu_0 \in \mathbf{R}$ und der **Viererstromdichte** $\mathbf{j} \in \Gamma(M, T^*M)$. Dabei ist $\mathbf{j}(e_0)/c$ die **Ladungsdichte** und $\mathbf{j}^{\perp e_0} \in \Gamma(M, T^*M^{\perp e_0})$ die **Stromdichte**.

Sei nun für eine beliebige 2-Form F die Lagrange-Funktion

$$\mathcal{L}(g)(\mathrm{dvol}^\flat) \; := \; \kappa_e \|F\|_{g,\Lambda^2 T^*M}^2 = \frac{\kappa_e}{2}\|F\|_{g,T^*M^{\otimes 2}}^2$$
$$= \; \frac{\kappa_e}{2}\mathrm{Tr}\,_g\widetilde{\mathrm{Tr}}\,_{g,24}(F \otimes F) = \frac{\kappa_e}{2}\| * F\|_g^2$$

(in der Literatur wird $\kappa_e := -\frac{1}{4\pi}$ gesetzt) oder $\mathcal{L}(g) = \kappa_e F \wedge *F$. Die von der Einbettung in $\bigotimes T^*M$ induzierte Metrik (mit $\|e^1 \otimes \cdots \otimes e^q\|^2 = \|e^1\|^2 \ldots \|e^q\|^2$) ist auf q-Formen $q!$-mal so groß wie die Metrik auf ΛT^*M (mit $\|e^1 \wedge \cdots \wedge e^q\|^2 = \|e^1\|^2 \ldots \|e^q\|^2$). Für die vom Quotienten induzierte Metrik wäre das anders. In Termen von E, B ist $\|F\|_{g,\Lambda^2 T^*M}^2 = BB^t - EE^t = -\|B\|_g^2 + \|E/c\|_g^2$ (nach unserer Konvention ist g auf den raumartigen Vektoren negativ definit).

Lemma 8.7.1. *Der Spannungs-Energie-Tensor $\kappa_e T$ zu diesem Lagrange-Maß ist gegeben durch*

$$T = -\widetilde{\mathrm{Tr}}\,_{g,24}(F \otimes F) + \frac{1}{4}\|F\|_{g,T^*M^{\otimes 2}}^2 \cdot g.$$

Die zugehörige Gram-Matrix bezüglich $\langle e_j\rangle$ ist dann

$$T = \begin{pmatrix} \frac{\|E/c\|_g^2 + \|B\|_g^2}{2} & E/c \times B \\ (E/c \times B)^t & \frac{\|E/c\|_g^2 + \|B\|_g^2}{2}\mathrm{id}_{\mathbf{R}^3} - E^t E/c^2 - B^t B \end{pmatrix}.$$

Beweis. Wie bei der Berechnung von s' folgt mit $(\mathrm{Tr}\,_g\omega)' = -\langle h, \omega\rangle_g$ und $\mathrm{dvol}' = \langle h, \frac{g}{2}\rangle \mathrm{dvol}$

$$\left(\frac{1}{2}\|F\|_g^2\,\mathrm{dvol}\right)'$$
$$= \left(\frac{1}{2}\langle h, -\widetilde{\mathrm{Tr}}\,_{g,13}F \otimes F\rangle_g + \frac{1}{2}\langle h, -\widetilde{\mathrm{Tr}}\,_{g,24}F \otimes F\rangle_g + \langle h, \frac{1}{4}\|F\|_g^2 g\rangle_g\right)\mathrm{dvol}$$
$$= \left(\langle h, -\widetilde{\mathrm{Tr}}\,_{g,24}F \otimes F\rangle_g + \langle h, \frac{1}{4}\|F\|_g^2 g\rangle_g\right)\mathrm{dvol} \qquad \square$$

Satz 8.7.2. *Es ist*

$$\nabla^* T \;=\; F((*d*F)^\sharp, \cdot) - (*F)((*dF)^\sharp, \cdot).$$

Verschwindende Divergenz bei linearer Unabhängigkeit der Summanden und generischem F impliziert also die Maxwell-Gleichungen im Vakuum $\nabla^* F = 0$, $dF = 0$.

Beweis. Sei $X \in \Gamma_c(M, TM)$ ein Vektorfeld mit Fluss Φ. Für den Hodge-$*$-Operator $\Phi_t^* *$ zur Metrik $\Phi_t^* g$ folgt

$$
\begin{aligned}
(F \wedge *F)' &= F \wedge (L_X *)F = F \wedge L_X(*F) - F \wedge *L_X F \\
&= F \wedge d\iota_X * F + F \wedge \iota_X d * F - F \wedge *d\iota_X F - F \wedge *\iota_X dF.
\end{aligned}
$$

Nun gilt

$$
\begin{aligned}
-F \wedge \iota_X d * F &= *F \wedge *\iota_X d * F = *F \wedge X^\flat \wedge (*d * F) \\
&= -(*d * F) \wedge X^\flat \wedge *F = (*d * F) \wedge *\iota_X F \\
&= -(d * F) \wedge \iota_X F = (*F) \wedge d\iota_X F - d((*F) \wedge \iota_X F) \\
&= F \wedge *d\iota_X F - d((*F) \wedge \iota_X F),
\end{aligned}
$$

und damit sind mit der Substitution $F \mapsto *F$ auch die Integrale über die anderen beiden Terme gleich. Also folgt

$$
\begin{aligned}
2 \int \nabla^* T(X) \, d\mathrm{vol} = \int \langle L_X g, T \rangle \, d\mathrm{vol} &= \int (F \wedge *F)' \\
&= -2(F, \iota_X dF)_{L^2} - 2(*F, \iota_X d * F)_{L^2} \\
&= -2(X^\flat \wedge F, dF)_{L^2} - 2(X^\flat \wedge *F, d * F)_{L^2} \\
&= -2(X^\flat, \iota_{(*dF)^\sharp} * F)_{L^2} + 2(X^\flat, \iota_{(*d*F)^\sharp} F)_{L^2}. \qquad \square
\end{aligned}
$$

Die homogene Maxwell-Gleichung besagt $dF = 0$. In der Literatur wird das gerne aus der Annahme $F = d\alpha$ gefolgert; wie untenstehend kann man nach Dirac aber auch F als Krümmung eines komplexen Linienbündels auffassen. Also muss sich der Term $F((\mathrm{div}\, F^\natural), \cdot)$ mit der Divergenz des Energie-Spannungs-Tensors eines anderen Materiefeldes wegheben. Z.B. wird für Staub (X, ρ), in dem die Partikel die konstante **Ladung** e haben, mit $X = m_0 V$ (also $\nabla_X X \perp X$) und $\mathrm{div}\, F^\natural :=$ $e\rho V$ (motiviert als Viererstromdichte) sowie $\kappa = \kappa_e$ (letzteres ist eine wählbare Festlegung der Auswirkung von „Ladung")

$$
\rho \nabla_X X = e\rho F(X, \cdot)^\flat \qquad \text{bzw.} \qquad m_0 \nabla_V V = eF(V, \cdot)^\flat.
$$

Dies ist das Wirkungsgesetz der **Lorentz-Kraft**.

Unter der Voraussetzung $F = d\alpha$ bewirkt die Aktion $\int \|d\alpha\|^2 \, d\mathrm{vol}$ unter Variation von α an Stelle von g, dass $\int \langle \alpha', \nabla^* d\alpha \rangle \, d\mathrm{vol} = 0 \, \forall \alpha'$, also $\nabla^* F \equiv 0$ im Vakuum. Der Aharonov-Bohm-Effekt [AhBo] zeigt, dass das Potential α auch dort wirkt, wo F verschwindet, also tatsächlich physikalisch messbar ist. Andererseits muss F nicht exakt sein. Als Lösung des Dilemmas (in Richtung einer Vereinigung mit der Quantentheorie) wird ein Hermitesches Linienbündel $L \to M$ postuliert (Kaluza-Klein 1924[1][Kal]). Das Potential wird dann durch einen Hermiteschen Zusammenhang ∇^L auf L dargestellt. Lokal ist nach den Lemmata 3.2.15, 3.2.16 $\nabla^L = d + \alpha$ mit $\alpha \in \Gamma(M, T^*M \otimes \mathrm{End}_{\mathrm{schiefherm}}(L)) = i\mathfrak{A}^1(M)$ mit Krümmung

$$
\Omega^L = (d + \alpha)^2 = d \circ \alpha - \alpha \circ d + \alpha \wedge \alpha = d\alpha =: iF \in i\mathfrak{A}^2(M).
$$

---

[1]1921, Theodor Franz Eduard Kaluza, 9.11.1885–19.1.1954; Oskar Benjamin Klein, 15.9.1894–5.2.1977

Kaluza und Klein schlugen weiter vor, das Kreisbündel $\tilde{M} := \{s \in L \mid \|s\| = 1\}$ zu L als 5-dimensionale Raumzeit $\tilde{M}$ zu betrachten, mit der induzierten $(+, -, -, -, -)$-Metrik. In Satz 8.7.3 wird gezeigt, dass die Skalarkrümmung $\tilde{s}$ dieses Raumes genau (der Lift der) Lagrange-Funktion $s_M - \frac{1}{4}\|F\|^2$ mit $F := \Omega^L$ ist. Eine Wahl des (festen) Kreisradius liefert zwanglos den 2π-Faktor vor F.

Der Zusammenhang auf dem Linienbündel induziert eine horizontale Struktur auf dem Kreisbündel via einer rechtsinvarianten **Cartan-1-Form** $\vartheta : T\tilde{M} \to \mathbf{R}$ (vgl. die Definition nach Satz 6.4.9), indem für beliebige rechtsinvariante Lifts $\tilde{X}$

$$\nabla^L_X s =: ds(\tilde{X}) + \vartheta(\tilde{X}) \cdot s$$

gesetzt wird. Mit $T^H\tilde{M} := \ker \vartheta$ wird für X, Y horizontal nach dem Satz von O'Neill 6.3.5

$$d\vartheta(X, Y) = X.\vartheta(Y) - Y.\vartheta(X) - \vartheta([X, Y]) = -\vartheta(2A_X Y). \tag{8.4}$$

Der Lift der Metrik auf M zu dieser horizontalen Struktur, zusammen mit der Metrik konstanter Länge 2π auf den Kreisen, ergibt eine Metrik auf $\tilde{M}$. Die Wahl einer anderen Länge liefert einen entsprechenden Faktor vor dem Term $\|\Omega_L\|^2$.

Satz 8.7.3. *Auf der 5-dimensionalen Mannigfaltigkeit $\tilde{M}$ lässt sich das Lagrange-Funktional zu Gravitation und elektromagnetischem Feld zusammenfassen zu*

$$\mathbf{F}(g, \nabla^L) = \int_{\tilde{M}} \tilde{s} \, \widetilde{dvol}.$$

Beweis. Nach Übung 5.2.19 sind die Fasern Geodätische, also gilt für ihre 2. Fundamentalform $T \equiv 0$. Für U vertikal mit $\|U\|^2 = -1$, also $U^\vee = -U$ (Abb. 8.7) und horizontale Lifts e_j^* einer lokalen Orthonormalbasis $e_j \in \Gamma(M, TM)$ ist nach der Parsevalschen Gleichung

$$\|A_X U\|^2 = \sum_k \langle e_k^*, A_X U \rangle^2 \cdot \|e_k\|^2 = \sum_k \langle A_X e_k^*, U \rangle^2 \cdot \|e_k\|^2 = -\sum_k \|A_X e_k^*\|^2 \cdot \|e_k\|^2. \tag{8.5}$$

Die Skalarkrümmung wird nach den O'Neill-Gleichungen 6.3.11

$$\begin{aligned}
\tilde{s} &= \sum_{j,k} \tilde{R}(e_j^{*\vee}, e_k^{*\vee}, e_j^*, e_k^*) + \sum_j \tilde{R}(e_j^{*\vee}, U^\vee, e_j^*, U) + \sum_j \tilde{R}(U^\vee, e_j^{*\vee}, U, e_j^*) \\
&= \sum_{j,k} \tilde{R}(e_j^{*\vee}, e_k^{*\vee}, e_j^*, e_k^*) - 2\sum_j \tilde{R}(e_j^{*\vee}, U, e_j^*, U) \\
&= \sum_{j,k} \left(R(e_j^\vee, e_k^\vee, e_j, e_k) - 3\|A_{e_j^*} e_k^*\|^2 \|e_j\|^2 \|e_k\|^2 \right) \\
&\quad + 2\sum_j g((\nabla_U A)_{e_j^*} U, e_j^*)\|e_j\|^2 - 2\sum_j \|A_{e_j^*} U\|^2 \|e_j\|^2.
\end{aligned}$$

Hier ist $g((\nabla_U A)_{e_j^*} U, e_j^*) = -g(U, (\nabla_U A)_{e_j^*} e_j^*) = 0$ nach den Symmetrien von A

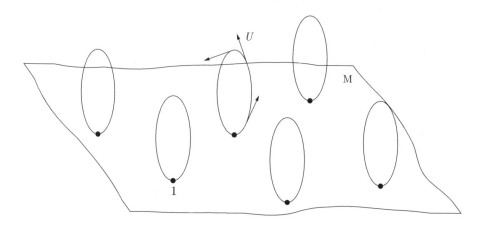

Abb. 8.7: Kaluza-Klein-Theorie

(Lemma 6.3.6). Also folgt weiter

$$
\begin{aligned}
\tilde{s} &= s - 3\sum_{j,k}\|A_{e_j^*}e_k^*\|^2\|e_j\|^2\|e_k\|^2 - 2\sum_j\|A_{e_j^*}U\|^2\|e_j\|^2 \\
&\overset{(8.5)}{=} s - \sum_{j,k}\|A_{e_j^*}e_k^*\|^2\|e_j\|^2\|e_k\|^2 \\
&\overset{(8.4)}{=} s - \frac{1}{4}\sum_{j,k}\|d\vartheta(e_j^*,e_k^*)\|^2\|e_j\|^2\|e_k\|^2 \\
&= s - \frac{1}{4}\|d\vartheta\|^2 = s - \frac{1}{4}\|\Omega^L\|^2. \qquad\qquad \Box
\end{aligned}
$$

Aufgaben

Übung* 8.7.4. *Zeigen Sie*

$$
\begin{aligned}
\nabla^*T &= F(\operatorname{div}F^\natural,\cdot) + \frac{1}{2}\sum_{j,k}F(e_j^\vee,e_k^\vee)dF(e_j,e_k,\cdot) \\
&= F(\operatorname{div}F^\natural,\cdot) + (*F)(\operatorname{div}(*F)^\natural,\cdot).
\end{aligned}
$$

unabhängig von Satz 8.7.2 durch direkte Anwendung der Definition von div *auf die Formel für T in Lemma 8.7.1.*

Anhang A

Lösungen zu ausgewählten Übungsaufgaben

Übung 1.1.8. Sei $f : \mathbf{R}^3 \to \mathbf{R}$, $(x, y, z) \mapsto (\sqrt{x^2 + y^2} - R)^2 + z^2 - r^2$, also $M = f^{-1}(0)$. Auf M ist $x^2 + y^2 \neq 0$, denn $f(0, 0, z) = R^2 + z^2 - r^2 > 0$. Dann ist

$$f'_{|(x,y,z)} = \left(2x \left(1 - \frac{R}{\sqrt{x^2 + y^2}} \right), 2y \left(1 - \frac{R}{\sqrt{x^2 + y^2}} \right), 2z \right).$$

Für $z \neq 0$ ist die dritte Komponente nicht 0, also Rang $f' = 1$. Für $z = 0$ ist $1 - \frac{R}{\sqrt{x^2+y^2}} = \frac{r^2}{\sqrt{x^2+y^2}} \neq 0$ auf M, also wegen $(x, y) \neq (0, 0,)$ ebenfalls Rang $f' = 1$. □

Übung 1.2.17. Wähle eine Abzählung $\mathbf{N}^+ \to \mathbf{Q}, n \mapsto r_n$, und $U_{r_n} :=]r_n - 2^{-n}, r_n + 2^{-n}[$. Dann haben die U_r die Gesamtlänge 2, können also nicht $\mathbf{R}$ überdecken. □

Übung 1.2.18. Wähle zu einer Überdeckung (U_j) von N und zu jedem Punkt $p \in \bar{N}$ eine Umgebung V_p in M mit $V_p \cap N \subset U_{j_p}$ für ein j_p (via der lokalen Identifikation mit einer Untermannigfaltigkeit des $\mathbf{R}^n$). Reduziere die Überdeckung von M durch V_p und $M \setminus \bar{N}$ auf eine abzählbare und ersetze in dieser jedes V_p durch U_{j_p}. □

Übung 1.2.20. Sei

$$g : \mathbf{R}^2 \to M, \quad (t, s) \mapsto \begin{pmatrix} (R + r \cos 2\pi s) \cos 2\pi t \\ (R + r \cos 2\pi s) \sin 2\pi t \\ r \sin 2\pi s \end{pmatrix},$$

$I \subset \mathbf{R}$ ein offenes Intervall der Länge < 1, $x \in \mathbf{R}^2$ und $\psi_{I,x}$ die Umkehrabbildung der lokalen Parametrisierung $g_{|(x+I^2)}$. Dann ist $\psi_{I,x}$ eine Karte von M. Setze $f : \mathbf{R}^2/\mathbf{Z}^2 \to M$, $[(t, s)] \mapsto g(t, s)$. Wegen der Periodizität von $\cos, \sin$ ist f wohldefiniert. Dann ist mit den Karten $\varphi_{I,x}$ von $\mathbf{R}^2/\mathbf{Z}^2$ $\psi_{I,x} \circ f \circ \varphi_{I,x}^{-1} : (x + I^2) \to (x + I^2)$ die Identität, insbesondere also ein Diffeomorphismus von $x + I^2$ auf $x + I^2$. Die Abbildung f ist bijektiv, also global ein Diffeomorphismus von $\mathbf{R}^2/\mathbf{Z}^2$ auf M. □

© Springer-Verlag GmbH Deutschland, ein Teil von Springer Nature 2019
K. Köhler, *Differentialgeometrie und homogene Räume*,
https://doi.org/10.1007/978-3-662-60738-1_9

Übung 1.3.10. Betrachte den Kartenwechsel

$$(T\psi \circ (T\varphi)^{-1})((y,u)) = ((\psi \circ \varphi^{-1})(y), (\psi \circ \varphi^{-1})'_{|y}(u))$$

aus Lemma 1.3.4. Die Ableitung von $(\psi \circ \varphi^{-1})'_{|y}(u)$ nach u ist durch die lineare Abbildung $(\psi \circ \varphi^{-1})'_{|y}$ gegeben. Sei g die Ableitung von $(\psi \circ \varphi^{-1})'_{|y}(u)$ nach y. Der Term $(\psi \circ \varphi^{-1})(y)$ ist in u konstant und hat als Ableitung nach y wieder $(\psi \circ \varphi^{-1})'_{|y}$. Insgesamt wird also die Determinante der Jacobi-Matrix

$$\det(T\psi \circ (T\varphi)^{-1})'_{|(y,u)} = \det \begin{pmatrix} (\psi \circ \varphi^{-1})'_{|y} & g \\ 0 & (\psi \circ \varphi^{-1})'_{|y} \end{pmatrix}$$
$$= \det((\psi \circ \varphi^{-1})'_{|y})^2 > 0. \qquad \square$$

Übung 1.4.13. 1) $\mathcal{J}_p$ ist wohldefiniert, denn falls $f(p) = 0$ für einen Repräsentanten f von $[f] \in \mathcal{J}_p$, so gilt dies auch für jeden anderen Repräsentanten $\tilde{f}$ wegen der Gleichheit von $f, \tilde{f}$ auf einer offenen Umgebung von p. Multiplikation von $[g] \in \mathcal{F}_p$ ergibt $[gf]$ mit $(gf)(p) = 0$, also $[gf] \in \mathcal{J}_p$.
2) Mit $a : \mathcal{J}_p \to T_p^* M$ besteht $\ker a$ aus den Funktionen mit zweifacher Nullstelle bei p, also $\ker a = (\mathcal{J}_p)^2$. Andererseits ist lokal (via einer Testfunktion um p) $f(x_1, \ldots, x_n) := \sum a_j x_j$ eine Funktion mit $a(f) = \sum a_j \frac{\partial}{\partial x_j}$, also ist a surjektiv und induziert den gewünschten Isomorphismus. $\qquad \square$

Übung 1.5.12. Definition einsetzen und gleiche Terme streichen:

$$(L_X L_Y - L_Y L_X)L_Z - L_Z(L_X L_Y - L_Y L_X)$$
$$+(L_Y L_Z - L_Z L_Y)L_X - L_X(L_Y L_Z - L_Z L_Y)$$
$$+(L_Z L_X - L_X L_Z)L_Y - L_Y(L_Z L_X - L_X L_Z) = 0.$$

Diese Rechnung funktioniert auch in jeder anderen assoziativen Algebra. $\qquad \square$

Übung 1.6.29. 1) Mit dem Diffeomorphismus $\varphi : G \to G$, $g \mapsto g^{-1}$ ist $X^R = -\varphi_* X$ zu $X \in \mathfrak{g}$. Somit wird

$$[X^R, Y^R] = [-\varphi_* X, -\varphi_* Y] = \varphi_*[X, Y] = -[X, Y]^R.$$

2) Die Abbildung $A : (\mathfrak{g}, [\cdot, \cdot]) \to (\mathfrak{g}^R, [\cdot, \cdot])$, $X \mapsto \varphi_* X = -X^R$ ist ein Lie-Algebren-Isomorphismus, denn φ_* vertauscht mit der Lie-Klammer. $\qquad \square$

Übung 1.6.30. 1) Mit $x := a^2 + bc$ ist $\exp X = \mathrm{Id} \cdot \cosh \sqrt{x} + X \cdot \frac{\sinh \sqrt{x}}{\sqrt{x}}$ bzw. $\exp X = \mathrm{Id} \cdot \cos \sqrt{-x} + X \cdot \frac{\sin \sqrt{-x}}{\sqrt{-x}}$.

2) Nach obiger Formel ist $\mathrm{Tr} \exp X \geq -2$.

3) Es ist $\exp \begin{pmatrix} 0 & 2\pi \\ -2\pi & 0 \end{pmatrix} = \exp \begin{pmatrix} 0 & 0 \\ 0 & 0 \end{pmatrix}$. $\qquad \square$

Übung 1.6.32. 1) $\begin{pmatrix} 1 & 0 \\ 0 & -1 \end{pmatrix} \cdot \begin{pmatrix} 0 & 1 \\ 0 & 0 \end{pmatrix} - \begin{pmatrix} 0 & 1 \\ 0 & 0 \end{pmatrix} \cdot \begin{pmatrix} 1 & 0 \\ 0 & -1 \end{pmatrix} = \begin{pmatrix} 0 & 2 \\ 0 & 0 \end{pmatrix}$ etc.

2) Für $v \in V_\lambda$ ist nach (1) $HXv = XHv + 2Xv = (\lambda + 2)Xv$, analog für Y.

3) q existiert, da H auf V wie jeder Endomorphismus über $\mathbf{C}$ mindestens einen Eigenwert hat. Es ist $Y \cdot Y^k v = Y^{k+1}v \in W$, nach (2) ist $H \cdot Y^k v = (q-2k)Y^k v \in W$ und

$$
\begin{aligned}
X \cdot Y^k v &= \sum_{j=0}^{k-1} Y^j \underbrace{[X,Y]}_{=H} Y^{k-1-j}v + Y^k \underbrace{Xv}_{=0} \\
&= \sum_{j=0}^{k-1}(q - 2(k-1-j))Y^{k-1}v \\
&= k(q - k + 1)Y^{k-1}v \in W.
\end{aligned}
\tag{A.1}
$$

Also ist W eine $\mathfrak{sl}(2)$-Darstellung und wegen der Irreduzibilität von V gleich V.

4) Wegen $Y^k v \in V_{q-2k}$ sind die nicht-verschwindenden $Y^k v$ linear unabhängig. Andererseits ist $\dim V < \infty$, also gibt es ein kleinstes $k \in \mathbf{N}$ mit $Y^k v = 0$. Also ist nach (A.1) auch $0 = X \cdot Y^k = k(q - k + 1)Y^{k-1}v$, d.h. $q = k - 1 \in \mathbf{N}_0$. Durch die Formeln in (3) ist die Operation von Y, H, X auf V unabhängig von der Wahl von v eindeutig durch q bestimmt.

5) Nach Satz 1.6.19 legt die Darstellung der Lie-Algebra diejenige der Lie-Gruppe eindeutig fest.

6) Für die Basis $(s^k t^{q-k})_{0 \le k \le q}$ von V^q ist

$$
H \cdot s^k t^{q-k} = \frac{\partial}{\partial \varepsilon}_{|\varepsilon=0} e^{\varepsilon H} \cdot s^k t^{q-k} = \frac{\partial}{\partial \varepsilon}_{|\varepsilon=0} (e^\varepsilon s)^k (e^{-\varepsilon} t)^{q-k} = (2k - q)s^k t^{q-k}. \quad \Box
$$

Übung 2.1.15. Sei $\mathcal{O}$ das triviale K-Linienbündel und

$$
f : \mathrm{Hom}_K(L, L) \to \mathcal{O}, A \mapsto \mathrm{Tr}\, A
$$

punktweise die Spur. Dann ist f punktweise aus Dimensionsgründen ein Vektorraum-Isomorphismus, und f hängt glatt vom Fußpunkt ab. $\qquad \Box$

Übung 2.2.11. 1) Die Abbildung ist

$$
\begin{aligned}
\mathrm{Hom}(V, W) \otimes \mathrm{Hom}(W, Z) \cong V^* \otimes W \otimes W^* \otimes Z &\to V^* \otimes Z \cong \mathrm{Hom}(V, Z) \\
\alpha \otimes w \otimes \beta \otimes z &\mapsto \alpha \otimes \beta(w) \cdot z,
\end{aligned}
$$

also ist sie gleich der Kontraktion des zweiten mit dem dritten Term.

2) Genauso ist

$$
\begin{aligned}
\mathrm{Hom}(V, W) \otimes V \cong V^* \otimes W \otimes V &\to W \\
\alpha \otimes w \otimes v &\mapsto \alpha(v) \cdot w
\end{aligned}
$$

die Kontraktion des ersten mit dem dritten Term. $\qquad \Box$

Übung 2.3.11. Zu $J \subset \{1, \ldots, n\}$ sei $J^c := \{1, \ldots, n\} \setminus J$. Dann ist mit einer Basis $(v_1, \ldots, v_n)$

$$
\begin{aligned}
(f - X \cdot \mathrm{id})^* v^1 \wedge \cdots \wedge v^n &= \sum_{J \subset \{1,\ldots,n\}} \bigwedge_j \begin{cases} v^j \circ f & j \in J \\ (-X)v^j & j \notin J \end{cases} \text{ falls} \\
&= \sum_{J \subset \{1,\ldots,n\}} \mathrm{sign} \begin{pmatrix} 1 \ldots n \\ J \ \ J^c \end{pmatrix} (f^* v^J) \cdot (-X)^{|J^c|} v^{J^c} \\
&= \sum_{J \subset \{1,\ldots,n\}} (-X)^{|J^c|} \mathrm{sign} \begin{pmatrix} 1 \ldots n \\ J \ \ J^c \end{pmatrix} (f^* v^J)(v_J) v^J \wedge v^{J^c} \\
&= \sum_{q=0}^{n} (-X)^{n-q} \underbrace{\sum_{\substack{J \subset \{1,\ldots,n\} \\ |J|=q}} (f^* v^J)(v_J) \cdot v^1 \wedge \cdots \wedge v^n}_{= \mathrm{Tr}\, f^*_{|\Lambda^q V^*}}
\end{aligned}
$$ □

Übung 2.3.12. Seien $(v_1, \ldots, v_j), (v_{j+1}, \ldots, v_n)$ Basen von U, W, dann ist

$$
f : \bigoplus_{q=0}^{k} \Lambda^q U^* \otimes \Lambda^{k-q} W^* \ \to \ \Lambda^k V^*
$$

$$
v^J \otimes v^L \ \mapsto \ v^J \wedge v^L
$$

(mit $J \subset \{1, \ldots, j\}, L \subset \{j+1, \ldots, n\}$) linear und bijektiv. □

Übung 2.3.15. Für eine lokale Basis $(s_1, \ldots, s_k)$ von E ist $s_1 \wedge \cdots \wedge s_k$ ein Erzeugendes von $\det E$. Für eine Übergangsfunktion g_{jk} wird also mit Lemma 2.3.4 $\det g_{jk}$ die Übergangsfunktion von $\det E$. □

Übung 2.3.17. Für $f \in C^\infty(M, \mathbf{R})$ ist

$$
\begin{aligned}
&(fX).\alpha(Y) - Y.\alpha(fX) - \alpha([fX, Y]) \\
&= \ f \cdot X.\alpha(Y) - Y.(f \cdot \alpha(X)) - \alpha(f \cdot [X, Y] - Y.f \cdot X) \\
&= \ f \cdot X.\alpha(Y) - (Y.f) \cdot \alpha(X) - f \cdot Y.(\alpha(X)) - f \cdot \alpha([X, Y]) + \alpha(Y.f \cdot X) \\
&= \ f \cdot \big(X.\alpha(Y) - Y.\alpha(X) - \alpha([X, Y])\big).
\end{aligned}
$$

Da $d\alpha(X, Y)$ in X und Y schiefsymmetrisch ist, folgt damit die Tensorialität in beiden Variablen. □

Übung 2.4.11. Falls M kompakt ist, ist $H_c^\bullet(M) = H^\bullet(M)$. Für eine 0-Form $f \in C_c^\infty(M)$ folgt aus $df = 0$, dass f konstant ist. Also muss $f \equiv 0$ sein, wenn M nicht kompakt ist. □

Übung 2.5.18. Sei $(U_j)_j$ eine Überdeckung von N mit Trivialisierungen von E. Ein Schnitt $s \in \Gamma(M, f^*E)$ hat lokal die Form $s_{|f^{-1}(U_j)} = \sum g_{\ell j} f^* s_{\ell j}$ für lokale Basen $(s_{\ell j})_\ell$, also mit einer $(U_j)_j$ untergeordneten Zerlegung $(\tau_k)_k$ der Eins

$$
s = \sum_{\ell, k} g_{\ell j(k)} \tau_k \circ f \cdot f^* s_{\ell j(k)} = \sum_{\ell, k} g_{\ell j(k)} f^*(\tau_k s_{\ell j(k)}).
$$

Falls N kompakt ist, lässt sich die Überdeckung auf eine endliche reduzieren. □

Übung 3.1.24. Aus $(g_{jk})_{j,k} = \begin{pmatrix} 1 & 0 \\ 0 & r(u)^2 \end{pmatrix}$ folgt

$$\mathrm{vol}(M) = \int_0^{2\pi} \int_I r(u)\, du\, d\vartheta = 2\pi \int_I r(u)\, du. \qquad \square$$

Übung 3.1.27. 1) Sei β gegeben in der Form $\beta(t) = \alpha(t) + u(t)w(t)$ mit $u : I \to \mathbf{R}$. Aus $\beta' \perp w'$ folgt

$$0 = \langle \alpha' + u'w + uw', w' \rangle = \langle \alpha', w' \rangle + u\|w'\|^2,$$

also $u = -\frac{\langle \alpha', w' \rangle}{\|w'\|^2}$. β ist also eindeutig gegeben durch

$$\beta := \alpha - \frac{\langle \alpha', w' \rangle}{\|w'\|^2} w.$$

2) Sei nun $\overline{\alpha}$ eine andere Leitkurve von u, $\overline{\alpha} = \alpha + \overline{u}w$. Dann ist $\overline{\beta}$ für diese Leitkurve

$$\begin{aligned}
\overline{\beta} &= \overline{\alpha} - \frac{\langle \overline{\alpha}', w' \rangle}{\|w'\|^2} w &= \alpha + \overline{u}w - \frac{\langle \alpha' + \overline{u}'w + \overline{u}w', w' \rangle}{\|w'\|^2} w \\
&= \alpha - \frac{\langle \alpha', w' \rangle}{\|w'\|^2} w &= \beta.
\end{aligned}$$

3) Wegen $w \perp w'$ folgt $\beta' \times w = \lambda w'$. Insbesondere ist

$$\begin{aligned}
\det(g_{jk}) &= \|\partial_t u \times \partial_s u\|^2 = \|(\beta' + sw') \times w\|^2 \\
&= \lambda^2 \|w'\|^2 + s^2 \|w' \times w\|^2 = (\lambda^2 + s^2)\|w'\|^2.
\end{aligned}$$

Somit ist u an der Stelle (t, s) genau dann singulär, wenn $\lambda(t) = 0$ und $s = 0$. □

Übung 3.2.22. Für beliebiges $f \in C^\infty(M, \mathbf{R})$ ist

$$\begin{aligned}
T(fX, Y) &= \nabla_{fX}Y - \nabla_Y fX - [fX, Y] \\
&= f\nabla_X Y - f\nabla_Y X - df(Y) \cdot X - f[X, Y] + df(Y) \cdot X \\
&= f \cdot T(X, Y).
\end{aligned}$$

Also ist T tensoriell in der ersten Variable und wegen $T(Y, X) = -T(X, Y)$ auch in der zweiten. □

Übung 3.2.23. Wegen der Schiefsymmetrie von T ist

$$\nabla'_X Y - \nabla'_Y X - [X, Y] = T(X, Y) - \frac{1}{2}T(X, Y) + \frac{1}{2}T(Y, X) = 0. \qquad \square$$

Übung 3.3.14. Wie im Beweis der Koszul-Formel folgt

$$\begin{aligned}
& X.g(Y, Z) + Y.g(X, Z) - Z.g(X, Y) \\
&= g(\nabla'_X Y, Z) + g(Y, \nabla'_X Z) + g(\nabla'_Y X, Z) \\
&\quad + g(X, \nabla'_Y Z) - g(\nabla'_Z X, Y) - g(X, \nabla'_Z Y) \\
&= 2g(\nabla'_X Y, Z) + g(X, [Y, Z] + T(Y, Z)) + g(Y, [X, Z] + T(X, Z)) \\
&\quad - g(Z, [X, Y] + T(X, Y)).
\end{aligned}$$

Subtraktion der Koszul-Formel liefert das gewünschte Resultat. Nach Lemma 3.2.15 ist S in den letzten beiden Komponenten schiefsymmetrisch. Insbesondere hat zu einem gegebenen $T \in \Lambda^2 T^* M \otimes TM$ der Zusammenhang $\nabla + S$ die Torsion T. $\square$

Übung 3.4.9. Sei $X \in T_p M \setminus \{0\}$ und ergänze $\frac{X}{\|X\|}$ zu einer Orthonormalbasis $(e_j)_j$. Dann ist

$$\mathrm{Ric}(X, X) = \sum_{j=1}^{n} R(X, e_j, X, e_j) = \sum_{j=2}^{n} \|X\|^2 K(X \wedge e_j) \geq (n-1)\|X\|^2 K_0.$$

Spurbildung liefert die Ungleichung für s. $\square$

Übung 4.1.10. $\int_{E_p} : H_c^k(E_p) \to \mathbf{R}$ ist wohldefiniert, da die Formen $\mathfrak{A}_c(E_p)$ mit kompaktem Träger endliches Integral haben und für $\alpha \in \mathfrak{A}_c(E_p)$ nach Stokes $\int_{E_p} d\alpha = 0$ gilt. Nach Lemma 4.1.8 ist $\int_{E_p} \varphi^* U = \int_{E_p} U = 1$. $\square$

Übung 4.2.17. Für die Basis $\mathcal{B}$ zur Diagonalisierung von A über $\mathbf{R}$ mit den 2×2-Blöcken $\begin{pmatrix} 0 & -\lambda \\ \lambda & 0 \end{pmatrix}$ wie im Beweis von Satz 4.2.2 hat $-A^{-1}$ eine Matrix mit den Blöcken $\begin{pmatrix} 0 & -\lambda^{-1} \\ \lambda^{-1} & 0 \end{pmatrix}$ auf der Diagonale. Also wird $\mathrm{Pf}(-A^{-1}) = (\lambda_1 \cdots \lambda_{k/2})^{-1}$ und $\mathrm{Pf}(A)\mathrm{Pf}(-A^{-1}) = 1$. $\square$

Übung 4.2.18. Es ist

$$\langle A \cdot, \cdot \rangle = a \cdot e^1 \wedge e^2 + b \cdot e^1 \wedge e^3 + c \cdot e^1 \wedge e^4$$
$$+ e \cdot e^2 \wedge e^3 + f \cdot e^2 \wedge e^4 + g \cdot e^3 \wedge e^4.$$

Also folgt $\mathrm{Pf}(A) = ag - bf + ce$ und $\det A = (ag - bf + ce)^2$. $\square$

Übung 4.2.20. Für eine parametrisierte Familie ∇_t von Zusammenhängen auf E ist $\dot{\Omega} = [\nabla, \dot{\nabla}] = \nabla \dot{\nabla}$. Also ist

$$\mathcal{T}(\Omega_t^k)^{\cdot} = \mathcal{T}\left(\sum \Omega^\ell \wedge \nabla \dot{\nabla} \wedge \Omega^{k-\ell-1}\right)$$
$$\overset{\text{2. Bianchi}}{=} \mathcal{T}\left(\nabla \sum \Omega^\ell \wedge \dot{\nabla} \wedge \Omega^{k-\ell-1}\right)$$
$$= d\left(\mathcal{T}\left(\sum \Omega^\ell \wedge \dot{\nabla} \wedge \Omega^{k-\ell-1}\right)\right).$$

Integrieren über t liefert die Exaktheit von $\chi(\nabla_1^E) - \chi(\nabla_0^E)$. $\square$

Übung 5.1.19. Die Hesse-Matrix von u ist

$$u'' = \begin{pmatrix} \alpha'' + sw'' & w' \\ w' & 0 \end{pmatrix}.$$

Ein Normalenvektor ist durch $\mathfrak{n} = \frac{\lambda w' + sw' \times w}{\sqrt{\lambda^2 + s^2}\|w'\|}$ gegeben. Dann ist

$$\langle \mathfrak{n}, w' \rangle = \lambda \|w'\| / \sqrt{\lambda^2 + s^2},$$

also

$$\det(II_{jk}) = \det\langle \mathfrak{n}, u'' \rangle = \det \begin{pmatrix} * & \lambda\|w'\|/\sqrt{\lambda^2+s^2} \\ \lambda\|w'\|/\sqrt{\lambda^2+s^2} & 0 \end{pmatrix}$$

$$= -\frac{\lambda^2\|w'\|^2}{\lambda^2+s^2}.$$

Außerdem ist $\det(g_{jk}) = \|\partial_t u \times \partial_s u\|^2 = (\lambda^2+s^2)\|w'\|^2$, zusammen also

$$K = \frac{\det(II_{jk})}{\det(g_{jk})} = -\frac{\lambda^2}{(\lambda^2+s^2)^2}. \qquad \square$$

Übung 5.1.20. Für die zweifache Ableitung in tangentialer Richtung gilt

$$\begin{aligned} \tilde{g}(\tilde{\nabla}_X \tilde{\nabla}_Y \mathfrak{n}, \mathfrak{n}') &= X.\tilde{g}(\tilde{\nabla}_Y \mathfrak{n}, \mathfrak{n}') - \tilde{g}(\tilde{\nabla}_Y \mathfrak{n}, \tilde{\nabla}_X \mathfrak{n}') \\ &= X.\tilde{g}(\tilde{\nabla}_Y \mathfrak{n}, \mathfrak{n}') - g^N(\nabla_Y^N \mathfrak{n}, \nabla_X^N \mathfrak{n}') - g(T_Y \mathfrak{n}, T_X \mathfrak{n}') \\ &= g^N(\nabla_X^N \nabla_Y^N \mathfrak{n}, \mathfrak{n}') - g(T_Y \mathfrak{n}, T_X \mathfrak{n}'). \end{aligned}$$

Zusammen mit $\tilde{g}(\tilde{\nabla}_{[X,Y]}\mathfrak{n}, \mathfrak{n}') = g(\nabla_{[X,Y]}^N \mathfrak{n}, \mathfrak{n}')$ folgt die Behauptung. $\qquad \square$

Übung 5.2.19. Weil X Killing ist, ist ∇X schief und es folgt für beliebige Y

$$g(\nabla_X X, Y) = -g(X, \nabla_Y X) = -\frac{1}{2}Y.\|X\|^2 = 0,$$

also $\nabla_X X = 0$. $\qquad \square$

Übung 5.2.23. 4) $\mathrm{dist}(p,q) = 0 \Leftrightarrow p = q$: Sei U Normalumgebung von p und $\exp_p B_r(0) \subset U$. Für $q \notin U$ wird U von jedem Weg c durchquert, also folgt Länge$(c) > r$. Für $q \in U$ folgt die Behauptung aus dem vorigen Satz.
5) Sei $\mathcal{T}$ die Standard-Topologie und $\mathcal{T}^{\mathrm{dist}}$ die von der Metrik dist induzierte. Sei $U \in \mathcal{T}^{\mathrm{dist}}$, d.h.

$$U = \bigcup_{p \in U} \bigcup_{B_r^{\mathrm{dist}}(p) \subset U} B_r^{\mathrm{dist}}(p).$$

Dann ist für jedes p und r hinreichend klein $B_r^{\mathrm{dist}}(p) = \exp_p B_r(0) \in \mathcal{T}$, also

$$U = \bigcup_{p \in U} \bigcup_{r \text{ hinreichend klein}} \exp_p B_r(0) \in \mathcal{T}.$$

Sei umgekehrt $U \in \mathcal{T}$, d.h. für jedes $p \in U$ und jede Karte φ_p um p existiert ein hinreichend kleiner Ball $B_r(\varphi_p(p)) \subset U$ und somit

$$U = \bigcup_{p \in U} \varphi_p^{-1}(B_r(\varphi_p(p))).$$

Wähle als Karten $\varphi_p = \exp_p$, dann ist für r hinreichend klein $\exp_p(B_r(0)) = B_r^{\mathrm{dist}}(p)$ und somit $U \in \mathcal{T}^{\mathrm{dist}}$. $\qquad \square$

Übung 5.3.16. Aus Symmetriegründen (Spiegelung an der Ebene durch c und die Drehachse) ist c Geodätische. Die Jacobi-Felder aus dem Beispiel 5.3.2 spannen einen zweidimensionalen Vektorraum auf. Rotationen um die Drehachse sind Isometrien, Ableiten liefert also ein Killing-Feld $\partial/\partial\vartheta$, das nach Übung 5.3.14 längs c ein Jacobi-Feld ist. □

Übung 5.3.17. Mit

$$\omega_t(Y,\tilde{Y}) := g(Y_t, \nabla^{c^*TM}_{\partial/\partial t}\tilde{Y}_t) - g(\nabla^{c^*TM}_{\partial/\partial t}Y_t, \tilde{Y}_t)$$

ist

$$\frac{\partial}{\partial t}\omega_t(Y,\tilde{Y}) = g(Y_t, (\nabla^{c^*TM}_{\partial/\partial t})^2\tilde{Y}_t) - g((\nabla^{c^*TM}_{\partial/\partial t})^2Y_t, \tilde{Y}_t)$$
$$= 0$$

nach der Differentialgleichung der Jacobi-Felder. Also ist ω von t unabhängig. Weil die Jacobi-Felder durch beliebige $(Y, \nabla^{c^*TM}_{\partial/\partial t}Y)_{t=0} \in (T_{c(0)}M)^2$ eindeutig bestimmt werden, ist ω nicht-degeneriert. □

Übung 5.3.18. Die Vektorfelder $\dot{c}(t), Y(t)$ längs c lassen sich durch

$$\exp_*(\frac{\|X\|}{\|X_0\|}X) = \frac{\|X\|}{\|X_0\|}\mathfrak{R}, \quad Y := \exp_*(\frac{\|X\|}{\|X_0\|}V)$$

auf jeden Punkt $\exp_p X$ mit $X \in T_pM$ einer Normalumgebung von p fortsetzen. Dann ist

$$\Omega_{c(t)}(\dot{c}, Y_t)\dot{c} = \frac{1}{t^2}\Omega(\mathfrak{R}, Y)\mathfrak{R}_{|c(t)} = \|X_0\|^2\Omega(\frac{\mathfrak{R}}{\|X\|}, Y)\frac{\mathfrak{R}}{\|X\|}$$

$$= \|X_0\|^2\Big(\nabla_{\frac{\mathfrak{R}}{\|X\|}}\nabla_Y\frac{\mathfrak{R}}{\|X\|} - \nabla_Y\underbrace{\nabla_{\frac{\mathfrak{R}}{\|X\|}}\frac{\mathfrak{R}}{\|X\|}}_{=\frac{\nabla_{\partial/\partial t}\dot{c}}{\|X_0\|^2}=0} - \nabla_{[\frac{\mathfrak{R}}{\|X\|},Y]}\frac{\mathfrak{R}}{\|X\|}\Big)$$

$$= \|X_0\|^2\Big(\nabla_{\frac{\mathfrak{R}}{\|X\|}}\nabla_{\frac{\mathfrak{R}}{\|X\|}}Y + \nabla_{\frac{\mathfrak{R}}{\|X\|}}[\frac{\mathfrak{R}}{\|X\|},Y] - \nabla_{[\frac{\mathfrak{R}}{\|X\|},Y]}\frac{\mathfrak{R}}{\|X\|}\Big)$$

$$= (\nabla_{\partial/\partial t})^2Y + \underbrace{\|X_0\|^2\Big[\frac{\mathfrak{R}}{\|X\|}, [\frac{\mathfrak{R}}{\|X\|}, Y]\Big]}_{=\|X_0\|\exp_*\left[\frac{X}{\|X\|},[\frac{X}{\|X\|},\|X\|V]\right]}.$$

Wegen $[\frac{X}{\|X\|}, \|X\|V] = -\frac{X}{\|X\|}\sum_j\frac{x_jv_j}{\|X\|}$ und $X.\sum_j\frac{x_jv_j}{\|X\|} = 0$ verschwindet der letzte Summand. □

Übung 5.3.19. Mit den Notationen aus dem Beweis des Satzes wird wie für den

Term 2. Ordnung

$$\frac{d^5}{dt^5}_{|t=0} \|Y\|^2 = 10g((\nabla_{\partial/\partial t})^4 Y, \nabla_{\partial/\partial t} Y)$$

$$= 10g((\nabla_{\partial/\partial t})^2 (\Omega(\dot{c}, Y)\dot{c}), \tilde{V})$$

$$= 10g\left(\nabla_{\partial/\partial t}\left((\nabla_{\partial/\partial t}\Omega)(\dot{c}, Y)\dot{c} + \Omega(\dot{c}, \nabla_{\partial/\partial t} Y)\dot{c}\right), V\right)$$

$$= 20g\left((\nabla_{\partial/\partial t}\Omega_p)(\dot{c}, V)\dot{c}, V\right). \qquad \Box$$

Übung 5.3.21. Gegeben ist die Familie von Großkreisen

$$c_s(t) = p \cdot \cos t + \sin t \cdot (X \cos s + V \sin s)$$

mit $p \in S^n, X, V \in T_p S^n, \|X\| = \|V\| = 1, X \perp V$. Dann ist $\frac{\partial^2}{\partial t^2} c_s(t) \| c_s(t)$ im $\mathbf{R}^{n+1}$, also ist $t \mapsto c_s(t)$ Geodätische und $Y := \frac{\partial}{\partial s}_{|s=0} c_s = V \sin t$ Jacobi-Feld längs c_0. Es ist $\nabla^{S^n}_{\partial/\partial t} Y = \text{proj}(\underbrace{\frac{\partial}{\partial t} Y}_{\sim V \perp T_{c_0(t)} S^n}) = \frac{\partial}{\partial t} Y$, $(\nabla^{S^n}_{\partial/\partial t})^2 Y = \text{proj}(\frac{\partial}{\partial t}\nabla^{S^n}_{\partial/\partial t} Y) =$

$\frac{\partial^2}{\partial t^2} Y = -V \sin t$ und nach der Jacobi-DGL $-Y = \ddot{Y} = \Omega(\dot{c}, Y)\dot{c}$, also

$$K_p(X \wedge V) = \lim_{t \searrow 0} \frac{-g(\Omega(\dot{c}, Y)\dot{c}, Y)}{\|\dot{c} \wedge Y\|^2} = \lim_{t \searrow 0} \frac{\|Y\|^2}{\|Y\|^2} = 1. \qquad \Box$$

Übung 6.1.12. 1) Für die Sphäre vom Radius r um x_0 und die Gerade mit Steigung $X \in S^{n-1}$ sind die Schnittpunkte bei $t_{1,2}$ bestimmt durch $\|tX - x_0\|^2 = r^2$, also ist das Produkt der Entfernungen $|t_1 \cdot t_2| = \big|\|x_0\|^2 - r^2\big|$.

2) Fallunterscheidung. Für Kreise, die nicht durch N gehen, ist das Argument wie folgt: Wähle eine Sphäre, die nicht durch Null geht und den Kreis enthält. Mit $\psi(x) := \varphi(x - N) + N = \frac{2x}{\|x\|^2}$ wird mit einer von der Sphäre abhängigen Konstanten $c \neq 0$ für kollineare Punkte p, q der Sphäre $\|p\| = \frac{c}{\|q\|} = \frac{c}{2}\|\psi(q)\|$. Weil $\psi(q)$ kollinear zu p ist, folgt $\psi(q) = \pm\frac{2}{c} p$. Wegen der Stetigkeit wird nur ein Vorzeichen angenommen, und das Bild der Sphäre ist die ursprüngliche Sphäre gestreckt mit dem Faktor $\pm 2/c$. Jeder Kreis liegt in einem dreidimensionalen Unterraum, also wird er als Schnitt zweier solcher Sphären im $\mathbf{R}^3$ auf einen Schnitt zweier Sphären abgebildet.

3) Folgt wegen der punktweisen Proportionalität zur euklidischen Metrik. $\qquad \Box$

Übung 6.1.13. Mit der Abbildung φ^{-1} aus Satz 6.1.2 wird der Abstand t durch den Punkt der Geodätischen $\begin{pmatrix} \cosh t \\ X \sinh t \end{pmatrix} = \varphi^{-1}(u) = \frac{1}{1-\|u\|^2}\begin{pmatrix} 1+\|u\|^2 \\ 2u \end{pmatrix}$ bestimmt. Also $\cosh t = \frac{1+\|u\|^2}{1-\|u\|^2}$. $\qquad \Box$

Übung 6.1.14. Wegen der Transitivität von $\mathbf{SO}_0(1, n)$ genügt es, die Krümmung bei $\mathbf{x} = N$ zu berechnen. Sei $X_s \in S^n$ eine Kurve und $c_s(t) = \begin{pmatrix} \cosh t \\ X_s \sinh t \end{pmatrix}$ die zugehörige Familie von Geodätischen. Dann ist

$$Y_t := \frac{\partial}{\partial s}_{|s=0} c_s(t) = \begin{pmatrix} 0 \\ X_0' \sinh t \end{pmatrix}$$

ein Jacobi-Feld längs c_0. Nach Satz 3.3.2 ist

$$\nabla_{\partial/\partial t} Y = \mathrm{proj}\left(\frac{\partial}{\partial t} Y\right) = \begin{pmatrix} 0 \\ X_0' \cosh t \end{pmatrix},$$

$$(\nabla_{\partial/\partial t})^2 Y = \mathrm{proj}\left(\frac{\partial}{\partial t} \nabla_{\partial/\partial t} Y = Y\right),$$

also ist nach der Jacobi-Differentialgleichung $Y = (\nabla_{\partial/\partial t})^2 Y = \Omega(\dot{c}_0, Y)\dot{c}_0$ und

$$K_N(X_0 \wedge X_0') = \lim_{t \to 0} \frac{-g(\Omega(\dot{c}_0, Y)\dot{c}_0)}{\|\dot{c}_0 \wedge Y\|^2} = \lim_{t \to 0} \frac{-\|Y\|^2}{\|Y\|^2} = -1. \qquad \square$$

Übung 6.3.13. 1) Mit dem radialen Vektorfeld $\mathfrak{R}$ auf $\mathbf{C}^{n+1}$ ist $\mathfrak{n} = \mathfrak{R}_{|S^{2n+1}}$. Im Quotienten $\mathbf{C}^{n+1} \setminus \{0\}/\mathbf{C}$ wird somit jede komplexe Linie $\mathbf{C}$ von $\mathfrak{n}$ aufgespannt, als reelle Ebene also von $\mathfrak{n}, J\mathfrak{n}$. Somit sind die Fasern Großkreise mit Tangentialraum $J\mathfrak{n} \cdot \mathbf{R}$.

2) folgt aus (1), weil Drehungen der Sphäre Isometrien sind.

3) Die Geodätischen sind nach dem Beispiel 5.2.3 die Bilder von Großkreisen, die senkrecht auf $J\mathfrak{n}$ stehen.

4) Die Fasern sind nach (1) Geodätische, also verschwindet T. Für X, Y horizontal ist

$$A_X(J\mathfrak{n}) = (\nabla_X^{\mathbf{C}^{n+1}}(J\mathfrak{R}))^H = (JX)^H = JX.$$

Nach Lemma 6.3.6 folgt $A_X Y = \langle X, JY \rangle J\mathfrak{n}$.

5) Mit Lifts X, Y von $\tilde{X}, \tilde{Y}$ wird nach (4) $K(\tilde{X} \wedge \tilde{Y}) = 1 + 3\frac{\langle X, JY \rangle^2}{\|X \wedge Y\|^2} \in [1, 4]. \qquad \square$

Übung 6.3.18. Sei $A \subset M$ abgeschlossen und $y \subset \tilde{M} \setminus A$. Wähle eine relativ kompakte Umgebung B von y. Dann ist $\pi^{-1}(\bar{B})$ kompakt, also auch $\pi^{-1}(\bar{B}) \cap A$ und $\pi(\pi^{-1}(\bar{B}) \cap A)$. Wegen $\pi(\pi^{-1}(\bar{B}) \cap A) \subset \bar{B} \cap \pi(A)$ ist $B \setminus \pi(\pi^{-1}(\bar{B}) \cap A)$ offene Umgebung von y in $\tilde{M} \setminus A$. $\qquad \square$

Übung 6.4.12. Sei $p \in M$ und $f : G \to M, \gamma \mapsto \rho(\gamma)(p)$. Dann ist $T_e f(X) = X_p'$ und $X'_{f(\gamma)} = \frac{\partial}{\partial t}_{|t=0}\rho(\gamma e^{tX})(p) = \frac{\partial}{\partial t}_{|t=0} f(L_\gamma e^{tX}) = T_\gamma f(T_e L_\gamma X)$. Nach Lemma 1.4.7 entspricht die Lieklammer der Killing-Felder X' also der der links-invarianten Vektorfelder auf G, obwohl G auf M von rechts operiert. Weiter folgt $[X'', Y''] = [-X', -Y'] = [X, Y]' = -[X, Y]''$, für eine Operation von links erhält man somit die Lie-Klammer der rechts-invarianten Vektorfelder. $\qquad \square$

Übung 6.4.13. Für eine Basis $(W_j)_{j \in J}$ der Topologie von M ist $\pi(W_j)_{j \in J}$ eine Basis der Topologie von M/G: Denn nach Hilfssatz 6.4.7 ist jedes $\pi(W_j)$ offen. Und für $U \subset M/G$ offen ist $\pi^{-1}(U)$ offen, also $\exists K \subset J : \pi^{-1}(U) = \bigcup_{j \in K} W_j$ und somit $U = \bigcup_{j \in K} \pi(W_j)$. $\square$

Übung 6.5.12. 2) Es ist $|qv\tilde{q}^{-1}|^2 = |q|^2 \cdot |v|^2 \cdot |\tilde{q}|^{-2} = |v|^2$, also hat ψ Werte in $\mathbf{SO}(4)$. Der Kern $\{(q, \tilde{q}) \in \{\pm 1\} \backslash (S^3)^2 \mid qv\tilde{q}^{-1} = v \forall v \in \mathbf{H}\}$ ist trivial. Bei $p = (1, 1)$ ist $T_1 S^3 \times T_1 S^3 = \mathbf{R}^\perp \times \mathbf{R}^\perp$ und $T_1 \psi(x, y)v = xv - vy$ für $x, y \in \mathbf{R}^\perp$. Damit wird

$$
\begin{aligned}
\|T_1\psi(x,y)\|^2_{\mathfrak{so}(\mathbf{H})} &= -\mathrm{Tr}\,_\mathbf{H} T_1\psi(x,y) \circ T_1\psi(x,y) \\
&= -\mathrm{Tr}\,_\mathbf{H}(v \mapsto xxv - 2xvy - vyy) \\
&= \mathrm{Tr}\,(v \mapsto |x|^2 v + v|y|^2 + 2xvy) \\
&= 4|x|^2 + 4|y|^2 + 2\mathrm{Tr}\,\underbrace{(v \mapsto xvy)}_{=:|x|\cdot|y|A}.
\end{aligned}
$$

Für $x, y \neq 0$ ist Abbildung $A = \psi\left(\frac{x}{|x|}, (\frac{y}{|y|})^{-1}\right) \in \mathbf{SO}(\mathbf{H})$, $Av = \frac{xvy}{|x|\cdot|y|}$ nichttrivial, hat Determinante 1 und es ist $A^2 = \mathrm{id}$. Also sind die Eigenwerte $1, 1, -1, -1$ und die Spur 0. Als lokale Isometrie (bis auf den Faktor 4) ist ψ nach dem Satz von Hermann Überlagerung, wegen des trivialen Kerns also Isomorphismus.

1) Aus $q\bar{q} = 1$ und $v = -\bar{v}$ folgt $\overline{qvq^{-1}} = -qvq^{-1}$, also $qvq^{-1} \in \mathbf{R}^\perp$. Außerdem ist $|qvq^{-1}|^2 = |q|^2 \cdot |v|^2 \cdot |q|^{-2} = |v|^2$, also hat φ Werte in $\mathbf{SO}(3)$. Bei $p = 1$ ist $T_1 S^3 = \mathbf{R}^\perp$ und $T_1 \varphi(x)v = xv - vx$ für $x \in \mathbf{R}^\perp$. Wie in (2) wird

$$
\begin{aligned}
\|T_1\varphi(x)\|^2_{\mathfrak{so}(\mathbf{R}^\perp)} &= -\mathrm{Tr}\,_{\mathbf{R}^\perp} T_1\varphi(x) \circ T_1\varphi(x) \\
&= -\mathrm{Tr}\,_{\mathbf{R}^\perp}(v \mapsto xxv - 2xvx - vxx) \\
&= 6|x|^2 + 2\mathrm{Tr}\,_\mathbf{H}(v \mapsto xvx) - 2\mathrm{Tr}\,_\mathbf{R}(v \mapsto xvx) \\
&\stackrel{(2)}{=} 6|x|^2 - xx = 8|x|^2.
\end{aligned}
$$

Die restliche Argumentation folgt wie bei (2).

Alternativ: Mit $\mathbf{H} \subset \mathrm{End}(\mathbf{C}^2)$ wird $\mathbf{R}^\perp \cong \mathfrak{su}(2) \subset \mathrm{End}(\mathbf{C}^2)$ und

$$
\mathbf{SU}(2) = \left\{ \begin{pmatrix} w & -\bar{z} \\ z & \bar{w} \end{pmatrix} \;\middle|\; |w|^2 + |z|^2 = 1 \right\} \cong S^3.
$$

Damit ist $\varphi = \mathrm{Ad} : \{\pm 1\} \backslash \mathbf{SU}(2) \to \mathrm{End}(\mathfrak{su}(2))$. Mit der Metrik $(A, B) \mapsto \mathrm{Tr}\,A\bar{B}^t$ auf $\mathfrak{su}(2)$ hat Ad Werte in den Isometrien, wegen $\mathbf{SU}(2)$ zusammenhängend wird die Abbildung also zu $\mathrm{Ad} : \{\pm 1\} \backslash \mathbf{SU}(2) \to \mathbf{SO}(\mathfrak{su}(2))$. Nach Lemma 1.6.22(1) ist dies ein Gruppen-Homomorphismus. Aus der Gestalt der Killing-Form für $\mathfrak{so}(n)$ (hier nicht bewiesen) folgt, dass ad bis auf einen Faktor Isometrie ist. $\square$

Übung 6.6.6. Zu (1) vgl. den ersten Teil des Beweises von Satz 7.1.9, der zeigt, dass ad_Z schief bzgl. B ist $\forall Z \in \mathfrak{g}$. Somit gilt für $X \in \mathfrak{h}^\perp, Y \in \mathfrak{h}, Z \in \mathfrak{g}$, dass $B(\mathrm{ad}_Z X, Y) = -B(X, \mathrm{ad}_Z Y) = 0$. Wegen $B_{|\mathfrak{h}^\perp} < 0$ folgt (2) durch Induktion. $\square$

Übung 6.8.20. Aus $m \leq \frac{n(n+1)}{2}$ folgt $n \geq -\frac{1}{2} + \frac{1}{2}\sqrt{1 + 8m}$, also $\dim H = m - n \leq m + \frac{1}{2} - \frac{1}{2}\sqrt{1 + 8m}$. □

Übung 6.8.23. Für $X \in \mathfrak{m}$, $A \in \mathfrak{g}$ ist $\mathrm{ad}_X \mathrm{ad}_X A \in \mathfrak{m}$, also

$$\mathrm{Tr}\, \mathrm{ad}_X \mathrm{ad}_X = \mathrm{Tr}_{|\mathfrak{m}} \mathrm{ad}_X \mathrm{ad}_X.$$ □

Übung 7.1.18. Nach Lemma 1.6.22 ist

$$\mathrm{ad}_{\mathrm{Ad}_h X} Y = [\mathrm{Ad}_h X, Y] = \mathrm{Ad}_h[X, \mathrm{Ad}_h^{-1} Y] = (\mathrm{Ad}_h \circ \mathrm{ad}_X \circ \mathrm{Ad}_h^{-1})(Y),$$

also

$$g(\mathrm{Ad}_h X, \mathrm{Ad}_h Y) = -\mathrm{Tr}\,(\mathrm{Ad}_h \circ \mathrm{ad}_X \circ \mathrm{Ad}_h^{-1} \circ \mathrm{Ad}_h \circ \mathrm{ad}_Y \circ \mathrm{Ad}_h^{-1}) = g(X, Y).$$ □

Übung 7.4.20. Wähle einen p-dimensionalen orientierten Unterraum V des orientierten $\mathbf{R}^{p+q}$. Sei $A \in \mathbf{O}(p + q)$ die Spiegelung an V und $\sigma : \mathbf{SO}(p + q) \to \mathbf{SO}(p + q), B \mapsto ABA$. Dann ist die Fixpunktmenge von σ gleich $\mathbf{S}(\mathbf{O}(p) \times \mathbf{O}(q))$ (die Isometrien von V und von $V^\perp$), und $H := \mathbf{SO}(p) \times \mathbf{SO}(q)$ ist die Zusammenhangskomponente des neutralen Elements. Die Killing-Form von $\mathbf{SO}(p + q)$ ist negativ definit, also ist nach Übung 7.1.21 die Metrik symmetrisch. Alternativ kann man verwenden, dass das Skalarprodukt $-\mathrm{Tr}\, AB$ auf $\mathfrak{so}(p + q)$ Ad-invariant ist. □

Übung 7.5.8. 1. Für $X \in \mathfrak{h}, Y \in \mathfrak{h}^\perp, Z \in \mathfrak{g}$ ist $B(X, [Y, Z]) = B(\underbrace{[Z, X]}_{\in \mathfrak{h}}, Y) = 0$.

Also ist $\mathfrak{h}^\perp$ ein Ideal. Weiter ist $\mathfrak{h} \cap \mathfrak{h}^\perp$ abelsch, denn für $X, Y \in \mathfrak{h} \cap \mathfrak{h}^\perp, Z \in \mathfrak{g}$ ist $B([X, Y], Z) = B(\underbrace{X}_{\in \mathfrak{h}^\perp}, \underbrace{[Y, Z]}_{\in \mathfrak{h}}) = 0$, also $[X, Y] = 0$. Für einen Unterraum $\mathfrak{a} \subset \mathfrak{g}$ mit $\mathfrak{g} = \mathfrak{a} \oplus \mathfrak{h} \cap \mathfrak{h}^\perp$ folgt

$$\mathrm{ad}_X \mathrm{ad}_Z : \begin{array}{l} \mathfrak{a} \to \mathfrak{h} \cap \mathfrak{h}^\perp, \\ \mathfrak{h} \cap \mathfrak{h}^\perp \to 0, \end{array}$$

also $B(X, Z) = \mathrm{Tr}\, \mathrm{ad}_X \mathrm{ad}_Z = 0$. Wegen B nicht-degeneriert folgt somit $\mathfrak{h} \cap \mathfrak{h}^\perp = \{0\}$, und aus demselben Grund ist $\dim \mathfrak{g} = \dim \mathfrak{h} + \dim \mathfrak{h}^\perp$, also ist $\mathfrak{g} = \mathfrak{h} \oplus \mathfrak{h}^\perp$. Insbesondere ist $B_{|\mathfrak{h}}$ nicht-degeneriert.

2. Folgt direkt wie Übung 6.6.6 durch Induktion.

3. Sei $\mathfrak{g}$ einfach. Der Verschwindungsraum von B ist ein Ideal, also entweder 0 oder $\mathfrak{g}$. Für $B \equiv 0$ wäre $\mathfrak{g}$ abelsch, also ist B nicht ausgeartet. Nach Übung 6.8.23 ist die Killing-Form einer Summe einfacher Lie-Algebren gleich der direkten Summe der Killing-Formen. □

Übung 7.5.9. Mit $\mathfrak{h} = \mathfrak{so}(n)$, $\mathfrak{m} = \{A \in \mathbf{R}^{n \times n} \mid \mathrm{Tr}\, A = 0, A \text{ symmetrisch}\}$ wird eine invariante Metrik auf $\mathfrak{m}$ von $(A, B) \mapsto \mathrm{Tr}\, AB$ induziert. Es ist $\mathfrak{h} \oplus i\mathfrak{m} = \mathfrak{su}(n)$, also ist $\mathbf{SU}(n)/\mathbf{SO}(n)$ ein zu $\mathbf{SL}(n)/\mathbf{SO}(n)$ dualer symmetrischer Raum. □

Übung 8.1.8. Sei $(x_0, y_0, z_0) + t(x_1, y_1, z_1)$ eine Gerade im einschaligen Hyperboloid mit $x^2 + y^2 - z^2 = 1$, d.h.

$$1 = (x_0 + tx_1)^2 + (y_0 + ty_1)^2 - (z_0 + tz_1)^2$$

bzw.

$$0 = 2t(x_0x_1 + y_0y_1 - z_0z_1) + t^2(x_1^2 + y_1^2 - z_1^2),$$

also $x_0x_1 + y_0y_1 - z_0z_1 = 0$, $x_1^2 + y_1^2 - z_1^2 = 0$. Dann folgt $z_1 \neq 0$. Sei also $z_1 = 1$, $z_0 = 0$ nach Reskalierung von t. Nach der 2. Gleichung existiert ein α mit $x_1 = \cos\alpha$, $y_1 = \sin\alpha$. Die erste Gleichung liefert dann genau 2 Lösungen für $(x_0, y_0, 0)$ mit $x_0^2 + y_0^2 = 1$. $\square$

Übung 8.2.3. Die Basis

$$\begin{pmatrix} 1 & 0 \\ 0 & 1 \end{pmatrix}, \quad \begin{pmatrix} i & 0 \\ 0 & -i \end{pmatrix}, \quad \begin{pmatrix} 0 & i \\ i & 0 \end{pmatrix}, \quad \begin{pmatrix} 0 & -1 \\ 1 & 0 \end{pmatrix}$$

von $\mathbf{H}$ ist eine Orthonormalbasis für die Signatur $(1,1,1,1)$. $\square$

Übung 8.3.9. Mit Lemma 8.3.7 und $\alpha^\natural := X, \beta := f$ oder auch direkter: Nach dem Beweis von Hilfssatz 8.3.5 gilt $L_X d\mathrm{vol} = -\mathrm{div}\, X\, d\mathrm{vol}$, also

$$
\begin{aligned}
X.f\, d\mathrm{vol} \quad &= \quad L_X(f\, d\mathrm{vol}) - f L_X d\mathrm{vol} \\
&\overset{\text{Homotopieformel}}{=} \quad d\,[\iota_X f\, d\mathrm{vol}] + \iota_x \underbrace{d[f\, d\mathrm{vol}]}_{=0} + f\,\mathrm{div}\, X\, d\mathrm{vol}. \qquad \square
\end{aligned}
$$

Übung 8.3.10. Für $s \in \Gamma_c(M, E)$ folgt

$$\int (\mu(\nabla_X^E s) + (\nabla_X^{E^*}\mu)s)\, d\mathrm{vol} \quad = \quad \int X.(\mu(s))\, d\mathrm{vol} = \int \mu(s)\mathrm{div}\, X\, d\mathrm{vol}.$$

Außerdem ist

$$(s, \nabla^*(X^\flat \otimes \mu))_{L^2} = (\nabla s, X^\flat \otimes \mu)_{L^2} = (\nabla_X s, \mu))_{L^2} = (s, \nabla_X^*\mu)_{L^2}. \qquad \square$$

Übung 8.4.6. Es gilt

$$
\begin{aligned}
0 \quad &= \quad (\nabla\Omega)(X, Y, Z, V, W) \\
&= \quad (\nabla_X\Omega)(Y, Z, V, W) + (\nabla_Y\Omega)(Z, X, V, W) \\
&\quad + (\nabla_Z\Omega)(X, Y, V, W) \\
&\overset{\substack{Y=e_j, V=e_j^\vee, \\ Z=e_k, W=e_k^\vee}}{=} \quad (\nabla_X\Omega)(e_j, e_k, e_j^\vee, e_k^\vee) + (\nabla_{e_j}\Omega)(e_k, X, e_j^\vee, e_k^\vee) \\
&\quad + (\nabla_{e_k}\Omega)(X, e_j, e_j^\vee, e_k^\vee) \\
&= \quad (\nabla_X\Omega)(e_j, e_k, e_j^\vee, e_k^\vee) - (\nabla_{e_j}\Omega)(e_j^\vee, e_k^\vee, X, e_k) \\
&\quad - (\nabla_{e_k}\Omega)(e_k^\vee, e_j^\vee, X, e_j)
\end{aligned}
$$

Summieren liefert (da Spurbildung mit ∇ kommutiert)

$$0 = -\nabla_X s + (\widetilde{\mathrm{Tr}}_{g,12}\nabla\mathrm{Ric})(X) + (\widetilde{\mathrm{Tr}}_{g,12}\nabla\mathrm{Ric})(X).$$

Also

$$0 = -ds - 2\nabla^*\mathrm{Ric} = -\sum_j \nabla_{e_j} s \cdot g(e_j^\vee, \cdot) - 2\nabla^*\mathrm{Ric}$$

$$= -\sum_j \nabla_{e_j}(sg)(e_j^\vee, \cdot) - 2\nabla^*\mathrm{Ric} = \nabla^*(sg - 2\mathrm{Ric}). \qquad \square$$

Übung 8.7.4. Es ist

$$
\begin{aligned}
-\nabla^* T &= -\widetilde{\mathrm{Tr}}_{g,12}\widetilde{\mathrm{Tr}}_{g,35}\nabla^\otimes(F \otimes F) + \frac{1}{4}\mathrm{Tr}_g\nabla(\|F\|_g^2 \cdot g) \\
&= \sum_{j,k}\Big(-(\nabla_{e_j}^\otimes F)(e_j^\vee, e_k)F(\cdot, e_k^\vee) - F(e_j^\vee, e_k^\vee)(\nabla_{e_j}^\otimes F)(\cdot, e_k)\Big) \\
&\quad + \frac{1}{4}\cdot 2g(\nabla^\otimes F, F) \\
&= \sum_{j,k}\Big(-(\nabla_{e_j}^\otimes F)(e_j^\vee, e_k)F(\cdot, e_k^\vee) - F(e_j^\vee, e_k^\vee)(\nabla_{e_j}^\otimes F)(\cdot, e_k) \\
&\quad + \frac{1}{2}(\nabla^\otimes F)(e_j, e_k)F(e_j^\vee, e_k^\vee)\Big) \\
&= \sum_{j,k}\Big((\nabla_{e_j}^\otimes F)(e_j^\vee, e_k)F(e_k^\vee, \cdot) + \frac{1}{2}F(e_j^\vee, e_k^\vee)(\nabla_{e_j}^\otimes F)(e_k, \cdot) \\
&\quad + \frac{1}{2}F(e_j^\vee, e_k^\vee)(\nabla_{e_k}^\otimes F)(\cdot, e_j) + \frac{1}{2}(\nabla^\otimes F)(e_j^\vee, e_k^\vee)F(e_j, e_k)\Big).
\end{aligned}
$$

Wegen

$$dF(e_j, e_k, X) = (\nabla_{e_j}^\otimes F)(e_k, X) + (\nabla_{e_k}^\otimes F)(X, e_j) + (\nabla_X^\otimes F)(e_j, e_k)$$

folgt die Behauptung. Wegen

$$
\begin{aligned}
\sum_{j<k} F(e_j^\vee, e_k^\vee)dF(e_j, e_k, X) &= \langle \iota_X dF, F\rangle_\Lambda = -\langle *\iota_X dF, *F\rangle_\Lambda \\
&= -\langle X^\flat \wedge *dF, *F\rangle_\Lambda = -\langle *dF, \iota_X * F\rangle_\Lambda \\
&= \langle *d**F, \iota_X * F\rangle_\Lambda \overset{8.3.5}{=} \langle (\mathrm{div}\,(*F)^\flat)^\sharp, \iota_X * F\rangle \\
&= -(*F)(\mathrm{div}\,(*F)^\sharp, X)
\end{aligned}
$$

folgt die zweite Formel. $\qquad \square$

Literaturverzeichnis

[A] Alexandrov, A. D.: *Mappings of Spaces with Families of Cones and Space-Time Transformations.* Ann. Mat. Pura Appl. **103** (1975), 229–257.

[AhBo] Aharonov, Y.; Bohm, D.: *Significance of electromagnetic potentials.* Phys. Rev **115** (1959), 485-491.

[Am] Ambrose, W. *Parallel translation of Riemannian curvature.* Ann. of Math. **64** (1956), 337-363.

[AmSi] Ambrose, W.; Singer, I. M. *On homogeneous Riemannian manifolds.* Duke Math. J. **25** (1958) 647–669.

[AO] Alexandrov, A.D.; Ovchinnikova, V.V.: *Notes on the foundations of relativity theory.* Vestnik Leningrad. Univ. **11** (1953), 95-110.

[Bär] Bär, Christian: Elementare Differentialgeometrie. 2nd ed.. Walter de Gruyter & Co., Berlin, 2010.

[Besse] Besse, Arthur L.: Einstein manifolds. Reprint of the 1987 edition. Class. in Math. Springer-Verlag, Berlin-Heidelberg, 2008.

[BereNi] Berestovskii V. N.; Nikonorov Yu. G. *On δ-homogeneous Riemannian manifolds* Diff. Geom. Appl. **26** (2008) 514-535.

[Be] Berger, Marcel: A panoramic view of Riemannian geometry. Springer-Verlag, Berlin-Heidelberg, 2003.

[BGV] Berline, Nicole; Getzler, Ezra; Vergne Michèle: Heat kernels and Dirac operators. Springer Grundlehren **298**, 1992.

[Bour] Bourbaki, Nicolas: Groupes et algèbres de Lie, Chapitre 1. Hermann, 1972.

[BoTu] Bott, Raoul; Tu, Loring W.: Differential forms in algebraic topology. GTM **82**. Springer-Verlag, New York-Berlin, 1982.

[BQ] Beckman, F. S.; Quarles, D. A., Jr.: *On isometries of Euclidean spaces.* Proc. Amer. Math. Soc. **4**, (1953). 810-815.

[BtD] Bröcker, Theodor; tom Dieck, Tammo: Representations of compact Lie groups. GTM **98**, Springer-Verlag, New York 1985.

© Springer-Verlag GmbH Deutschland, ein Teil von Springer Nature 2019
K. Köhler, *Differentialgeometrie und homogene Räume,*
https://doi.org/10.1007/978-3-662-60738-1

[BtD2]   Bröcker, Theodor; tom Dieck, Tammo: Einführung in die Differentialto-
          pologie. Heidelberger Taschenbücher **143**, Springer-Verlag, Berlin 1973.

[Car]   Cartan, Élie: *Espaces à connexion affine, projective et conforme.* Acta
          Math. **48** (1926), 1-42.

[Chr]   Christoffel, Elwin Bruno: *Über die Transformation der homogenen Diffe-
          rentialausdrücke zweiten Grades.* J. für die Reine und Angew. Math. **70**
          (1869), 46-70.

[Chern]   Chern, Shiing-Shen: *A Simple Intrinsic Proof of the Gauss-Bonnet For-
          mula for Closed Riemannian Manifolds.* Ann. Math. **45** (1944), 747-752.

[ChEb]   Cheeger, Jeff; Ebin, David G. Comparison theorems in Riemannian geo-
          metry. Revised Ed., AMS Chelsea Publishing, Providence, 2008.

[Dar]   Darboux, G.: *Sur le théorìe fondamental de la géométrie projective.*
          Clebsch Ann. **XVII** (1880), 55-62.

[deR]   de Rham, G: *Sur l'Analysis situs des variétés à n dimensions.* J. Math.
          Pures Appl. **X** (1931),115-200.

[doC]   do Carmo, Manfredo P.: Differential geometry of curves and surfaces.
          Prentice-Hall, Inc., Englewood Cliffs, N.J., 1976.

[DoK]   Donaldson, S. K.; Kronheimer, P. B.: The geometry of four-manifolds.
          Oxford University Press, New York, 1990.

[Du]   Dundas, Bjorn Ian: Differential Topology. Johns Hopkins Univ., 2002.

[FH]   Fulton, William; Harris, Joe: Representation theory. A first course. GTM
          129. Springer-Verlag, New York, 1991.

[Fi]   Fischer, Gerd: Analytische Geometrie. 7. Auflage, Vieweg, Braunschweig-
          Wiesbaden 2001.

[FrKr]   Fröhlicher, Alfred; Kriegl, Andreas: Linear spaces and differentiation theo-
          ry. Wiley-Interscience 1988.

[GHL]   Gallot, Sylvestre; Hulin, Dominique; Lafontaine, Jacques: Riemannian
          geometry. 3rd Ed., Springer-Verlag, Berlin, 2004.

[Gauß]   Gauß, C. F.: *Disquisitiones generales circa superficies curvas.* 1828.

[Giu]   Giulini, Domenico: *The Rich Structure of Minkowski Space.* In Petkov,
          Vesselin (Ed.): Minkowski Spacetime: A Hundred Years Later. Fund. Th.
          of Physics **165** (2010).

[Gl]   Gleason, Andrew M.: *Groups without small subgroups.* Ann. of Math. **56**
          (1952) 193-212.

[Go1]   Gompf, Robert E.: *Three exotic* $\mathbf{R}^4$*'s and other anomalies.* J. Diff. Geom. **18** (1983), 317-328.

[Go2]   Gompf, Robert E.: *An infinite set of exotic* $\mathbf{R}^4$*'s.* J. Diff. Geom. **21** (1985), 283-300.

[HE]   Hawking, S.;Ellis, G.: Large Scale Structure of Spacetime. Cambridge Univ. Press 1973.

[Hel]   Helgason: Differential Geometry, Lie Groups, And Symmetric Spaces. Acad. Press 1978.

[Her]   Hermann, Robert: *A sufficient condition that a mapping of Riemannian manifolds be a fibre bundle.* Proc. AMS **11**, 1960, 236-242.

[H]   Hilbert, D.: *Die Grundlagen der Physik. (Erste Mitteilung.).* Gött. Nachr. (1915), 395-407. *Die Grundlagen der Physik. (Zweite Mitteilung.).* Gött. Nachr. (1917), 53-76.

[HCV]   Hilbert, David; Cohn-Vossen, Stefan: Anschauliche Geometrie. 2. Auflage, Springer-Verlag, Berlin-Heidelberg, 1996.

[Hi]   Hirsch, Morris W. Differential Topology. Springer GTM 33, 1976.

[Hopf]   Hopf, Heinz. *Vektorfelder in n-dimensionalen Mannigfaltigkeiten.* Math. Ann. **96** (1926), 225-249.

[HoRi]   Hopf, Heinz; Rinow, W.: *Über den Begriff der vollständigen differential-geometrischen Fläche.* Comm. Math. Helv. **3** (1931), 209-225.

[Kal]   Kaluza, T.: *Zum Unitätsproblem der Physik.* Sitzungsberichte Preußische Akad. Wiss. (1921), 966-972.

[Kl1]   Klingenberg, Wilhelm: Eine Vorlesung über Differentialgeometrie. Heidelberger Taschenbücher **107**. Springer-Verlag, Berlin-New York, 1973.

[Kl2]   Klingenberg, Wilhelm: Riemannian geometry. 2nd Ed., de Gruyter Studies in Mathematics, 1. Walter de Gruyter & Co., Berlin, 1995.

[Ko]   Kobayashi, Shoshichi: Transformation groups in differential geometry. Reprint of the 1972 edition. Classics in Mathematics. Springer-Verlag, Berlin, 1995.

[KoN]   Kobayashi, Shoshichi; Nomizu, Katsumi: Foundations of differential geometry. I& II. Reprint of the 1969,1963 originals. Wiley Classics Library. John Wiley & Sons, Inc., New York, 1996.

[KMS]   Kolář, Ivan; Michor, Peter W. ; Slovák, Jan :Natural operations in differential geometry, Springer-Verlag, Berlin, 1993.

[Kü]   Kühnel, Wolfgang: Differentialgeometrie. Springer Spektrum, Wiesbaden, 2013.

[L]   Lee, John M.: Introduction to smooth manifolds. 2nd edition. GTM 218.
           Springer, New York, 2013.

[LaSz]   Laures, Gerd; Szymik, Markus: Grundkurs Topologie. Spektrum Akad.
           Verlag, Heidelberg 2009.

[Levi]   Levi-Civita, Tullio: *Nozione di parallelismo in una varietà qualunque
           e consequente specificazione geometrica della curvatura Riemanniana.*
           Rend. Circ. Mat. Palermo **42** (1917), 73-205.

[Loh]   Lohkamp, Joachim: *Metrics of negative Ricci curvature.* Ann. of Math.
           140 (1994), 655–683.

[Loos]   Loos, Ottmar: Symmetric Spaces 1: General Theory, 2: Compact spaces
           and classification. W. A. Benjamin, Amsterdam, 1969.

[M]   Milnor, John: *On manifolds homeomorphic to the 7-sphere.* Ann. of Math.
           64 (1956), 399-405.

[MaQ]   Mathai Varghese; Quillen, Daniel: *Superconnections, Thom classes and
           equivariant differential forms.* Topology **25** (1986), 85-110.

[MeMi]   Gil-Medrano, Olga; Michor, Peter W.: *The riemannian manifold of all
           riemannian metrics.* Quart. J. of Math. (Oxford) **42** (1991), 183–202.

[Miln]   Milnor, John: *Curvatures of left invariant metrics on lie groups.* Adv.
           Math. **21** (1976), 293-329.

[Mink]   Minkowski, H.: *Die Grundgleichungen für die elektromagnetischen Vor-
           gänge in bewegten Körpern.* Gött. Nachr., 53-111 (1908).

[MoZi]   Montgomery, Deane; Zippin, Leo: *Small subgroups of finite-dimensional
           groups.* Ann. of Math. **56** (1952). 213-241.

[MTW]   Misner, C.; Thorne, K.; Wheeler, J.: Gravitation. Freeman 1973.

[MySt]   Myers, S. B.; Steenrod, N. E.: The group of isometries of a Riemannian
           manifold. Ann. of Math. (2) 40 (1939), 400-416.

[ON1]   O'Neill, Barrett: The fundamental equations of a submersion. Michigan
           Math. J. **13** (1966), 459-469.

[ON2]   O'Neill, Barrett: Semi-Riemannian geometry. With applications to relati-
           vity. Pure Appl. Math. **103**. Acad. Press, Inc., New York, 1983.

[ON3]   O'Neill, Barrett: The Geometry of Kerr Black Holes. A K Peters, CRC
           Press, 1992.

[Pal]   Palais, Richard S. : Natural Operations on Differential Forms, Trans. AMS
           92 (1959), 125-141

[RCLC] Ricci, Gregorio; Levi-Civita, Tullio: *Méthodes de calcul différentiel absolu et leurs applications.* Math. Ann. **54** (1900), 125-201.

[Rie] Riemann, Bernhard: Über die Hypothesen, welche der Geometrie zu Grunde liegen (Klassische Texte der Wissenschaft). Springer Spektrum, Heidelberg 2013.

[Sam] Samelson, Hans: *Differential Forms, the Early Days; or the Stories of Deahna's Theorem and of Volterra's Theorem.* Am. Math. Monthly, bf 108 (2001), 522-530.

[Sp] Spivak, Michael: A comprehensive introduction to differential geometry. 2nd edition. Publish or Perish, Inc., Wilmington, Del., 1979.

[Stee] Steenrod, Norman: The topology of fibre bundles. Princeton Univ. Press, Princeton 1951.

[SWu] Sachs R. K.; Wu, H.: General Relativity for Mathematicians. Springer-Verlag, New York 1977.

[TaWh] Taylor, Edwin F.; Wheeler, A. John: Physik der Raumzeit: Eine Einführung in die spezielle Relativitätstheorie. Spektrum-Verlag, 1994.

[Varad] Varadarajan,V. S.: Lie Groups, Lie Algebras, and Their Representation. Springer-Verlag, New York 1984.

[Vi] Vilms, Jaak: *Totally geodesic maps.* J. Differential Geometry **4** (1970), 73-79.

[Volt] Volterra, Vito: *Delle variabili complesse negli iperspazii.* Rend. Accad. dei Lincei, ser. IV, **V** (1889), 158-165, 291-299; *Sulle funzione conjugate.* Rend. Accad. dei Lincei, ser. IV, **VI** (1889), 158-169.

[Wald] Wald, R. M.: General Relativity. Univ. of Chicago Press 1984.

[War] Warner, Frank W.: Foundations of differentiable manifolds and Lie groups. Corr. reprint of the 1971 edition. GTM 94. Springer-Verlag, New York-Berlin, 1983.

[Whi] Whitehead, J.H.C., *Convex regions in the geometry of paths.* Q. J. Math., Oxf. Ser. **3**, (1932) 33-42.

[Wi] Wigner, E. P.: Gruppentheorie. Vieweg, Braunschweig 1931.

[Wolf1] Wolf, Joseph: Spaces of Constant Curvature. Amer. Math. Soc., 1967.

[Wolf2] Wolf, , Joseph: *The geometry and structure of isotropy irreducible homogeneous spaces.* Acta Math. **120** (1968), 59–148. ; corr., Acta. Math. **152** (1984), 141–142.

[Wü] Wüstner, Michael: *A Connected Lie Group Equals the Square of the Exponential Image.* J. Lie Th. **13** (2003) 307–309.

[WZ]   Wang, McKenzie; Ziller, Wolfgang: *On isotropy irreducible Riemannian manifolds.* Acta Math. **166** (1991), 223–261.

Index

© Springer-Verlag GmbH Deutschland, ein Teil von Springer Nature 2019
K. Köhler, *Differentialgeometrie und homogene Räume*,
https://doi.org/10.1007/978-3-662-60738-1

Symbolverzeichnis

© Springer-Verlag GmbH Deutschland, ein Teil von Springer Nature 2019
K. Köhler, *Differentialgeometrie und homogene Räume*,
https://doi.org/10.1007/978-3-662-60738-1

Willkommen zu den Springer Alerts

- Unser Neuerscheinungs-Service für Sie:
  aktuell *** kostenlos *** passgenau *** flexibel

Springer veröffentlicht mehr als 5.500 wissenschaftliche Bücher jährlich in gedruckter Form. Mehr als 2.200 englischsprachige Zeitschriften und mehr als 120.000 eBooks und Referenzwerke sind auf unserer Online Plattform SpringerLink verfügbar. Seit seiner Gründung 1842 arbeitet Springer weltweit mit den hervorragendsten und anerkanntesten Wissenschaftlern zusammen, eine Partnerschaft, die auf Offenheit und gegenseitigem Vertrauen beruht.

Die SpringerAlerts sind der beste Weg, um über Neuentwicklungen im eigenen Fachgebiet auf dem Laufenden zu sein. Sie sind der/die Erste, der/die über neu erschienene Bücher informiert ist oder das Inhalts-verzeichnis des neuesten Zeitschriftenheftes erhält. Unser Service ist kostenlos, schnell und vor allem flexibel. Passen Sie die SpringerAlerts genau an Ihre Interessen und Ihren Bedarf an, um nur diejenigen Informa-tion zu erhalten, die Sie wirklich benötigen.

Mehr Infos unter: springer.com/alert

Printed in the United States
By Bookmasters